全国高职高专公共基础课规划教材

新编计算机文化基础教程

（Windows 7 + Office 2010 版）

第 4 版

主　编　靳　敏　钟玉峰
副主编　高　明　黑　龙
参　编　靳云龙　康　乐

机械工业出版社

本书是按照教育部制定的《高职高专教育计算机公共基础课程教学基本要求》，并参考《全国计算机等级考试一、二级考试大纲》，针对高职高专院校非计算机专业的学生编写的。全书共8章，主要内容包括计算机基础知识、Windows 7操作系统、文字处理软件Word 2010、电子表格软件Excel 2010、演示文稿软件PowerPoint 2010、多媒体技术基础、计算机网络与安全技术、常用工具软件的应用及智能手机操作系统简介。为便于教师教学和学生自学，书中配有大量的例题和习题。

本书理论与应用并重，力图反映计算机技术发展的新技术和新成果。本书可作为高职高专院校计算机公共基础课教材，也可作为备考计算机等级考试的参考书，更是计算机爱好者学习计算机基础知识的必备资料。

为方便教学，本书配备电子课件等教学资源。凡选用本书作为教材的教师均可登录机械工业出版社教育服务网 www.cmpedu.com 免费下载。如有问题请致信 cmpgaozhi@sina.com 或致电 010-88379375 咨询。

图书在版编目（CIP）数据

新编计算机文化基础教程：Windows 7 + Office 2010 版/靳敏，钟玉峰主编. —4版. —北京：机械工业出版社，2016.9
全国高职高专公共基础课规划教材
ISBN 978-7-111-54847-8

Ⅰ.①新… Ⅱ.①靳…②钟… Ⅲ.①Windows操作系统—高等职业教育—教材 ②办公自动化—应用软件—高等职业教育—教材 Ⅳ.①TP316.7②TP317.1

中国版本图书馆CIP数据核字（2016）第218218号

机械工业出版社（北京市百万庄大街22号 邮政编码100037）
策划编辑：王玉鑫 责任编辑：王玉鑫 刘子峰
责任校对：佟瑞鑫 封面设计：张 静
责任印制：李 飞
北京天时彩色印刷有限公司印刷
2016年11月第4版第1次印刷
184mm×260mm · 17.5印张 · 449千字
0 001—3 000册
标准书号：ISBN 978-7-111-54847-8
定价：38.00元

前　言

如今，计算机技术与互联网应用已渗透到社会的各个角落，大大方便了人们的生活、工作和学习，计算机的使用已成为人们的基本技能。与此同时，科学技术的不断进步使计算机软硬件技术得以飞速发展，因此，计算机基础教材跟随时代的发展不断补充新的知识、摒弃已淘汰的内容是十分必要和迫切的。

本次修订，我们秉承前几版兼顾基础知识与实际操作的特点，介绍了个人计算机当前流行的硬件及应用技术、Windows 7 操作系统的使用、常用办公软件新版本及计算机网络的使用，有利于教师教学以及读者自学、参考。近年来，平板电脑、智能手机的发展有目共睹，已成为计算机互联网终端的重要组成部分。它们具有与计算机类似的结构，能够方便地与计算机、互联网交换数据，因此我们在附录中介绍了目前流行的智能手机的相关知识，作为课外延伸。

本次修订后全书共 8 章，内容包括计算机基础知识、Windows 7 操作系统、文字处理软件 Word 2010、电子表格软件 Excel 2010、演示文稿软件 PowerPoint 2010、多媒体技术基础、计算机网络与安全技术、常用工具软件的应用。

本书由靳敏、钟玉峰主编，高明（长春工程学院）、黑龙任副主编。第 1、6 章由靳敏编写，第 2、8 章由钟玉峰编写，第 3、5 章由高明编写，第 4、7 章由黑龙编写，附录由康乐（哈尔滨工程大学）、靳云龙（黑龙江旅游职业技术学院）编写。全书由靳敏负责统稿和审稿。

本书自第 1 版出版以来，得到了各高职高专院校广大师生的好评和支持，在此对多年来关心、支持并对本书提出宝贵意见和建议的读者表示衷心的感谢。

由于编者水平有限，书中错误和不当之处在所难免，敬请广大读者批评指正。

编　者

目　　录

第1章　计算机基础知识

1.1　计算机概述

计算机是一种按程序控制自动进行信息加工处理的通用工具，其处理对象和结果都是信息。单从这点来看，计算机与人的大脑有某些相似之处。因为人的大脑和五官也是信息采集、识别、转换、存储、处理的器官，所以人们常把计算机称为“电脑”。

计算机自动工作的基础在于存储程序方式，其通用性的基础在于利用计算机进行信息处理的共性方法。随着信息时代的不断发展和信息高速公路的逐步建设，全球信息化已进入了一个全新的发展时期。人们越来越认识到计算机强大的信息处理功能，从而使之成为信息产业的基础和支柱。人们在物质需求不断得到满足的同时，对各种信息的需求也日益增强，计算机也成为人们生活中必不可少的工具。

1.1.1　计算机的发展简史

1. 计算机的诞生与发展

20 世纪 40 年代中期，正值第二次世界大战进入激烈的决战时期，在新式武器的研究中日益复杂的数字运算问题需要得到迅速、准确的解决，而手摇或电动式机械计算机、微分分析仪等计算工具已远远不能满足要求。

第一台电子数字式通用计算机由美国宾夕法尼亚大学、穆尔工学院和美国陆军火炮公司联合研制而成，于 1946 年 2 月 15 日正式投入运行。它的名称叫 ENIAC，是 Electronic Numerical Integrator and Calculator（电子数字积分计算机）的缩写，其外观如图 1-1 所示。ENIAC 使用了 17468 个真空电子管，占地 170 平方米，重达 30 吨，可进行 5000 次/秒的加法运算。虽然其功能还不如现今常见的每台售价仅几十美元的可编程序计算器，但是，在当时的条件下确实是一件了不起的大事。ENIAC 堪称人类最伟大的发明之一，从此开创了人类社会的信息时代。

图 1-1　第一台电子数字式通用计算机（ENIAC）

1945 年，宾夕法尼亚大学的数学教授冯·诺依曼（Von Neumann，1903—1957）开始了电子离散可变自动计算机（Electronic Discrete Variable Automatic Computer，EDVAC）的设计，其特点是程序和数据均以相同的格式储存在存储器中，这使得计算机可以在任意点暂停或继续工作。这一体系结构沿用至今，称为冯·诺依曼结构，其核心部分是 CPU，即中央处理器（单元），计算机的所有功能均集中统一于其中。按这一体系结构建造的计算机称为存储程序计算机，又称为通用计算机。

从第一台电子数字式通用计算机的诞生到现在已半个多世纪，但它的发展之快、种类之多、用途之广、受众之大，是人类科学技术发展史中任何一门学科或任何一种发明所无法比拟的。

计算机发展年代划分的原则是依据计算机所采用的电子元器件的不同，即人们通常所说的电子管、晶体管、集成电路、超大规模集成电路4代。

（1）第一代计算机（1946～1957年） 通常称为电子管计算机。其主要特点是：

1）采用电子管作为逻辑开关元器件（见图1-2）。

2）存储器使用水银延迟线、静电存储管、磁鼓等。

3）外部设备采用纸带、卡片、磁带等。

4）使用机器语言，20世纪50年代中期开始使用汇编语言，但还没有操作系统。

（2）第二代计算机（1958～1964年） 通常称为晶体管计算机。其主要特点是：

1）使用半导体晶体管作为逻辑开关元器件（见图1-3）。

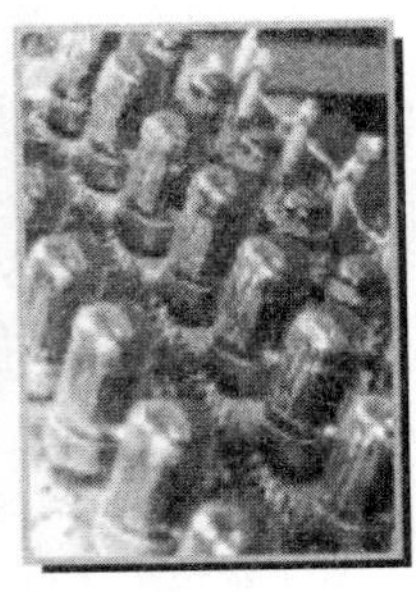

图1-2 电子管

图1-3 晶体管

2）使用磁芯作为主存储器，辅助存储器采用磁盘和磁带。

3）输入/输出方式有了很大改进。

4）开始使用操作系统，有了各种计算机高级语言。

（3）第三代计算机（1965～1970年） 通常称为集成电路计算机。其主要特点是：

1）使用中、小规模集成电路作为逻辑开关元器件（见图1-4）。

2）开始使用半导体存储器。辅助存储器仍以磁盘、磁带为主。

3）外部设备种类和品种增加。

4）开始走向系列化、通用化和标准化。

5）操作系统进一步完善，高级语言数量增多。

（4）第四代计算机（1971年至今） 通常称为大规模或超大规模集成电路计算机。其主要特点是：

1）使用大规模、超大规模集成电路作为逻辑开关元器件（见图1-5）。

图1-4 集成电路

图1-5 大规模集成电路

2）主存储器采用半导体存储器，辅助存储器采用大容量的软、硬磁盘，并开始引入和使用光盘。

3）外部设备有了很大发展，开始使用光字符阅读器（OCR）、扫描仪、激光打印机和绘图仪。

4）操作系统不断发展和完善，数据库管理系统有了更新的发展，软件行业已发展成为现代新型的工业产业。

基于集成电路的计算机短期内还不会退出历史舞台，但一些创新设计的计算机正在被跃跃欲试地加紧研究，未来可能出现的计算机有量子计算机、神经网络计算机、化学计算机、光计算机、DNA计算机和分子计算机等。

1）量子计算机。量子力学证明，个体光子通常不会相互作用，但是当它们与光学谐腔内的原子聚在一起时，它们相互之间会产生强烈影响。光子的这种特性可用来发展量子力学效应的信息处理器件——光学量子逻辑门，进而制造量子计算机。量子计算机利用原子的多重自旋进行，可以在量子位上计算，即可以在0和1之间计算。在理论方面，量子计算机的性能能够超过任何可以想象的标准计算机。

2）神经网络计算机。人脑总体运行速度相当于每秒1000万亿次的计算机，可把生物大脑神经网络看作一个大规模并行处理的、紧密耦合的、能自行重组的计算网络。从大脑工作的模型中抽取计算机设计模型，用许多处理器模仿人脑的神经元机构，将信息存储在神经元之间的联络中，并采用大量的并行分布式网络就构成了神经网络计算机。神经网络计算机最有前途的应用领域是国防：它可以识别物体、处理复杂的雷达信号、决定要击毁的目标。神经网络计算机的联想式信息存储、对学习的自然适应性、数据处理中的平行重复现象等性能都将异常有效。

3）化学计算机。在运行机理上，化学计算机以化学制品中的微观生物分子作信息载体，来实现信息的传输与存储。

4）光计算机。光计算机是用光子代替半导体芯片中的电子，以光互联来代替导线制成数字计算机。与电的特性相比光具有无法比拟的各种优点：光计算机是“光”导计算机，光在光介质中以许多个波长不同或波长相同而振动方向不同的光波传输，不存在寄生电阻、电容、电感和电子相互作用问题，光器件也无电位差，因此光计算机的信息在传输中畸变或失真小，可在同一条狭窄的通道中传输数量大得难以置信的数据。

5）DNA计算机。科学家研究发现，脱氧核糖核酸（DNA）有一种特性，能够携带生物体的大量基因物质。数学家、生物学家、化学家以及计算机专家从中得到启迪，正在合作研究DNA计算机。这种DNA计算机的工作原理是以瞬间发生的化学反应为基础，通过和酶的相互作用，将发生过程进行分子编码，把二进制数翻译成遗传密码的片段，每一个片段就是双螺旋的一个链，然后对问题以新的DNA编码形式加以解答。和普通的计算机相比，DNA计算机的优点首先是体积小，但存储的信息量却超过现在世界上所有的计算机。

6）分子计算机。1999年7月16日美国惠普公司和加州大学宣布，已成功地研制出分子计算机中的逻辑门电路，其线宽只有几个原子直径之和。分子计算机的运算速度预计将是目前计算机的1000亿倍，并将最终取代硅芯片计算机。

2. 微型计算机的发展阶段

为叙述简单起见，微型计算机的阶段划分从准16位的IBM PC开始。

（1）第一代微型计算机 1981年8月IBM公司推出了个人计算机IBM PC，1983年8月又推出了IBM PC/XT，其中XT表示扩展型。它以Intel 8088芯片为CPU，内部总线为16位，外部总线为8位。通常称IBM PC/XT及其兼容机为第一代微型计算机。

（2）第二代微型计算机　1984 年 8 月 IBM 公司推出了 IBM PC/AT，其中 AT 表示先进型或高级型。

（3）第三代微型计算机　1986 年由 PC 兼容厂家 Compaq（康柏）公司率先推出了 386/AT，牌号为 Deskpro 386，开辟了 386 微型计算机新时代。

（4）第四代微型计算机　1989 年 Intel 80486 芯片问世，不久就出现了以它为 CPU 的微型计算机。

（5）第五代微型计算机　1993 年 Intel 公司推出了 Pentium 芯片，即人们常说的 80586，但出于专利保护的原因，将其命名为 Pentium，中文名称为“奔腾”。自单核的 Pentium、Pentium Ⅱ、Pentium Ⅲ、Pentium 4 之后，Intel 又推出了多核的 Pentium D、Core（酷睿）一代、Core 二代以及现在最流行的 Core i 系列。不管是通用 CPU 还是专用 CPU 甚至移动设备的 CPU 都已经进入了多核时代，通过多核技术提高处理能力，同时降低电能消耗已成为微处理器发展的必然方向。

1.1.2　计算机的特点

计算机的发明和发展是 20 世纪最伟大的科学技术成就之一。作为一种通用的智能工具，它具有以下几个特点：

1）运算速度快。现代的巨型计算机系统的运算速度已达每秒千万亿次以上。

2）运算精度高。由于计算机采用二进制数制进行运算，因此可以通过增加表示数字的设备和运用计算技术，使数值计算的精度越来越高。

3）通用性强。计算机可以将任何复杂的信息处理任务分解成一系列的基本算术和逻辑操作，并反映在计算机的指令操作中，然后按照各种规律执行的先后次序把它们组织成各种不同的程序，存入存储器中。

4）具有记忆和逻辑判断功能。计算机有内部存储器和外部存储器，可以存储大量的数据，并且随着存储容量的不断增大，可存储记忆的信息量也越来越大。

5）具有自动控制能力。计算机内部操作和控制是根据人们事先编制好的程序自动进行的，不需要人工干预。

6）具有高速通信能力。互联网的普及以及各种有线、无线的通信方式使计算机能够方便地与世界各地的网站、服务器交换数据。

7）具有直观灵活的人机交互能力。随着特殊显示技术、触摸屏等设备的使用，大大地方便了用户使用计算机。

1.1.3　计算机的分类

根据计算机的性能指标，如运算速度、存储容量、功能强弱、规模大小以及软件系统的丰富程度等，可将计算机分为巨型机、大型机、小型机、微型机、工作站和网络计算机六大类。

1. 巨型机

巨型机也称为超级计算机，是指速度最快、处理能力最强的计算机，目前最高运算速度可达每秒几亿亿次。巨型机最初用于科学和工程计算，现在已经延伸到事务处理、商业自动化等领域。

近年来，我国巨型机的研发也取得了很大的成绩，推出了“曙光”“银河”等代表国内最高水平的巨型机系统，并在国民经济的关键领域得到了应用。由国防科学技术大学研制成功的超级计算机“天河二号”，其运算速度为每秒 5.49 亿亿次的峰值运算和每秒 3.39 亿亿次的持续运算。2015 年 11 月 16 日，国际超级计算机组织公布的全球超级计算机 500 强名单中，“天河二号”排名榜首。

2. 大型机

大型机也称为主机，因为这类机器通常都安装在机架内。大型机的特点是体积较大、通用性较强，具有较快的处理速度和较强的处理能力。大型机一般作为大型“客户机/服务器”系统中的服务器，或者“终端/主机”系统中的主机，主要用于银行、大型公司、规模较大的高等学校和科研院所，用来处理日常的大量业务。

3. 小型机

小型机规模小、结构简单，设计试制周期短，便于采用先进工艺，用户不必经过长期培训即可使用和维护。因此，小型机比大型机有更大的吸引力，更易推广和普及。小型机应用范围很广，如用于工业自动控制、大型分析仪器、测量仪器、医疗设备中的数据采集、分析计算等，也可作为大型机、巨型机的辅助机，并广泛用于企业管理以及大学和研究所的科学计算等。

近年来，随着微型机的迅速发展，小型机遇到了严重的挑战。为了加强竞争能力，小型机普遍采用了两大技术：一是 RISC 技术，即只将比较常用的指令用硬件实现，很少使用的、复杂的指令留给软件去完成，借以降低芯片的制造成本，提高整机的性价比；二是采用多处理器结构，如采用多个 Core i7 组成一个计算机，就能显著地提高速度。

4. 微型机

微型机又称为个人计算机（Personal Computer，PC）。1971 年 Intel 公司的工程师马西安·霍夫（M. E. Hoff）成功地在一个芯片上实现了中央处理器（Central Processing Unit，CPU）的功能，制成了世界上第一片 4 位微处理器 Intel 4004，组装了世界上第一台 4 位微型机——MCS-4，从此揭开了世界微型机大发展的帷幕。随后许多公司（如 Motorola、Zilog 等）也争相研制微处理器，推出了 8 位、16 位、32 位、64 位的微处理器。在目前的市场上，CPU 主要有 Intel 的第二代 Core i 系列、AMD 的 AMD FX、羿龙 Ⅱ 等产品。

自 IBM 公司于 1981 年采用 Intel 的微处理器推出 IBM PC 以来，微型机因其小、巧、轻、使用方便、价格便宜等优点得到迅速发展，成为计算机的主流。今天，微型机的应用已经遍及社会的各个领域，从工厂的生产控制到政府的办公自动化，从商店的数据处理到家庭的信息管理，几乎无所不在。

微型机的种类很多，主要分成两类：台式计算机（Desktop Computer）和便携式计算机（Portable Computer）。目前非常流行的笔记本式计算机（Notebook Computer）、平板电脑以及个人数字助理（PDA，掌上计算机）都属于便携机的范畴。

5. 工作站

工作站是一种介于微型机与小型机之间的高档微机系统。自 1980 年美国 Apollo 公司推出世界上第一个工作站 DN100 以来，工作站迅速发展，成为专门用于处理某类特殊事务的一种独立的计算机类型。

工作站通常配有高分辨率的大屏幕显示器和大容量的内、外存储器，具有较强的数据处理能力与高性能的图形功能。

早期的工作站大都采用 Motorola 公司的 680x0 芯片，配置 UNIX 操作系统。现在的工作站多数采用 Intel 至强 E3、E5、E7 处理器，配置 Windows 7 或 Linux 操作系统。和传统的工作站相比，“NT/Intel”工作站价格便宜。有人将这类工作站称为“个人工作站”，而传统的、具有高图像性能的工作站称为“技术工作站”。

6. 网络计算机

网络计算机（Network Computer，NC）是在 Internet 充分普及和 Java 语言推出的情况下提出的一种全新概念的计算机。根据 IBM、Oracle 和 Sun 公司共同制定的网络计算机参考标准（Network Computer Reference Profile），NC 是一种使用基于 Java 技术的瘦客户机系统，它提供了一个混合系统，在该系统中，根据不同的应用建立方式，某些应用在服务器上执行，某些应用在客户机上执行。NC 针对 Internet/Intranet 标准而采用全新设计，开机时会下载 Java 小应用程序（Java Applet）供本地使用，并与安装在服务器上的应用相连，存取主机上的数据。由于下载频繁，因此 NC 只适用于高带宽的网络环境。

1.1.4 计算机的应用领域

计算机具有高速运算、逻辑判断、大容量存储和快速存取等特性，已成为现代人类社会的各个活动领域中越来越重要的工具。

计算机的应用范围相当广泛，涉及科学研究、军事技术、信息管理、工农业生产和文化教育等各个方面，具体可概括为以下几个方面。

（1）科学计算（数值计算）　科学计算是计算机最重要的应用之一。例如，工程设计、地震预测、气象预报、火箭和卫星发射等，都需要由计算机来承担庞大复杂的计算任务。

（2）数据处理（信息管理）　当前计算机应用最为广泛的是数据处理。人们用计算机收集、记录数据，经过加工产生新的信息形式。

（3）过程控制（实时控制）　计算机是生产自动化的基本技术工具，它对生产自动化的影响有两个方面：一是在自动控制理论上，现代控制理论处理复杂的多变量控制问题，其数学工具是矩阵方程和向量空间，必须使用计算机求解；二是在自动控制系统的组织上，由数字计算机和模拟计算机组成的控制器，是自动控制系统的大脑。计算机按照设计者预先规定的目标和计算程序以及反馈装置提供的信息，指挥执行机构动作。在综合自动化系统中，计算机赋予自动控制系统越来越大的智能性。

（4）计算机通信　现代通信技术与计算机技术相结合，构成联机系统和计算机网络，这是微型机具有广阔前途的一个应用领域。计算机网络的建立，不仅解决了一个地区、一个国家中计算机之间的通信和网络内各种资源的共享，还可以促进和发展国际的通信和各种数据的传输与处理。

（5）计算机辅助工程

1）计算机辅助设计（CAD）。利用计算机高速处理、大容量存储和图形处理的功能，辅助设计人员进行产品设计的技术，称为计算机辅助设计。计算机辅助设计技术已广泛应用于电路设计、机械设计、土木建筑设计以及服装设计等各个方面。

2）计算机辅助制造（CAM）。在机器制造业中，利用计算机及各种数控机床和设备，自动完成离散产品的加工、装配、检测和包装等制造过程的技术，称为计算机辅助制造。

3）计算机辅助教学（CAI）。学生通过与计算机系统之间的对话实现教学的技术，称为计算机辅助教学。

4）其他计算机辅助系统。例如，利用计算机辅助产品测试的计算机辅助测试（CAT）；利用计算机对学生的教学、训练和对教学事务进行管理的计算机辅助教育（CAE）；利用计算机对文字、图像等信息进行处理、编辑、排版的计算机辅助出版系统（CAP）等。

（6）人工智能　人工智能是利用计算机模拟人类某些智能行为（如感知、思维、推理、学习等）的理论和技术。它是在计算机科学、控制论等基础上发展起来的边缘学科，包括专家系统、机器翻译、自然语言理解等。

(7) 多媒体技术　多媒体技术是应用计算机技术将文字、图像、图形和声音等信息以数字化的方式进行综合处理，从而使计算机具有表现、处理、存储各种媒体信息的能力。多媒体技术的关键是数据压缩技术。

(8) 电子商务　电子商务（E-Business）是指利用计算机和网络进行的商务活动，具体地说，是指综合利用 LAN（局域网）、Intranet（企业内部网）和 Internet 进行商品与服务交易、金融汇兑、网络广告或提供娱乐节目等商业活动。交易的双方可以是企业与企业之间（B to B），也可以是企业与消费者之间（B to C）。电子商务是一种比传统商务更有效的商务方式，旨在通过网络完成核心业务、改善售后服务、缩短周转周期，从有限的资源中获得更大的收益，从而达到销售商品的目的，同时向人们提供新的商业机会、市场需求以及应对各种挑战。

(9) 信息高速公路　1993 年 9 月，美国政府推出了一项引起全世界瞩目的高科技系统工程——国家信息基础设施（National Information Infrastructure，NII），俗称“信息高速公路”，实质上就是高速信息电子网络。这项跨世纪的高科技信息基础工程的目标是：用光纤和相应的硬/软件及网络技术，把所有的企业、机关、学校、医院、图书馆以及普通家庭连接起来，使人们拥有更好的信息环境，做到无论何时、何地都能以最好的方式与自己想联系的对象进行信息交流。

(10) 云计算　云计算（Cloud Computing）是分布式计算技术的一种，其最基本的概念是通过网络将庞大的计算处理程序自动分拆成无数个较小的子程序，再交由多部服务器所组成的庞大系统经搜寻、计算、分析后将处理结果回传给用户。通过这项技术，网络服务提供者可以在数秒之内，处理数以千万计甚至亿计的信息，提供和“超级计算机”同样强大效能的网络服务。

最简单的云计算技术在网络服务中已经随处可见，如搜寻引擎、网络信箱等，使用者只要输入简单指令即能得到大量信息。

云计算有以下应用：云物联（即物联网）、云安全、云存储、云呼叫、私有云、云游戏、云教育、云会议、云社交和云集成等。

(11) 物联网　物联网是新一代信息技术的重要组成部分，其英文名称是“The Internet of things”。其含义是：第一，物联网的核心和基础仍然是互联网，是在互联网基础上的延伸和扩展的网络；第二，其用户端延伸和扩展到了任何物品与物品之间，进行信息交换和通信。物联网就是“物物相连的互联网”。物联网通过智能感知、识别技术与普适计算、泛在网络的融合应用，被称为继计算机、互联网之后世界信息产业发展的第三次浪潮。

1.2 计算机的基本组成及工作原理

1.2.1 计算机系统的组成

一个完整的计算机系统包括硬件系统和软件系统两大部分，如图 1-6 所示。

计算机硬件系统至少有 5 个基本组成部分：运算器、控制器、存储器、输入设备和输出设备。通常，计算机硬件系统可分为主机和外部设备两大部分。中央处理器（CPU）包含运算器和控制器两部分，它和存储器构成了计算机的主机。外存储器和输入、输出设备统称为外部设备。

软件系统包括系统软件和应用软件两大部分。

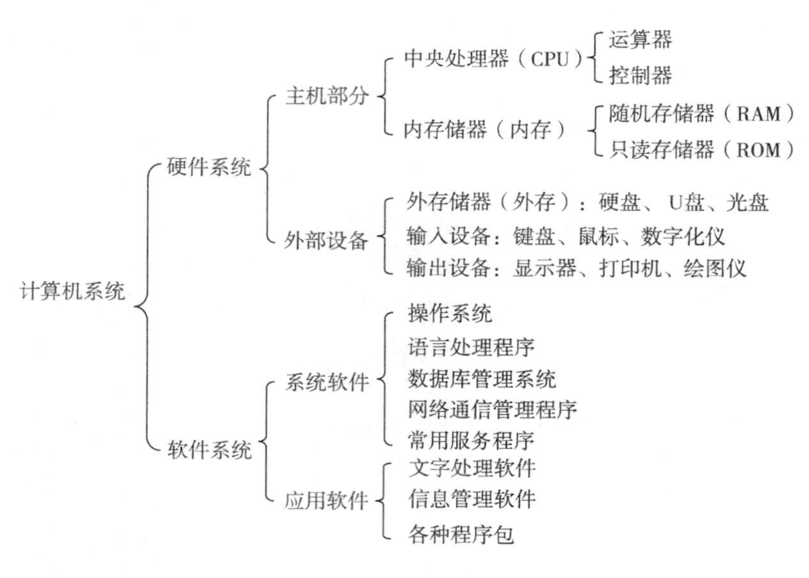

图 1-6　计算机系统的基本组成

1.2.2　计算机硬件系统及工作原理

1. 计算机硬件系统

第一台电子数字式通用计算机 ENIAC 的诞生仅仅表明人类发明了计算机，从而进入了“计算”时代。在体系结构和工作原理上具有重大影响的是在同一时期由美籍匈牙利数学家冯·诺依曼和他的同事们研制的 EDVAC 计算机。在 EDVAC 中采用了“程序存储”的概念。以此概念为基础的各类计算机统称为冯·诺依曼结构计算机。它的主要特点可以归纳如下：

1）计算机由 5 个基本部分组成：运算器、控制器、存储器、输入设备和输出设备。

2）程序和数据以同等地位存放在存储器中，并要按地址寻访。

3）程序和数据以二进制表示。

60 多年来，虽然计算机系统在性能指标、运算速度、工作方式、应用领域和价格等方面与当时的计算机有很大差别，但基本结构没有变，都属于冯·诺依曼结构计算机，如图 1-7 所示。图中实线为数据流，虚线为控制流。

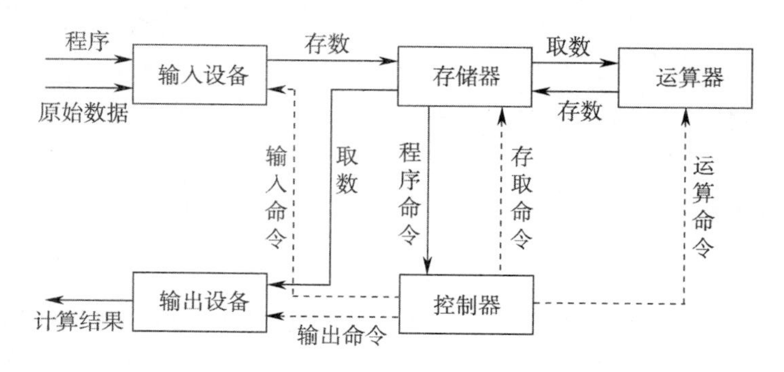

图 1-7　计算机系统的基本结构

（1）运算器　运算器又称算术逻辑单元（Arithmetic and Logic Unit，ALU），主要完成各种算术运算和逻辑运算，是对信息加工和处理的部件，由进行运算的运算元器件以及用来暂时寄存数据的寄存器、累加器等组成。运算器是计算机的核心部件，其技术性能的高低直接影响着计算机的运算速度和性能。

运算器中的数据取自内存，运算的结果又送回内存。运算器对内存的读写操作是在控制器的控制之下进行的。

（2）控制器　控制器是计算机的控制中心，它按照存储的指令步骤统一指挥各部件有条不紊地协调动作。控制器的主要功能是从内存中取出指令，对所取指令进行译码和分析，并产生相应的电子控制信号，启动相应的部件执行当前指令规定的操作，并指出当前所取指令的下一条指令在内存中的地址，使计算机实现程序的自动执行。控制器的功能决定了计算机的自动化程度。

控制器是计算机的神经中枢，只有在它的控制之下整个计算机才能有条不紊地工作，自动执行程序。控制器和运算器一起组成中央处理单元，即 CPU（Central Processing Unit）。随着集成电路技术的发展，运算器和控制器通常做在一块半导体芯片上，也称为中央处理器或微处理器。CPU 是计算机的核心和关键，计算机的性能主要取决于 CPU。

（3）存储器　存储器的主要功能是存放程序和数据。使用时，可以从存储器中取出信息，不破坏原有的内容，这种操作称为存储器的读操作；也可以把信息写入存储器，原来的内容被抹掉，这种操作称为存储器的写操作。

存储器通常分为内存储器和外存储器。

内存储器简称内存（又称主存），是计算机信息交流的中心。用户通过输入设备输入的程序和数据最初送入内存，控制器执行的指令和运算器处理的数据取自内存，运算的中间结果和最终结果保存在内存中，输出设备输出的信息来自内存，内存中的信息如要长期保存应送到外存储器中。总之，内存要与计算机的各个部件打交道，进行数据传送。因此，内存的存取速度直接影响计算机的运算速度。

外存储器设置在主机外部，简称外存（又称辅存），主要用来长期存放“暂时不用”的程序和数据。通常外存不和计算机的其他部件直接交换数据，只和内存交换数据，而且不是按单个数据进行存取，而是成批地进行数据交换。

存储器的有关术语简述如下。

1）位（bit）：存放一位二进制数即 0 或 1。

2）字节（Byte）：8 个二进制位为一个字节。为了便于衡量存储器的大小，统一以字节（Byte 简写为 B）为单位。容量一般用 KB、MB、GB、TB、PB 来表示，它们之间的关系是：1KB = 1024B，1MB = 1024KB，1GB = 1024MB，1TB = 1024GB，1PB = 1024TB，其中 $1024 = 2^{10}$。

（4）输入设备　输入设备用来接受用户输入的原始数据和程序，并将它们转变为计算机可以识别的形式（二进制）存放到内存中。常用的输入设备有键盘、鼠标、扫描仪、光笔、数字化仪和传声器（俗称话筒或麦克风）等。

（5）输出设备　输出设备用于将存放在内存中由计算机处理的结果转变为人们所能接受的形式。常用的输出设备有显示器、打印机、绘图仪和音响等。

2. 计算机基本工作原理

计算机开机后，CPU 首先执行固化在只读存储器（ROM）中的一小部分操作系统程序，这部分程序被称为基本输入输出系统（BIOS）。它启动操作系统的装载过程是：先把一部分操作系统程序从磁盘中读入内存，然后再由读入的这部分操作系统装载其他的操作系统程序。装载操作系统的过程称为自举或引导。操作系统被装载到内存后，计算机便可接收用户的命令，执行其他的程序，直到用户关机。

程序是由一系列指令所组成的有序集合，计算机执行程序就是执行这一系列指令。

（1）指令和程序的概念　指令就是让计算机完成某个操作所发出的指令或命令，即计算机完成某个操作的依据。一条指令通常由两部分组成：操作码和操作数。操作码指明该指令要完成的操作，如加、减、乘、除等；操作数是指参加运算的数或者数所在的单元地址。一台计算机所有指令的集合，称为该计算机的指令系统。

使用者根据解决某一问题的步骤，选用一条条指令进行有序排列。计算机执行了这一指令序列，便可完成预定的任务。这一指令序列就称为程序。显然，程序中的每一条指令必须是所用计算机的指令系统中的指令。因此，指令系统是提供给使用者编制程序的基本依据。指令系统反映了计算机的基本功能，不同的计算机其指令系统也不相同。

（2）计算机执行指令的过程　计算机执行指令一般分为两个阶段。首先，将要执行的指令从内存中取出送入 CPU，然后由 CPU 对指令进行分析译码，判断该条指令要完成的操作，向各部件发出完成该操作的控制信号，完成该指令的功能。当一条指令执行完后就处理下一条指令。一般将第一阶段称为取指周期，第二阶段称为执行周期。

（3）程序的执行过程　计算机在运行时，CPU 从内存中读出一条指令到 CPU 内执行，该指令执行完后，再从内存读出下一条指令到 CPU 内执行。CPU 不断地取出指令、执行指令，这就是程序的执行过程。

总之，计算机的工作就是执行程序，即自动、连续地执行一系列指令，而程序开发人员的工作就是编制程序。

1.2.3　计算机软件系统

软件是指程序、程序运行所需要的数据以及开发、使用和维护这些程序所需要的文档的集合。计算机软件极为丰富，要对软件进行恰当的分类是相当困难的。一种通常的分类方法是将软件分为系统软件和应用软件两大类。实际上，系统软件和应用软件的界限并不十分明显，有些软件既可以认为是系统软件，也可以认为是应用软件，如数据库管理系统。

1. 系统软件

系统软件是指控制计算机的运行、管理计算机的各种资源并为应用软件提供支持和服务的一类软件。在系统软件的支持下，用户才能运行各种应用软件。系统软件通常包括操作系统、语言处理程序和各种实用程序。

（1）操作系统（Operating System，OS）　为了使计算机系统的所有软、硬件资源协调一致、有条不紊地工作，就必须有一个软件来进行统一的管理和调度，这种软件就是操作系统。操作系统的主要功能是管理和控制计算机系统的所有资源（包括硬件和软件）。

一般而言，引入操作系统有两个目的：第一，从用户的角度来看，操作系统将裸机改造成一台功能更强、服务质量更高、使用更加灵活方便且更加安全可靠的虚拟机，以使用户能够无须了解许多有关硬件和软件的细节就能使用计算机，从而提高用户的工作效率；第二，为了合理地使用系统内包含的各种软、硬件资源，提高整个系统的使用效率和经济效益。

操作系统的出现是计算机软件发展史上的一个重大转折，也是计算机系统的一个重大转折。操作系统是最基本的系统软件，是现代计算机必配的软件。操作系统的性能很大程度上直接决定了整个计算机系统的性能。常用的操作系统有 Windows、UNIX、Linux、OS/2 和 Novell Netware 等。

（2）实用程序　实用程序用于完成一些与管理计算机系统资源及文件有关的任务。通常情况下，计算机能够正常地运行，但有时也会发生各种类型的问题，如硬盘损坏、感染病毒、运行速度下降等。预防和解决这些问题是一些实用程序的作用之一。另外，有些实用程序是为了用户能更容易、更方便地使用计算机，如压缩磁盘上的文件、提高文件在 Internet 上的传输速度。当今的操作系统都包含一些实用程序，如 Windows 中的备份、磁盘清理、磁盘碎片整理程序等，软件开发商也提供了一些独立的实用程序，如 Norton SystemWorks、McAfee Office 等。

实用程序有许多类型，最基本的有以下 5 种：

1）诊断程序。诊断程序能够识别并且改正计算机系统存在的问题。例如，Windows 7 中控制面板上“系统”图标所表示的程序列出了安装在系统中所有设备的详细情况，如果某个设备安装不正确，就会指出这个问题。还有 ScanDisk，能够彻底检查磁盘，查找磁盘上存在的存储错误，并进行自动修复。

2）反病毒程序。病毒是一种人为设计的以破坏磁盘上的文件为目的的程序，而反病毒程序可以查找并删除计算机上的病毒。因为经常会有新病毒产生，所以反病毒程序必须不断地更新才能保持杀毒效力，如国产的金山毒霸、国外的卡巴斯基等。

3）卸载程序。利用卸载程序，可以从硬盘上安全和完全地删除一个没有用的程序和相关的文件，如 Windows 7 中控制面板上“程序”图标所表示的程序等。

4）备份程序。备份程序能够把硬盘上的文件复制到其他存储设备上，以便原文件丢失或损坏后能够恢复，如 Windows 7 中的备份程序等。

5）文件压缩程序。文件压缩程序用来压缩磁盘上的文件，减小文件的长度，以便更有效地传输文件，如 WinRAR、WinZip 等。

（3）程序设计语言与语言处理程序

1）程序设计语言。人们要利用计算机解决实际问题，一般首先要编制程序。程序设计语言就是用户用来编写程序的语言，它是人们与计算机之间交换信息的工具，实际上也是人们指挥计算机工作的工具。

程序设计语言是软件系统的重要组成部分，一般可分为以下 3 类：

① 机器语言。机器语言是第一代计算机语言，它是由 0、1 代码组成的，能被计算机直接理解、执行的指令集合。这种语言编程质量高、所占空间少、执行速度快，是计算机唯一能够执行的语言。但机器语言不易学习和修改，且不同类型计算机的机器语言不同，只适合专业人员使用。现在已经没有人使用机器语言直接编程了。

② 汇编语言。汇编语言采用一定的助记符来代替机器语言中的指令和数据，又称为符号语言。汇编语言一定程度上克服了机器语言难读难改的缺点，同时保持了其编程质量高、占存储空间少、执行速度快的优点，因此在程序设计中，对实时性要求较高的地方，如过程控制等，仍经常采用汇编语言。该语言也依赖于计算机，不同的计算机一般也有着不同的汇编语言。

③ 高级语言。机器语言和汇编语言都是面向计算机的语言，一般称为低级语言。汇编语言再向自然语言方向靠近，便发展到了高级语言阶段。用高级语言编写的程序易学、易读、易修改，通用性好，不依赖于计算机，但计算机不能对其编制的程序直接运行，必须经过语言处理程序的翻译后才可以被计算机接受。高级语言的种类繁多，如面向过程的 FORTRAN、Pascal、C 语言等，面向对象的 C + + 、Java、Visual Basic 语言等。

2）语言处理程序。对于用某种程序设计语言编写的程序，通常要经过编辑处理、语言处理、装配链接处理后，才能够在计算机上运行。

① 汇编程序。将用汇编语言编写的程序（源程序）翻译成机器语言程序（目标程序），这一翻译过程称为汇编。汇编程序的功能如图 1-8 所示。

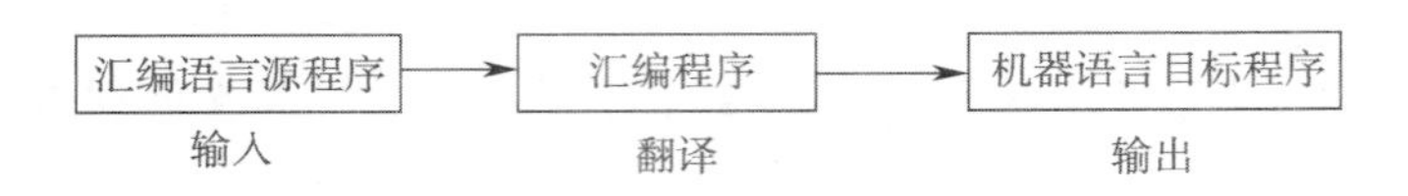

图 1-8　高级语言开发程序过程示意图

② 编译程序。将用高级语言编写的程序（源程序）翻译成机器语言程序（目标程序），这一翻译过程称为编译。

③ 解释程序。边扫描、边翻译、边执行的过程称为解释，该过程不产生目标程序。

（4）数据库管理系统　为了有效地利用大量的数据并妥善地保存和管理这些数据，20 世纪 60 年代末产生了数据库系统（Data Base System，DBS）。数据库系统主要由数据库（Data Base，DB）、数据库管理系统（Data Base Management System，DBMS）组成，当然还包括硬件和用户。

数据库是按一定的方式组织起来的数据的集合，它具有数据冗余度小、可共享等特点。

数据库管理系统的作用就是管理数据库，包括：建立数据库以及编辑、修改、增删数据库内容等数据维护功能；对数据的检索、排序、统计等使用数据库的功能；友好的交互式输入/输出能力；使用方便、高效的数据库编程语言；允许多用户同时访问数据库；提供数据独立性、完整性、安全性的保障。比较常用的数据库管理系统有 FoxPro、Oracle、Access 等。

2. 应用软件

应用软件是用户为了解决实际问题而编制的各种程序，如各种工程计算、模拟过程、辅助设计和管理程序，以及文字处理和各种图形处理软件等。

常用的应用软件有各种 CAD 软件、MIS 软件、文字处理软件和浏览器等。

1.3　微型计算机的组成

微型计算机又称为个人计算机（Personal Computer，PC），是计算机领域中发展最快的一类，被广泛地应用在各个方面。微型计算机系统也由硬件和软件两大部分组成。

1.3.1　微型计算机的硬件组成

1969 年 Intel 公司的 M. E. Hoff 设计了第一台微型计算机，使计算机迅速渗透到各个领域，成为企业、机关、军队、学校和家庭的常用工具。在人们使用微型计算机的过程中，也促使微型计算机向高速、微型化发展。不管是最早的 IBM PC，还是现在的 Pentium 机，它们的基本结构都是由显示器、键盘和主机构成。图 1-9 所示是从外部看到的典型的多媒体微型计算机系统。

图 1-9　典型的微型计算机系统

1. CPU

在微型计算机中，运算器和控制器被制作在同一块半导体芯片上，称为中央处理单元，简称CPU，也称中央处理器或微处理器。在近20年中，CPU的技术水平飞速提高，最具代表性的产品是美国Intel公司的微处理器系列，先后有4004、4040、8080、8085、8088、8086、80286、80386、80486、Pentium（奔腾）和Core（酷睿）系列等产品，功能越来越强，工作速度越来越快，内部结构越来越复杂，从每秒完成几十万次基本运算发展到上百亿次，每个微处理器包含的半导体电路元器件从2000多个发展到数十亿个。往往CPU是微型计算机的时代标志，Intel在2000年11月发布的Pentium 4系列微处理器历经多次改进在市场上奔腾了五年之久。图1-10所示为Intel Pentium 4、Core i7和AMD羿龙Ⅱ处理器的标志。

图1-10　Intel Pentium 4、Core i7和AMD羿龙Ⅱ处理器标志

CPU的功能是计算机的主要技术指标之一，人们习惯用CPU的档次来大体表示微型计算机的规格。例如，使用了Intel Core i5的微型计算机便称为i5机型，装有AMD羿龙Ⅱ的微机称为羿龙Ⅱ机型。

CPU的产品并非只出于Intel公司一家，Apple、AMD和高通等也是著名的生产微处理器产品的公司。

2002年8月，在中科院计算所知识创新工程的支持下，龙芯课题组推出的龙芯1号CPU是兼顾通用及嵌入式CPU特点的新一代32位CPU，这标志着我国在现代通用微处理器设计方面实现了“零”的突破，打破了我国长期依赖国外CPU产品的无“芯”历史，也标志着国产安全服务器CPU和通用的嵌入式微处理器产业化的开始。目前性能最高的龙芯3B是首款国产商用8核处理器，主频达到1GHz，支持向量运算加速，峰值计算能力达到128GFLOPS，具有很高的性能功耗比。龙芯3B主要用于高性能计算机、高性能服务器、数字信号处理等领域。图1-11所示为龙芯1号，图1-12所示为龙芯3B。

图1-11　龙芯1号

图1-12　龙芯3B

2. 系统主板

系统主板是微型计算机中最大的一块集成电路板，如图1-13所示。主板上有控制芯片组、CPU插座、BIOS芯片、内存条插槽，系统板上也集成了SATA硬盘接口、两个串行接口、USB（Universal Serial Bus，通用串行总线）等外部设备接口、PCI（Peripheral Component Interconnect，外部设备互联）局部总线扩展槽、PCI-E扩展槽、PCI-E 2.0扩展槽以及一些连接其他部件的接口等。

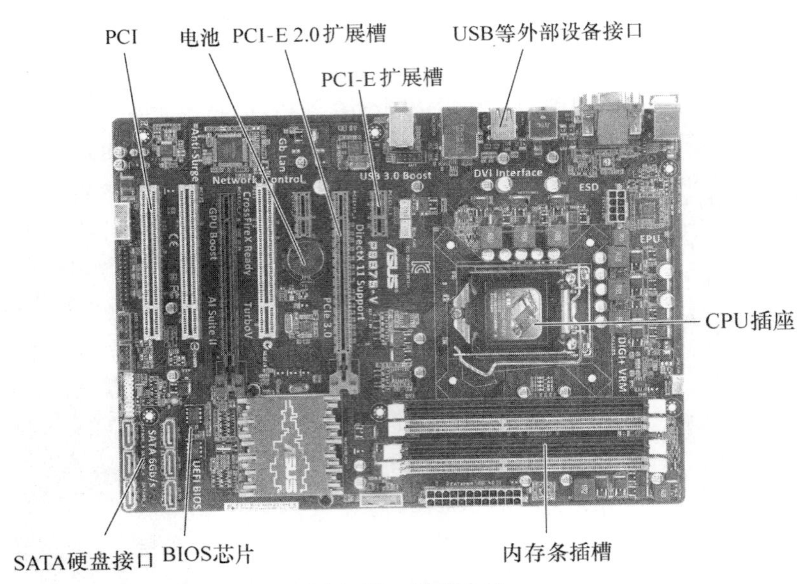

图 1-13　系统主板

3. 内部存储器（简称内存）

内存是微型计算机的重要部件之一，它是存放程序与数据的装置，一般由记忆元器件和电子线路构成。记忆元器件有磁心、磁带、磁盘、半导体记忆元器件和光盘等。在计算机里，内存按其功能特征可分为以下 3 类：

（1）随机存取存储器（Random Access Memory，RAM）　通常 RAM 指计算机的主存，CPU 对它们既可读出数据又可写入数据。但是，一旦关机断电，RAM 中的信息将全部消失。

现在微机上广泛采用动态随机存储器 DRAM 作为主存。DRAM 的特点是数据信息以电荷形式保存在小电容器内，由于电容器放电回路的存在，超过一定的时间后，存放在电容器内的电荷就会消失，因此必须对小电容器周期性刷新来保存数据。DRAM 的优点是功耗低、集成度高、成本低。DRAM 中的 SDRAM（Synchronous DRAM，同步动态随机存储器）是 Pentium 计算机系统普遍使用的内存形式，它的刷新周期与系统时钟保持同步，使 RAM 和 CPU 以相同的速度同步工作，取消等待周期，减少了数据存取时间。

目前正在使用的是第三代 DDR 内存，即 DDR3 SDRAM。DDR SDRAM 是 Double Data Rate SDRAM 的缩写，即双倍速率同步动态随机存储器。DDR 内存是在 SDRAM 内存基础上发展而来的，仍然沿用 SDRAM 生产体系，因此对于内存厂商而言，只需对制造普通 SDRAM 的设备稍加改进，即可实现 DDR 内存的生产，可有效地降低成本。

微型计算机上使用的动态随机存储器被制作成内存条，内存条需要插在系统主板的内存插槽上。DDR3 内存条的接口有 240 针，一条内存芯片的容量有 1GB、2GB、4GB、8GB 等不同的规格。图 1-14 所示为内存条。

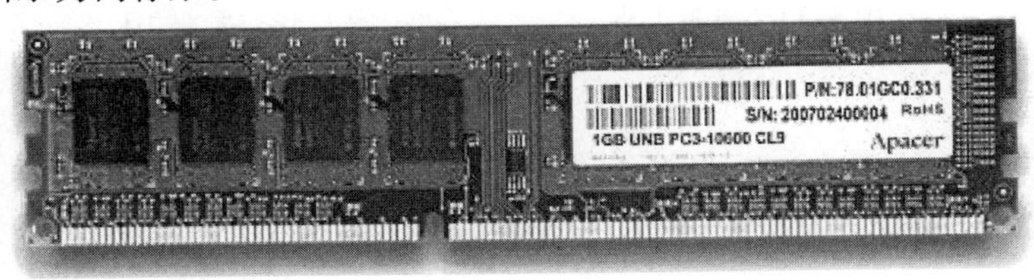

图 1-14　内存条

（2）只读存储器（Read Only Memory，ROM）　CPU 对 ROM 只取不存，ROM 存放的信息一般由计算机制造厂写入并经固化处理，用户是无法修改的。即使断电，ROM 中的信息也不会丢失。因此，ROM 中一般存放计算机系统管理程序。

近年来，在微型计算机上常采用称为“电可擦写 ROM”（EPROM 或 EEPROM）的存储元器件，在微型计算机正常工作状态或关机状态下，其功能与普通的 ROM 相同。运行专门的程序，可以通过微型计算机内专设的电子线路，使其进入像 RAM 一样的工作状态，改写其中的内容。退出这种状态后，新的内容可被长期保存。电可擦写 ROM 的采用，可以使计算机在不更换硬件的条件下，升级基本输入输出系统（ROM BIOS），适应新的需要，但同时也为 CIH 之类的计算机病毒提供了一个新的破坏对象。

基本输入输出系统（Basic Input-Output System，BIOS）保存着计算机系统中最重要的基本输入/输出程序、系统信息设置、自检和系统自举程序，并反馈诸如设备类型、系统环境等信息。现在的主板还在 BIOS 芯片中加入了电源管理、CPU 参数调整、系统监控、PnP（即插即用）、病毒防护等功能。BIOS 的功能变得越来越强大，而且对于许多类型的主板来说，厂家还会不定期地对 BIOS 进行升级。

（3）高速缓冲存储器（Cache）　现今的 CPU 速度越来越快，它访问数据的周期甚至达到了几纳秒（ns），而 RAM 访问数据的周期最快也需要 50ns。计算机在工作时，CPU 频繁地和内存交换信息，当 CPU 从 RAM 中读取数据时，就不得不进入等待状态，放慢它的运行速度，因此极大地影响了计算机的整体性能。为了有效地解决这一问题，目前在微型计算机上也采用了高速缓冲存储器（Cache）技术。

Cache 是介于 CPU 和内存之间的一种可高速存取信息的芯片，是 CPU 和 RAM 之间的桥梁，用于解决它们之间的速度冲突问题，其访问速度是 DRAM 的 10 倍左右。在 Cache 内保存了主存中某部分内容的备份，通常是最近曾被 CPU 使用过的数据。CPU 要访问内存中的数据，先在 Cache 中查找，当 Cache 中有 CPU 所需的数据时，CPU 直接从 Cache 中读取，如果没有，就从内存中读取数据，并把与该数据相关的一部分内容复制到 Cache，为下一次的访问做好准备，从而提高了工作效率。

通常 Cache 分为两种：CPU 内部的 Cache 和 CPU 外部的 Cache。CPU 内部的 Cache 称为 L1（一级）Cache，而主板上的 Cache 则称为 L2（二级）Cache 或外部 Cache，主要用于弥补容量过小的 CPU 内部 Cache，一般为 256KB 或 512KB。

4. 外部存储器

一些大型的项目往往涉及几百万个数据，甚至更多。这就需要配置第二类存储器（辅助存储器），如磁盘（磁盘类存储器分为软盘和硬盘两种）、磁带、光盘等，称为外部存储器，简称外存。外存中的数据一般不能直接送到运算器，只能成批地将数据转运到内存，再进行处理。只有配置了大容量、高速存取的外存储器，才能处理大型项目。常用的外存储器有以下几种：

（1）硬盘　硬盘由硬盘控制电路板和外壳（铁壳）组成。硬盘控制电路板是由一些电子线路、控制主机和硬盘连接的芯片组组合而成的电路板；外壳是由金属盘片、磁头驱动臂（其上有读/写磁头）、启动电动机、主轴电动机和无尘空气组成，如图 1-15 所示。硬盘片是由涂有磁性材料的铝合金构成。硬盘内部结构如图1-16所示。硬盘像软盘一样，也划分成面、磁道和扇区，但二者有以下几点不同：

图 1-15　硬盘外观

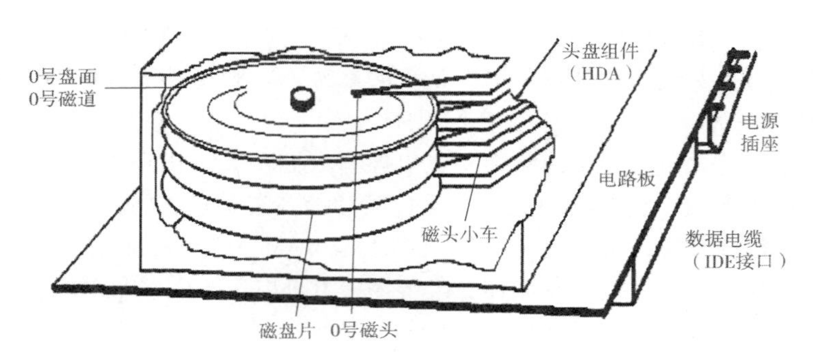

图 1-16　硬盘内部结构

1）一个硬盘由若干个磁性圆盘组成，每个圆盘有两个面，依次称为 0 面、1 面。每个面各有 1 个读写磁头。不同规格的硬盘面数不一定相同，各面上磁道号相同的磁道合称为一个柱面。

2）每个面上的磁道数和每个磁道上的扇区也随硬盘规格的不同而不同。

3）读写硬盘时，由于磁性圆盘高速旋转产生的托力使磁头悬浮在盘面上而不接触盘面。

4）由于硬盘在工作时高速旋转，故一个磁道上的扇区编号按某个数跳跃编排，而非连续编号，这个数称为硬盘的交叉因子。选择适当的交叉因子可使硬盘驱动器读写扇区的速度与硬盘旋转速度相匹配，提高存取数据的速度。

硬盘容量可按下式计算：

硬盘容量(MB) =(磁头数 × 柱面数 × 每道扇区数 × 每道扇区字节数)/(1024 × 1000)

目前硬盘的接口制式主要有 IDE（即 AT BUS）和 SCSI 两种。不同制式的硬盘，使用不同的控制卡和不同的安装方式。

（2）光盘　光盘存储器也是微型计算机上使用较多的存储设备。其中，只读型光盘 CD-ROM（Compact Disk-ROM）只能从盘上读取预先存入的数据或程序。图 1-17 所示为 CD-ROM 驱动器的外观。在计算机上用于衡量光盘驱动器传输数据速率的指标叫作倍速，1 倍速为 150KB/s。如果在一个 24 倍速光驱上读取数据，数据传输速率可达到 24 × 150KB/s = 3.6MB/s。

使用得较多的是一次性可写入光盘 CD-R（CD-Recordable），但需要专门的光盘刻录机才能完成数据的写入。常见的一次性可写入光盘的容量为 650MB。

一个 CD-ROM 的容量 = 扇区数 × 每扇区字节数 = 333000 × 2048B = 650MB。

CD-ROM 的后继产品为 DVD-ROM（Digital Versatile Disk-ROM）。DVD-ROM 向下兼容，可读音频 CD 和 CD-ROM。DVD-ROM 单面单层的容量为 4.7GB；单面双层的容量为 7.5GB；双面双层的容量可达到 17GB。DVD-ROM 倍速是 1.3MB/s。

另外，蓝光光盘（Blu-ray Disc，BD）是 DVD 之后的下一代光盘格式之一，用以储存高品质的影音以及高容量的数据。一个单层的蓝光光盘的容量为 25GB 或 27GB，足够录制一个长达 4 小时的高解析影片。以 6X 倍速烧录单层 25GB 的蓝光光盘只需大约 50 分钟。而双层的蓝光光盘容量可达到 46GB 或 54GB，足够烧录一个长达 8 小时的高解析影片。而容量为 100GB 或 200GB 的蓝光光盘，分别是 4 层和 8 层。

（3）移动存储器　随着网络和多媒体应用技术的发展，以前只适用于小型文件备份和交换的 1.44MB 软盘已经无法满足用户的需求。而硬盘驱动器拆装麻烦，又不易携带。近几年出现的移动存储器是一个容量大、方便携带的外存储器。目前广泛使用的移动存储器主要有 U 盘（图 1－18）和移动硬盘两种。

图 1-17　CD-ROM

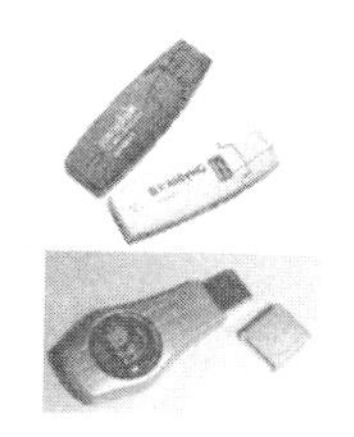

图 1-18　U 盘

U 盘自从面世以来，凭借着比软盘容量更大、速度更快、体积更小、抗震更强、功耗更低、寿命更长和具有数据加密功能等众多优点，已在移动存储领域占有重要地位。U 盘主要由两颗芯片组成——主控芯片和 Flash（闪存）芯片，其中后者为核心部件。利用 USB 接口，U 盘可以与几乎所有的计算机连接。

作为目前随身数据存储与交流的必要设备，U 盘已经成为人们日常工作、生活中必不可少的产品之一。然而，U 盘最大的问题是容量不是非常大，一般在 2～32GB 之间，对于影视业、广告业等需要保存繁多而庞大图像、声音和视频文件的专业用户来讲是远远不够的，也不适合计算机系统的备份等，因而需要用存储量更大的存储设备，即移动硬盘。

所谓移动硬盘，主要指采用计算机标准接口（USB/IEE1394）的硬盘，其实就是用小巧的笔记本计算机硬盘，加上特制的配套硬盘盒构成的一个便携的大容量存储系统。它的优点很明显：

1）容量大。目前移动硬盘容量少至 160GB，大至 4TB 以上，非常适合携带大型图库、数据库、软件库的需要。

2）兼容性好，即插即用。为了确保在"所有"的计算机上都能使用，移动硬盘采用了计算机外设产品的主流接口 USB 与火线（IEEE 1394）接口，通过 USB 线或者 1394 连线能轻松与计算机连接，而且在 Windows XP 及以上系统中完全不用安装任何驱动程序，即插即用，十分方便。

3）速度快。USB 1.1 标准接口传输速率是 12Mbit/s，USB 2.0 标准接口传输速率是 480Mbit/s，IEEE 1394 接口的传输速率是 400Mbit/s，即当采用 IEEE 1394 接 E1 进行数据交换时，保存一个 2GB 的文件只需要 3 分钟就可轻松完成，远胜过其他移动存储设备，特别适合 DV 这种巨大的视频和音频流的存储与交流。

4）外观时尚，体积小，重量轻。既然硬盘需要经常"移动"使用，自然越轻巧越好。通常的 USB 移动硬盘体积仅仅如商务通般大小，重量只有 200g 左右，无论是放在包中还是口袋内都十分轻巧，不管是出差旅行、邮寄速递等远距离移动，还是在单位与单位、单位与家中的移动均能应付自如。

5）安全可靠性好。通常，笔记本式计算机硬盘相对于普通计算机内置硬盘来说具有更出色的防震性能，在震动强烈的情况下盘片会自动停转，磁头处于安全区，确保不会有任何损坏。因此，采用笔记本式计算机硬盘作为主体的移动硬盘具备很高的安全性。

5. 显卡

显卡全称为显示适配器（Video Adapter），是个人计算机最基本组成部分之一。显卡的用途是承担输出显示图形的任务，对于从事专业图形设计的人来说显卡非常重要。民用独立显卡图形芯片供应商主要包括 Nvidia（英伟达）和 AMD（超威半导体）两家。显卡由 GPU、显存以及其他部件组成。

GPU（Graphic Processing Unit）的中文翻译为"图形处理器"，是相对于 CPU 的一个概念，由于在现代的计算机中图形的处理变得越来越重要，因此需要一个专门的图形核心处理器。GPU 减少了图形的输出显示对 CPU 的依赖，并进行部分原本 CPU 的工作，尤其是在 3D 图形处理时，而硬件 T&L（几何转换和光照处理）技术可以说是 GPU 的标志。

显存的主要功能就是暂时储存显示芯片要处理的数据和处理完毕的数据。

显卡有独立显卡、集成显卡、核心显卡 3 种。

1）独立显卡是指将 GPU、显存及其相关电路单独做在一块电路板上，自成一体而作为一块独立的板卡存在，它需占用主板的扩展插槽（目前为 PCI-E 2.0）。独立显卡的优点：单独安装有显存，一般不占用系统内存，在技术上也较集成显卡先进得多，比集成显卡能够得到更好的显示效果和性能。独立显卡的缺点：系统功耗有所加大，发热量也较大，需额外花费购买显卡的资金，同时（特别是对笔记本计算机）占用更多空间。图 1-19 所示是独立显卡的外观。

2）集成显卡是将显示芯片、显存及其相关电路都集成在主板上，集成显卡的显示芯片大部分都集成在主板的北桥芯片中；集成显卡的显示效果与处理性能相对较弱。集成显卡的优点：功耗低、发热量小。集成显卡的缺点：性能相对略低，因其固化在主板上所以无法更换。

图 1-19　独立显卡

3）核芯显卡是 Intel 公司生产的新一代图形处理核心，和以往的显卡设计不同，Intel 将图形核心与处理核心整合在同一块基板上，构成一颗完整的处理器。核芯显卡的优点：低功耗、高性能、节省空间。核芯显卡的缺点：配置核芯显卡的 CPU 通常价格较高，同时其难以胜任大型游戏。

6. I/O 总线与扩展槽

总线是计算机中传输数据信号的通道。总线的传输方式是并行的，所以也称并行总线。所谓 I/O（Input-Output，输入/输出）总线，就是 CPU 互联 I/O 设备，并提供外部设备访问系统存储器和 CPU 资源的通道。在 I/O 总线上通常传输数据、地址和控制信号这 3 种信号。传输数据信号的总线称为数据总线，传输地址信号的总线称为地址总线，传输控制信号的总线称为控制总线，所以 I/O 总线由这 3 种总线构成。总线就像“高速公路”，总线上传输的信号则被视为高速公路上的“车辆”。显而易见，在单位时间内公路上通过的“车辆”数直接依赖于公路的宽度、质量。因此，I/O 总线技术成为微型计算机系统结构的一个重要方面。

微型计算机采用开放体系结构，在系统主板上装有多个扩展槽，扩展槽与板上的 I/O 总线相连，任何插入扩展槽的电路板（如显示卡、声卡）就可通过 I/O 总线与 CPU 连接，这为用户自己组合可选设备提供了方便。

目前可见到的总线结构与扩展槽有以下几种：

（1）PCI　PCI（Peripheral Component Interconnect 外部设备互联）总线是 1991 年由 Intel 公司推出的，用于解决外部设备接口的总线。PCI 总线传送数据宽度为 32 位，可以扩展到 64 位，工作频率为 33MHz，数据传输率可达 133MB/s。

（2）PCI-E　PCI-E（PCI Express）是新一代的总线接口。2002 年完成的包括 Intel、AMD、Dell、IBM 在内的 20 多家业界主导公司起草的新技术规范，对其正式命名为 PCI Express。它采用了目前业内流行的点对点串行连接，比起 PCI 以及更早期的计算机总线的共享并行架构，每个设备都有自己的专用连接，不需要向整个总线请求带宽，而且可以把数据传输率提高到一个很高的频率，达到 PCI 所不能提供的高带宽。

（3）SATA　SATA（Serial Advanced Technology Attachment，串行高级技术附件）是一种基于行业标准的串行硬件驱动器接口，是 Intel 公司在 IDF 2000 大会上推出的，该技术最大的优势是传输速率高。2003 年发布的 SATA 1.0 规格提供的传输率就已经达到了 150MB/s，不但已经高出普通 IDE 硬盘所提供的 100MB/s（ATA100），甚至超过了 133MB/s（ATA133）的最高传输速率。

SATA 在数据可靠性方面也有了大幅度提高。SATA 可同时对指令及数据封包进行循环冗余校验（CRC），可检测出所有单比特和双比特的错误，这样能够检测出 99.998% 可能出现的错误。节省空间是 SATA 最具吸引力之处，更有利于机箱内部的散热，线缆间的串扰也得到了有效控制。

（4）USB　USB（Universal Serial Bus，通用串行总线）是一种新型的输入/输出总线。USB 接口提供电源，USB 设备可以起集线器作用，通过集线器可同时连接 127 台输入/输出设备，包括显示器、键盘、鼠标、扫描仪、光笔、数字化仪、打印机、绘图仪和调制解调器等外部设备。

2000 年制定的 USB 2.0 标准理论传输速度为 480Mbit/s，即 60MB/s，但实际传输速度一般不超过 30MB/s，大多数 USB 设备采用这种标准。

USB 3.0 也被认为是 SuperSpeed USB，在保持与 USB 2.0 的兼容性的同时，还提供了高达 5Gbit/s 全双工传输速度。

7. 输入/输出设备

输入设备将数据、程序等转换成计算机能接受的二进制码，并将它们送入内存。常用输入设备有键盘、鼠标、扫描仪、光笔、触摸屏和数字化仪等，如图 1-20 所示。

图 1-20　键盘和鼠标

输出设备将计算机处理的结果转换成人们能够识别的数字、字符、图像、声音等，并显示、打印或播放出来。常用的输出设备有显示器、打印机、绘图仪等，如图 1-21 所示。其中，显示器是微型计算机必要的输出设备。

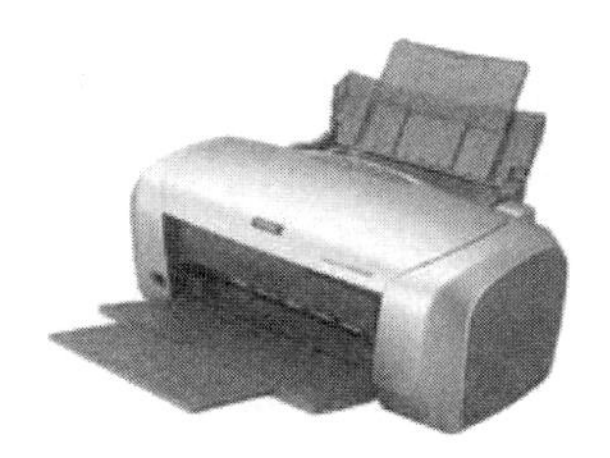

图 1-21　显示器和打印机

通常用像素间距来描述显示器显示图像的精细度，目前常用的显示器像素间距有 0.28mm、0.26mm、0.25mm、0.24mm 等，间距越小图像越清晰，Apple 公司的 Retina Display（视网膜显示）技术使用了直径仅 78μm 的超小像素。此外，还用显示器的分辨率来描述显示器在水平方向和垂直方向能显示的像素个数。例如，显示器的分辨率为 1024×768 像素，就表面该显示器在水平方向能显示 1024 个像素，在垂直方向能显示 768 个像素。

输入/输出设备是计算机上不可或缺的组成部分，任何输入/输出设备都要向 CPU 发送数据或从 CPU 取得数据。输入/输出接口就是 CPU 和输入/输出设备之间传送数据的部件。曾经微型计算机上必不可少的两种输入/输出接口是并行端口和串行端口，现在并行端口和串行端口已基本被 USB 接口取代。

1.3.2 微型计算机的性能指标

衡量微型计算机性能的好坏，有下列几项主要技术指标：

（1）字长　字长是指微型计算机能直接处理的二进制信息的位数。字长越长，微型计算机的运算速度就越快，运算精度就越高，内存容量就越大，微型计算机的性能就越强（支持的指令多）。

（2）内存容量　内存容量是指微型计算机内存储器的容量，它表示内存储器所能容纳信息的字节数。内存容量越大，它所能存储的数据和运行的程序就越多，程序运行的速度就越高，微型计算机的信息处理能力就越强，所以内存容量也是微型计算机的一个重要性能指标。

（3）存取周期　存取周期是指对存储器进行一次完整的存取（即读/写）操作所需的时间，即存储器进行连续存取操作所允许的最短时间间隔。存取周期越短，则存取速度越快。存取周期的大小影响微型计算机运算速度的快慢。

（4）主频　主频是指微型计算机 CPU 的时钟频率，其单位是 MHz（兆赫兹）。主频的大小在很大程度上决定了微型计算机运算速度的快慢，主频越高，微型计算机的运算速度就越快。

（5）运算速度　运算速度是指微型计算机每秒能执行多少条指令，其单位为 MIPS（百万条指令/s）。由于执行不同的指令所需的时间不同，因此，运算速度有不同的计算方法。

1.4 计算机的数制和信息表示

1.4.1 计算机采用二进制数的原因

计算机是对数据信息进行高速自动化处理的机器，而这些数据信息是以数字、字符、符号以及表达式等形式来体现的，并以二进制编码形式与计算机中的电子元器件状态相对应。二进制与计算机之间的密切关系，与二进制本身所具有的特点是分不开的，概括起来有以下几点：

（1）可行性　采用二进制，只有 0 和 1 两种状态，这在物理上是极易实现的。例如，电平的高与低、电流的有与无、开关的接通与断开、晶体管的导通与截止、灯的亮与灭等两个截然不同的对立状态都可用来表示二进制。计算机中通常是采用双稳态触发电路来表示二进制数的，这比用十稳态电路来表示十进制数要容易得多。

（2）简易性　二进制数的运算法则简单。例如，二进制数的求和法则只有以下 3 种：

$0+0=0$

$0+1=1+0=1$

$1+1=10$（逢二进一）

而十进制数的求和法则却有 100 种之多。因此，采用二进制可以使计算机运算器的结构大为简化。

（3）逻辑性　由于二进制数符 1 和 0 正好与逻辑代数中的真（True）和假（False）相对应，所以用二进制数来表示二值逻辑并进行逻辑运算是十分自然的。

（4）可靠性　由于二进制只有 0 和 1 两个符号，因此在存储、传输和处理时不容易出错，这使计算机具有较高的可靠性得到了保障。

1.4.2 计算机中的进制表示

1. 进位计数制

（1）数制　数制也称为计数制，是指用一组固定的符号和统一的规则来表示数值的方法。

（2）进位计数制　按进位的方法进行计数，称为进位计数制。在日常生活和计算机中采用的都是进位计数制。

（3）数位、基数和位权　在进位计数制中有数位、基数和位权3个要素。

1）数位：数码在一个数中所处的位置。

2）基数：在某种进位计数制中，每个数位上所能使用的数码的个数。例如，在十进位计数制中，每个数位上可以使用0～9这10个数码，即基数为10。

3）位权：在某种进位计数制中，每个数位上的数码所代表的数值的大小，等于在这个数位上的数码乘上一个固定的数值，这个固定的数值就是此种进位计数制中该数位上的位权。数码所处的位置不同，代表的数的大小也不同。

2. 常用的进位计数制

进位计数制很多，这里主要介绍与计算机技术有关的几种常用的进位计数制。

（1）十进制　十进位计数制简称十进制。十进制数具有下列特点：

1）有10个不同的数码符号0，1，2，3，4，5，6，7，8，9。

2）每一个数码符号根据它在这个数中所处的位置（数位），按“逢十进一”来决定其实际数值，即各数位的位权是以10为底的幂次方。

例如$(123.456)_{10}$，以小数点为界，从小数点往左依次为个位、十位、百位，从小数点往右依次为十分位、百分位、千分位。因此，小数点左边第一位数3代表数值3，即3×10^0；第二位数2代表数值20，即2×10^1；第三位数1代表数值100，即1×10^2。小数点右边第一位数4代表数值0.4，即4×10^{-1}；第二位数5代表数值0.05，即5×10^{-2}；第三位数6代表数值0.006，即6×10^{-3}。因而该数可表示为如下形式：

$$(123.456)_{10}=1\times10^2+2\times10^1+3\times10^0+4\times10^{-1}+5\times10^{-2}+6\times10^{-3}$$

由上述分析可归纳出，任意一个十进制数S，均可表示为如下形式：

$$(S)_{10}=S_{n-1}\times10^{n-1}+S_{n-2}\times10^{n-2}+\cdots+S_1\times10^1+S_0\times10^0+S_{-1}\times10^{-1}+S_{-2}\times10^{-2}+\cdots+S_{-m}\times10^{-m}$$

式中，S_n为数位上的数码，其取值范围为0～9；n为整数位个数，m为小数位个数，10为基数，10^{n-1}，10^{n-2}，…，10^1，10^0，10^{-1}，…，10^{-m}是十进制数的位权。在计算机中，一般用十进制数作为数据的输入和输出。

（2）二进制　二进位计数制简称二进制。二进制数具有下列特点：

1）有两个不同的数码符号0，1。

2）每个数码符号根据它在这个数中的数位，按“逢二进一”来决定其实际数值。例如：

$$(11011.101)_2=1\times2^4+1\times2^3+0\times2^2+1\times2^1+1\times2^0+1\times2^{-1}+0\times2^{-2}+1\times2^{-3}=(27.625)_{10}$$

任意一个二进制数S，均可以表示为如下形式：

$$(S)_2=S_{n-1}\times2^{n-1}+S_{n-2}\times2^{n-2}+\cdots+S_1\times2^1+S_0\times2^0+S_{-1}\times2^{-1}+S_{-2}\times2^{-2}+\cdots+S_{-m}\times2^{-m}$$

式中，S_n为数位上的数码，其取值范围为0～1；n为整数位个数，m为小数位个数；2为基数，2^{n-1}，2^{n-2}，…，2^1，2^0，2^{-1}，…，2^{-m}是二进制数的位权。

（3）八进制　八进位计数制简称八进制。八进制数具有下列特点：

1）有8个不同的数码符号0，1，2，3，4，5，6，7。

2）每个数码符号根据它在这个数中的数位，按“逢八进一”来决定其实际的数值。例如：

$(123.24)_8 = 1 \times 8^2 + 2 \times 8^1 + 3 \times 8^0 + 2 \times 8^{-1} + 4 \times 8^{-2} = (83.3125)_{10}$

任意一个八进制数 S，均可以表示为如下形式：

$(S)_8 = S_{n-1} \times 8^{n-1} + S_{n-2} \times 8^{n-2} + \cdots + S_1 \times 8^1 + S_0 \times 8^0 + S_{-1} \times 8^{-1} + S_{-2} \times 8^{-2} + \cdots + S_{-m} \times 8^{-m}$

式中，S_n为数位上的数码，其取值范围为 0 ~ 7；n 为整数位个数，m 为小数位个数；8 为基数，8^{n-1}，8^{n-2}，…，8^1，8^0，8^{-1}，…，8^{-m}是八进制数的位权。八进制数是计算机中常用的一种计数方法，它可以弥补二进制数书写位数过长的不足。

（4）十六进制　十六进位计数制简称十六进制。十六进制数具有下列特点：

1）有 16 个不同的数码符号 0，1，2，3，4，5，6，7，8，9，A，B，C，D，E，F。由于数字只有 0 ~ 9 这 10 个，而十六进制要使用 16 个数字，所以用 A ~ F 这 6 个英文字母分别表示数字 10 ~ 15。

2）每个数码符号根据它在这个数中的数位，按“逢十六进一”来决定其实际的数值。例如：

$(3AB.48)_{16} = 3 \times 16^2 + A \times 16^1 + B \times 16^0 + 4 \times 16^{-1} + 8 \times 16^{-2} = (939.28125)_{10}$

任意一个十六进制数 S，均可表示为如下形式：

$(S)_{16} = S_{n-1} \times 16^{n-1} + S_{n-2} \times 16^{n-2} + \cdots + S_1 \times 16^1 + S_0 \times 16^0 + S_{-1} \times 16^{-1} + \cdots + S_{-m} \times 16^{-m}$

式中，S_n为数位上的数码，其取值范围为 0 ~ F；n 为整数位个数，m 为小数位个数；16 为基数，16^{n-1}，16^{n-2}，…，16^1，16^0，16^{-1}，…，16^{-m}为十六进制数的位权。

十六进制数是计算机常用的一种计数方法，它可以弥补二进制数书写位数过长的不足。

总结以上 4 种计数制，可将它们的特点概括如下：

1）每一种计数制都有一个固定的基数 R（R 为大于 1 的整数），它的每一数位可取 0 ~ R 个不同的数值。

2）每一种计数制都有自己的位权，并且遵循“逢 R 进一”的原则。

对于任一种 R 进位计数制数 S，均可表示为

$$(S)_R = \pm(S_{n-1}R^{n-1} + S_{n-2}R^{n-2} + \cdots + S_1R^1 + S_0R^0 + S_{-1}R^{-1} + \cdots + S_{-m}R^{-m})$$

式中，S_i表示数位上的数码，其取值范围为 0 ~ R − 1；R 为计数制的基数，i 为数位的编号（整数位取 n − 1 ~ 0，小数位取 − 1 ~ − m）。

表 1-1 中列出了几种常用进位计数制的表示法。

表 1-1　十进制、二进制、八进制、十六进制数的常用表示方法

十进制数	二进制数	八进制数	十六进制数
0	0	0	0
1	1	1	1
2	10	2	2
3	11	3	3
4	100	4	4
5	101	5	5
6	110	6	6
7	111	7	7
8	1000	10	8
9	1001	11	9
10	1010	12	A

（续）

十进制数	二进制数	八进制数	十六进制数
11	1011	13	B
12	1100	14	C
13	1101	15	D
14	1110	16	E
15	1111	17	F
16	10000	20	10

表 1-2 列出了几种常用进位计数制数位的位权。

表 1-2　常用进位计数制数位的位权

数位	十进制权	二进制权	八进制权	十六进制权
S_0	$1=10^0$	$1=2^0$	$1=8^0$	$1=16^0$
S_1	$10=10^1$	$2=2^1$	$8=8^1$	$16=16^1$
S_2	$100=10^2$	$4=2^2$	$64=8^2$	$256=16^2$
S_3	$1000=10^3$	$8=2^3$	$512=8^3$	$4096=16^3$
S_4	$10000=10^4$	$16=2^4$	$4096=8^4$	$65536=16^4$
S_{n-1}	10^{n-1}	2^{n-1}	8^{n-1}	16^{n-1}

1.4.3　不同进制之间的转换

不同进位计数制之间的转换，实质上是基数间的转换。一般转换的原则是：如果两个有理数相等，则两数的整数部分和小数部分一定分别相等。因此，各数制之间进行转换时，通常对整数部分和小数部分分别进行转换，然后将其转换结果合并即可。

1. 非十进制数转换成十进制数

非十进制数转换成十进制数的方法是：把各个非十进制数按求和公式计算

$$(S)_R = \pm \sum_{i=n-1}^{-m} S_i R^i$$

将公式展开求和即可，即把二进制数（或八进制数，或十六进制数）写成 2（或 8 或 16）的各次幂之和的形式，然后计算其结果。

例 1-1　把下列二进制数转换成十进制数。

(1) $(110101)_2$　(2) $(1101.101)_2$

解：(1) $(110101)_2 = 1\times2^5+1\times2^4+0\times2^3+1\times2^2+0\times2^1+1\times2^0$

$= 32+16+0+4+0+1 = (53)_{10}$

(2) $(1101.101)_2 = 1\times2^3+1\times2^2+0\times2^1+1\times2^0+1\times2^{-1}+0\times2^{-2}+1\times2^{-3}$

$= 8+4+0+1+0.5+0+0.125 = (13.625)_{10}$

例 1-2　把下列八进制数转换成十进制数。

(1) $(305)_8$　(2) $(456.124)_8$

解：(1) $(305)_8 = 3\times8^2+0\times8^1+5\times8^0 = 192+5 = (197)_{10}$

(2) $(456.124)_8 = 4\times8^2+5\times8^1+6\times8^0+1\times8^{-1}+2\times8^{-2}+4\times8^{-3}$

$=256+40+6+0.125+0.03125+0.0078125=(302.1640625)_{10}$

例 1-3 把下列十六进制数转换成十进制数。

(1) $(2A4E)_{16}$ (2) $(32CF.48)_{16}$

解： (1) $(2A4E)_{16}=2\times16^3+A\times16^2+4\times16^1+E\times16^0=8192+2560+64+14=(10830)_{10}$

(2) $(32CF.48)_{16}=3\times16^3+2\times16^2+C\times16^1+F\times16^0+4\times16^{-1}+8\times16^{-2}$

$=12288+512+192+15+0.25+0.03125=(13007.28125)_{10}$

2. 十进制数转换成非十进制数

把十进制数转换为二、八、十六进制数的方法是：整数部分转换采用“除 R 取余法”；小数部分转换采用“乘 R 取整法”。

例 1-4 将十进制数 $(25.6875)_{10}$ 转换为二进制数。

解： 整数部分 25 转换如下：

除数	被除数/商	余数	
2	25		
2	12	1	低
2	6	0	↑
2	3	0	↑
2	1	1	↑
	0	1	高

按箭头方向从高往低位取余数：$(25)_{10}=(11001)_2$。

小数部分的转换（乘基数 2 取整法）：乘以 2 取整数，整数从左到右排列。

0.6875	乘 2	整数
	0.6875	⋮
	× 2	
	1.3750	1
	× 2	
	0.7500	0
	× 2	
	1.5000	1
	× 2	
	1.0000	1 ↓

先取的整数为高位，后取的整数为低位：$(0.6875)_{10}=(0.1011)_2$。

即 $(25.6875)_{10}=(11001)_2+(0.1011)_2=(11001.1011)_2$。

3. 二、八、十六进制数之间的相互转换

由于一位八（十六）进制数相当于三（四）位二进制数，因此，要将八（十六）进制数转换成二进制数时，只需以小数点为界，向左或向右每一位八（十六）进制数用相应的三（四）位二进制数取代即可。如果不足三（四）位，可用零补足。反之，二进制数转换成相应的八（十六）进制数，只是上述方法的逆过程，即以小数点为界，向左或向右每三（四）位二进制数用相应的一位八（十六）进制数取代即可。

例 1-5 将八进制数 $(714.431)_8$ 转换成二进制数。

解： 7 1 4 . 4 3 1

111 001 100 . 100 011 001

即 $(714.431)_8=(111001100.100011001)_2$。

例 1-6 将二进制数 $(11101110.00101011)_2$ 转换成八进制数。

解： 011　101　110　.　001　010　110

　　　3　　5　　6　.　1　　2　　6

即 $(11101110.00101011)_2=(356.126)_8$。

例 1-7 将十六进制数 $(1AC0.6D)_{16}$ 转换成相应的二进制数。

解： 1　　A　　C　　0　　.　　6　　D

　0001　1010　1100　0000　.　0110　1101

即 $(1AC0.6D)_{16}=(1101011000000.01101101)_2$。

例 1-8 将二进制数 $(10111100101.00011001101)_2$ 转换成相应的十六进制数。

解： 0101　1110　0101　.　0001　1001　1010

　　　5　　E　　5　.　1　　9　　A

即 $(10111100101.00011001101)_2=(5E5.19A)_{16}$。

1.4.4 计算机中数据的表示

数据是可由人工或自动化手段加以处理的那些事实、概念、场景和指示的表示形式，包括字符、符号、表格、声音、图形和图像等。数据可在物理介质上记录或传输，并通过外部设备被计算机接收，经过处理而得到结果。

数据能被送入计算机加以处理，包括存储、传送、排序、归并、计算、转换、检索、制表和模拟等操作，以得到人们需要的结果。数据经过加工并赋予一定的意义后，便成为信息。

计算机系统中的每一个操作，都是对数据进行某种处理，所以数据和程序一样，是软件工作的基本对象。

1. 真值与机器数

在计算机中只能用数字化信息来表示数的正、负，人们规定用“0”表示正号，用“1”表示负号。例如，在计算机中用 8 位二进制数表示一个数 +90，其格式如下：

0	1	0	1	1	0	1	0

2. 定点数和浮点数

（1）设备限制机器数所表示数的范围　在计算机中，一般用若干个二进制位表示一个数或一条指令，把它们作为一个整体来处理、存储和传送。这种作为一个整体来处理的二进制位串，称为计算机字。表示数据的字称为数据字，表示指令的字称为指令字。

（2）定点数　计算机中运算的数有整数也有小数，如何确定小数点的位置呢？通常有两种约定：一种是规定小数点的位置固定不变，这时的机器数称为定点数；另一种是小数点的位置可以浮动，这时的机器数称为浮点数。微型计算机多使用定点数。

（3）浮点数　浮点表示法就是小数点在数中的位置是浮动的。在以数值计算为主要任务的计算机中，由于定点表示法所能表示的数的范围太窄，不能满足计算问题的需要，因此就要采用浮点表示法。在同样字长的情况下，浮点表示法能将表示的数的范围扩大。

3. 原码、补码和反码

机器数中，数值和符号全部数字化。计算机在进行数值运算时，采用把各种符号位和数值位一起编码的方法。常见的有原码、补码和反码表示法。

（1）原码表示法　原码表示法是机器数的一种简单的表示法。其符号位用 0 表示正号，用 1 表示负号，数值一般用二进制形式表示。设有一数为 X，则原码表示可记作 $[X]_{原}$。

例如，$X_1=+1010110$，$X_2=-1001010$。

其原码记做：$[X_1]_{原}=[+1010110]_{原}=01010110$，$[X_2]_{原}=[-1001010]_{原}=11001010$。

原码表示数的范围与二进制位数有关。当用 8 位二进制数来表示小数原码时，其表示范围如下：

最大值为 0.1111111，其真值约为 $(0.99)_{10}$；

最小值为 1.1111111，其真值约为 $(-0.99)_{10}$。

当用 8 位二进制数来表示整数原码时，其表示范围如下：

最大值为 01111111，其真值为 $(127)_{10}$；

最小值为 11111111，其真值为 $(-127)_{10}$。

在原码表示法中，对 0 有两种表示形式：$[+0]_{原}=00000000$，$[-0]_{原}=10000000$。

（2）补码表示法　机器数的补码可由原码得到。如果机器数是正数，则该机器数的补码与原码一样；如果机器数是负数，则该机器数的补码是对它的原码（符号位除外）各位取反，并在末位加 1 而得到的。设有一数 X，则 X 的补码表示记作 $[X]_{补}$。

（3）反码表示法　机器数的反码可由原码得到。如果机器数是正数，则该机器数的反码与原码一样；如果机器数是负数，则该机器数的反码是对它的原码（符号位除外）各位取反而得到的。设有一数 X，则 X 的反码表示记作 $[X]_{反}$。

例 1-9　已知 $[X]_{原}=10011010$，求 $[X]_{补}$。

分析：由 $[X]_{原}$ 求 $[X]_{补}$ 的原则是：若机器数为正数，则 $[X]_{补}=[X]_{原}$；若机器数为负数，则该机器数的补码可对它的原码（符号位除外）所有位求反，再在末位加 1 而得到。现给定的机器数为负数，故有 $[X]_{补}=[X]_{反}+1$。

解： $[X]_{原}=10011010$

$[X]_{反}=11100101$

+）　　　　　1

$[X]_{补}=11100110$

例 1-10　已知 $[X]_{补}=11100110$，求 $[X]_{原}$。

分析：对于机器数为正数，则有 $[X]_{原}=[X]_{补}$；对于机器数为负数，则有 $[X]_{原}=[[X]_{补}]_{补}$。

解： 现给定的为负数，故有：

$[X]_{补}=11100110$

$[[X]_{补}]_{反}=10011001$

+）　　　　　1

$[[X]_{补}]_{补}=10011010=[X]_{原}$

1.4.5 计算机的编码

在计算机中，对非数值的文字和其他符号进行处理时，要对文字和符号进行数字化处理，即用二进制编码来表示文字和符号。字符编码就是规定如何用二进制编码来表示文字和符号。

1. ASCII 码

将用汇编语言或各种高级语言编写的程序输入到计算机中时，人与计算机通信所用的语言，已不再是一种纯数学的语言了，而多为符号式语言。因此，需要对各种符号进行编码，以使计算机能识别、存储、传送和处理。

最常见的符号信息是文字符号，所以字母、数字和各种符号都必须按约定的规则用二进制编码才能在计算机中表示。

ASCII 码有 7 位版本和 8 位版本两种。国际上通用的是 7 位版本。7 位版本的 ASCII 码有 128 个元素，其中通用控制字符 34 个，阿拉伯数字 10 个，大、小写英文字母 52 个，各种标点符号和运算符号 32 个。

7 位版本 ASCII 码只需用 7 个二进制位（$2^7=128$）。为了查阅方便，表 1-3 列出了 ASCII 字符编码。

表 1-3　ASCII 字符编码

十六进制高位 / 十六进制低位	000	001	010	011	100	101	110	111
0000	NU	DE	SP	0	@	P	、	P
0001	SO	DC	!	1	A	Q	a	q
0010	ST	DC	"	2	B	R	b	r
0011	ET	DC	#	3	C	S	c	s
0100	EO	DC	$	4	D	T	d	t
0101	EN	NA	%	5	E	U	e	u
0110	AC	SY	&	6	F	V	f	v
0111	BE	ET	′	7	G	W	g	w
1000	BS	CA	(	8	H	X	h	x

当微型计算机上采用 7 位 ASCII 码作为机内码时，每个字节只占后 7 位，最高位恒为 0。8 位 ASCII 码需用 8 位二进制数进行编码。当最高位为 0 时，称为基本 ASCII 码（编码与 7 位 ASCII 码相同）；当最高位为 1 时，形成扩充的 ASCII 码，它表示数的范围为 128 ~ 255，可表示 128 种字符。通常各个国家都把扩充的 ASCII 码作为自己国家语言文字的代码。

2. 汉字编码

我国用户在使用计算机进行信息处理时，一般都要用到汉字，因此，必须解决汉字的输入、输出以及汉字处理等一系列问题。当然，关键问题是要解决汉字编码的问题。

由于汉字是象形文字，数目很多，常用汉字就有 3000 ~ 5000 个，加上汉字的形状和笔画多少差异极大，因此，不可能用少数几个确定的符号将汉字完全表示出来，或像英文那样将汉字拼写出来。每个汉字必须有它自己独特的编码。

（1）《信息交换用汉字编码字符集　基本集》《信息交换用汉字编码字符集　基本集》是我国于 1980 年制定的国家标准 GB 2312—1980，是国家规定的用于汉字信息交换使用的代码的依据。

（2）汉字的机内码　汉字的机内码是供计算机系统内部进行存储、加工处理、传输统一使用的代码，又称为汉字内部码或汉字内码。

（3）汉字的输入码（外码）　汉字输入码是为了将汉字通过键盘输入计算机而设计的代码。汉字输入编码方案很多，其表示形式大多用字母、数字或符号。

（4）汉字的字形码　汉字字形码是汉字字库中存储的汉字字形的数字化信息，用于汉字的显示和打印。

本章小结

计算机系统由硬件和软件组成。硬件由输入/输出设备（统称外部设备）、CPU、内存组成。CPU 由运算器和控制器组成。软件分系统软件和应用软件两大类。软件就是程序，程序是指令的有序集合。软件是专业人员创造性劳动的结晶，属知识产权保护范围。

计算机中的数据可分为数字数据和非数字数据两大类。非数字数据又分为文本型数据和声音、图像、图形等非文本型数据。非数字数据转换为数字数据后方能在计算机中存储和处理。计算机内的数据均以二进制形式表示。

思考题

1-1　计算机的发展经历了哪几个阶段？各阶段的主要特征是什么？

1-2　试述当代计算机的主要应用。

1-3　计算机由哪几个部分组成？请分别说明各部件的作用。

1-4　简述组成 CPU 的主要部件及其作用。

1-5　存储器的容量单位有哪些？

1-6　存储器为什么要分内存和外存？两者有什么区别？

1-7　微型计算机的内部存储器按其功能特征可分为几类？各有什么区别？

1-8　请分别说明系统软件和应用软件的功能。

1-9　系统软件可以分为哪几类？请分别说明它们的作用。

1-10　请分别说明机器语言、汇编语言和高级语言的特点。

1-11　指令和程序有什么区别？试述计算机执行指令的过程。

1-12　进行下列数的数制转换。

（1）$(213)_{10} = (\quad)_2$

（2）$(0.3465)_{10} = (\quad)_2$

（3）$(10110101101011)_2 = (\quad)_{10}$

（4）$(11111111000011)_2 = (\quad)_8 = (\quad)_{16}$

（5）$(11011.0101)_2 = (\quad)_{16}$

（6）$(1A73)_{16} = (\quad)_2$

第2章　Windows 7 操作系统

2.1　Windows 7 概述

Windows 7 是微软公司于 2009 年 10 月推出的新一代个人计算机操作系统，与上一代的 Windows 系统相比，具有多项重要的新功能，而这些重要的更新使得 Windows 7 操作系统能够更贴近用户，在性能、易用性、安全性等方面有了显著的提高。同时，这些功能和变化，使得 Windows 7 成为近几年来计算机上安装的主流操作系统。

Windows 7 共发布了 6 个版本，用户可根据计算机的配置和用途选择适合的版本，各版本的特点见表 2-1。

表 2-1　Windows 7 各版本及其特点

发行版本	名称	特　点
Windows 7 Starter	初级版	用于低端计算机，功能最少
Windows 7 Home Basic	家庭普通版	用于家用计算机，功能很局限
Windows 7 Home Premium	家庭高级版	用于家用计算机，能满足一般性家用
Windows 7 Professional	专业版	面向计算机爱好者和小企业用户，满足办公开发需要，包含加强的网络功能
Windows 7 Enterprise	企业版	面向企业市场的高级版本，满足企业数据共享、管理、安全等需要
Windows 7 Ultimate	旗舰版	面向高端用户和软件爱好者，拥有所有功能

2.1.1　Windows 7 的特点

（1）界面直观丰富、个性化强　Windows 7 采用图形化的界面，打开的窗口与桌面之间充满了层次感，使用户体验到进行的每一项操作都是在一个独立的空间区域内完成的，半透明的 Aero 外观效果也增添了操作的实用性和立体感。另外，在桌面主题方面为用户提供了更加丰富的选择，包含了整体风格统一的桌面壁纸、面板色调和声音方案，并且可以在桌面上连续播放多个桌面壁纸。

（2）全新的任务栏　全新的任务栏不再是简单的文本罗列，所有的程序使用图标表示，很好地利用了空间，使得其功能更加强大。这也是其超过之前各版本 Windows 系统最重要的一点，即使运行多个程序也不会影响其效果。显示桌面按钮被设计在任务栏最右边，将鼠标移到上面就可以显示桌面，单击之后才可以将所有程序最小化。

（3）硬件性能要求低　Windows 7 只需较低的硬件配置便可顺畅地运行，目前市面上可以购买到的计算机运行 Windows 7 均无大问题。

（4）安全可靠且响应迅速　Windows 7 中的“操作中心”安全功能集成了 Windows 已有的特殊提醒，且在出现问题时，操作中心会显示详细信息并提供解决方案，为系统安全、稳定运行提供了保障。Windows 7 的响应速度快，在启动 Windows 7 时，它减少了后台任务所关联的启动服务项，因此启动系统后便可快速登录到系统桌面。

（5）增加多点触控功能　增加多点触控功能使其成为继鼠标和键盘之后又一种与计算机进行交互的方式。利用该功能可以直接与计算机进行交互，但是需要整合硬件配置和显示器才能实现“多点触控”功能。

（6）应用程序和硬件设备兼容性强　Windows 7 能够与早期版本实现无缝集成，使针对早期各版本 Windows 系统研发的应用程序能够在 Windows 7 中正常运行。在硬件设备兼容性方面，其也采用了与应用程序兼容类似的方式。也就是说，一般在 Windows XP 和 Windows Vista 中运行的大部分程序都能在 Windows 7 中运行。

Windows 7 具有的以上这些优点，使其在测试版发布之后便受众多用户的青睐。

2.1.2　Windows 7 的启动与退出

启动与退出 Windows 7 是操作计算机的第一步，而且掌握启动与退出 Windows 7 的正确方法，还能够起到保护计算机和延长电池使用寿命的作用。

1. 启动 Windows 7

启动计算机也称为“开机”，新手在使用之前首先应该掌握的就是如何正确地开机。具体操作步骤如下：

1）按下显示器和计算机主机的电源按钮，打开显示器并接通主机电源。

2）在启动过程中，Windows 7 会进行自检、初始化硬件设备。如果系统运行正常，则无须进行其他任何操作。

3）计算机在完成上述自检后，就会自动引导 Windows 7 启动（如果计算机上安装了多个操作系统，则会显示操作系统列表，先按方向键选择 Windows 7，再按“回车”键引导 Windows 7 启动）。

4）计算机进入 Windows 7 启动状态，出现启动界面。

5）进入 Windows 7 欢迎界面，系统如果有多个用户，单击某个用户账户名（如果设置了密码，则在密码文本框中输入密码，然后按“回车”键或用鼠标单击按钮），即可登录 Windows 7 操作系统。

2. 退出 Windows 7 系统

使用 Windows 7 完成所有操作后，可退出 Windows 7 并关机，按照以下步骤进行操作：

1）单击 Windows 7 工作界面左下角的“开始”按钮。

2）在弹出的“开始”菜单中，单击右下角的“关机”按钮，如图 2-1 所示，计算机自动保存文件和设置后退出 Windows 7。

3）关闭显示器及其他外部设备的电源。

单击“关机”按钮右侧的按钮，弹出一个菜单列表，其中包含“切换用户”“注销”“锁定”“重新启动”“睡眠”和“休眠”命令，如图 2-2 所示。

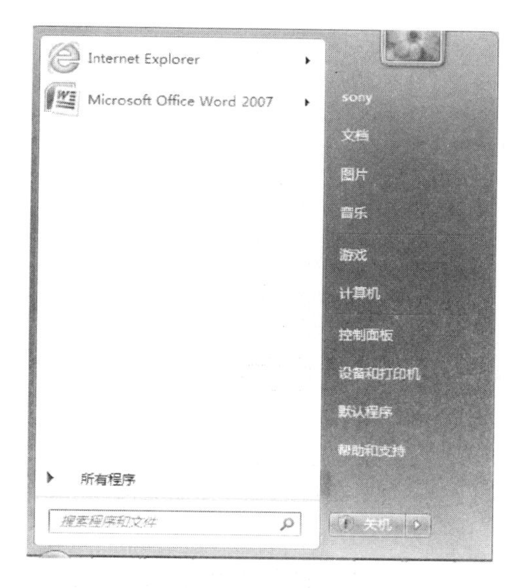

图 2-1　关闭计算机

图 2-2　关机选项

1）选择“切换用户”命令，可以在多个用户账号间切换使用。当另一个用户登录计算机时，前一个用户的操作依然被保留在计算机中，其请求并不会被清除，一旦计算机又切换到前一个用户，仍能继续操作，这样可以保证多个用户互不干扰地使用计算机。

2）选择“注销”命令，将向系统发出清除当前登录的用户的请求，清除后其他用户可以登录系统。

3）选择“锁定”命令，类似于 Windows XP 中的“待机”，所有打开的文档和程序会暂时保存在内存中，显示器、硬盘等大部分设备都被关闭。当继续使用计算机时，只需按下主机电源键，所有文档和程序在几秒钟内重新显示在用户面前。

4）选择“重新启动”命令，将关闭所有打开的程序和文件，安全退出 Windows 7 操作系统，再重新启动计算机，系统将重新确认计算机的各项配置。

5）选择“睡眠”命令，内存数据将被保存到硬盘上，然后切断除内存以外的所有设备的供电，如果内存一直未被断电，那么下次启动计算机时就和“锁定”后启动一样。“睡眠”模式适合短时间离开时使用。

6）选择“休眠”命令，Windows 7 会将内存会话与数据全部保存为硬盘文件 HIBERFIL. SYS，然后完全关闭计算机的所有电源。

2.2 熟悉 Windows 7 的界面及应用

2.2.1 桌面

系统启动之后，最先进入的就是桌面。用户使用计算机完成的各种工作，都是在桌面上进行的。Windows 7 的桌面包括桌面背景、桌面图标、任务栏、“开始”按钮、语言栏和通知区域等部分，如图 2-3 所示。

图 2-3　Windows 7 桌面

（1）桌面背景　桌面背景就是屏幕中的背景图案，也称为桌布或墙纸。Windows 7 允许用户根据自己爱好来更改桌面背景。

（2）桌面图标　桌面图标由一个形象的图片和说明文字组成，图片作为它的标志，文字表示它的名称。桌面图标主要包括系统图标（见图 2-4）和快捷图标（见图 2-5）两部分。其中系统图标指可进行与系统相关操作的图标；快捷图标指应用程序的快捷启动方式。

（3）任务栏　任务栏位于桌面底端，用于显示与切换当前打开的应用程序图标。

（4）“开始”按钮　用于打开“开始”菜单，其中包括 Windows 7 中应用程序的快捷方式、“关机”按钮、关机选项等。

（5）语言栏　使用语言栏可以添加与删除输入法、切换中/英文输入状态、切换中文输入法和设置默认输入法等内容。

（6）通知区域　用于显示系统通知、某些程序图标（如防病毒软件或语言识别）、扬声器图标、网络连接图标以及日期和时间等。

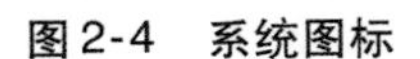

图 2-4　系统图标　　　　图 2-5　快捷图标

2.2.2 “开始”菜单

“开始”菜单是 Windows 7 系统中用于启动程序、打开文件夹以及对计算机进行设置的主要途径。单击“开始”按钮，可弹出“开始”菜单。其通常由常用程序列表、搜索框、当前用户图标、系统控制区、“关机”按钮以及其他选项所组成，如图 2-6 所示。

1. 从“开始”菜单打开程序

如果要打开“开始”菜单左边常用程序列表中的程序，则直接单击该程序的名称或图标即可。单击之后，程序会被打开，而“开始”菜单会自动关闭。如果在常用程序列表中找不到要打开的程序，则选择“开始”菜单底部的“所有程序”命令，此时会列出所有程序列表。

下面以打开“记事本”为例介绍从“开始”菜单打开程序的操作方法：

（1）单击“开始”按钮，打开“开始”菜单。

（2）选择“所有程序”→“附件”→“记事本”命令，即可打开记事本，如图 2-7 所示。

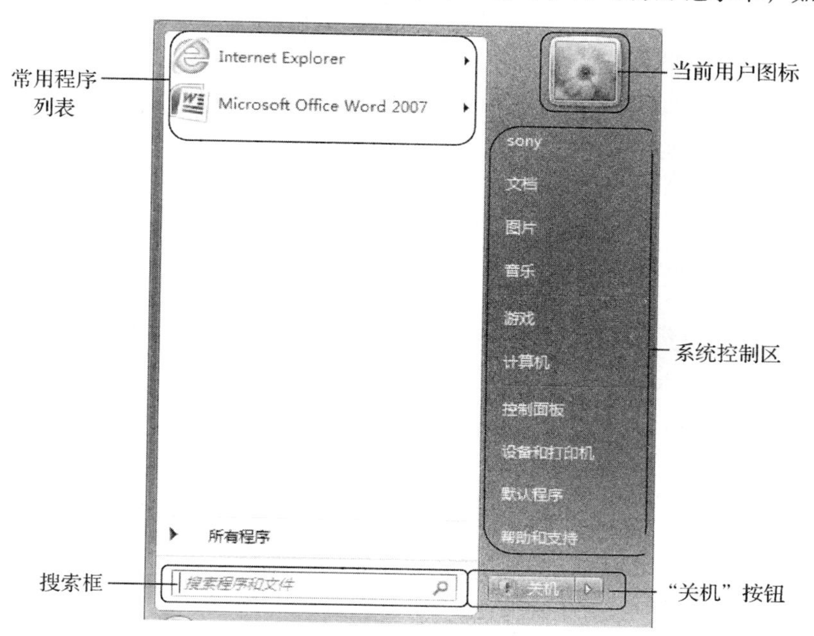

图 2-6 “开始”菜单

2. 使用搜索框

Windows 7 的“开始”菜单中提供了快捷的搜索功能，通过“开始”菜单底部的搜索框，可以快速找到所需的程序或文件。下面以“写字板”为例介绍搜索框的使用方法：

1）单击“开始”按钮，打开“开始”菜单。

2）在搜索框中输入“写字板”，此时会列出包含“写字板”的程序，如图 2-8 所示。

3）单击该程序即可打开“写字板”。

3. 使用系统控制区

“开始”菜单右侧的深色区域是 Windows 的系统控制区，包含了一些常用的文件夹和功能选项，如文档、图片、音乐、游戏、计算机、控制面板等。

1）个人文件夹：单击右侧窗格上的用户名称可以打开个人文件夹，该名称即当前登录到 Windows 的用户名称。

2）文档：用于打开“文档”库文件夹，在其中可以存储和打开文本文档、工作表等。

3）图片：用于打开“图片”库文件夹，可以存储和查看照片和图像文件。

图 2-7 选择“记事本”命令

4）音乐：用于打开“音乐”库文件夹，可以存储和播放音乐以及其他音频文件。

5）游戏：用于打开“游戏”文件夹，其中包含了计算机中所有的游戏。

6）计算机：用于打开“计算机”文件窗口，可以访问磁盘驱动器、打印机、扫描仪等硬件设备。

7）控制面板：用于打开控制面板，可以自定义计算机的外观和功能、安装和卸载应用程序、设置网络连接、管理用户账户等。

8）设备和打印机：用于打开“设备和打印机”窗口，可以查看连接到计算机的打印机、鼠标和其他设备的详细信息。

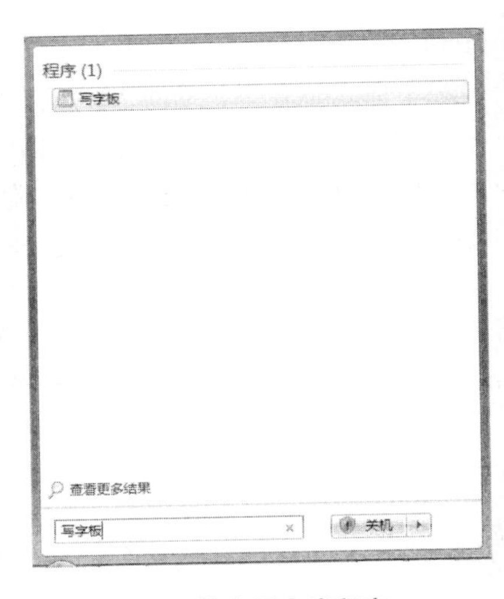

图 2-8　搜索框查找程序

9）默认程序：用于打开“默认程序”窗口，在其中可以选择 Windows 默认使用的程序。

10）帮助和支持：用于打开“帮助和支持”窗口，在其中可以浏览和搜索关于 Windows 和计算机使用的帮助主题。

2.2.3　任务栏

任务栏是桌面的一个重要组成部分，是位于屏幕底部的水平长条，用于切换应用程序窗口、最小化窗口、还原窗口等。任务栏的组成主要包括“开始”按钮、快速启动区、语言栏、通知区域、“显示桌面”按钮，如图 2-9 所示。

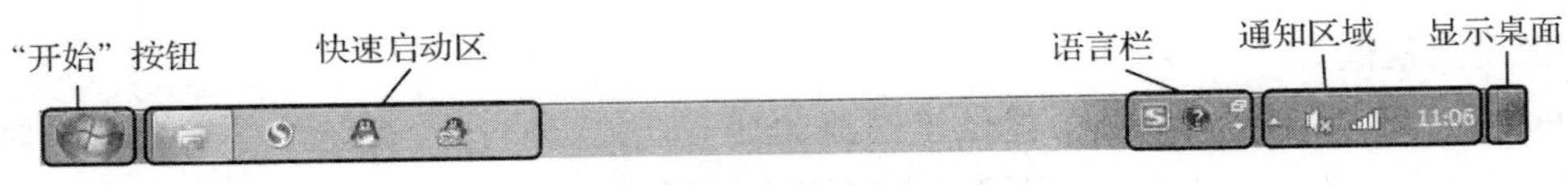

图 2-9　任务栏

1）“开始”按钮：单击该按钮会弹出“开始”菜单，将显示 Windows 7 中各种程序选项，单击其中的任意选项可启动对应的系统程序或应用程序。

2）快速启动区：用于显示当前打开程序窗口的对应图标，可以进行还原窗口到桌面、切换和关闭等操作，用鼠标拖动这些图标可以改变它们的排列顺序。

3）语言栏：可以在语言栏中进行选择和设置输入法等操作。

4）通知区域：用于显示系统音量、网络以及操作中心等一些正在运行的应用程序图标。单击其中的▲按钮可以看到被隐藏的其他活动图标。

5）“显示桌面”按钮：单击该按钮可以在当前打开的窗口与桌面之间进行切换。

2.2.4　窗口

1. 认识窗口组成

Windows 大多数操作都是在窗口中完成的。通常，单击应用程序或文件（夹）后，将在屏幕上弹出一个矩形区域即窗口。窗口一般分为系统窗口和程序窗口，主要由标题栏、地址栏、搜索框、菜单栏、工具栏、窗口的最大化/最小化和关闭按钮、窗口工作区、窗格等组成。以 Windows 7 的“计算机”窗口为例，其窗口组成如图 2-10 所示。

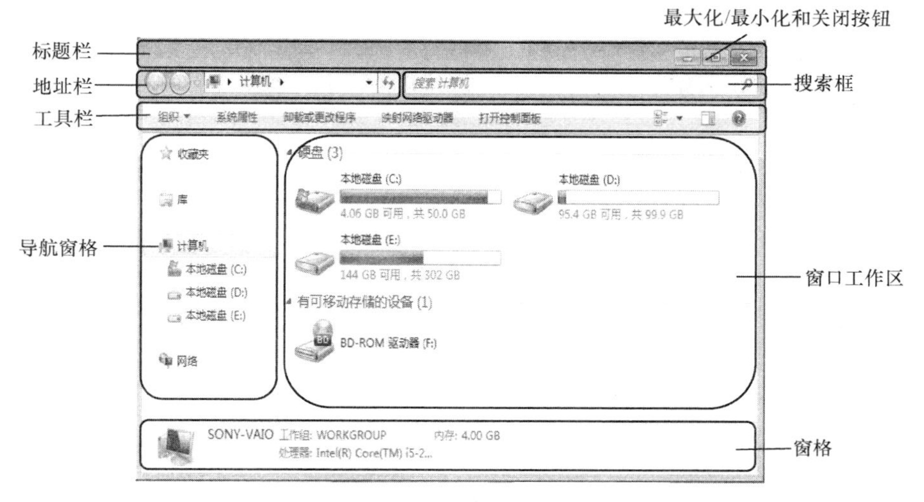

图 2-10　窗口组成

（1）标题栏　标题栏一般用于显示文档、程序或文件夹的名称。在 Windows 7 的系统窗口中只显示窗口的“最小化”按钮、“最大化”按钮、“关闭”按钮，单击这些按钮可对窗口执行相应的操作。

（2）地址栏　地址栏是计算机窗口的重要组成部分，通过它可以清楚地知道当前打开的文件夹的路径。

（3）工具栏　工具栏用于显示针对当前窗口或窗口内容的一些常用的工具按钮，通过这些按钮可以对当前的窗口和其中的内容进行调整或设置。打开不同的窗口或在窗口中选择不同的对象，工具栏中显示的工具按钮不同。图 2-11 为“计算机”窗口的工具栏。

图 2-11　“计算机”窗口的工具栏

（4）搜索框　窗口右上角的搜索框与“开始”菜单中的搜索框的使用方法相同，都具有搜索文件和程序的功能。在搜索框中输入要搜索的关键字，系统将在开始输入关键字的时候开始搜索，直至搜索出符合条件的全部内容为止，如图 2-12 所示。

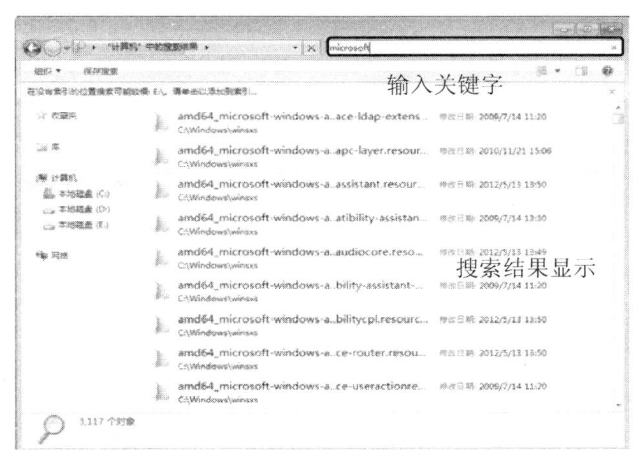

图 2-12　使用搜索框

（5）窗口工作区　窗口工作区用于显示当前窗口的内容或执行某种操作后显示的内容。如图2-13所示，打开库里面的“图片”库，窗口工作区显示“图片”库中的全部内容，如果窗口工作区的内容较多，将在其右侧和下方出现滚动条，通过拖动滚动条可查看其他未显示的部分。

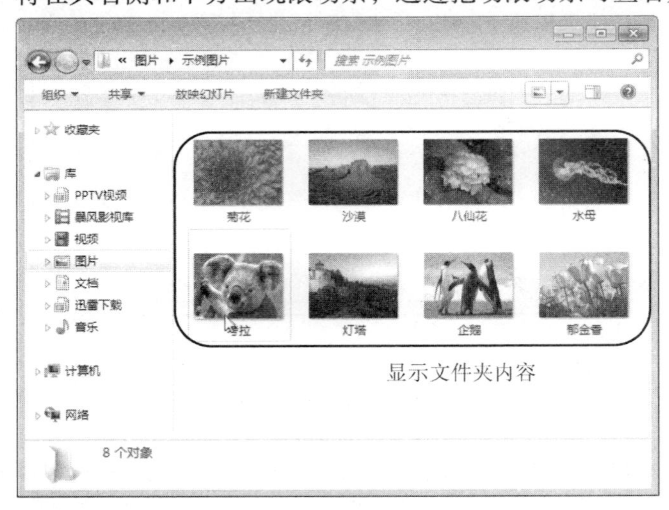

图2-13　窗口工作区

（6）窗格　Windows 7 的“计算机”窗口中有多个窗格类型，默认显示导航窗口、细节窗口。如果要显示其他窗格，可单击工具栏中的“组织”按钮，在弹出的菜单列表中选择“布局”命令，然后在弹出的子菜单中选择所需要的窗格选项即可，如图2-14所示。

图2-14　窗格

1）细节窗格：显示文件的大小、创建日期等目标文件的详细信息。

2）导航窗格：单击其显示的文件夹列表中的文件夹即可快速切换到相应的文件夹中。

3）预览窗格：用于显示当前选择文件的内容，从而可预览该文件的大致内容和效果。

2. 关闭窗口

在执行完窗口操作后，可关闭窗口。关闭窗口的方法有许多种，可以任选以下一种方式进行操作。

1）单击“关闭”按钮：单击窗口标题栏右侧的“关闭”按钮。

2）使用菜单命令：将鼠标光标移到标题栏，单击鼠标右键，在弹出的快捷菜单中选择“关闭”命令。

3）使用任务栏：用鼠标右键单击窗口在任务栏中对应的图标，在弹出的快捷菜单中选择“关闭窗口”命令，如图 2-15 所示。

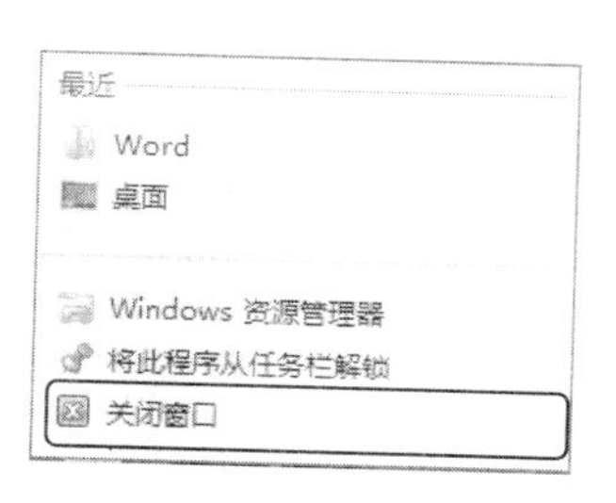

图 2-15 关闭窗口

3. 改变窗口大小

在使用计算机的过程中，为了操作方便需要改变窗口大小。改变窗口大小的方式可根据实际情况选择。

1）最小化或最大化/还原窗口：直接单击窗口右侧的“最小化”按钮或“最大化/还原”按钮，可以完成相应的最小化或最大化/还原窗口操作。

2）任意改变窗口大小：除使用最小化或最大化按钮改变窗口大小外，还可以手动改变窗口的大小。将鼠标移动到窗口边框，鼠标指针变为双向箭头，按住鼠标左键不放，拖动窗口边框，可以任意改变窗口的长或宽，如图 2-16 所示。

图 2-16 拖动窗口边框

4. 多窗口切换

当打开两个以上程序或文档时，桌面会出现比较多的窗口，当需要查看不同窗口中的内容时，需对窗口进行切换。Windows 7 的窗口切换功能非常强大和快捷，下面介绍切换窗口的多种方法。

1）通过“Alt + Tab”组合键切换窗口：通过“Alt + Tab”组合键切换窗口时，将显示桌面所有窗口的缩略图。按住“Alt”键不放，再重复按“Tab”键，可以循环切换所有打开的窗口和桌面，当切换到所需窗口时松开“Alt”键即可显示该窗口，如图 2-17 所示。

图 2-17 “Alt + Tab”组合键切换窗口

2）Flip 3D 窗口切换：Flip 3D 功能是 Windows Aero 体验的一部分，可采用 Flip 3D 功能切换窗口。当按下“Windows”键时，再重复按“Tab”键或者使用鼠标滚轮可以循环切换打开的窗口，也可以使用方向键切换窗口，如图 2-18 所示。

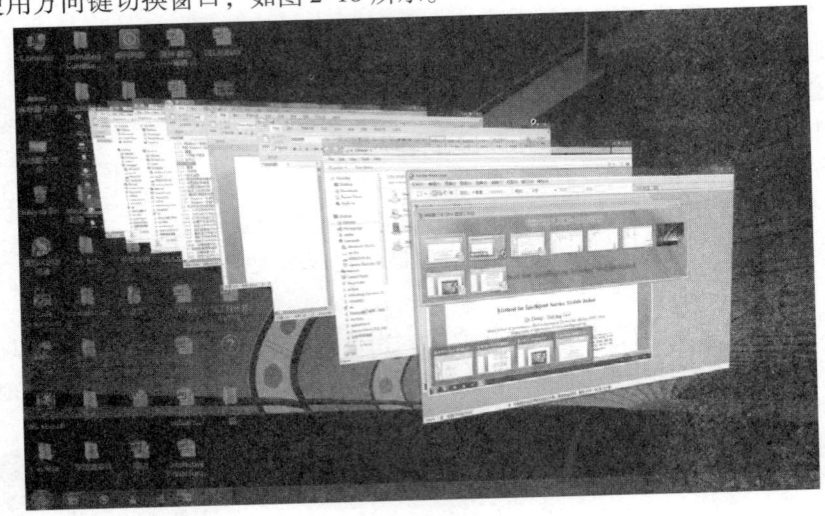

图 2-18　Flip 3D 窗口切换

3）通过任务栏切换窗口：Windows 7 任务栏在默认情况下分组显示不同程序窗口。例如，打开 4 个 Word 文档和 3 个资源管理器窗口，任务栏中只显示 Word 图标和资源管理器图标。当鼠标指针指向 Word 图标时，会显示这些窗口的缩略图，当指向某一窗口的缩略图时，在桌面上会即时显示该窗口的内容，如图 2-19 所示。单击其中一个缩略图，即可打开相应的 Word 文档。

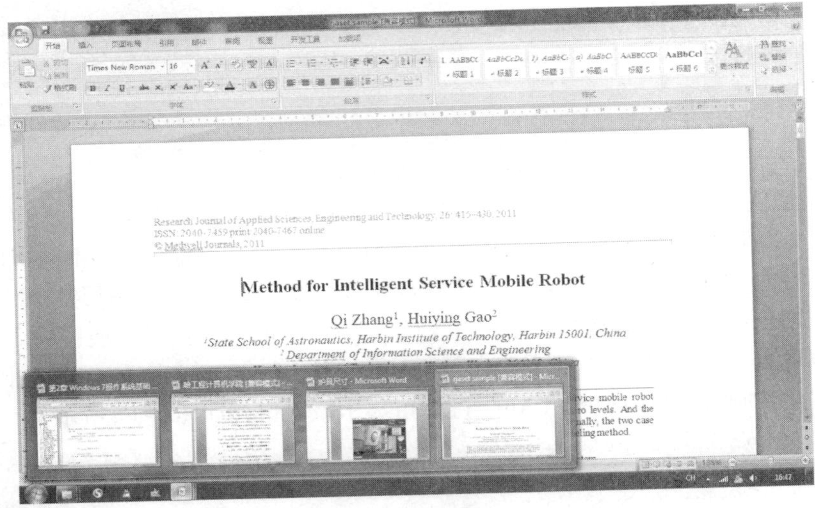

图 2-19　任务栏切换窗口

2.2.5　菜单

菜单是一种使用非常频繁的界面元素，是一个程序的重要组成部分。使用菜单中的命令可以完成程序中的绝大多数操作。图 2-20 所示菜单是典型的菜单形式。在菜单上经常会看到一些符号标记，下面将介绍各种符号标记所代表的意义。

1）▶标记：表示该菜单命令还有子菜单。

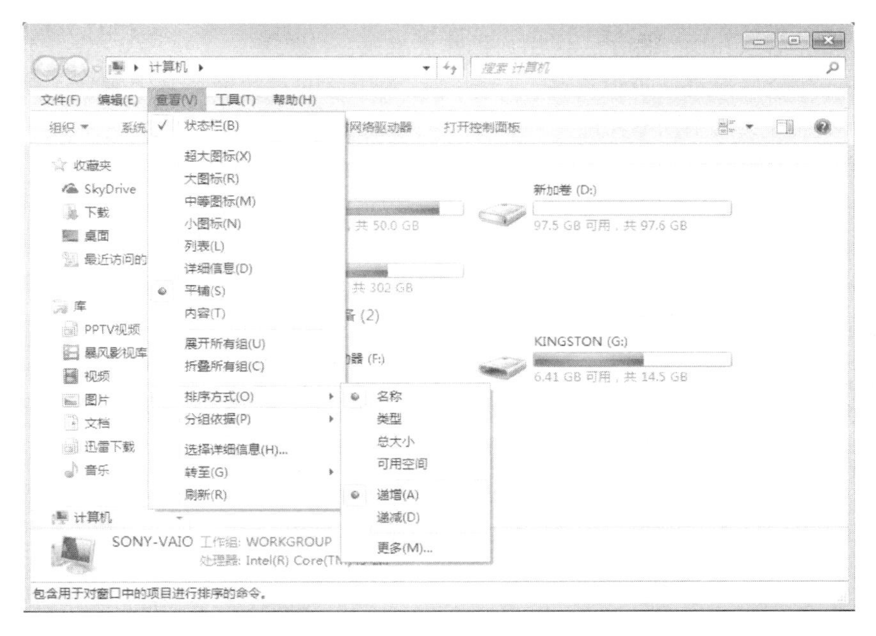

图 2-20　典型的菜单形式

2）✔标记：表示该菜单命令已经起作用，再次单击该菜单命令会取消标记。

3）●标记：表示该菜单命令已经起作用，再次单击该菜单命令会取消标记。

4）灰色命令项：表示在目前状态下无法执行该命令。

5）命令项后的字母：表示可以通过键盘上的快捷键来执行该命令。

菜单中包含各种命令，只要执行这些命令，就可以让计算机来完成各种任务。要执行菜单中的命令，先用鼠标单击菜单栏中的相应菜单，再用鼠标在弹出的下拉菜单中单击所需的菜单命令即可。例如，用户在“记事本”程序中写了一些内容，想把它保存起来，这就需要选择“文件”菜单里的“保存”命令，如图 2-21 所示。

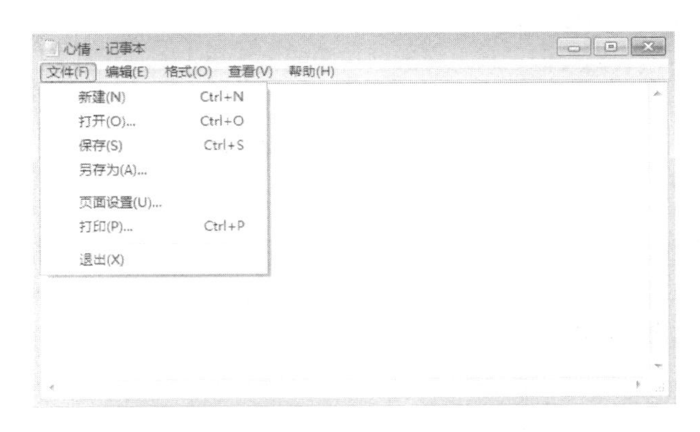

图 2-21　记事本的“文件”菜单

2.2.6　对话框

对话框是一种特殊的窗口，当所选择的操作需要作进一步的说明才能执行时，就会弹出对话框。Windows 7 中的对话框与其他 Windows 系统的对话框相比，在外观和颜色上发生了变化，提供了更多的相关信息和操作提示，使用户操作更准确。

当选择某些命令后需进一步设置时，系统将打开相应的对话框，其中包含了不同类型的元素，且不同的元素可实现不同的功能。对话框中的元素主要包含选项卡、列表框、下拉列表框、复选框、单选按钮、数值框等，如图 2-22 和图 2-23 所示。

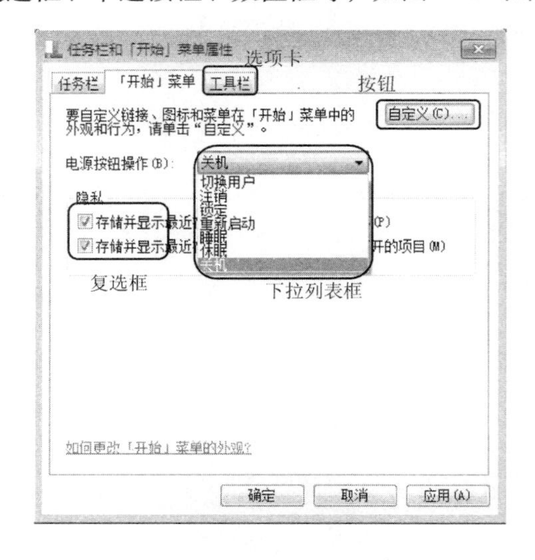

图 2-22 “属性”对话框

图 2-23 “开始”菜单的“自定义”对话框

1）选项卡：对话框中一般有多个选项卡，通过选择相应的选项卡可切换到不同的设置页面。

2）列表框：列表框在对话框中以矩形框形式出现，其中分别列出了多个选项。

3）单选按钮：选中单选按钮可以完成某些操作或功能的设置，选中后，单选按钮前面的◎标记变为◉。

4）数值框：可以直接在数值框中输入数值，也可以通过后面的按钮设置数值。

5）复选框：其作用与单选按钮类似，但可以选取多项，各个选项的功能是叠加的。当选中复选框后，复选框前面的□标记变为☑。

6）下拉列表框：与列表框类似，只是将选项折叠起来，单击对应的按钮，将显示出所有的选项。

7）按钮：单击对话框中的某些按钮可以打开相应对话框进行进一步设置。例如，单击图 2-22 中的“自定义”按钮，会打开“开始”菜单的“自定义”对话框。

2.3 个性化设置

2.3.1 视觉和声音效果设置

1. 设置桌面背景

Windows 7 提供了丰富的桌面背景图片，对桌面背景进行个性化的设置可以使桌面效果更加丰富，其操作步骤如下：

1）单击“开始”按钮，在弹出的“开始”菜单中选择“控制面板”命令，弹出“控制面板”窗口，选择“更改桌面背景”项，如图 2-24 所示。

2）在弹出的“桌面背景”窗口中间的列表框中选择背景图片，其他保持默认设置，单击“保存修改”按钮，如图 2-25 所示。

图 2-24　“控制面板”窗口

图 2-25　“桌面背景”窗口

3）关闭“桌面背景”窗口，返回桌面即可看到桌面背景已经应用了所选的图片。

2. 设置屏幕保护程序

屏幕保护程序是使显示器处于节能状态，用于保护计算机屏幕的一种程序。Windows 7 提供了三维文字、气泡、彩带和照片等几种屏幕保护程序。选择屏幕保护后，可以设置它的等待时间，在这段时间内如果没有对计算机进行任何操作，显示器就将进入屏幕保护状态。退出屏幕保护程序只需移动鼠标或按键盘上的任意键。下面以设置“气泡”屏幕保护程序为例介绍屏幕保护的设置方法，操作步骤如下：

1）单击“开始”按钮，选择“控制面板”命令，打开“控制面板”窗口，选择“外观”→“显示”→“更改屏幕保护程序”项，如图 2-26 所示，打开“屏幕保护程序设置”对话框。

2）在“屏幕保护程序”下拉列表框中选择“气泡”选项，如图 2-27 所示。

3）在“等待”数值框中输入开启屏幕保护程序的时间，如输入“10”，如图 2-28 所示，然后单击“预览”按钮，预览设置后的效果，单击“确定”按钮使设置生效。

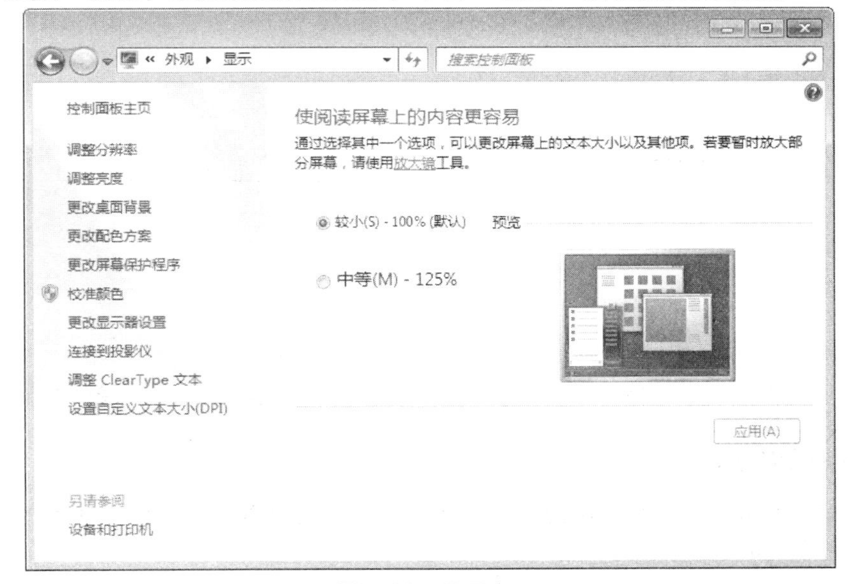

图 2-26　显示窗口

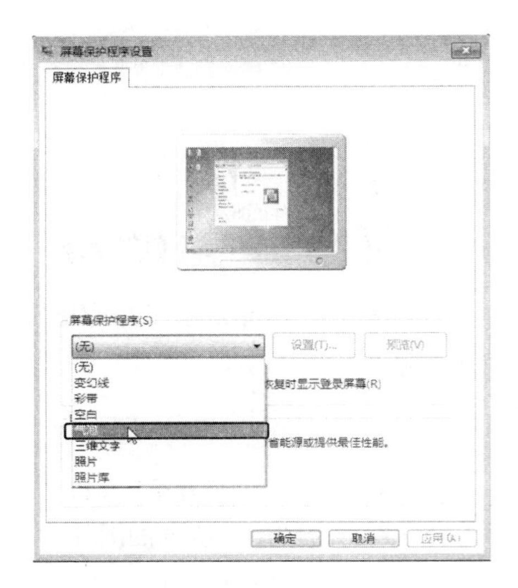
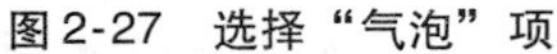

图 2-27　选择“气泡”项

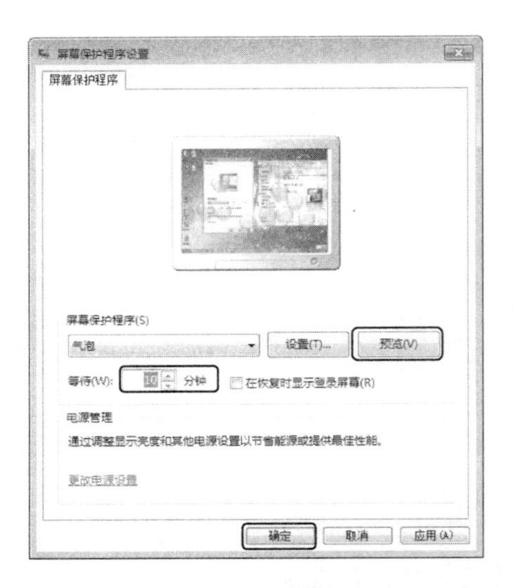

图 2-28　设置等待时间

3. 设置系统声音

系统声音是指系统操作过程中发出的声音，如启动系统发出的声音、关闭程序发出的声音和操作错误提示的声音等。声音是组成 Windows 7 主题的一部分，可以根据个人的爱好设置特别的声音。其操作步骤如下：

1）单击“开始”按钮，选择“控制面板”命令，打开“控制面板”窗口，选择“硬件和声音”→“声音”→“更改系统声音”项，如图 2-29 所示，打开“声音”对话框。

2）选择“声音”选项卡，在“声音方案”下拉列表框中选择所需的方案，如选择“热带大草原”，如图 2-30 所示，单击“确定”按钮即可完成系统声音的设置。

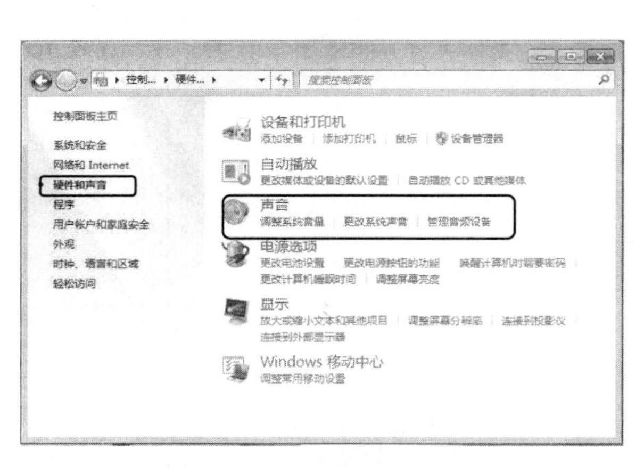

图 2-29　控制面板

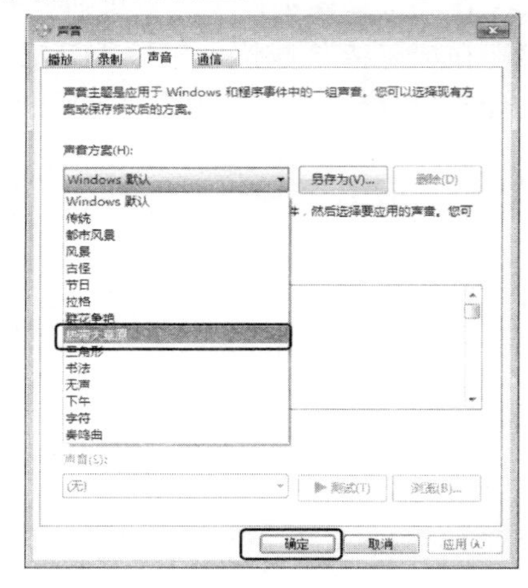

图 2-30　“声音”对话框

2.3.2　设置鼠标和键盘

当鼠标和键盘的默认设置不能达到用户的要求时，可通过对鼠标和键盘速度等参数进行设置，使操作过程变得顺畅。

1. 设置鼠标

设置鼠标主要包括调整双击鼠标的速度、更改鼠标指针样式以及设置鼠标指针选项等。其操作步骤如下：

1）单击“开始”按钮，选择“控制面板”命令，打开“控制面板”窗口，在窗口右上角“查看方式”下拉列表框中选择“类别”项，将该窗口切换到“类别”视图模式，选择“硬件和声音”→“设备和打印机”→“鼠标”项，如图 2-31 所示。

2）在打开的“鼠标属性”对话框中选择“指针”选项卡，然后单击“方案”栏中的下拉按钮，在其下拉列表中选择鼠标样式方案，如选择“Windows 黑色（系统方案）”项，单击“应用”按钮，此时鼠标指针样式变为设置后的样式，如图 2-32 所示。

3）选择“活动”选项卡，在“双击速度”栏中拖动“速度”滑块调节双击速度，如图 2-33所示，单击“应用”按钮。

图 2-31 选择“鼠标”项

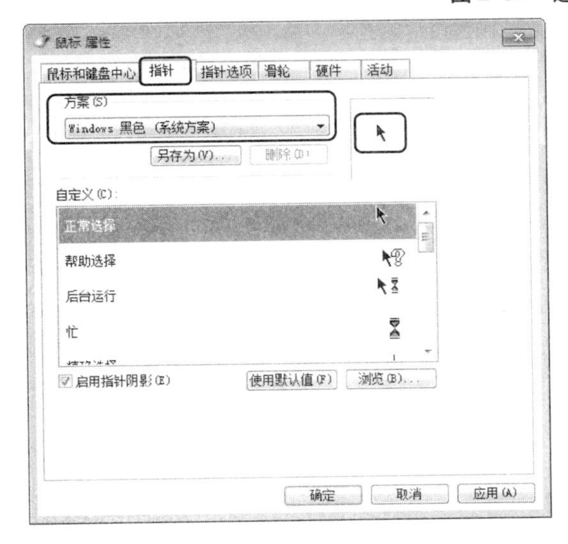

图 2-32 鼠标指针设置

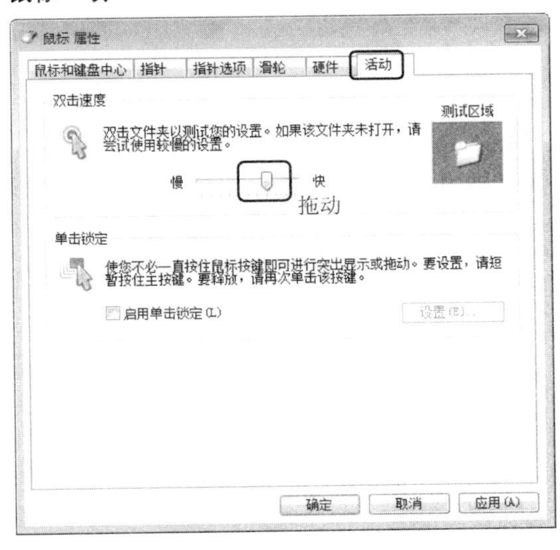

图 2-33 鼠标双击速度设置

4）选择“指针选项”选项卡，在“移动”栏中拖动滑块选择指针移动速度。若选中“显示指针轨迹”复选框，则鼠标指针移动时会产生“移动轨迹”效果。确认设置后单击“确定”按钮，如图 2-34 所示。

5）选择“滑轮”选项卡，在“垂直滚动”栏中修改滚动滑轮一个齿格到的位置，选择“一次滚动下列行数”单选按钮，设置数值框中的数值为3，完成后单击“确定”按钮，如图2-35所示，完成对鼠标的设置。

2. 设置键盘

在Windows 7 中设置键盘主要是调整键盘的相应速度，以及光标的闪烁速度。其操作步骤如下：

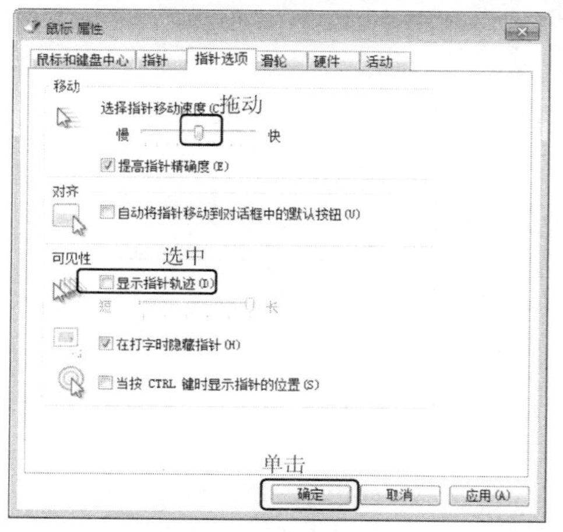

图2-34　鼠标“指针选项”设置

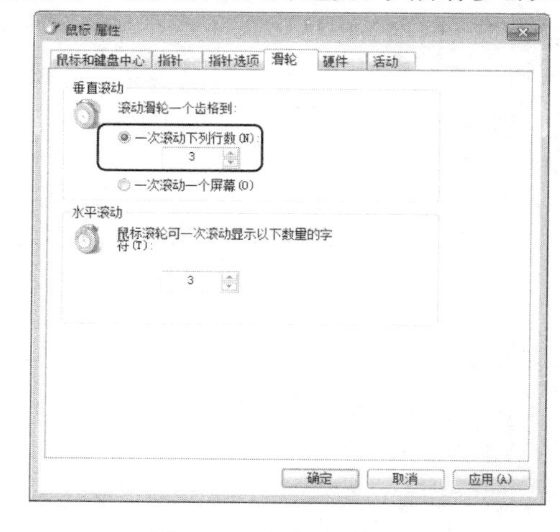

图2-35　鼠标滑轮设置

1）单击“开始”按钮，选择“控制面板”命令，打开“控制面板”窗口，在窗口右上角“查看方式”下拉列表框中选择“大图标”项，如图2-36 所示。将该窗口切换到“大图标”视图模式，再选择“键盘”项。

2）在打开的“键盘属性”对话框中，选择“速度”选项卡，拖动“字符重复”栏中的“重复延迟”滑块，将改变键盘重复输入一个字符的延迟时间，如向左拖动，则增加延迟时间；拖动“重复速度”滑块将改变重复输入字符的速度，如向左拖动该滑块则使重复输入速度降低，如图2-37 所示。

3）在“光标闪烁速度”栏中拖动滑块将改变在文本编辑软件中文本插入点在编辑位置的闪烁速度，如向左拖动滑块设置为中等速度，单击“确定”按钮完成设置。

图2-36　选择“键盘”项

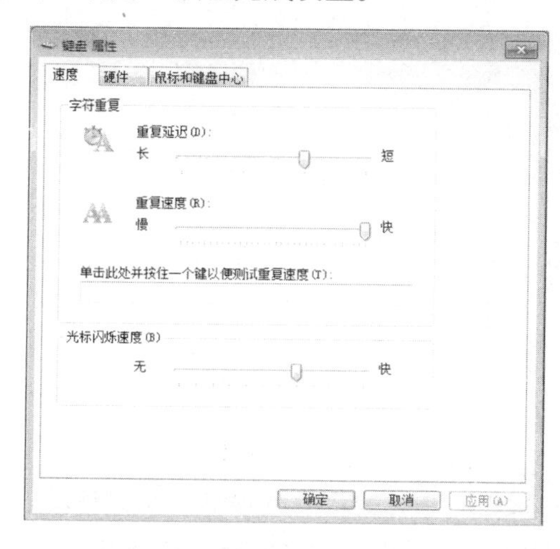

图2-37　设置键盘属性

2.3.3 设置日期和时间

Windows 7 不仅在任务栏的通知区域显示了系统时间，同时还显示了系统日期。为了使系统日期和时间与工作和生活中的日期和时间一致，需要对系统日期和时间进行调整。

1. 查看系统日期和时间

任务栏中显示了系统的时间，但没有显示日期和星期，将鼠标指针移到通知区域“日期和时间”对应的按钮上，系统会自动弹出一个浮动界面，可以查看到日期和星期，如图 2-38 所示。单击通知区域“日期和时间”对应的按钮，系统会弹出一个直观的显示界面，如图 2-39 所示。

图 2-38 查看日期和时间

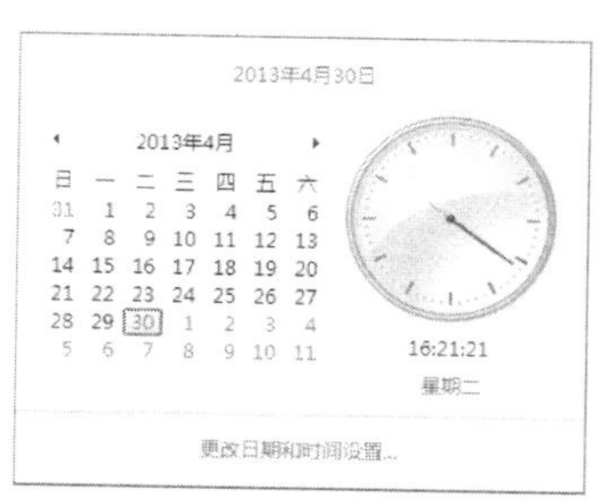

图 2-39 日期和时间显示界面

2. 调整系统日期和时间

如果系统日期和时间与现实生活中不一致，可对系统日期和时间进行调整。操作步骤如下：

1）将鼠标移动到任务栏的“日期和时间”按钮上，单击鼠标右键，在弹出的快捷菜单中选择“调整日期/时间”命令，或者单击“开始”按钮，选择“控制面板”命令，打开“控制面板”窗口，选择“时间、语言和区域”→“设置时间和日期”项，如图 2-40 所示。

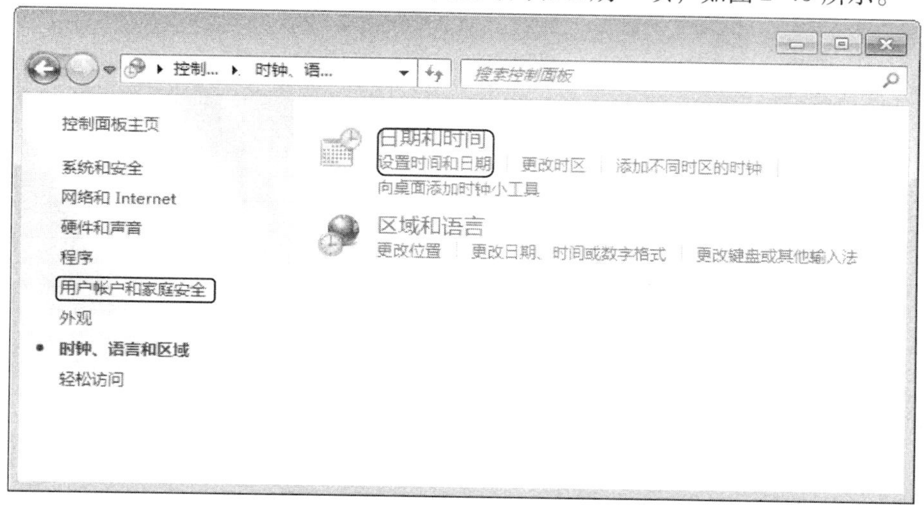

图 2-40 选择“设置时间和日期”项

2）在打开的“日期和时间”对话框中选择“日期和时间”选项卡，单击“更改日期和时间”按钮，如图 2-41 所示。

3）在打开的“日期和时间设置”对话框中，通过“时间”数值框调整时间，然后在“日期”列表框中选择日期，如图 2-42 所示，单击“确定”按钮。

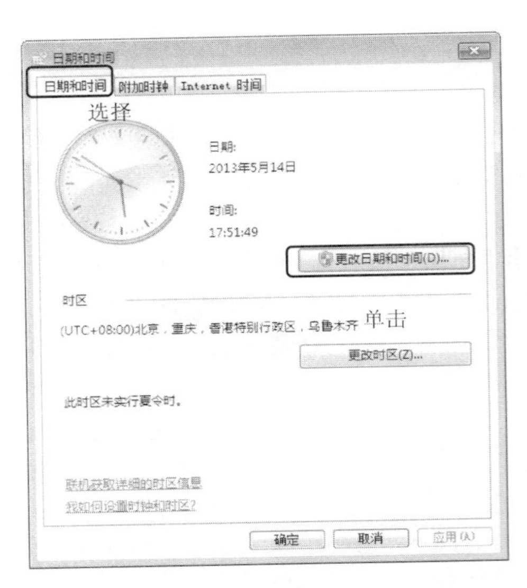

图 2-41 “日期和时间”对话框

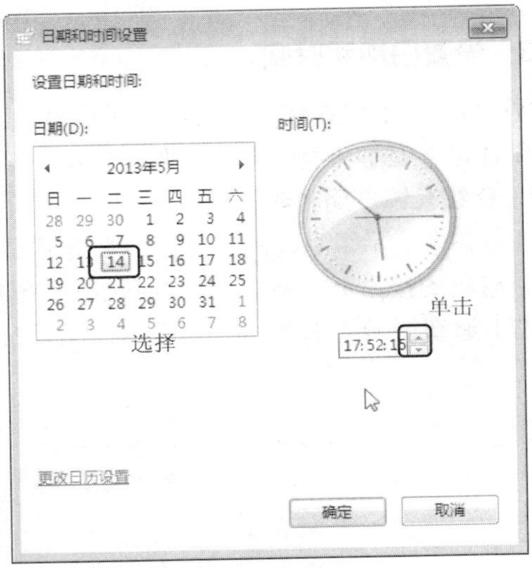

图 2-42 调整日期和时间

4）返回到“日期和时间”对话框，选择“Internet 时间”选项卡，单击“更改设置”按钮，如图 2-43 所示，打开“Internet 时间设置”对话框，单击“立即更新”按钮，如图 2-44 所示，将当前时间与 Internet 时间同步。

5）单击“确定”按钮，返回“日期和时间”对话框中，再单击“确定”按钮完成设置。

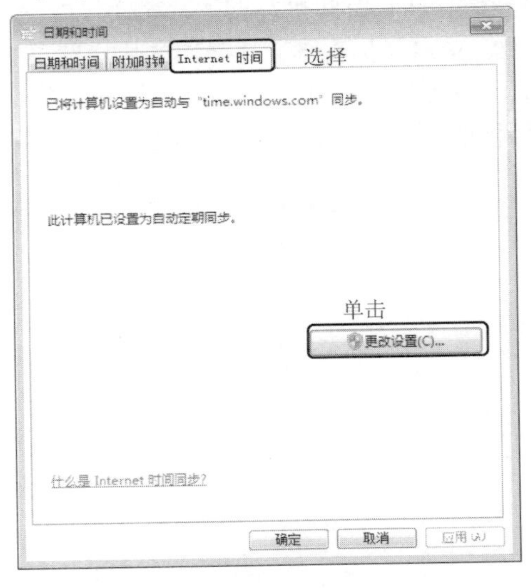

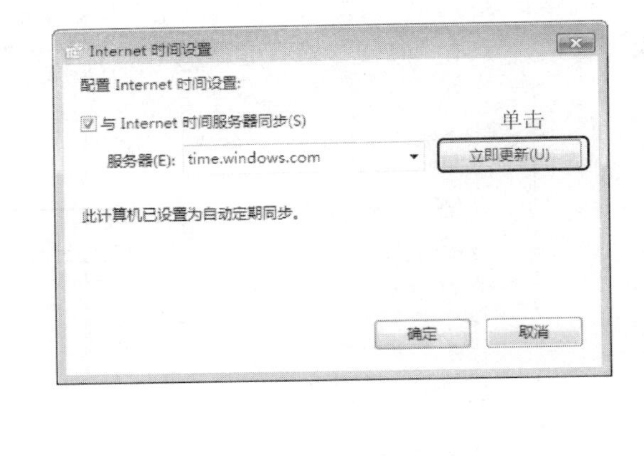

图 2-43 “Internet 时间”选项卡

图 2-44 更新时间

2.3.4 自定义任务栏和“开始”菜单

通过改变任务栏的位置和大小，可以改变整个屏幕显示内容的布局，同时还可以对“开始”菜单进行设置，使得各项操作更加方便、快捷。

1. 调整任务栏的位置

Windows 7 系统在默认状态下，任务栏位于屏幕的底部，如果觉得使用不便，可以将任务栏移动到屏幕的左侧、右侧或顶部。下面将任务栏移动到桌面的左侧，操作步骤如下：

1）在任务栏的空白位置单击鼠标右键，在弹出的快捷菜单中选择“属性”命令。

2）在打开的“任务栏和⌊开始⌉菜单属性”对话框中选择“任务栏”选项卡，在“屏幕上的任务栏位置”下拉列表框中选择所需项，这里选择“左侧”，如图 2-45 所示，单击“确定”按钮，完成调整任务栏位置的设置，设置后的效果如图 2-46 所示。

图 2-45　设置任务栏位置

图 2-46　设置后效果

2. 设置任务栏的外观属性

除了可以调整任务栏位置以外，还可以调整任务栏的大小以及对任务栏中的图标进行个性化设置。

（1）调整任务栏大小　根据需要调整任务栏大小，其操作步骤如下：

1）在任务栏的空白处单击鼠标右键，在弹出的快捷菜单中取消选择“锁定任务栏”命令。

2）将鼠标移到任务栏边缘，当鼠标指针变为↕形状时，按住鼠标左键不放，通过拖动鼠标调整任务栏的大小，调整后的效果如图 2-47 所示。

图 2-47　任务栏放大效果

（2）设置任务栏中的图标　设置任务栏中的图标是指设置程序在任务栏中对应的快速启动图标的显示方式，与调整任务栏位置的方法类似。其操作步骤如下：

1）在任务栏的空白位置单击鼠标右键，在弹出的快捷菜单中选择“属性”命令，打开“任务栏和⌊开始⌉菜单属性”对话框。

2）在“任务栏按钮”下拉列表框中选择所需的项，这里选择“从不合并”，如图 2-48 所示，然后单击“确定”按钮，此时任务栏将各个窗口以按钮的形式显示出来。

图 2-48　设置图标显示方式

3. 设置开始菜单

在“任务栏和⌊开始⌉菜单属性”对话框中，可以对“开始”菜单进行外观设置，使“开始”菜单显示的内容更加简洁明了。其操作步骤如下：

1）打开“任务栏和「开始」菜单属性”对话框，选择“「开始」菜单”选项卡。

2）在“电源按钮操作”下拉列表框中选择所需项，如选择“休眠”，然后单击“自定义”按钮，如图2-49所示。

3）打开“自定义「开始」菜单”对话框，在下方的列表里可对“开始”菜单中的项目进行添加或删除。例如，将“音乐”隐藏起来，选中“音乐”项目下面的“不显示此项目”单选按钮，再选中“游戏”项目下面的“显示为链接”单选按钮，然后在“「开始」菜单大小”栏的“要显示的最近打开过的程序的数目”和“要显示在跳转列表中的最近使用的项目数”数值框中分别输入相应数值，如输入“3”和“5”，如图2-50所示，单击“确定”按钮。

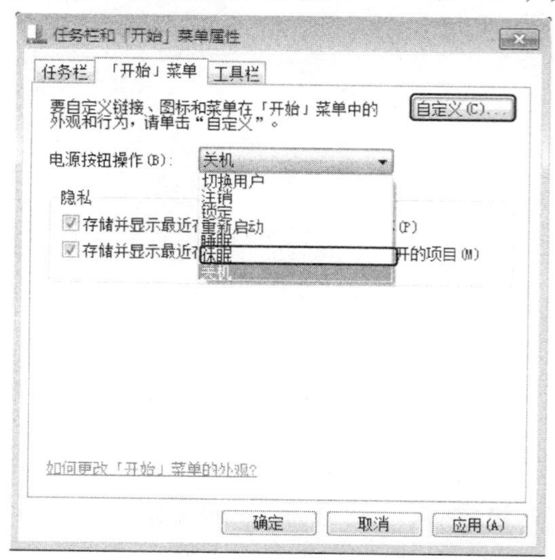

图2-49　设置“电源按钮操作”

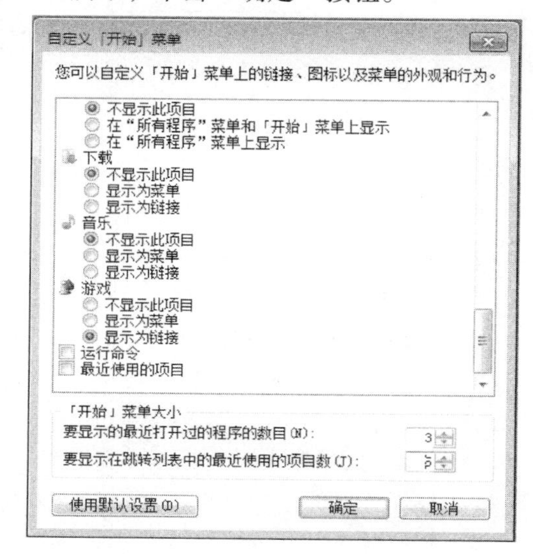

图2-50　设置“开始”菜单

4）返回“任务栏和「开始」菜单属性”对话框，单击“确定”按钮使设置生效，设置前后的“开始”菜单效果对比如图2-51所示。

图2-51　设置前后“开始”菜单效果对比

2.3.5 通知区域图标设置

自定义通知区域图标是指设置图标的显示数量和显示效果等，其操作步骤如下：

1）将鼠标移到通知区域的“日期和时间”图标上，单击鼠标右键，在弹出的快捷菜单中选择“自定义通知图标”命令，如图 2-52 所示，或者单击通知区域的▲按钮，弹出如图 2-53 所示的菜单，选择“自定义”命令。

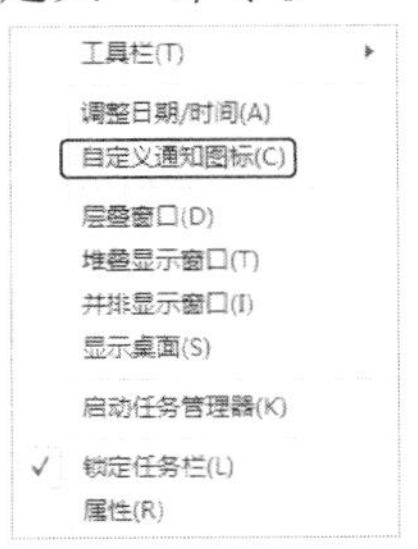

图 2-52 选择“自定义通知图标”命令

图 2-53 选择“自定义”命令

2）打开“通知区域图标”窗口，根据需要单击通知区域图标对应的按钮，在弹出的下拉列表中选择所需项，如单击“网络”对应的按钮，在弹出的下拉列表框中选择“仅显示通知”，如图 2-54 所示，然后单击“确定”按钮。

3）选择“通知区域图标”窗口左下方的“打开或关闭系统图标”项，打开“系统图标”窗口，在其中可选择打开或关闭通知图标，通常情况下使用默认设置即可，如图 2-55 所示，单击“确定”按钮。

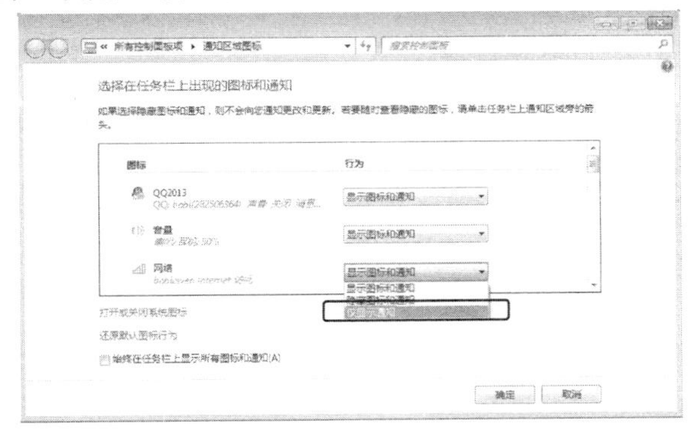

图 2-54 通知区域图标显示设置

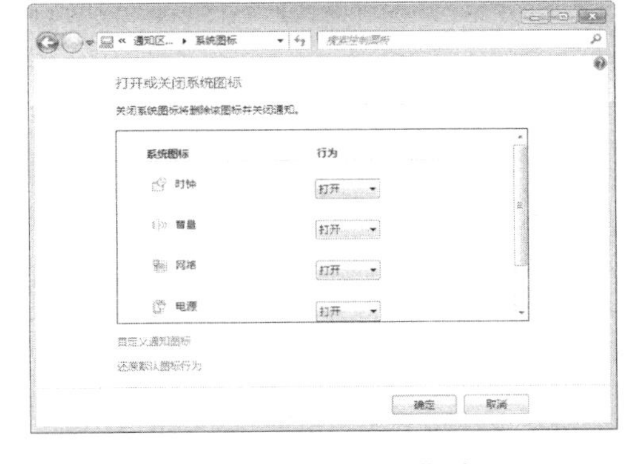

图 2-55 “系统图标”窗口

4）返回“通知区域图标”窗口，选中“始终在任务栏上显示所有图标和通知”复选框，单击“确定”按钮完成设置，通知区域将会显示所有活动状态的图标和通知。

2.3.6 Windows 7 的桌面小工具

Windows 7 中提供了很多小工具，可增加桌面美观效果和使用价值。下面介绍小工具的一些操作，如小工具的添加、设置和关闭等。

1. 在桌面上添加小工具

Windows 7 中提供了很多实用和有趣的小工具，如“时钟”“日历”和“天气”等。下面在桌面添加“日历”小工具，操作步骤如下：

1）在桌面空白处单击鼠标右键，在弹出的快捷菜单中选择“小工具”命令，如图 2-56 所示，打开存放小工具的窗口，如图 2-57 所示。

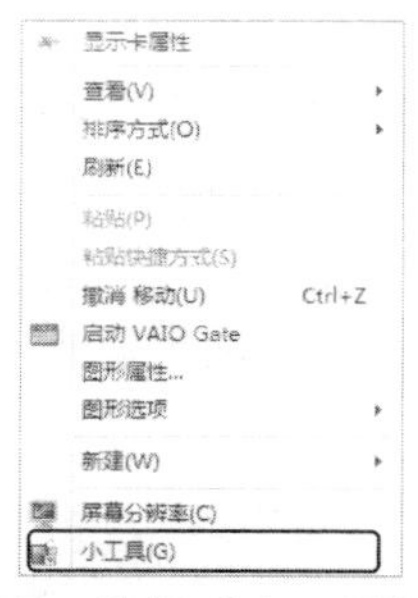

图 2-56　选择“小工具”命令

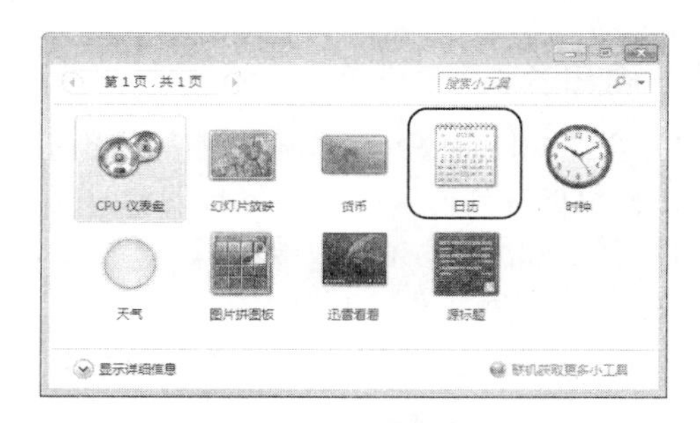

图 2-57　小工具窗口

2）双击“日历”小工具对应的图标，桌面上出现“日历”小工具，如图 2-58 所示。

图 2-58　日历小工具

2. 设置小工具

下面以设置桌面上的“时钟”小工具为例，操作步骤如下：

1）在已添加的“时钟”小工具上单击鼠标右键，在弹出的快捷菜单中选择“不透明度”命令，然后在弹出的子菜单中选择所需数值，如图2-59所示。

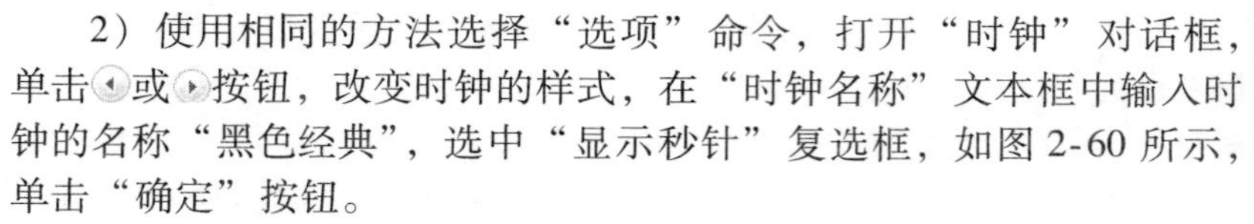

2）使用相同的方法选择“选项”命令，打开“时钟”对话框，单击◀或▶按钮，改变时钟的样式，在“时钟名称”文本框中输入时钟的名称“黑色经典”，选中“显示秒针”复选框，如图 2-60 所示，单击“确定”按钮。

3）返回桌面，将鼠标放在设置后的“时钟”小工具上，按住鼠标左键不放，将“时钟”小工具拖动到桌面的右下角，释放鼠标左键，如图 2-61 所示。

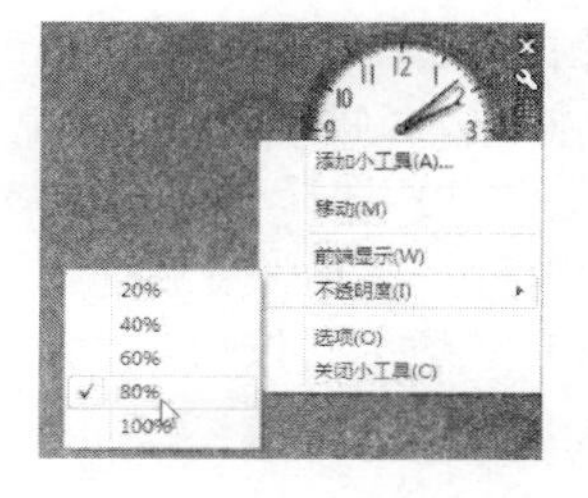

图 2-59　选择 80% 不透明度

3. 关闭小工具

当不再需要打开的小工具时，只需将其关闭即可。

1）通过快捷菜单关闭：在需要关闭的小工具上单击鼠标右键，在弹出的快捷菜单中选择“关闭小工具”命令。

2）通过“关闭”按钮关闭：将鼠标移到需关闭的小工具上，该小工具右侧会出现一列按钮，单击其中的“关闭”按钮。

2.3.7　Windows 7 的高级应用

1. 输入法的添加和删除

如果输入法列表中的输入法无法满足用户的使用需要，或者输入法列表中有很多不需要的输入法，此时就可以删除或添加输入法。

图 2-60　“时钟”对话框

图 2-61　设置后的时钟

（1）添加输入法　操作步骤如下：

1）在语言栏的“输入法”按钮上单击鼠标右键，在弹出的快捷菜单中选择“设置”命令，打开“文本服务和输入语言”对话框，如图 2-62 所示，单击“添加”按钮。

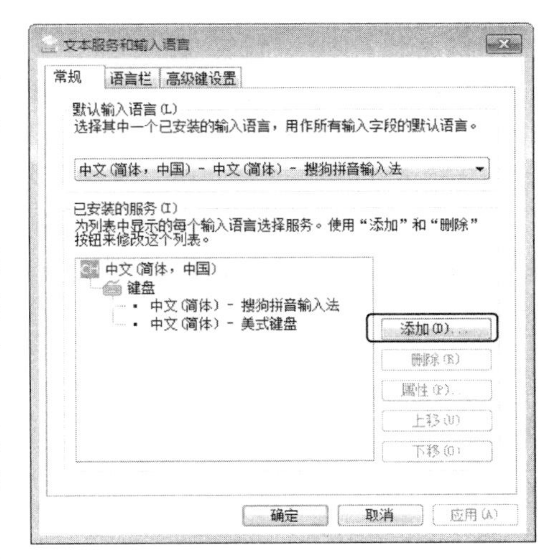

图 2-62　“文本服务和输入语言”对话框

2）打开“添加输入语言”对话框，通过拖动列表框右侧的滑块选择需添加输入法的复选框，如“简体中文全拼（版本 6.0）”，如图 2-63 所示，单击“确定”按钮。

3）返回“文本服务和输入语言”对话框，可以看到“简体中文全拼（版本 6.0）”输入法已经添加到输入法列表中，单击“确定”按钮，完成设置。

（2）删除输入法　打开“文本服务和输入语言”对话框，选择需要删除的输入法选项对应的复选框，单击“删除”按钮即可完成对该输入法的删除。

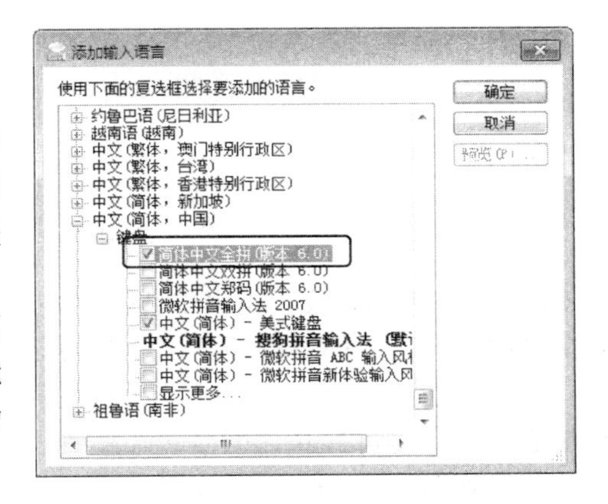

图 2-63　选择需要添加的输入法

2. 程序的安装与卸载

（1）应用程序的安装　一般来说，安装程序的名称为 setup. exe 或 install. exe，不同的应用程序其安装程序的名称不同。在安装的过程中只需运行安装程序，然后根据向导一步一步完成安装即可。

（2）应用程序的卸载　使用“程序和功能”窗口可以方便地查看系统中已经安装的应用程序，也能够更改和卸载应用程序。下面介绍使用“程序和功能”窗口卸载应用程序的方法。

1）单击“开始”按钮，选择“控制面板”命令，打开“控制面板”窗口，选择“卸载程序”项，如图 2-64 所示，将打开“程序和功能”窗口。

2）选择要卸载的应用程序，单击工具栏中的“卸载/更改”按钮，或者单击鼠标右键，在弹出的快捷菜单中选择“卸载”命令，如图 2-65 所示。

3）打开“卸载向导”对话框，根据需要选择卸载选项，完成软件的卸载。

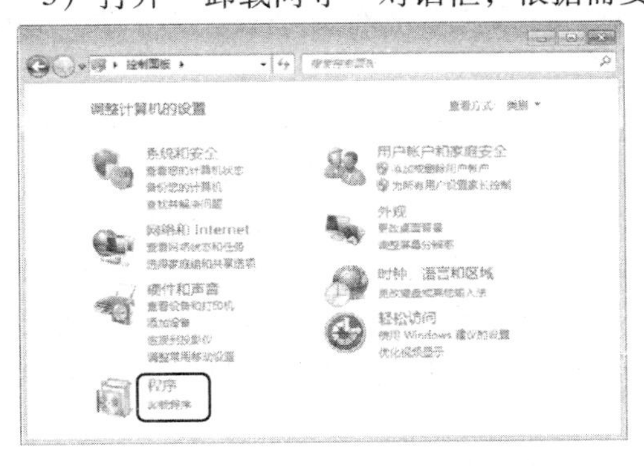

图 2-64　“控制面板”窗口

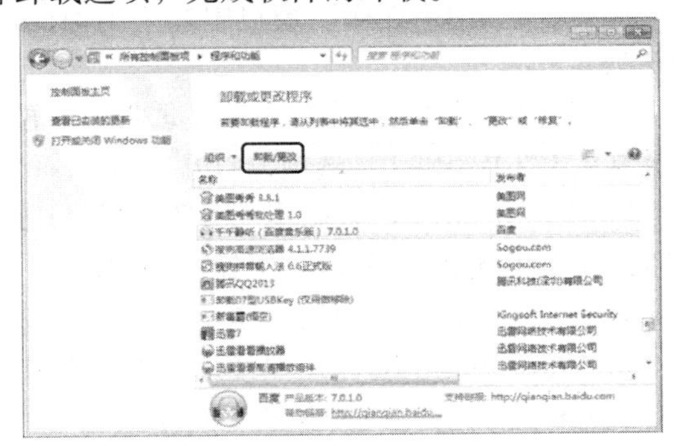

图 2-65　“程序和功能”窗口

3. 网络和 Internet 设置

（1）认识网络和共享中心　网络和共享中心是 Windows 7 中用于显示网络状态的窗口，通过该窗口用户可以查看网络连接设置、诊断网络故障和配置网络属性等。启动网络和共享中心有如下 3 种方法：

1）用鼠标右键单击桌面上的“网络”图标，在弹出的快捷菜单中选择“属性”命令，可打开“网络和共享中心”窗口，如图 2-66 所示。

图 2-66　“网络和共享中心”窗口

2）在“控制面板”窗口中选择“网络和 Internet 连接”项，在打开的窗口中再选择“网络和共享中心”项，即可打开“网络和共享中心”窗口。

3）用鼠标左键单击通知区域的“网络”图标，在弹出的快捷菜单中选择“打开网络和共享中心”命令，可打开“网络和共享中心”窗口。

（2）配置 TCP/IP　在 Windows 7 中，只有设置了 IP 地址，才能使用局域网。其操作步骤如下：

1）单击“开始”按钮，选择“控制面板”命令，打开“控制面板”窗口，选择“网络和 Internet”→“查看网络状态和任务”项，打开“网络和共享中心”窗口。

2）选择“网络和共享中心”窗口左侧窗格中的“更改适配器设置”项，如图 2-66 所示，打开“网络连接”窗口。

3）双击“网络连接”窗口中的“本地连接”图标，打开“本地连接 属性”对话框，如图 2-67 所示。

4）在“本地连接 属性”对话框中，双击“此连接使用下列项目”列表框中的“Internet 协议版本 4（TCP/IPv4）”选项，打开“Internet 协议版本 4（TCP/IPv4）属性”对话框。

5）在“Internet 协议版本 4（TCP/IPv4）属性”对话框中选中“使用下面的 IP 地址”单选按钮，在“IP 地址”文本框中输入 IP 地址，如“192. 168. 1. 6”，单击“子网掩码”文本框，系统根据 IP 地址自动分配子网掩码为“255. 255. 255. 0”，在“默认网关”文本框中输入网关地址，如“192. 168. 1. 1”，在“使用下面的 DNS 服务器地址”栏的“首选 DNS 服务器”文本框中输入 DNS 服务器地址，如图 2-68 所示。

6）依次单击“确定”按钮完成本地连接 TCP/IP 属性的设置。

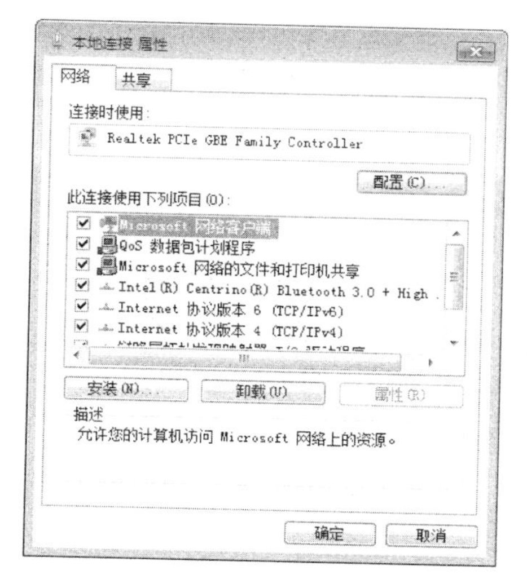

图 2-67 “本地连接 属性”对话框

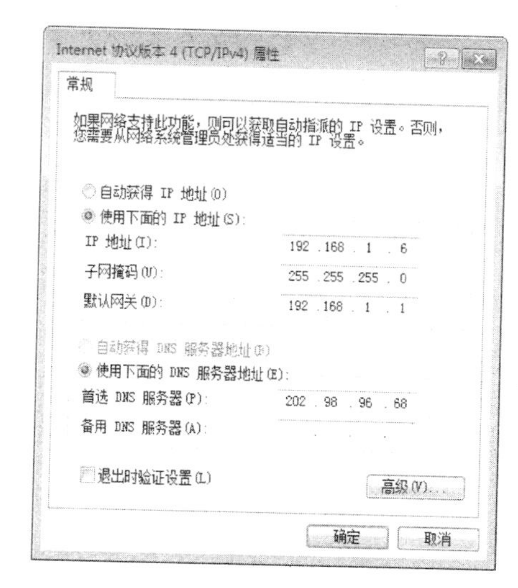

图 2-68 设置 IP 地址

2.4 文件和文件夹的管理

在管理计算机中的资源时，对文件和文件夹分类整理能够减少查找相关资源的时间、提高工作效率。本节将介绍分类整理文件和文件夹的相关操作，包括新建、选择、重命名、复制、移动、删除等，并讲解对文件和文件夹的属性设置。

2.4.1 认识文件和文件夹

文件夹和文件是两个应用十分广泛的名称，它们是组织信息资源的重要工具。

1. 文件

文件是计算机用来存储资料、数据、文章、信息等的一种形式。在 Windows 7 中文件是信息存储的基本单位，在平铺显示方式下，文件主要由文件名、文件扩展名、分割点、文件图标及文件描述信息等组成，如图 2-69 所示。文件的类型在计算机中有多种，如图片文件、音乐文件、视频文件、可执行程序等。

2. 文件夹

文件夹用于存放和管理计算机中的文件，是为了更好地管理文件而设计的。通常将不同的文件归类存放到相应的文件夹中，方便用户快速找到所需的文件。文件夹的外观由文件夹图标和文件夹名称组成，如图 2-70 所示。

报销.doc
Microsoft Office Word 97-2003 文...
28.5 KB

图 2-69 文件

期刊列表
File folder

图 2-70 文件夹

3. 文件夹窗口的组成

文件夹窗口主要由工具栏、列标题、导航窗格、搜索框、地址栏、文件与文件夹列表、详细信息窗格、前进/后退按钮等组成，如图 2-71 所示。

1）地址栏：用于导航至不同的文件夹或库，或者返回上一个文件夹。

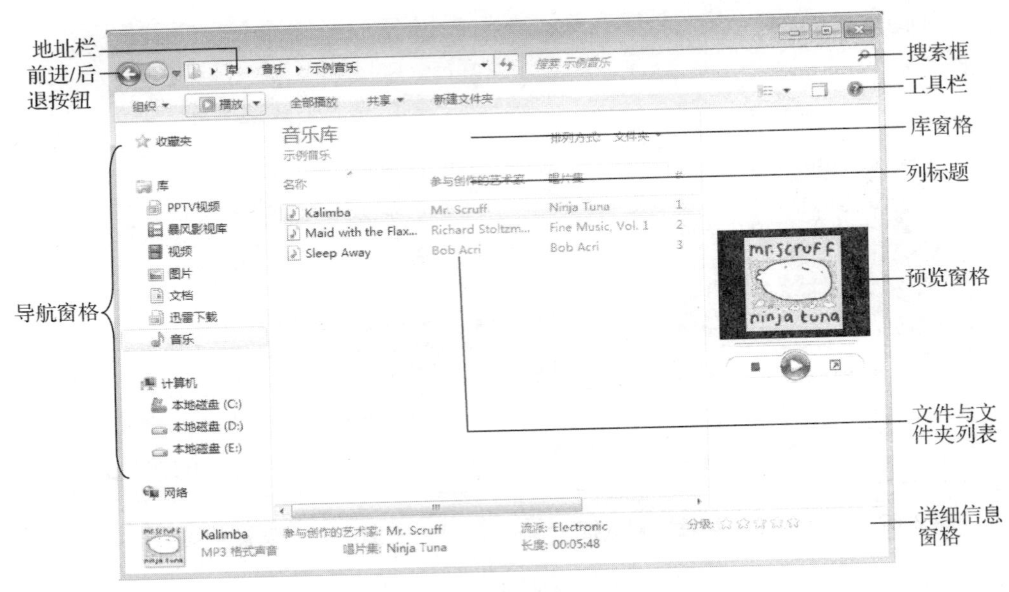

图 2-71 文件夹窗口的组成

2）前进/后退按钮：用于导航至已经打开的其他文件夹或库，而不必关闭当前窗口。这两个按钮可以与地址栏配合使用。

3）搜索框：在搜索框中输入词或短语可以查找当前文件夹或库中的项。搜索框具有“即时搜索”的功能，也就是只要一开始输入内容，搜索就开始了。

4）工具栏：用于执行一些常见任务，如更改文件或文件夹的外观等。

5）导航窗格：使用导航窗格可以访问库、文件夹、保存的搜索结果、收藏夹甚至整个磁盘，使用收藏夹可以打开最常用的文件夹和搜索项；使用库可以访问常见的文件等。

6）文件与文件夹列表：用于显示当前文件夹或库内容的位置，如果使用搜索框来查找文件，则会显示与当前搜索相匹配的文件。

7）列标题：用于更改文件列表中文件的整理方式。

8）详细信息窗格：用于查看与选定文件相关联的最常见属性。

9）预览窗格：用于查看大多数文件内容。

10）库窗格：只有打开某个库，库窗格才会出现。使用库窗格可以更改处于监控下的库的位置或者以其他方式来排列的内容。

2.4.2 文件和文件夹的设置

Windows 系统中资源管理器是用户经常浏览和查看文件的重要窗口，也是日常使用中必不可少的一项工具。在 Windows 7 中，微软对资源管理器进行了很多改进，并赋予了更多新颖有趣的功能，使用户操作更便利。掌握使用 Windows 资源管理器的窍门就可以提高管理文件的效率，让计算机变得更有条理。下面简单介绍 Windows 7 资源管理器的一些相关属性设置和操作。

1. 设置文件与文件夹的属性

为保护某些文件或文件夹，可以将其属性设置为“只读”“隐藏”或“存档”。其具体操作步骤如下：

1）在 Windows 7 资源管理器中选择待设置属性的文件或文件夹（可以是多个）。

2）在选择的文件或文件夹上单击鼠标右键，在弹出的快捷菜单中选择“属性”命令，如图 2-72 所示。

3）打开如图 2-73 所示的相应文件或文件夹的“属性”对话框，在“常规”选项卡中的“属性”栏中，选择“只读”和“隐藏”复选框。

● 选中“只读”复选框，则该文件或文件夹只能被访问，不能被编辑，而且任何形式的删除都会收到 Windows 7 的警告。

● 选中“隐藏”复选框，可以隐藏所选文件或文件夹内的全部内容，隐藏后如果不知道其名称就无法查看或使用此文件或文件夹。

4）单击“确定”按钮，即可完成对所选文件或文件夹的属性设置。

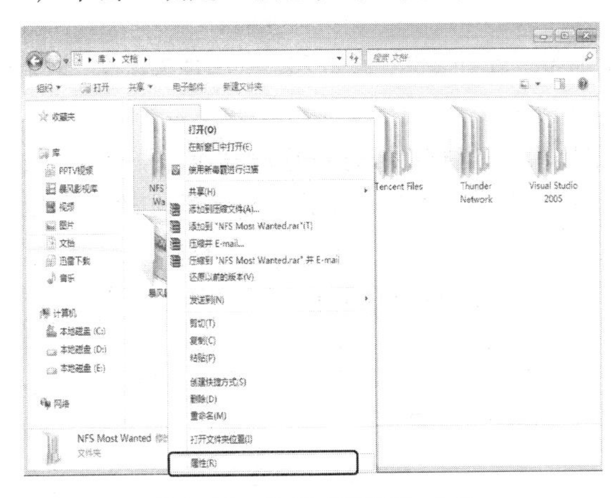

图 2-72　选择“属性”命令

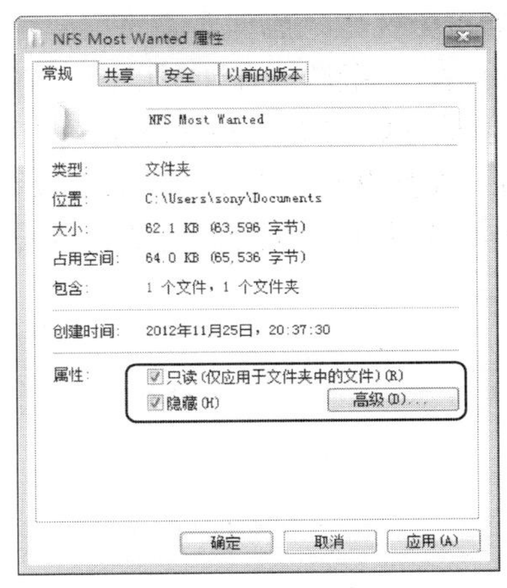

图 2-73　“属性”对话框

2. 设置显示扩展名和隐藏的文件

默认状态下，Windows 7 是不显示文件的扩展名和隐藏文件的，但有时为了了解文件的属性，或者为了通过隐藏文件了解磁盘空间的占用情况，需要通过设置将文件的扩展名和隐藏文件显示出来。具体操作步骤如下：

1）通过文件夹窗格打开某个文件夹的窗口，单击工具栏中的“组织”按钮，在弹出的菜单中选择“文件夹和搜索选项”命令，如图 2-74 所示。

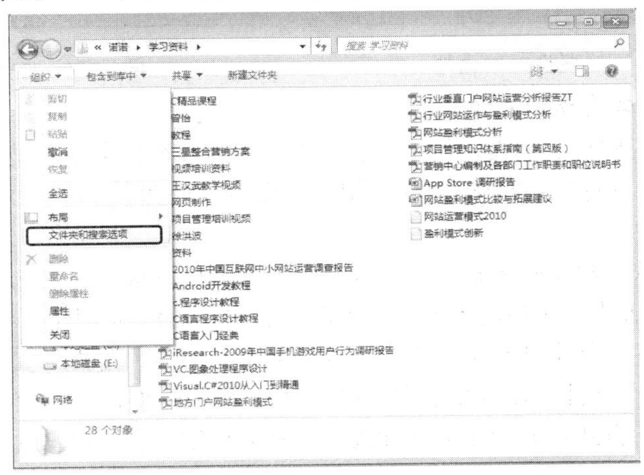

图 2-74　选择“文件夹和搜索选项”命令

2）在弹出的“文件夹选项”对话框中选择“查看”选项卡，在“高级设置”列表框中选择“显示隐藏的文件、文件夹和驱动器”单选按钮，并取消勾选“隐藏已知文件类型的扩展名”复选框，如图2-75所示，然后单击“确定”按钮。

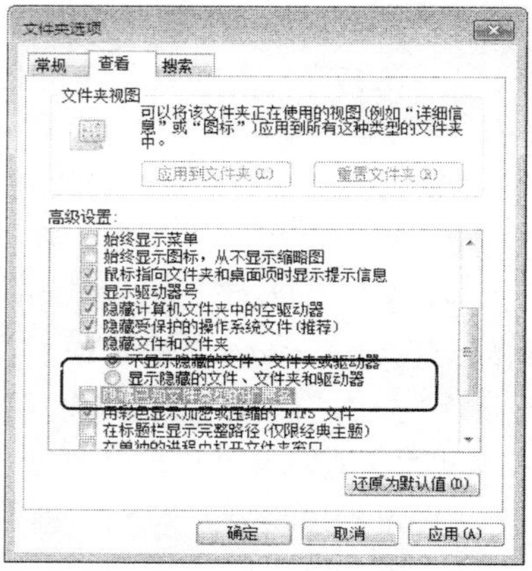

图2-75 “文件夹选项”对话框

3. 制作个性化文件夹图标

在Windows 7中，可以对一些特殊类型的文件夹（如各种多媒体文件夹）进行个性化定义，如定义文件夹的类型、更改文件夹的显示图标等，以便用户清楚地区分文件类型。具体操作步骤如下：

1）用鼠标右键单击要进行自定义的文件夹，在弹出的快捷菜单中选择“属性”命令。

2）在“属性”对话框中选择“自定义”选项卡，在“文件夹图标”区域单击“更改图标”按钮，如图2-76所示。

3）在弹出的“为文件夹 新建文件夹 更改图标”对话框中，通过拖动“从以下列表中选择一个图标”列表框下方的滚动条寻找所需图标，这里选择⏻图标，单击“确定”按钮，如图2-77所示。

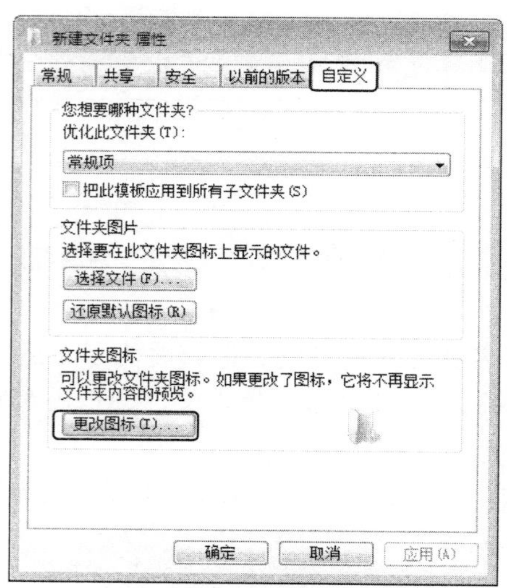

图2-76 “属性”对话框

图2-77 选择图标

4. 设置文件与文件夹显示方式

Windows 7提供了图标、列表、详细信息、平铺和内容5种类型的显示方式。只需单击窗口工具栏中的按钮，在弹出的菜单中选择相应的命令，如图2-78所示，即可应用相应的显示方式显示相关内容。

1）图标显示方式：将文件夹包含的图片显示在文件夹图标上，可以快速识别该文件夹的内容，常用于图片文件夹中。包括超大图标、大图标、中等图标和小图标4种图标显示方式。

2）列表显示方式：将文件与文件夹通过列表显示其内容。若文件夹中包含很多文件，列表显示便于快速查找某个文件，在该显示方式中可以对文件和文件夹进行分类。

3）详细信息显示方式：显示相关文件或文件夹的详细信息，包括文件名称、类型、大小和日期等。

4）平铺显示方式：以图标加文件信息的方式显示文件或文件夹，是查看文件或文件夹的常用方式。

5）内容显示方式：将文件的创建日期、修改日期和大小等内容显示出来，方便进行查看和选择。

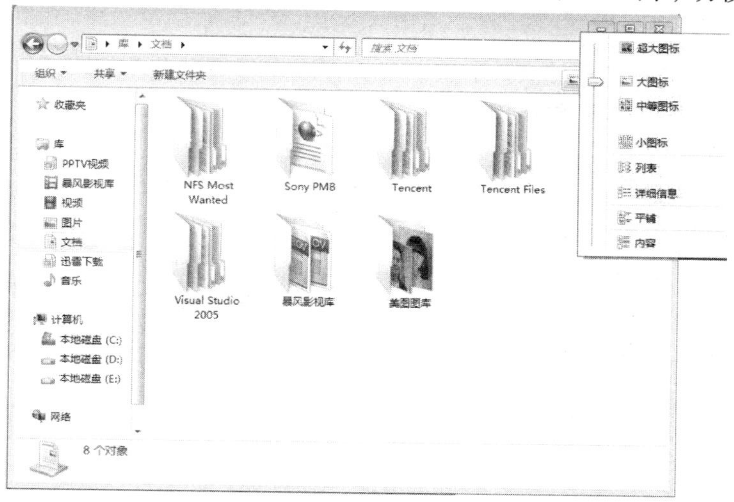

图 2-78　显示方式列表

2.4.3　打开文件或文件夹

只有先打开文件或者文件夹，才可以对文件或文件夹进行查看或操作。下面以打开视频文件“野生动物”为例，介绍打开文件和文件夹的具体操作方法。

1）单击“开始”按钮，选择“开始”菜单右侧窗格中的“计算机”命令，或者双击桌面上的“计算机”图标，此时会打开“计算机”窗口。

2）选择导航窗格中的“视频”库，此时“视频”库文件夹窗口中会出现“示例视频”文件夹图标，如图 2-79 所示。

图 2-79　双击“示例视频”文件夹图标

3）双击“示例视频”文件夹图标，可以看到在文件夹窗口中有“野生动物”视频文件。

4）双击“野生动物”文件图标，可打开播放器播放该视频文件。

2.4.4 创建文件或文件夹

在计算机中写入资料或存储文件需要新建文件或文件夹。在 Windows 7 的相应窗口中通过快捷菜单命令可以快速完成新建任务。

1. 创建文件夹

下面以新建一个名为“心情”的文件夹为例，其操作步骤如下：

1）在需要新建文件夹的窗口空白处单击鼠标右键，在弹出的快捷菜单中选择“新建”命令，如图 2-80 所示，或者单击工具栏中的“新建文件夹”按钮。

2）此时，窗口中新建文件夹的名称文本框处于可编辑状态，输入“心情”文本，如图 2-81所示，按“回车”键完成新建。

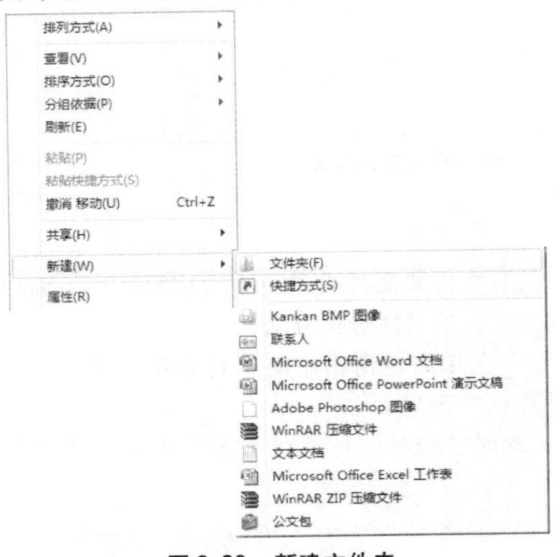

图 2-80 新建文件夹

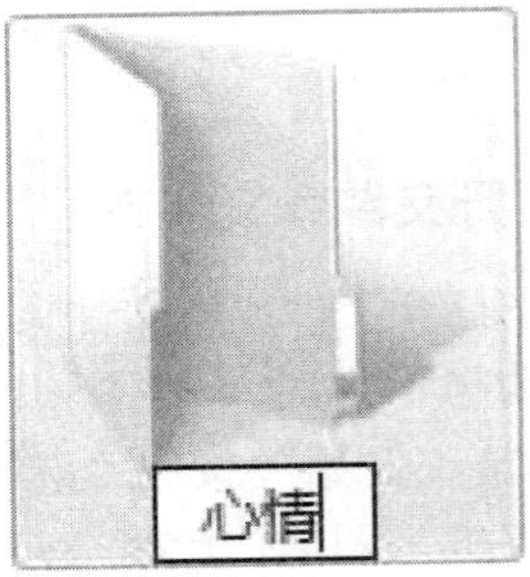

心情

图 2-81 命名文件夹

2. 创建文件

新建文件的操作与新建文件夹的操作相同，下面以在“文档”库文件夹中新建文本文档为例，介绍创建文件的方法。

1）打开“计算机”窗口，选择导航窗格中的“文档”库，此时会打开“文档”库文件夹窗口。

2）右击“文档”库文件夹窗口的空白处，然后选择快捷菜单中的“新建”→“文本文档”命令，如图 2-82 所示，此时会

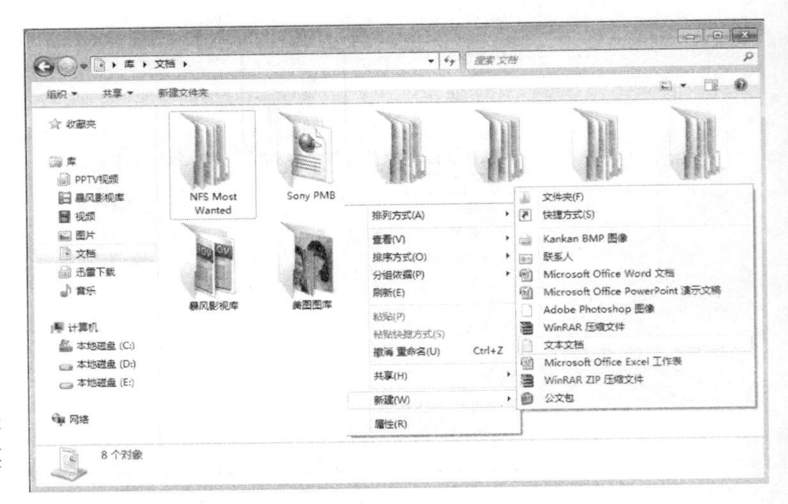

图 2-82 新建文件

在“文档”库文件夹窗口中出现新建的文档，并且其名称文本框处于可编辑状态。

3）为新建的文本文档命名，如“心情”，如图 2-83 所示。

4）输入完后按“回车”键，即可完成新文档的创建。

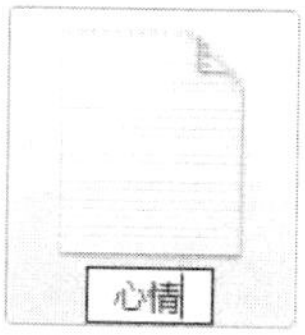

心情

图 2-83　新建文本文档

2.4.5　选择文件或文件夹

在执行一切操作之前，需要首先选定文件或文件夹。选定文件或文件夹有以下几种方式，可以根据需要任选一种进行操作。

（1）选择单个文件或文件夹　单击要选定的文件或文件夹即可。

（2）选择多个连续的文件或文件夹　在文件夹窗口中，如果希望选定一组连续排列的对象，具体操作步骤如下：

1）在要选择的一组对象的第一个对象图标上面单击鼠标左键。

2）按住“Shift”键，将鼠标移动到这组对象的最后一个对象图标上面，再次单击鼠标左键。

（3）选择多个非连续的文件或文件夹　在文件夹窗口中，如果希望选择一组不是连续排列的对象，具体操作步骤如下：

1）在要选择的第一个对象图标上面单击鼠标左键。

2）按住“Ctrl”键，将鼠标移动到要选择的第二个对象的图标上面，单击鼠标左键。

3）重复步骤 2 的操作，直到需要的对象全部选定为止。

（4）选择全部文件或文件夹　单击文件夹中的空白处，然后框选所有文件，即可选中所有文件或文件夹。

除了上述方法，全选文件或文件夹可以使用“Ctrl + A”组合键，或者单击工具栏中的“组织”按钮，然后在弹出的下拉菜单中选择“全选”命令。

2.4.6　移动或复制文件或文件夹

1. 复制文件或文件夹

复制文件或文件夹的结果是在源文件或文件夹之外产生一个副本。以下是复制文件或文件夹的具体操作步骤。

方法 1：

1）在桌面上打开包含要复制对象的源文件夹窗口以及要将对象复制到的目的文件夹窗口。

2）从源文件夹窗口中选定要复制的对象，可以是一个，也可以是多个。

3）按住“Ctrl”键，使用鼠标将要复制的对象从源文件夹窗口拖到目的文件夹窗口中即可。

方法 2：

1）从源文件夹窗口中选定要复制的对象，可以是一个，也可以是多个。

2）单击鼠标右键，在弹出的快捷菜单中选择“复制”命令，如图 2-84 所示，或者选择工具栏中的“组织”“复制”命令。如果使用键盘，则可以按“Ctrl + C”组合键。

3）打开目的文件夹，单击鼠标右键，在弹出的快捷菜单中选择“粘贴”命令，如图 2-85 所示，或者选择工具栏中的“组织”→“粘贴”命令。如果使用键盘，则可以按“Ctrl + V”组合键。这时可以看到，选定的对象被复制到目的文件夹中。

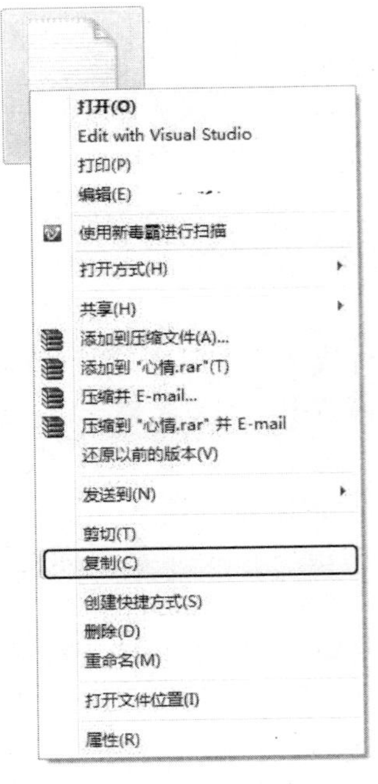

图 2-84　选择“复制”命令

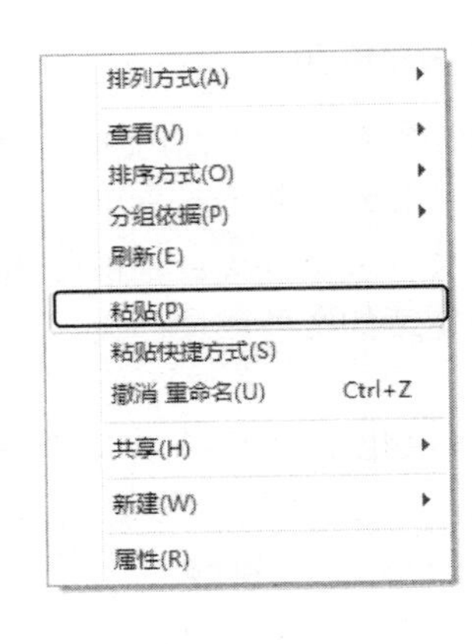

图 2-85　选择“粘贴”命令

2. 移动文件或文件夹

移动文件或文件夹的操作与复制操作类似，但结果不同。移动操作在目标位置产生文件或文件夹的副本后，将删除被移动项目的源文件。

方法 1：

1）在桌面上打开包含要移动对象的源文件夹窗口以及要将对象移动到的目的文件夹窗口。

2）从源文件夹窗口中选定要移动的对象，可以是一个，也可以是多个。

3）按住“Shift”键，使用鼠标将对象从源文件夹窗口拖到目的文件夹窗口中即可。

方法 2：

1）从源文件夹窗口中选定要移动的对象，可以是一个，也可以是多个。

2）单击鼠标右键，在弹出的快捷菜单中选择“剪切”命令，或是选择工具栏中的“组织”→“剪切”命令。如果使用键盘，则可以按“Ctrl + X”组合键。

3）打开目的文件夹，该文件夹可以和源文件夹是同一窗口，也可以是不同窗口。

4）单击鼠标右键，在弹出的快捷菜单中选择“粘贴”命令，或是选择工具栏中的“组织”→“粘贴”命令。如果使用键盘，则可以按“Ctrl + V”组合键。这时可以看到，选定的对象被移动到目的文件夹中。

2.4.7　重命名文件或文件夹

为了便于对文件和文件夹进行管理和查找，以及更好地体现其内容，可以对文件和文件夹进行重命名。在 Windows 7 中，更改文件或文件夹的名称有以下 4 种方法：

（1）利用菜单命令　选择要改名的文件或文件夹，选择工具栏中的“组织”→“重命名”命令。此时，被选择的文件或文件夹的名称将进入编辑状态。输入新名称，按“回车”键或单击该名称编辑框外任意位置，新名称即可生效。

（2）用鼠标左键单击　用鼠标单击拟改名的文件或文件夹，再次单击该文件或文件夹（要避免双击打开该文件），进入名称编辑状态。

（3）用“F2”键　选定拟改名的文件或文件夹，然后按“F2”键即可进入名称编辑状态。

（4）用快捷菜单　用鼠标右击要改名的文件或文件夹，在弹出的快捷菜单中选择“重命名”命令，则进入名称编辑状态。

用户可以改变文件名的扩展名，使文件与相应的应用程序关联。此后只要双击该文件，即可调用相应的程序打开该文件。但用户不要随便更改 Windows 7 的系统文件，否则系统可能会因为找不到需要的文件而不能启动。

2.4.8　删除文件或文件夹

当磁盘中存在重复或者不需要的文件或文件夹，影响了计算机的各种操作时，可删除文件或文件夹，其方法如下。

方法 1：选择需要删除的文件或文件夹，按“Delete”键。

方法 2：选择需要删除的文件或文件夹，选择工具栏中的“组织”→“删除”命令。然后在弹出的“确认文件（夹）删除”对话框中单击“是”按钮，即可完成对所选文件或文件夹的删除操作。

方法 3：选择需要删除的文件或文件夹，单击鼠标右键，在弹出的快捷菜单中选择“删除”命令。然后在弹出的“确认文件（夹）删除”对话框中单击“是”按钮，即可完成对所选文件或文件夹的删除操作。

方法 4：选择需要删除的文件或文件夹，按住鼠标左键将其拖动到桌面上的“回收站”图标上。

2.4.9　搜索文件或文件夹

对于具体位置不明确的文件或文件夹，可使用 Windows 7 的搜索功能，并且此操作非常简单和方便，只需在搜索框中输入需要查找的文件或文件夹的名称或者名称的部分内容，系统就会根据输入的内容自动进行搜索，搜索完成后将在打开的“搜索结果”窗口中显示搜索到的全部内容。例如，在“计算机”窗口中搜索与“花”有关的文件或文件夹，其操作步骤如下：

1）双击“计算机”图标，打开“计算机”窗口。

2）在右上角的“搜索框”中输入“花”，系统自动进行搜索，搜索完成后，在窗口中将显示所有与“花”有关的文件或文件夹。

2.4.10　创建快捷方式

可以为经常使用的文件或文件夹创建快捷方式，以便日后使用时快速地将其打开。为文件或文件夹创建快捷方式的方法有以下两种：

1）右击要创建快捷方式的文件或文件夹，在弹出的快捷菜单中选择“创建快捷方式”命令，可以为文件或文件夹在当前位置创建快捷方式。

2）右击要创建快捷方式的文件或文件夹，在弹出的快捷菜单中选择“发送到”→“桌面快捷方式”命令，可以在桌面上为该文件或文件夹创建快捷方式。

对待快捷方式可以像对待正常文件一样，一般说来，双击快捷方式图标可以等同于双击快捷方式所指向的文件的图标。对于快捷方式的 *.lnk 文件本身可以进行复制、移动、删除等操作，最简单的方法就是在快捷方式图标上单击鼠标右键，然后从快捷菜单中选择相应命令。删除某个快捷方式并不影响它所指向的文件本身，它只是一个指针，并不是原文件。如果快捷方式所指向的文件不存在，则快捷方式不能正常运行。

2.5 磁盘的管理和维护

磁盘（通常指硬盘）是计算机系统中用于存储数据的设备，也是计算机软件和工作数据的载体，在整个计算机系统中扮演着十分重要的角色，一旦出了问题，就可能导致重要数据的丢失。只有管理好磁盘，才能给操作系统和其他应用程序创造一个良好的运行环境，才能够安全有效地保存工作数据。磁盘的管理与维护主要包括创建/删除磁盘分区、改变磁盘大小、格式化磁盘、磁盘碎片清理、磁盘检查等，通过以上操作可以方便地对磁盘的存储空间进行整理，从而提高系统的运行速度。

2.5.1 创建磁盘分区

创建磁盘分区也就是平常所说的对硬盘进行分区。具体操作步骤如下：

1）单击“开始”按钮，在打开的“开始”菜单中右击右侧窗格中的“计算机”命令，然后在弹出的快捷菜单中选择“管理”命令。

2）打开“计算机管理”窗口，选择左侧列表中的“磁盘管理”项，则右侧显示出当前磁盘的相关信息，如图 2-86 所示。磁盘列表窗口中，绿色区域为可用空间。

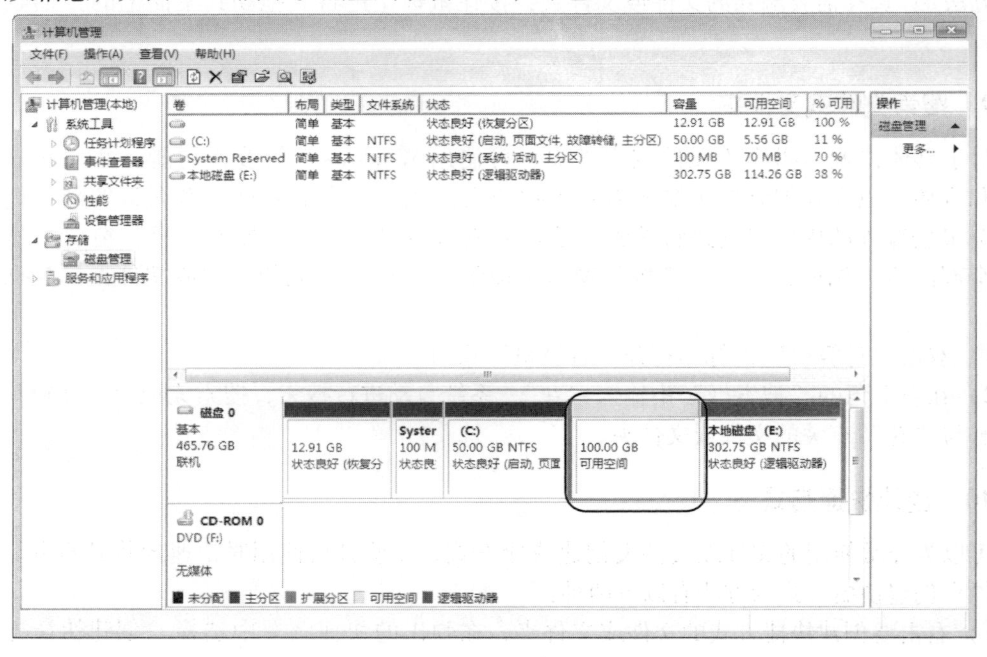

图 2-86 “磁盘管理”窗口

3）在可用空间区域单击鼠标右键，在弹出的快捷菜单中选择“新建简单卷”命令，打开

“新建简单卷向导”对话框，单击“下一步”按钮，打开“指定卷大小”界面，在“简单卷大小”数值框中输入新建分区的大小，单击“下一步”按钮，如图 2-87 所示。

4）打开“分配驱动器和路径”界面，此处选中“分配以下驱动器号”单选按钮，在其后的下拉列表中选择新建分区的驱动器号，单击“下一步”按钮，如图 2-88 所示。

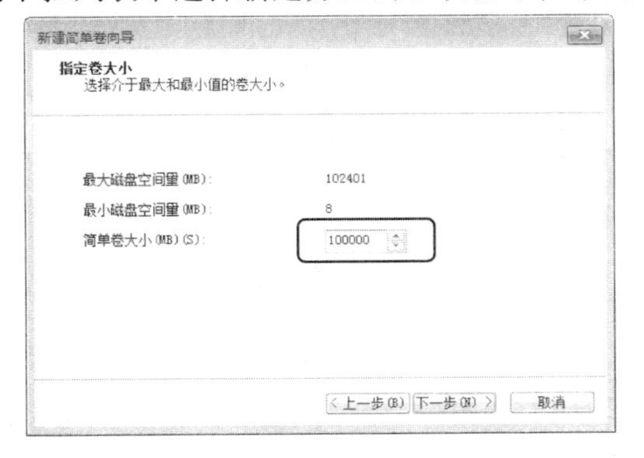

图 2-87　指定卷大小

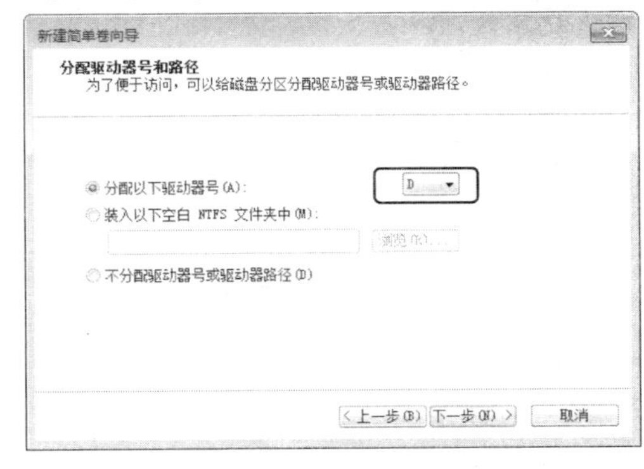

图 2-88　分配驱动器号和路径

5）打开“格式化分区”界面，设置分区格式，如选中“按下列设置格式化这个卷”单选按钮，“文件系统”选择 NTFS，并选中“执行快速格式化”复选框，其余使用默认值，单击“下一步”按钮，如图 2-89 所示。

6）打开“正在完成新建简单卷向导”界面，显示将要新建启动器的信息，如图 2-90 所示，确认后单击“完成”按钮，系统将创建一个新的磁盘分区。

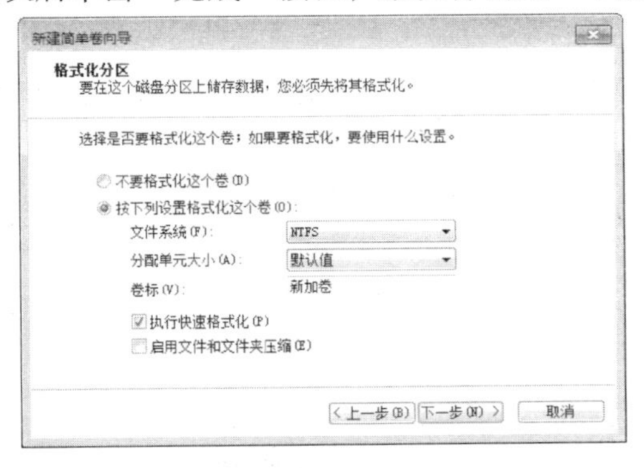

图 2-89　格式化分区

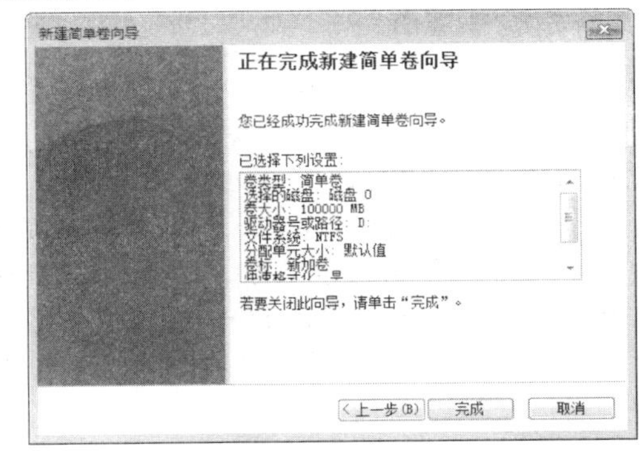

图 2-90　完成新建简单卷向导

2.5.2　改变磁盘大小

通过扩展卷可以实现增大现有分区的空间，前提是在同一磁盘上有未分配的空间，并且要扩展的卷必须是原始卷或使用 NTFS 文件系统格式化的卷。扩展卷的具体操作步骤如下：

1）打开“计算机管理”窗口，并选择左侧列表中的“磁盘管理”项，显示出当前磁盘的详细信息。

2）右击要扩展的分区，然后在弹出的快捷菜单中选择“扩展卷”命令，打开“扩展卷向导”对话框，如图 2-91 所示，单击“下一步”按钮。

3）进入“选择磁盘”界面，在“选择空间量”右侧设置要扩展的空间容量，如图 2-92 所示，单击“下一步”按钮，提示已完成扩展卷设置。

4）单击“完成”按钮，完成扩展卷。

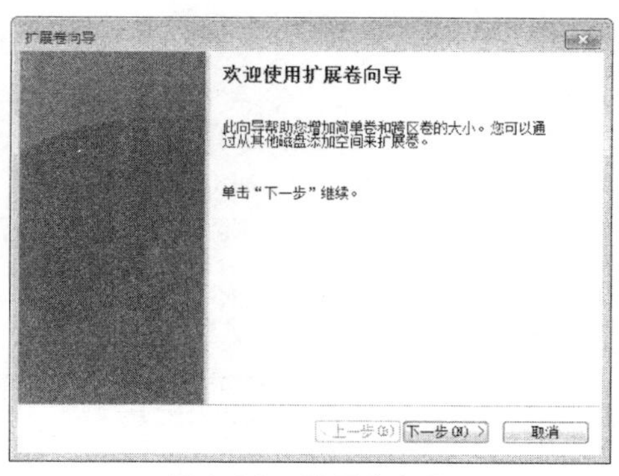

图 2-91　扩展卷向导

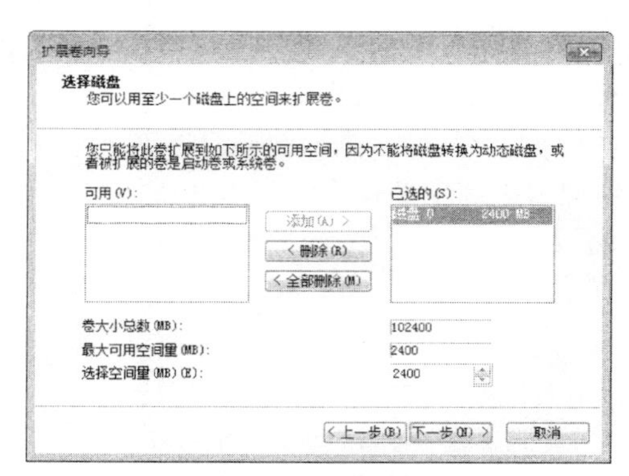

图 2-92　选择磁盘

2.5.3　删除磁盘分区

对于不再使用的磁盘分区，可将其删除，以便重新创建分区来分配磁盘空间。在删除磁盘分区之前要对该分区中的重要数据进行备份。删除分区的具体操作步骤如下：

1）打开“计算机管理”窗口，并选择左侧列表中的“磁盘管理”项，显示出当前磁盘的详细信息。

2）鼠标右键单击要删除的分区，然后在弹出的快捷菜单中选择“删除卷”命令，打开“删除简单卷”对话框。

3）单击“是”按钮，将该卷删除。

2.5.4　查看磁盘属性

1）打开“计算机”窗口，用鼠标右键单击某个磁盘驱动器（如 E 盘）的图标，在弹出的快捷菜单中选择“属性”命令，打开该磁盘驱动器的“属性”对话框，如图 2-93 所示。

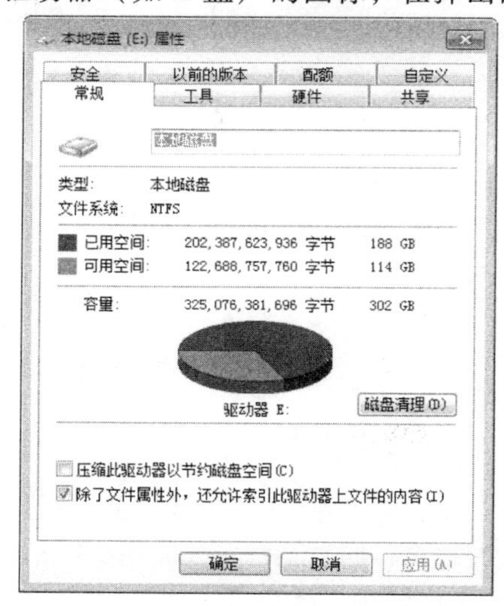

图 2-93　磁盘驱动器的“属性”对话框

2）在“常规”选项卡中，可以了解该磁盘的容量、已用空间和可用空间的字节数，还可以添加或更改磁盘驱动器的卷标（最多可包含 11 个英文字母或 5 个汉字）。

3）单击“磁盘清理”按钮，打开“磁盘清理”对话框，可以利用磁盘清理程序删除临时文件和卸载程序以释放磁盘空间。

4）选择“工具”选项卡，可以对磁盘查错、碎片整理和备份。

5）单击“查错”栏中的按钮，可打开磁盘扫描程序，扫描当前磁盘驱动器上的损伤情况。

6）单击“碎片整理”栏中的按钮，可打开磁盘碎片整理程序，进行分析或整理磁盘上的文件位置和可用空间，以提高应用程序的运行速度。

2.5.5　格式化磁盘分区

磁盘在使用之前，通常都必须先进行格式化。格式化磁盘就是对磁盘存储区域进行一定的规划，以便计算机能够准确地在磁盘上记录和读取数据。格式化磁盘还可以发现并标志出磁盘中的坏扇区，以避免计算机再往这些坏扇区上记录数据。但格式化磁盘的同时也会彻底删除磁盘上的原有数据，所以格式化磁盘一定要慎重，尤其是格式化硬盘，一定要确认该磁盘上是否还有可用而未备份的数据。

使用磁盘管理工具可以格式化磁盘，并在格式化的同时为磁盘设置卷标，以及选择使用 NTFS 文件系统还是 FAT32 文件系统。格式化磁盘的操作步骤如下：

1）右击要格式化的磁盘分区，在弹出的快捷菜单中选择“格式化”命令，打开“格式化”对话框，如图 2-94 所示。

2）输入卷标，用于标志该磁盘分区。

3）选择该分区要使用的文件系统，可以选择的文件系统有 NTFS、FAT、FAT32。

4）如果需要进行快速格式化，则选中“快速格式化”复选框。

5）单击“开始”按钮，打开“警告”对话框。若想格式化该磁盘，单击“确定”按钮，若想退出，单击“取消”按钮。

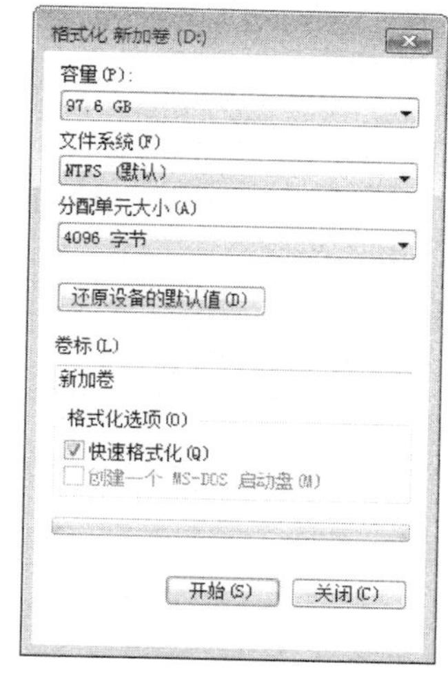

图 2-94　“格式化”对话框

2.5.6　磁盘碎片整理

在使用计算机的过程中，随着时间的增加，硬盘中的文件会产生许多碎片，导致系统性能下降。Windows 7 提供的磁盘碎片整理程序可以重新排列硬盘中的数据和组织碎片文件，从而使硬盘能够更加有效地工作。

1. 进行磁盘碎片整理

1）单击“开始”按钮，选择“所有程序”→“附件”→“系统工具”→“磁盘碎片整理程序”命令，打开“磁盘碎片整理程序”窗口，如图 2-95 所示。

2）在“当前状态”列表里中选择要整理的磁盘（如 C 盘），单击“分析磁盘”按钮，程序将开始分析该磁盘的文件碎片程度。

3）单击“磁盘碎片整理”按钮，开始对磁盘进行碎片整理。若想停止整理，则单击“停止操作”按钮，如图 2-96 所示。整理完毕后单击“关闭”按钮，完成磁盘碎片整理操作。

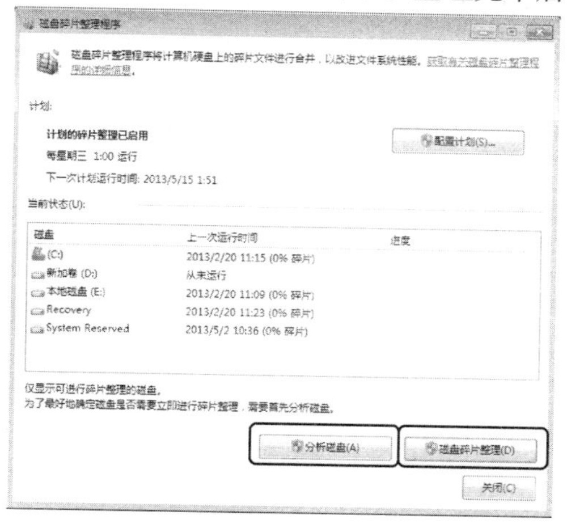

图 2-95　“磁盘碎片整理程序”窗口

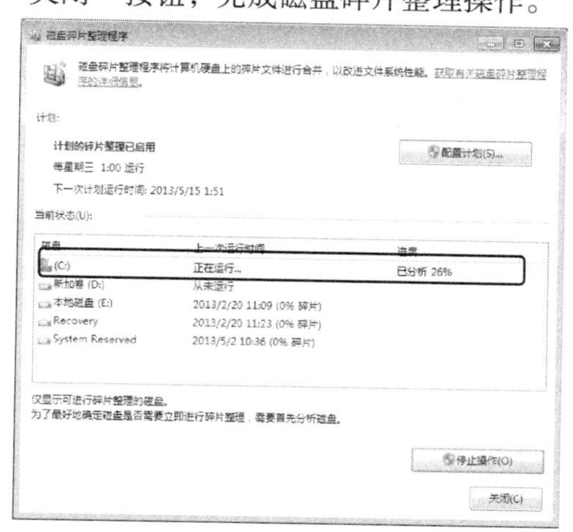

图 2-96　开始磁盘碎片整理

2. 设置磁盘碎片整理计划

为使用方便，可以为磁盘碎片程序设置自动运行，这样就可以避免忘记整理磁盘碎片的烦恼了。下面以设置每周星期六下午 14：00 为 D 盘整理磁盘碎片为例，介绍设置磁盘碎片整理计划的具体操作步骤：

1）启动磁盘碎片整理程序，单击“配置计划”按钮，打开“磁盘碎片整理程序：修改计划”对话框，如图 2-97 所示。

2）选中“按计划运行”复选框，在“频率”下拉列表框中选择“每周”，在“日期”下拉列表框中选择“星期六”，在“时间”下拉列表框中选择“14:00”。

3）单击“选择磁盘”按钮，打开“磁盘碎片整理程序：选择计划整理的磁盘”对话框，选中 D 盘对应的复选框，并选中“自动对新磁盘进行碎片整理”复选框，如图 2-98 所示。单击“确定”按钮，返回“磁盘碎片整理程序：修改计划”对话框。

4）单击“确定”按钮，完成修改计划的操作。

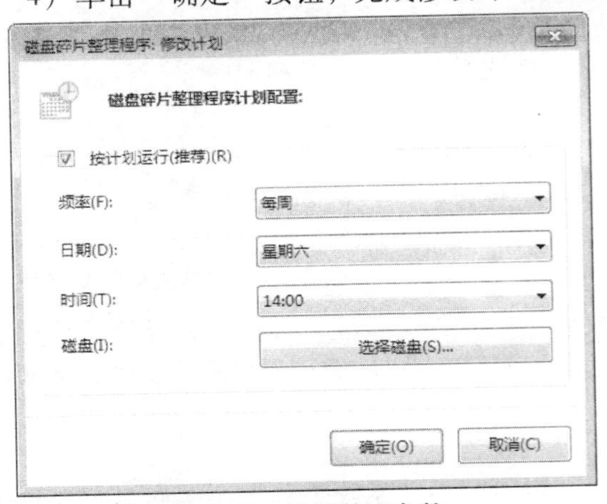

图 2-97　设置整理参数

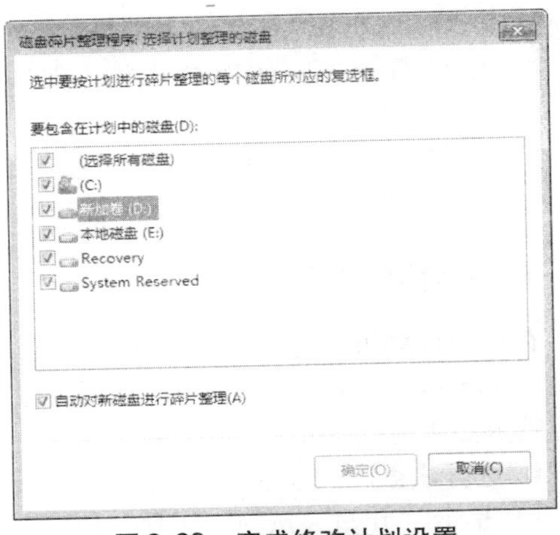

图 2-98　完成修改计划设置

2.5.7　磁盘清理

计算机在使用过程中会产生很多临时文件，当这些临时文件不能及时删除时，会影响系统的运行速度和占用磁盘的存储空间。Windows 7 的磁盘清理工具可以自动查找并清除硬盘中的垃圾文件，从而释放更多的硬盘空间，并使计算机运行得更快。磁盘清理工具可以删除临时文件、清空回收站中的文件并删除各种系统文件等。下面以清理 C 盘为例讲解如何使用磁盘清理程序，具体操作步骤如下：

1）单击“开始”按钮，选择“所有程序”→“附件”→“系统工具”→“磁盘清理”命令，打开“磁盘清理：驱动器选择”对话框，如图 2-99 所示。

2）单击“驱动器”下拉按钮，在弹出的下拉列表中选择要清理的驱动器（C 盘），单击“确定”按钮，程序开始计算清理后能释放的磁盘空间，并打开如图 2-100 所示的提示框。

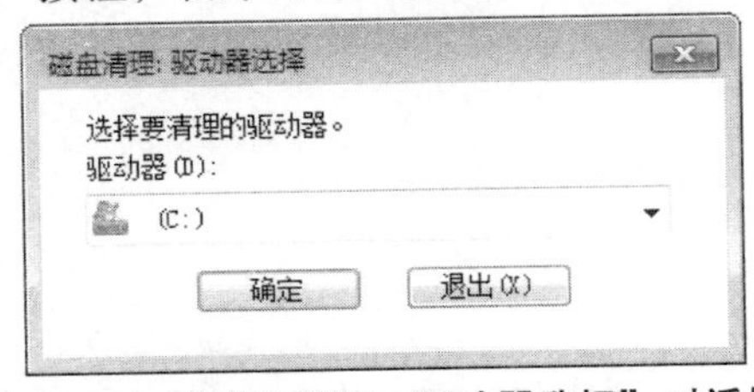

图 2-99　“磁盘清理：驱动器选择”对话框

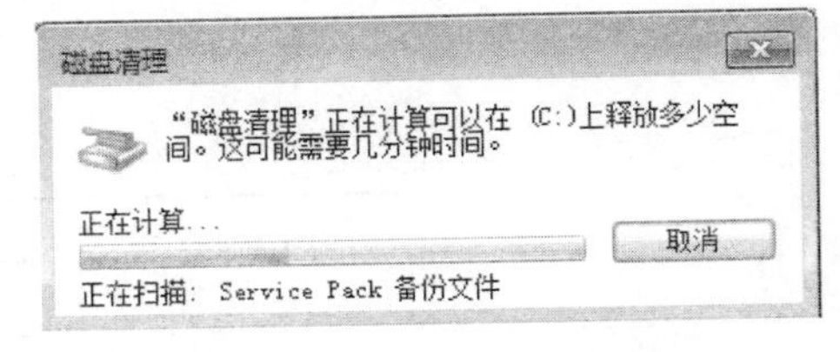

图 2-100　计算释放的磁盘空间

3）计算完毕后打开如图 2-101 所示的“（C:）的磁盘清理”对话框，在“要删除的文件”列表框中选择需要删除的文件类型。

4）单击“确定”按钮，打开提示框，询问“确实要永久删除这些文件吗?”。单击“删除文件”按钮，程序开始清理计算机中不再需要的文件，如图 2-102 所示。清理完毕后系统自动关闭对话框。

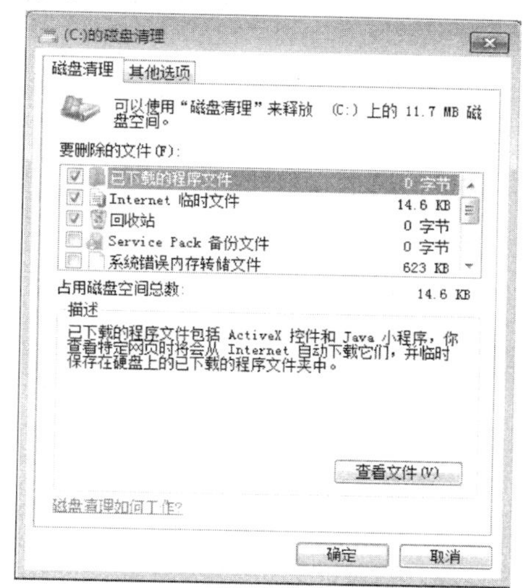

图 2-101　选择要清理的文件

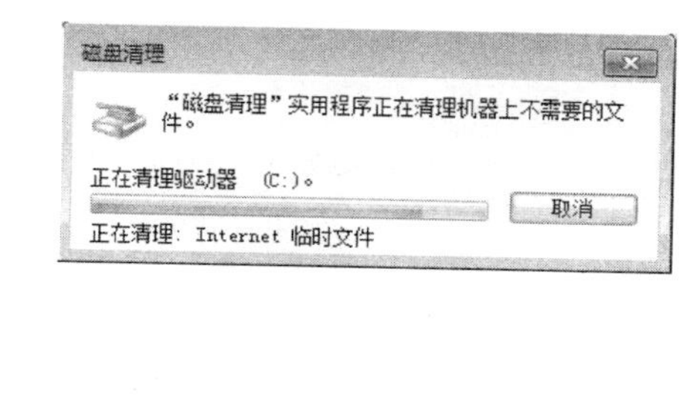

图 2-102　进行清理磁盘

2.5.8　磁盘错误检查

当计算机出现频繁死机、蓝屏或者系统运行速度变慢时，可能是由于磁盘上出现了逻辑错误。使用 Windows 7 自带的磁盘检查程序可以查找并修复文件系统可能存在的错误，以及扫描并恢复磁盘的坏扇区，从而确保磁盘的正常运转，帮助解决计算机中可能存在的问题。下面介绍检查磁盘错误的具体操作步骤：

1）单击“开始”按钮，选择“开始”菜单右侧窗格中的“计算机”命令，打开“计算机”窗口。

2）在需要检查的磁盘上单击鼠标右键，在弹出的快捷菜单中选择“属性”命令，打开该磁盘的“属性”对话框，如图 2-103 所示。

3）选择“工具”选项卡，如图 2-104 所示，单击“查错”栏中的“开始检查”按钮，打开“检查磁盘”对话框，如图 2-105 所示。

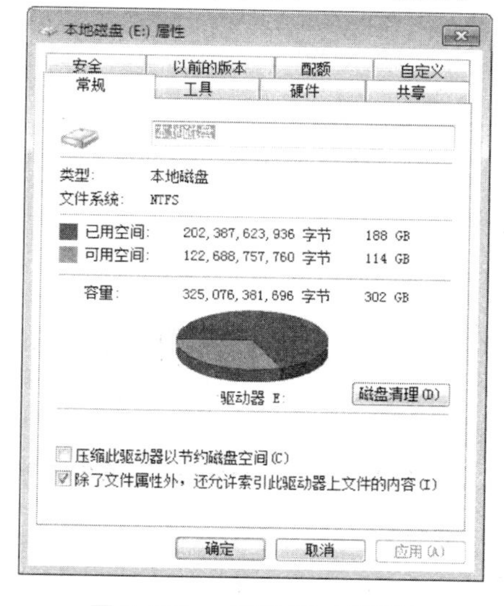

图 2-103　“属性”对话框

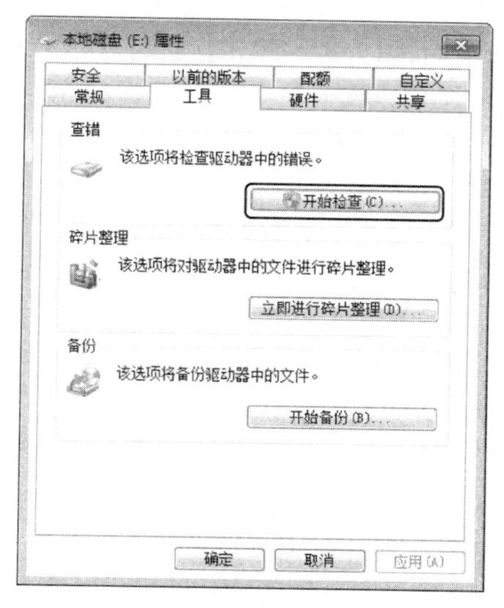

图 2-104　“工具”选项卡

4）在“检查磁盘”对话框中列出两个复选框，可根据需要选择其中的一个或者全部。

- 自动修复文件系统错误：若选择该复选框，则在扫描磁盘的过程中，自动修复所检测到的文件和文件夹问题；如果不选，则只报告问题不进行修复。
- 扫描并尝试修复坏扇区：如果选择该复选框，则彻底检查磁盘，尝试查找并修复硬盘自身的物理错误，但需要花费较长时间才能完成磁盘检查。

5）单击“开始”按钮，开始检查磁盘，并显示检查的进程，如图 2-106 所示。

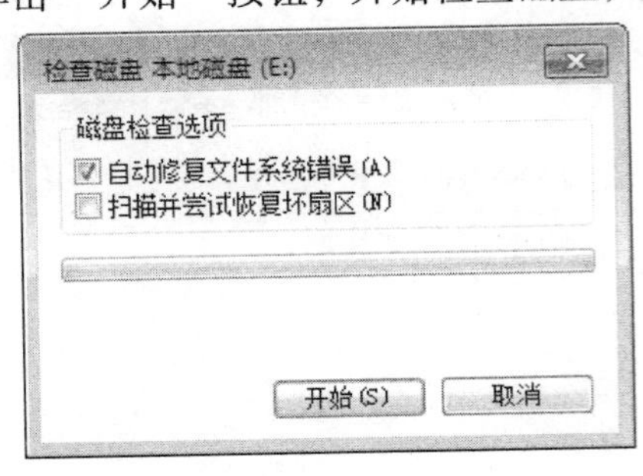

图 2-105 “检查磁盘”对话框

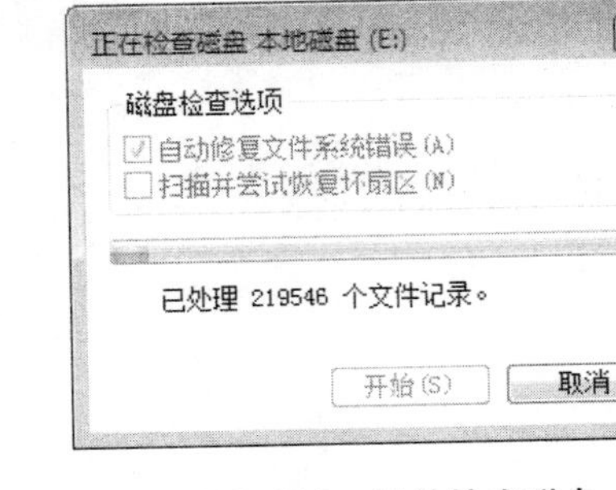

图 2-106 开始检查磁盘

6）磁盘检查完成后，如果要查看详细的检查信息，可以单击对话框中的“查看详细信息”按钮。详细信息中列出了该分区的文件和文件夹是否存在问题。

2.6 系统的管理与优化

2.6.1 管理应用程序和进程

任务管理器可以用于显示计算机中当前正在运行的程序、进程和服务，也可以用于监视计算机的性能，或者关闭停止响应的程序等。

1. 认识任务管理器

按“Ctrl + Alt + Del”组合键，或者右击任务栏空白处，在弹出的快捷菜单中选择“启动任务管理器”命令，执行以上两种操作均会打开“Windows 任务管理器”窗口，该窗口中有“应用程序”“进程”“服务”“性能”“联网”和“用户”选项卡，如图 2-107 所示。

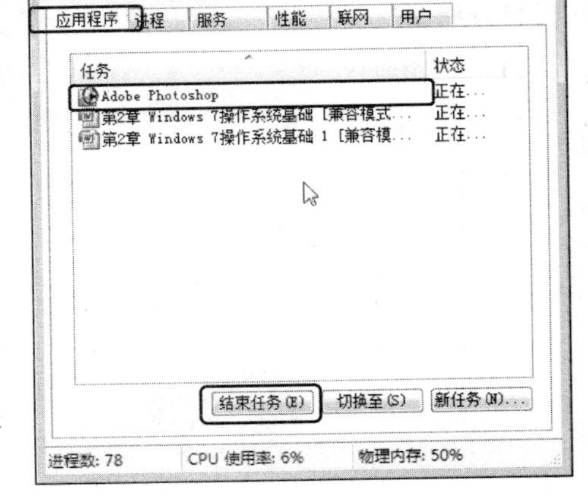

图 2-107 “Windows 任务管理器”窗口

1）应用程序：显示系统当前正在运行的应用程序名称及其运行状态。

2）进程：显示本计算机中所有用户正在运行的应用程序和系统服务的 CPU、内存等使用率及相关信息。

3）服务：显示当前系统承载运行的所有服务。

4）性能：显示当前系统的 CPU 和内存使用率等相关信息，通过该选项卡可以大致了解计算机运行有无异常。

5）联网：可查看当前计算机的联网情况，如连接网络使用率、线性速度、状态和流量等相关信息。

6）用户：显示登录到计算机中的所有用户列表。

2. 关闭停止响应的程序

如果要关闭停止响应的程序，可按照如下步骤进行：

1）启动任务管理器。

2）选择“应用程序”选项卡，以查看计算机中正在运行的所有程序列表以及每一个程序的状态，如图 2-107 所示。

3）选择停止响应的应用程序，单击“结束任务”按钮，或者右键单击要关闭的应用程序的名称，在弹出的快捷菜单中选择“结束任务”命令。

3. 管理进程

计算机中运行的每一个程序都有一个与之关联的“进程”用于启动该程序，使用任务管理器可以查看当前正在运行的程序，也可以结束那些占用 CPU 或内存资源过多的进程。管理进程的具体操作步骤如下：

1）启动任务管理器。

2）选择“进程”选项卡，查看当前用户正在运行的所有进程及其描述，如图 2-108 所示。

3）选择要结束的进程，单击“结束进程”按钮，或者右键单击要关闭的进程的名称，在弹出的快捷菜单中选择“结束进程”命令。

4）如需要查看进程是否有相关服务正在运行，则右键单击该进程，在弹出的快捷菜单中选择“转到服务”命令，如图 2-109 所示。

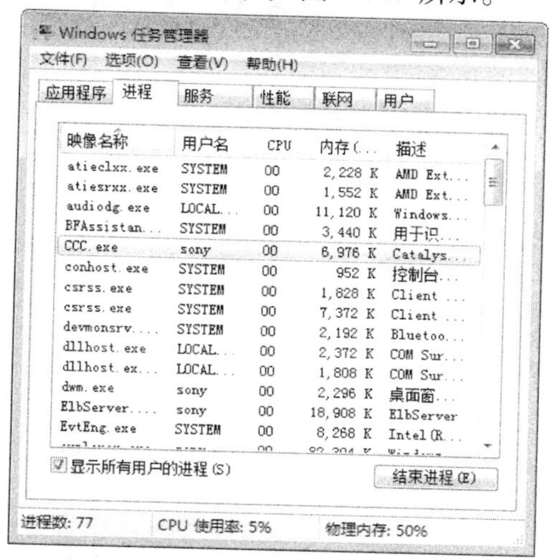

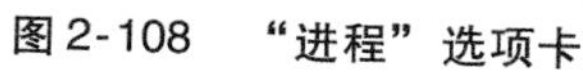

图 2-108 “进程”选项卡

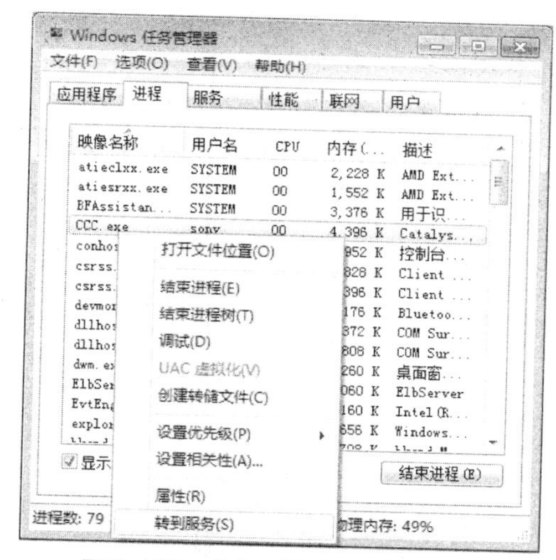

图 2-109 选择“转到服务”命令

5）此时与该进程相关的所有服务都会显示在“服务”选项卡中并处于高亮显示状态，如图 2-110 所示。

6）如需要查看进程的详细信息，则右键单击该进程，在弹出的快捷菜单中选择“属性”命令，打开该进程的“属性”对话框，可以查看有关该进程的信息，如位置和大小等，如图2-111 所示。

图 2-110 进程相关的服务

图 2-111 进程的“属性”对话框

4. 监视系统性能

在任务管理器的“性能”选项卡中可以查看有关计算机系统资源的高级详细信息，包括 CPU 和内存的使用情况，具体操作步骤如下：

1）启动任务管理器，选择“性能”选项卡，可以监视使用的 CPU 和内存资源的数量，如图 2-112 所示。

2）若查看有关正在使用的内存和 CPU 资源的高级信息，则单击“资源监视器”按钮，打开“资源监视器”窗口，其中包含有关的详细信息，如磁盘的使用和网络使用情况等，如图 2-113 所示。

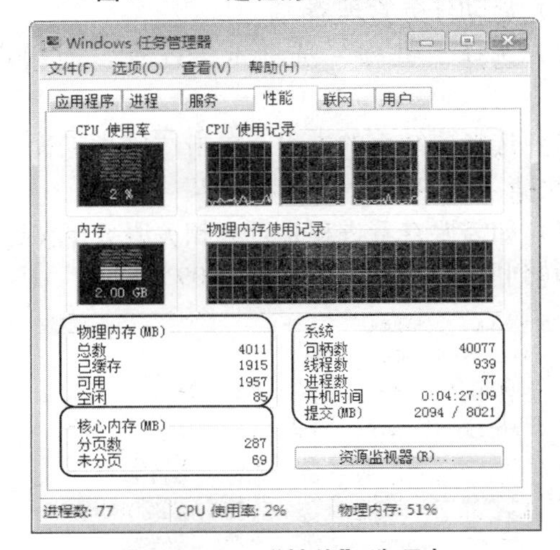

图 2-112 “性能”选项卡

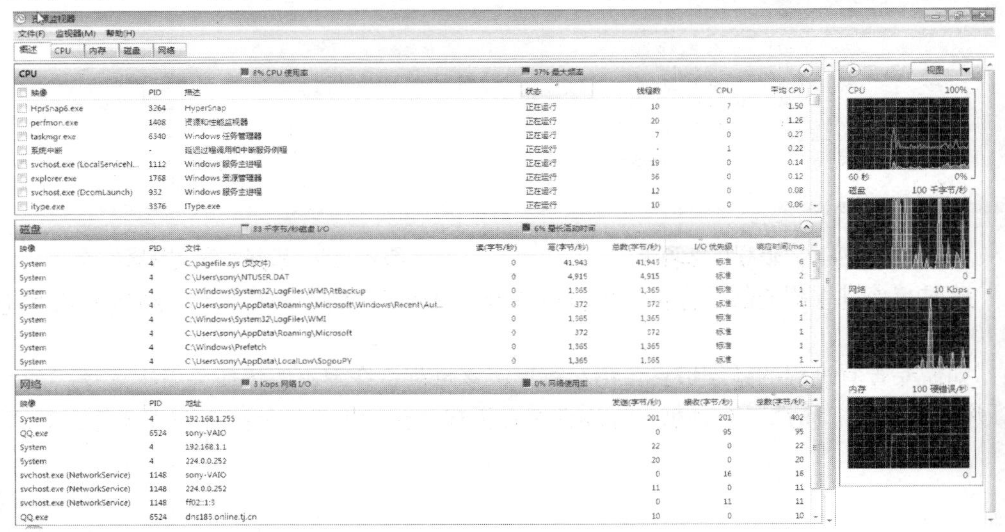

图 2-113 “资源监视器”窗口

2.6.2 管理用户账户

在 Windows 7 中可以设置不同类型的账户，也可以设置多个账户，同时设置用户账户的权限可以保护计算机中的资源安全。Windows 7 中有以下两种类型的账户。

1）管理员账户：启动计算机后系统自动创建的一个账户，它拥有最高的操作权限，可以进行很多高级管理操作。

2）标准用户账户：系统中可以创建多个用户账户，也可以改变它的账户类型，赋予它管理员权限或使其受限。

1. 添加用户账户

使用计算机的过程中，可以根据需要创建一个或多个用户账户，下面以创建一个名为“Rose”的标准账户为例，介绍账户添加过程。

1）单击“开始”按钮，选择“控制面板”命令，打开“控制面板”窗口，选择“用户账户和家庭安全”→“添加或删除用户账户”项，如图 2-114 所示。

2）打开“管理账户”窗口，选择“创建一个新账户”项，如图 2-115 所示，进入“创建新账户”界面。

图 2-114　“控制面板”窗口

图 2-115　“管理账户”窗口

3）输入新账户名称“Rose”，并选择一种账户类型（标准用户），如图 2-116 所示。

4）单击“创建账户”按钮，新账户创建完成，并自动跳转到“管理账户”页面，此时页面中显示新创建的账户“Rose”，如图 2-117 所示。

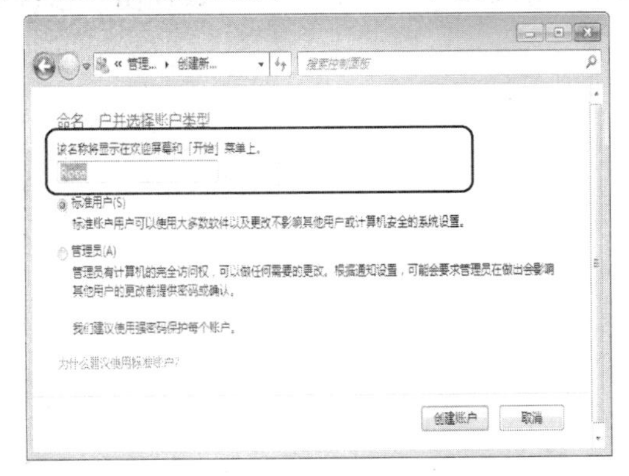

图 2-116　“创建新账户”窗口

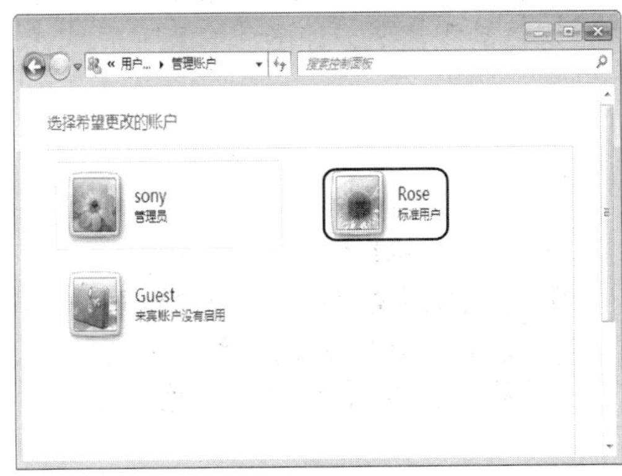

图 2-117　显示新账户

2. 删除用户账户

如果不再需要某个用户账户时，可以将其删除。删除用户账户 Rose 的具体操作步骤如下：

1）单击“开始”按钮，选择“控制面板”命令，打开“控制面板”窗口，选择“用户账户和家庭安全”→“添加或删除用户账户”项，打开“管理账户”窗口。

2）单击要删除的账户，会跳转到“更改账户”窗口，如图 2-118 所示。

3）选择窗口左边的“删除账户”项，跳转到“删除账户”窗口，此时会提示“是否保留 Rose 的文件?”，如果需要保留，则单击“保留文件”按钮，如图 2-119 所示。

4）单击“删除文件”按钮，打开“确认删除”窗口，再单击“删除账户”按钮，账户删除完毕，返回“管理账户”窗口。此时账户已经被成功删除。

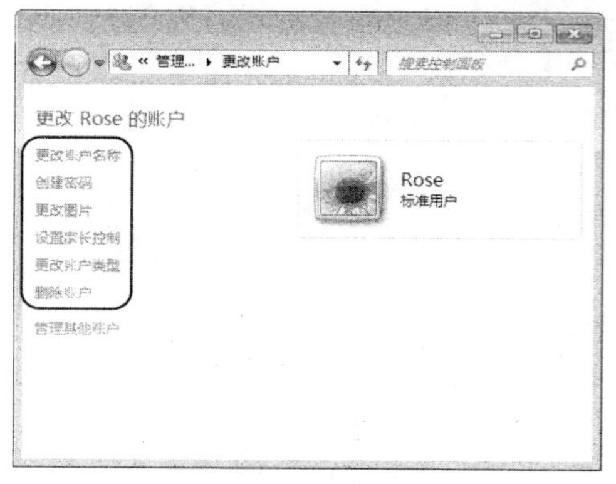

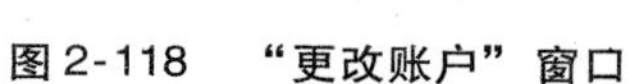
图 2-118 “更改账户”窗口

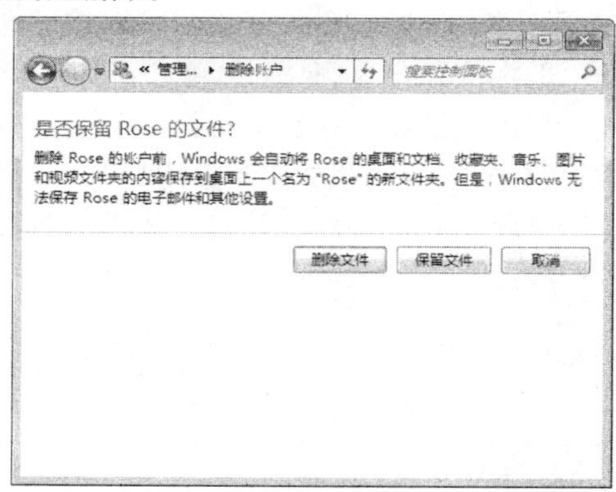

图 2-119 “删除账户”窗口

3. 更改账户图片

系统登录时，在“开始”菜单的顶部可以看到一个漂亮的图片，用户可以根据自己的喜好来更改账户的图片，具体操作步骤如下：

1）单击“开始”按钮，选择“控制面板”命令，打开“控制面板”窗口，选择“用户账户和家庭安全”→“添加或删除用户账户”项，打开“管理账户”窗口。

2）单击要更改图片的账户，打开“更改账户”窗口，选择窗口左边的“更改图片”项，打开“选择图片”窗口，如图 2-120 所示，页面提示“为 Rose 的账户选择一个新图片”，在窗口中列出的是系统所提供的多个图片。

3）选择一图片，单击“更改图片”按钮，返回“更改账户”窗口，此时账户图片已经是刚才所选择的图片了，如图 2-121 所示。

图 2-120 “选择图片”窗口

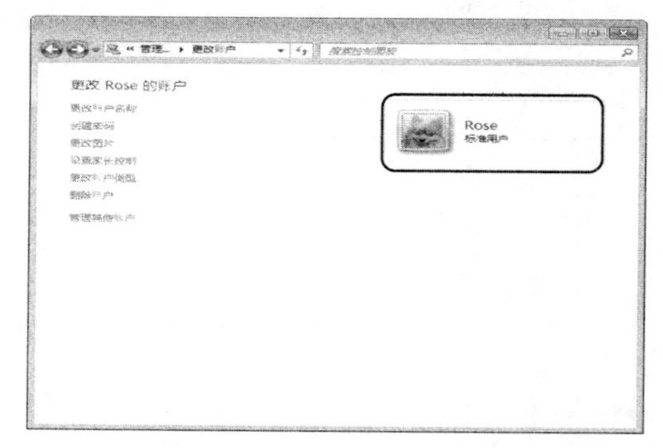

图 2-121 “更改账户”窗口

4. 更改账户类型

在 Windows 7 中，每种账户类型为用户提供对计算机的不同控制级别。更改账户类型可以按以下的步骤进行操作：

1）单击“开始”按钮，选择“控制面板”命令，打开“控制面板”窗口，选择“用户账户和家庭安全”→“添加或删除用户账户”项，打开“管理账户”窗口。

2）单击要更改类型的账户，打开“更改账户”窗口，选择“更改账户类型”项，打开“更改账户类型”窗口，提示“为 Rose 选择新的账户类型”，如图 2-122 所示。

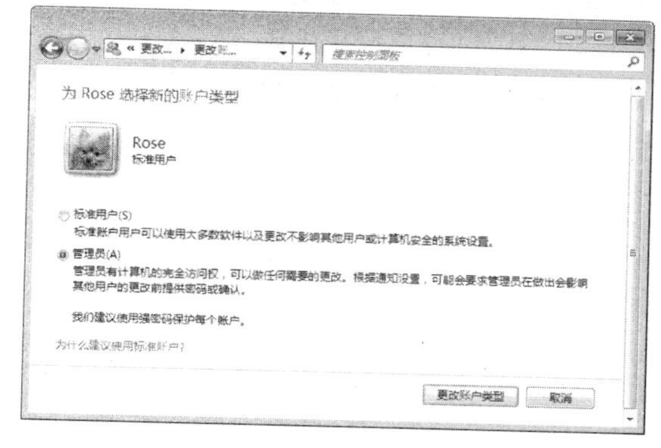

图 2-122 “更改账户类型”窗口

3）选择要更改的账户类型，此处选择“管理员”单选按钮，然后单击“更改账户类型”按钮，完成账户类型更改。

5. 创建、更改或删除用户密码

为了保护用户账户的文件，使其不被其他用户查看和破坏，可以为该账户创建密码，还可以根据需要更改或删除该密码。下面介绍创建、更改、删除密码的方法。

（1）创建账户密码 具体操作步骤如下：

1）单击“开始”按钮，选择“控制面板”命令，打开“控制面板”窗口，选择“用户账户和家庭安全”→“添加或删除用户账户”项，打开“管理账户”窗口。

2）单击要创建密码的账户，打开“更改账户”窗口，选择“创建密码”项，打开“创建密码”窗口。

3）在“新密码”文本框中输入密码，然后在“确认新密码”文本框中再次输入相同的密码。如果担心忘记密码，可以在“键入密码提示”文本框中输入密码提示，如图 2-123 所示。

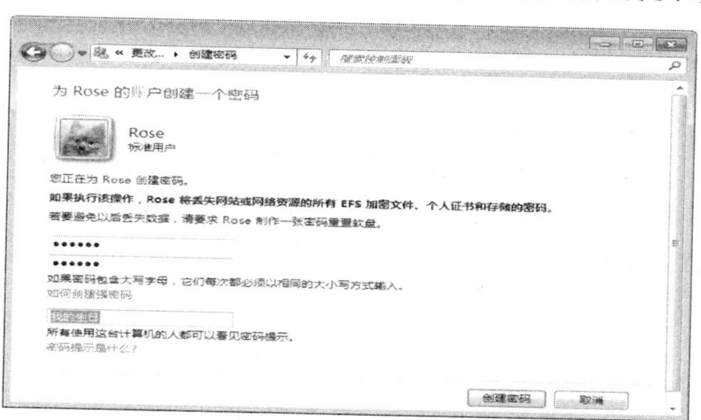

图 2-123 创建密码

4）单击“创建密码”按钮，返回“更改账户”窗口，此时该账户显示受密码保护账户。

（2）更改账户密码 具体操作步骤如下：

1）单击“开始”按钮，选择“控制面板”命令，打开“控制面板”窗口，选择“用户账户和家庭安全”→“添加或删除用户账户”项，打开“管理账户”窗口。

2）单击要更改密码的账户，打开“更改账户”窗口，选择“更改密码”项，打开“更改密码”窗口。

3）在“新密码”文本框中重新输入密码，然后在“确认新密码”文本框中再次输入相同的密码，单击“更改密码”按钮。

（3）删除用户密码　具体操作步骤如下：

1）单击“开始”按钮，选择“控制面板”命令，打开“控制面板”窗口，选择“用户账户和家庭安全”→“添加或删除用户账户”项，打开“管理账户”窗口。

2）单击要删除密码的账户，打开“更改账户”窗口，选择“删除密码”项，打开“删除密码”窗口，单击“删除密码”按钮，如图2-124所示，即可删除账户密码。

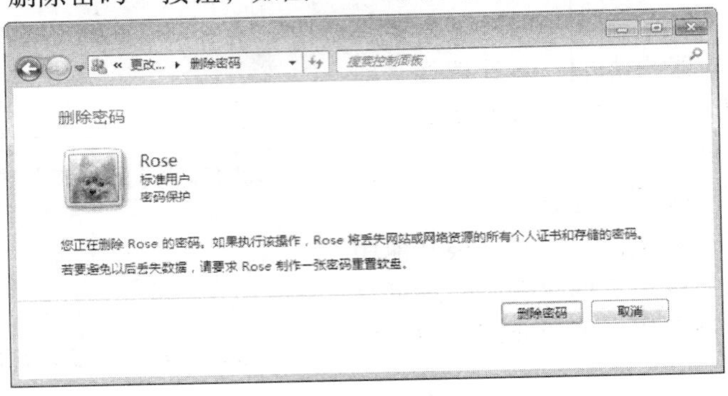

图2-124　删除账户密码

2.6.3　系统性能优化

造成系统运行速度过慢的原因多种多样，其中不仅有磁盘问题，还可能有开机加载程序和虚拟内存等原因，下面介绍如何使用 Windows 7 自带的功能来提高系统的整体性能。

1. 优化开机速度

Windows 开机启动程序的多少直接影响着 Windows 的开机速度，开机启动项越多，开机速度就越慢。所以，对于不需要开机运行的程序，可以将它从开机启动项中取消。下面讲解取消开机启动项的方法。

1）单击“开始”按钮，选择“控制面板”命令，打开“控制面板”窗口，切换到“大图标”视图，选择“管理工具”项，如图2-125所示，打开“管理工具”窗口，双击“系统配置”图标。

2）打开“系统配置”对话框，选择“启动”选项卡，此时会显示启动列表，若想将某项启动项取消，只需取消选中相应的复选框，单击“确定”按钮，如图2-126所示。

图2-125　选择“管理工具”项

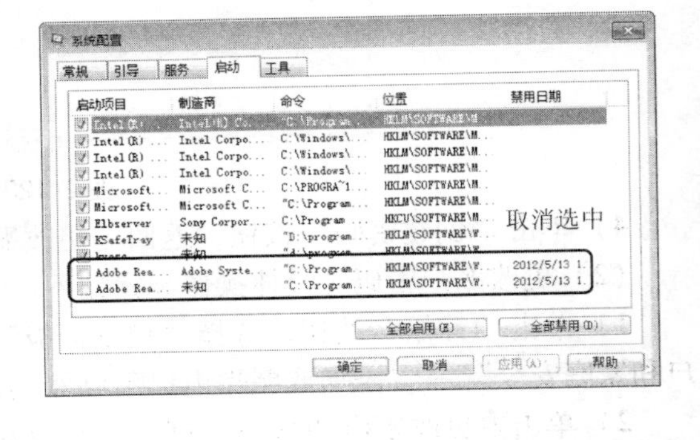

图2-126　“系统配置”对话框

3）打开对话框提示需要重新启动才能完成修改，单击“退出而不重新启动”按钮，该启动项在下次启动时将不被加载；若在该对话框中单击“重新启动”按钮，系统将立刻重新启动。

单击“重新启动”按钮重新启动系统后，系统会自动打开“系统配置”对话框，在“启动”选项卡中即可查看现在 Windows 的启动项。

2. 优化视觉效果

在 Windows 7 中，用户界面使用了很多华丽的效果，如窗口动画、菜单淡入淡出等。但在计算机的配置不高时，这些视觉效果会影响系统的性能，这时需要关闭不必要的视觉效果，从而提高系统的运行速度。下面介绍调整系统视觉效果的具体操作步骤：

1）单击“开始”按钮，选择“控制面板”命令，打开“控制面板”窗口，切换到“小图标”视图。

2）选择“性能信息和工具”项，打开“性能信息和工具”窗口，如图 2-127 所示。

3）选择窗口左侧的“调整视觉效果”项，打开“性能选项”对话框。

4）选择“视觉效果”选项卡，选中“调整为最佳性能”单选按钮，如图 2-128 所示，单击“确定”按钮完成设置。

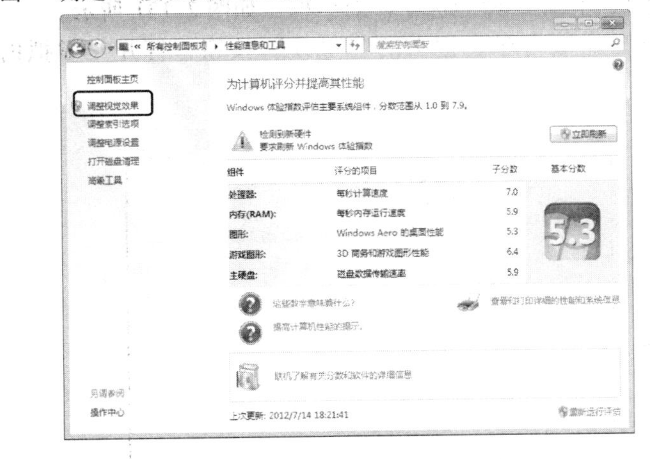

图 2-127　“性能信息和工具”窗口

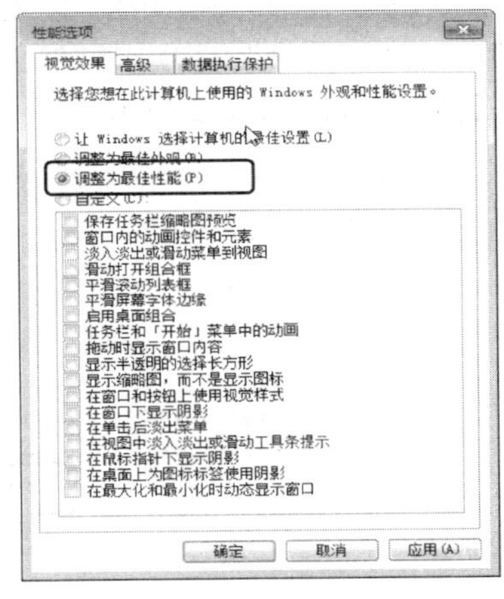

图 2-128　“性能选项”对话框

如果要获得最佳视觉外观，则选择“调整为最佳外观”单选按钮。也可以选择“让 Windows 选择计算机的最佳设置”单选按钮，即 Windows 系统自动调节，使计算机在性能和外观两方面取得平衡；也可以选择“自定义”单选按钮，在下方列表中选择所需项即可。

3. 设置虚拟内存

当内存不能满足运行程序或操作所需时，操作系统就会在硬盘内开辟出一部分空间来当作内存使用，这部分空间就是虚拟内存。设置虚拟内存的具体操作方法如下：

1）单击“开始”按钮，选择“控制面板”命令，打开“控制面板”窗口，切换到“小图标”视图。

2）选择“系统”项，打开“系统”窗口，如图 2-129 所示。

3）选择窗口左侧的“高级系统设置”项，打开“系统属性”对话框，如图 2-130 所示。

图 2-129　“系统”窗口

图 2-130　“系统属性”对话框

4）单击“性能”栏中的“设置”按钮，打开“性能选项”对话框，如图 2-131 所示。

5）选择“高级”选项卡，然后单击“虚拟内存”栏中的“更改”按钮，打开“虚拟内存”对话框，如图 2-132 所示。

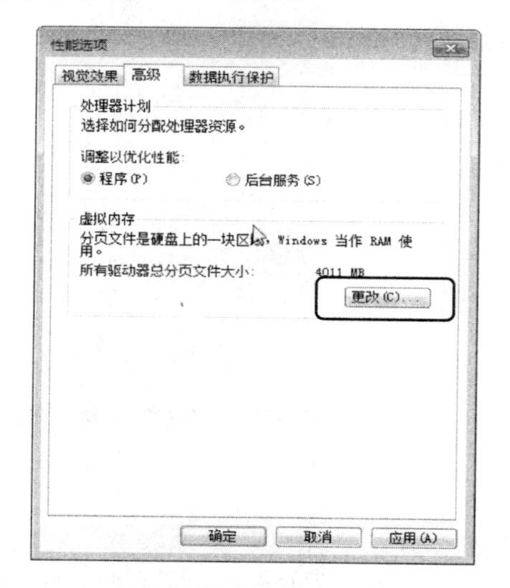

图 2-131　“性能选项”对话框

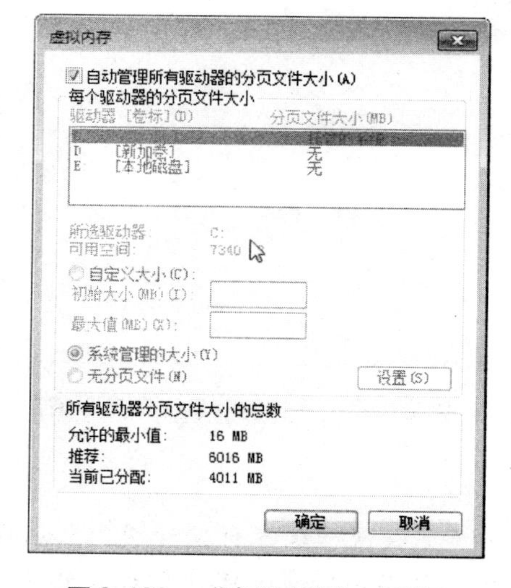

图 2-132　“虚拟内存”对话框

6）选中“自动管理所有驱动器的分页文件大小”复选框，单击系统所在的分区，然后选中“无分页文件”单选按钮，单击“设置”按钮，如图 2-133 所示。

7）单击一个非系统分区，选中“自定义大小”单选按钮，输入虚拟内存的“初始大小”和“最大值”，如图 2-134 所示。

8）单击“设置”按钮，再依次单击“确定”按钮，关闭所有打开的对话框。

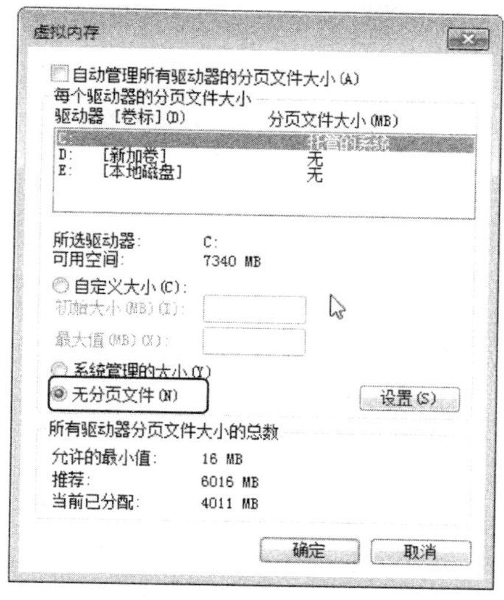

图 2-133　设置选项

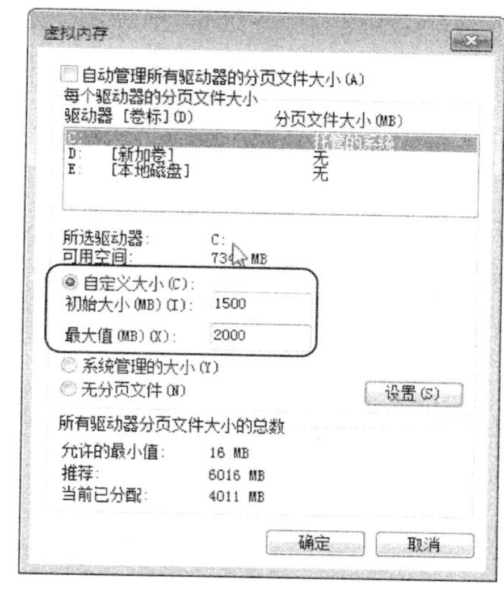

图 2-134　设置虚拟内存

4. 调整索引选项

Windows 7 的索引功能可以使用户快速地找到所需的文件。用户可以调整索引选项，将搜索范围设置为常用的文件和文件夹，以缩小搜索范围，使搜索工作更加快速。下面介绍调整索引选项的具体操作步骤：

1）打开“性能信息和工具”窗口，选择窗口左侧的“调整索引选项”项，如图 2-135 所示，打开“索引选项”对话框，如图 2-136 所示。

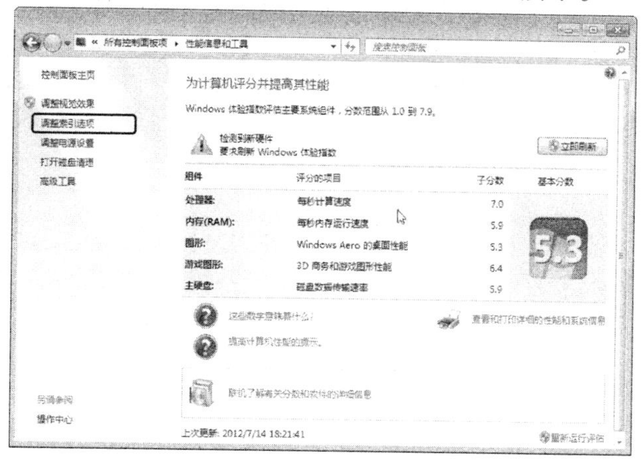

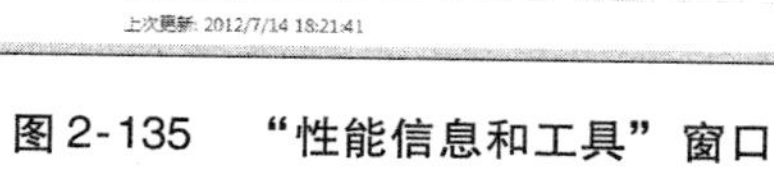
图 2-135　“性能信息和工具”窗口

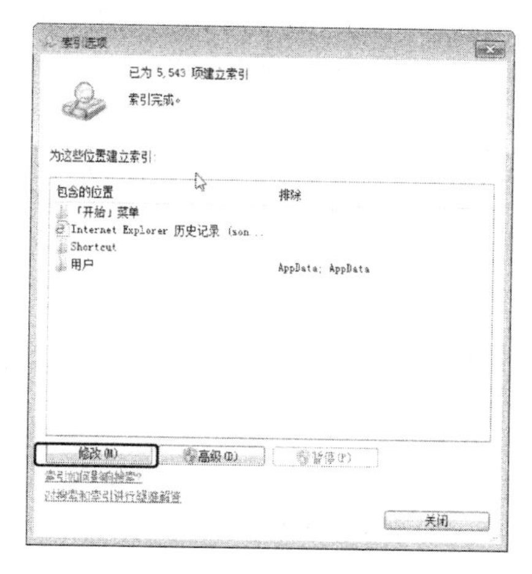

图 2-136　“索引选项”对话框

2）单击“修改”按钮，打开“索引位置”对话框，如图 2-137 所示。复选框中有对勾的复选项，表示已经建立了索引。

3）根据需要选择或取消索引位置，此处选中 C 盘与 D 盘左侧的复选框，取消选择其他各项的复选框，如图 2-138 所示，以上操作将为 C 盘和 D 盘建立索引，并取消其他各项的索引。

4）单击“确定”按钮，返回“索引选项”对话框，在“索引选项”对话框中，将显示出所选位置并开始建立索引。

5）单击“关闭”按钮完成索引选项的位置。

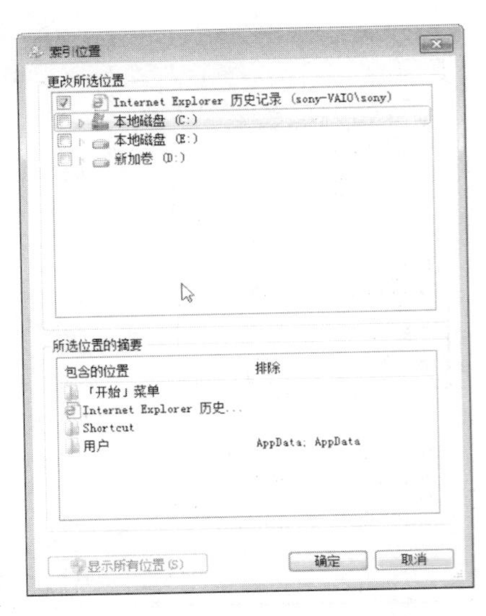
图 2-137 “索引位置”对话框

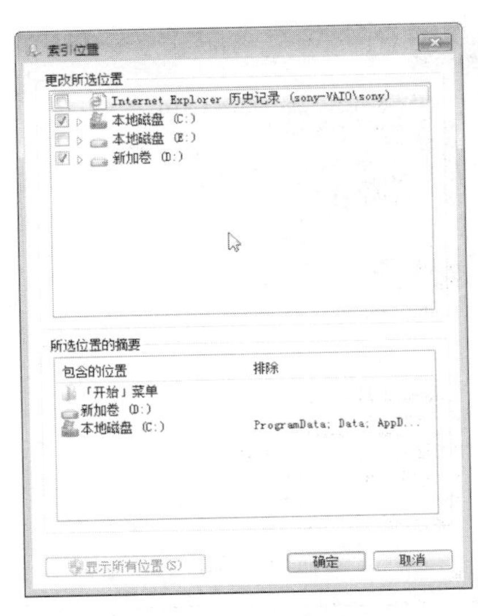
图 2-138 设置索引位置

2.6.4 系统还原

系统还原也可以看作系统备份，是 Windows 7 自带的系统工具。当计算机出现问题时，使用系统还原可以将计算机的系统文件及时还原到早期的还原点。

1. 开启系统保护

要实现系统备份和还原功能，必须确保系统盘上的系统保护功能处于开启状态。如果关闭了系统保护，则所有的还原点将从该磁盘中删除。查看或开启系统保护的操作步骤如下：

1）选择桌面上的“计算机”图标，单击鼠标右键，在弹出的快捷菜单中选择“属性”命令。

2）打开“系统”窗口，选择左侧的“系统保护”项，打开“系统属性”对话框，选择“系统保护”选项卡，在“保护设置”列表框中列出了计算机中所有磁盘驱动器的保护状态，如图 2-139 所示。

3）如 C 盘的系统保护未开启，则选择 C 盘，单击“配置”按钮。

4）打开“系统保护本地磁盘（C:）”对话框，选中“还原设置”栏中的“还原系统设置和以前版本的文件”单选按钮，拖动“最大使用量”后面的滑块设置用于系统保护的最大磁盘空间，如图 2-140 所示。

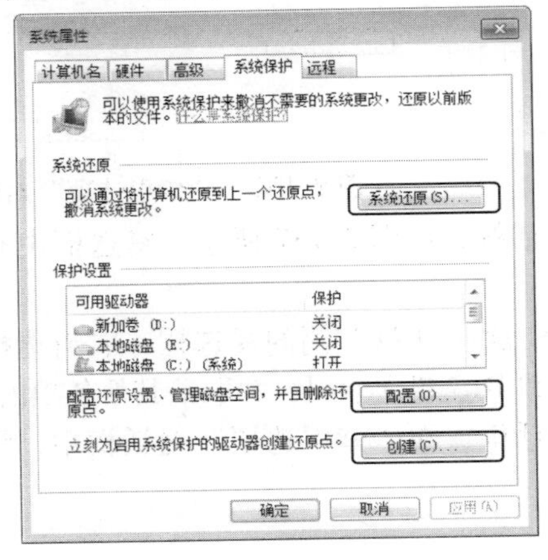
图 2-139 “系统属性”对话框

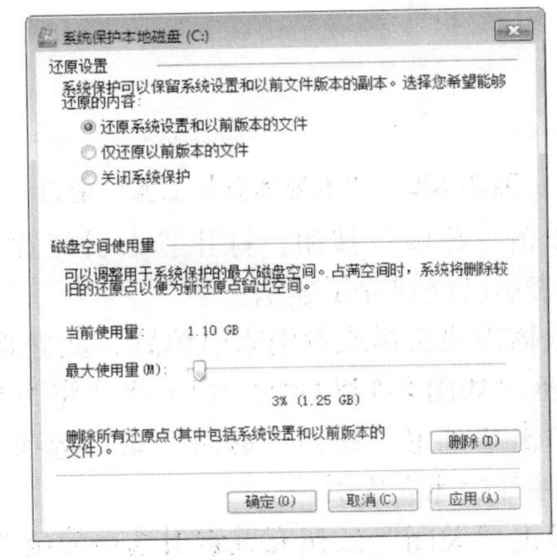
图 2-140 开启系统保护

5）依次单击“应用”和“确定”按钮完成设置。

2. 创建还原点

系统还原要在创建了还原点的前提下进行，开启系统保护后，系统每周都会自动创建还原点，并且在安装应用程序或设备驱动程序等显著的系统事件发生之前也会自动创建还原点。用户也可以手动创建还原点，其操作步骤如下：

1）打开如图 2-139 所示的“系统属性”对话框，单击“创建”按钮，打开“系统保护”对话框。

2）在文本框中输入还原点的名称，单击“创建”按钮，如图 2-141 所示。

3）系统开始创建还原点，并打开“正在创建还原点”提示，如图 2-142 所示。

4）创建完毕后，单击“关闭”按钮完成还原点的创建。

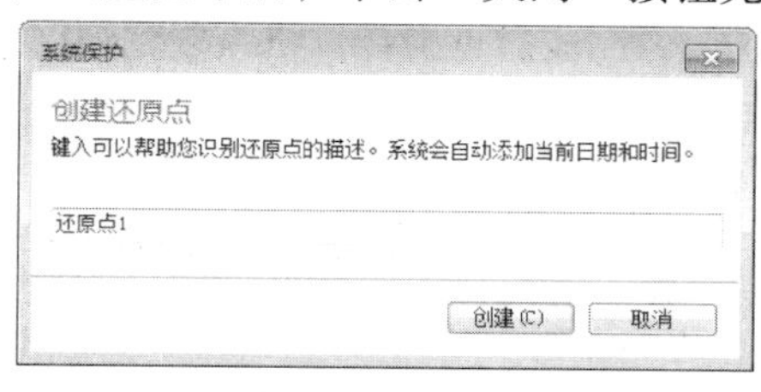

图 2-141　输入还原点的名称

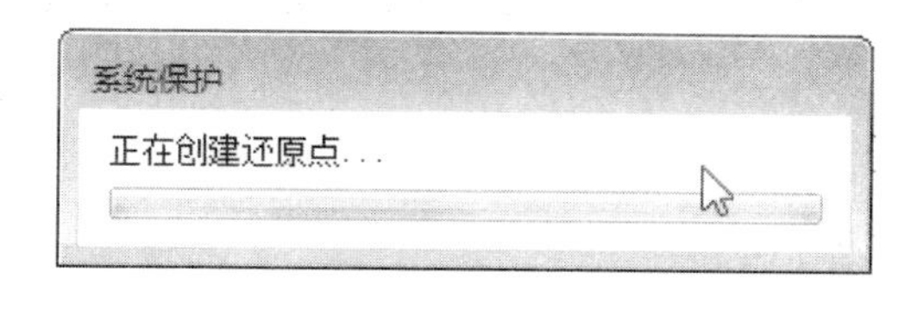

图 2-142　正在创建还原点

3. 还原系统

如果计算机上创建了还原点，则可以通过还原功能将操作系统快速地还原到创建还原点时的状态。其操作步骤如下：

1）打开如图 2-139 所示的“系统属性”对话框，单击“系统还原”按钮。

2）打开“系统还原”对话框，如需还原到特定的还原点，则选中“选择另一还原点”单选按钮，单击“下一步”按钮。

3）打开“将计算机还原到所选事件之前的状态”界面，选中左下角的“显示更多还原点”复选框以显示所有的还原点，选择一个还原点，如图 2-143 所示。

4）单击“下一步”按钮，打开“确认还原点”界面，如图 2-144 所示。为保证还原后不至出现重大问题，可扫描受影响的程序，选择“扫描受影响的程序”项。

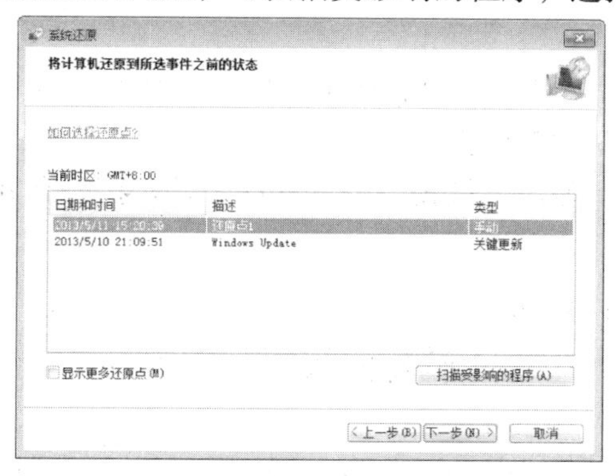

图 2-143　选择还原点

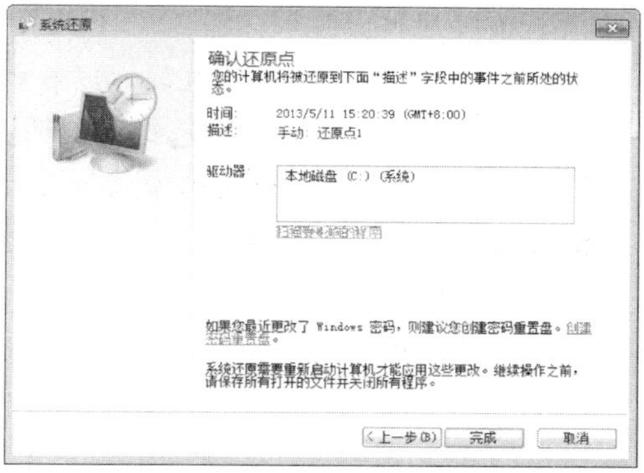

图 2-144　“确认还原点”界面

5）开始扫描并打开“正在扫描受影响的程序和驱动程序”界面。

6）扫描完后打开扫描结果窗口，如果没有太大影响，关闭该窗口继续工作。

7）还原好其他信息确认无误后，在“确认还原点”界面中单击“完成”按钮，弹出“询问”对话框提示“启动后，系统还原不能中断。您希望继续吗?”。

8）单击“是”按钮开始还原，打开“正在准备还原系统”界面。

9）自动还原后，将重新启动计算机，系统还原到指定的还原点。

4. 撤销系统还原

如果还原系统后发现问题并没有得到解决，并且想要回到之前的系统，可以撤销系统还原操作。具体操作步骤如下：

1）打开“系统还原”窗口，在执行过系统还原后，其第一个单选按钮也由原来的“推荐的还原”变成了“撤销系统还原”，如图 2-145 所示。

2）选中“撤销系统还原”单选按钮，单击“下一步”按钮，打开“确认还原点”界面，单击“完成”按钮，如图 2-146 所示。

3）打开询问对话框，单击“是”按钮开始撤销还原，完成后重启计算机恢复到还原之前的状态。

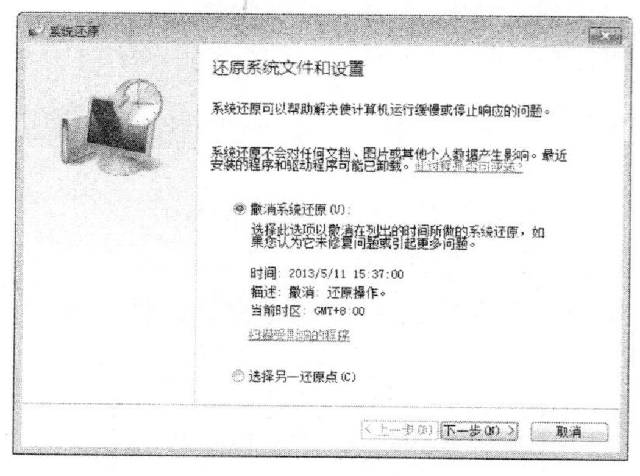

图 2-145　撤销还原

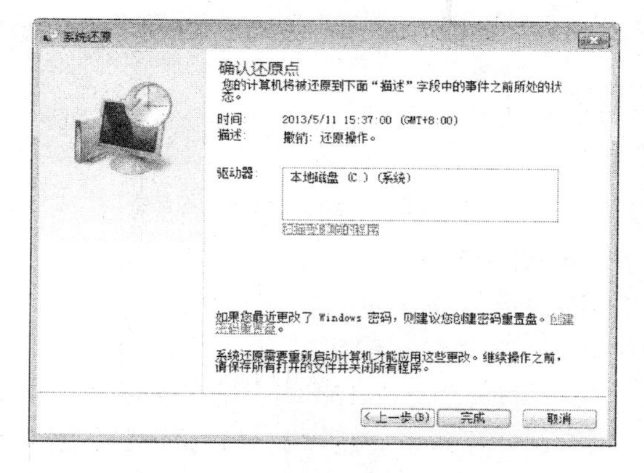

图 2-146　确认还原点

5. 删除还原点

系统中的还原点太多会占用系统盘的磁盘空间，影响计算机的运行速度，所以可以手动删除还原点。Windows 7 无法删除单个还原点，只能删除最近一个还原点之外的所有还原点或者一次性删除所有还原点。

（1）删除最近以外的还原点　具体操作步骤如下：

1）单击“开始”按钮，选择“所有程序”→“附件”→“系统工具”→“磁盘清理”命令，打开“磁盘清理：驱动器选择”对话框，如图 2-147 所示。

2）在“驱动器”下拉菜单中选择 C 盘，单击“确定”按钮，清理程序开始扫描磁盘并显示扫描进度，如图 2-148 所示。

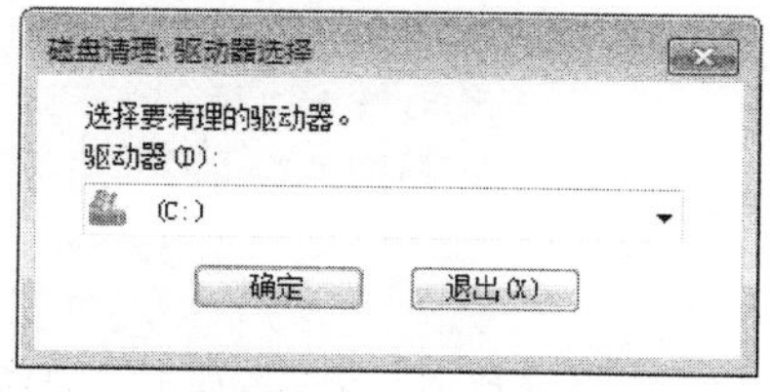

图 2-147　“磁盘清理：驱动器选择”对话框

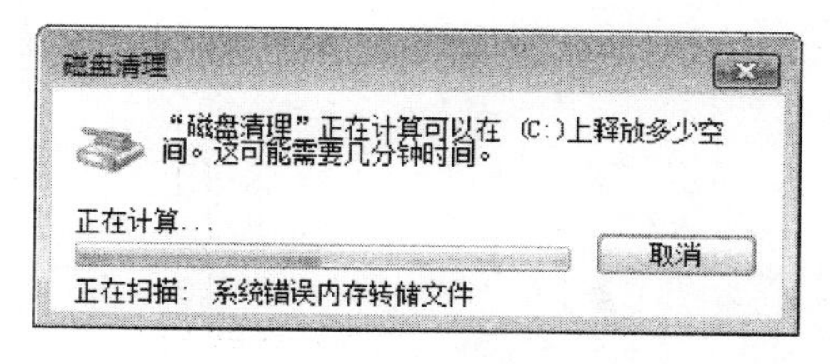

图 2-148　扫描驱动器

3）打开“（C:）的磁盘清理”对话框，选择“其他选项”选项卡，如图 2-149 所示。

4）单击“系统还原和卷影复制”栏中的“清理”按钮，系统询问是否要删除所有还原点

（除最近以外的），单击“删除”按钮完成还原点的删除，如图 2-150 所示。

（2）删除所有还原点　具体操作步骤如下：

1）打开“系统属性”对话框，选择“系统保护”选项卡，如图 2-151 所示。

2）在“保护设置”栏的驱动器列表框中选择系统磁盘，单击“配置”按钮，打开“系统保护本地磁盘（C:）”对话框，如图 2-152 所示。

3）单击“删除所有还原点”后面的“删除”按钮，打开确认删除还原点界面，单击“继续”按钮继续删除，如图 2-153 所示。

4）系统开始删除还原点，完成后单击“关闭”按钮关闭对话框。

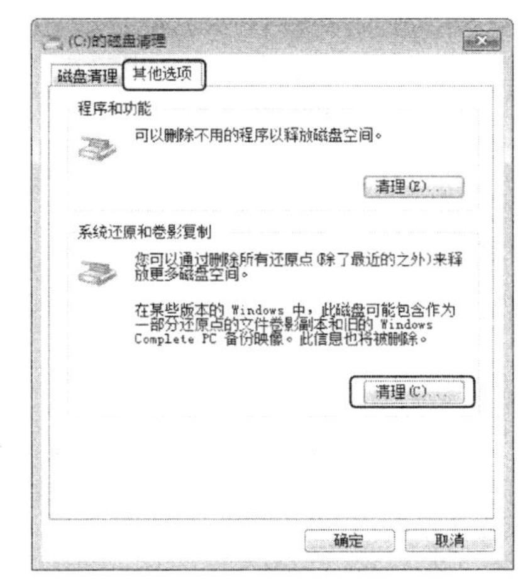

图 2-149　“（C:）的磁盘清理”对话框

2.6.5　创建、恢复完整的系统映像

Windows 7 还有一个大亮点，就是可以创建完整的系统映像，在不借助其他备份工具的情况下，利用其自身创建的系统映像可以将系统完全恢复到某个状态。

1. 创建系统映像

要创建一个完整的系统映像，具体操作步骤如下：

1）单击“开始”按钮，选择“控制面板”命令，打开“控制面板”窗口，选择“系统和安全”项，打开“系统安全”窗口，选择“备份和还原”项，打开“备份和还原”窗口，再选择左侧窗格中的“创建系统映像”项，打开“创建系统映像”对话框。

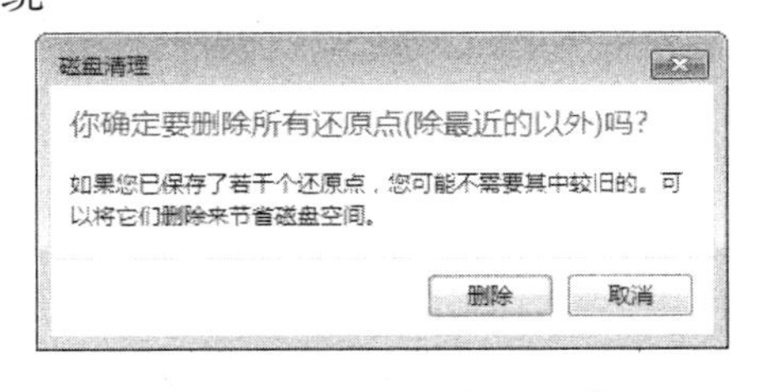

图 2-150　确认删除还原点

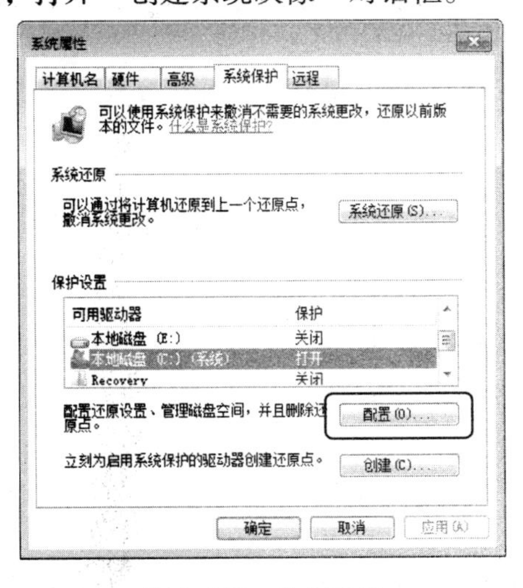

图 2-151　选择磁盘

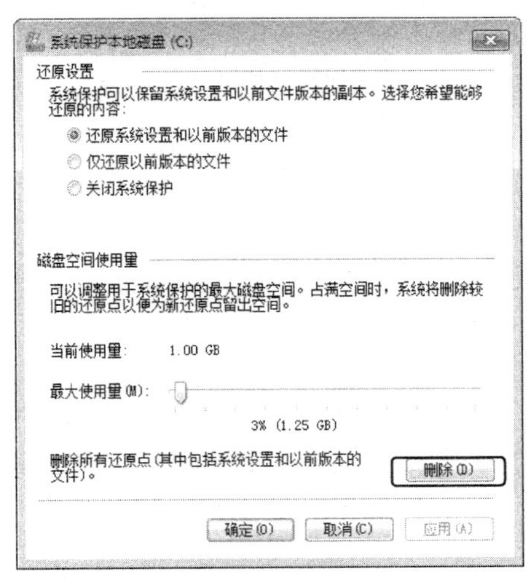

图 2-152　删除还原点

2）选择映像文件的保存位置，可以保存在本地磁盘上，也可以保存在 DVD 光盘上，选中一个单选按钮，单击“下一步”按钮，如图 2-154 所示。

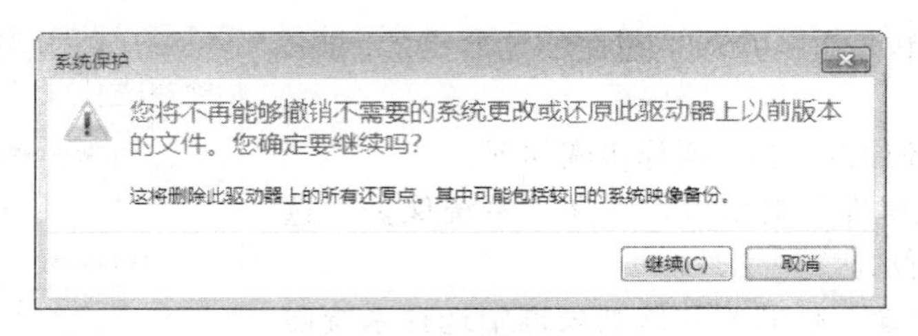

图 2-153 确认删除所有还原点

3）在打开的“确认您的备份设置”界面中，选择需备份的驱动器，其中系统盘是必选项目，单击“下一步”按钮，如图2-155所示。

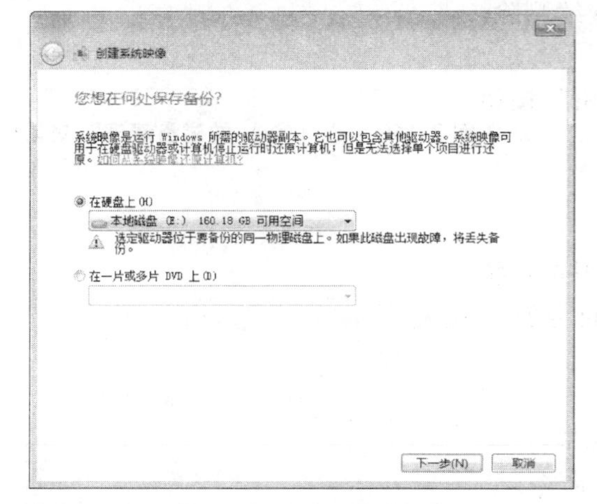

图 2-154 设置备份位置

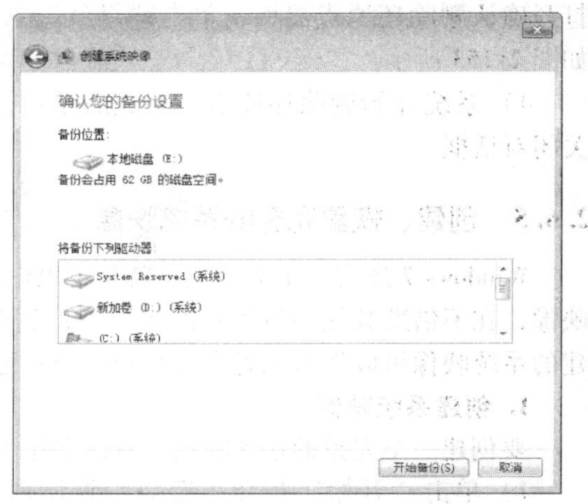

图 2-155 选择备份对象

4）打开“确认备份”界面，单击“开始备份”按钮开始创建系统映像，并显示备份进度。

5）备份完成后询问是否创建系统修复光盘，如需创建则单击“是”按钮进入修复光盘的创建，不创建则单击“否”按钮，最后关闭“创建系统映像”对话框完成系统映像的创建。

2. 使用映像恢复系统

系统中毒较严重或者遇到其他故障无法正常使用时，可通过之前创建的系统映像将系统还原到正常状态，具体操作步骤如下：

1）单击“开始”按钮，选择“控制面板”命令，打开“控制面板”窗口，切换到“大图标”视图，选择“恢复”项，打开“恢复”窗口，选择下面的“高级恢复方法”项，如图2-156所示。

2）打开“高级恢复方法”窗口，选择“使用之前创建的系统映像恢复计算机”项，如图2-157 所示。

3）打开“用户文件备份”窗口，询问恢复之前是否备份文件，如单击“立即备份”按钮则打开“备份设置”窗口进行备份，如不需要备份则单击“跳过”按钮继续，如图 2-158 所示。

4）打开“重新启动”窗口，单击“重新启动”按钮重新启动计算机后进行系统恢复，如图 2-159 所示。

5）计算机重新启动后进入恢复系统界面，按照提示操作即可将系统恢复到创建某个映像之前的状态。

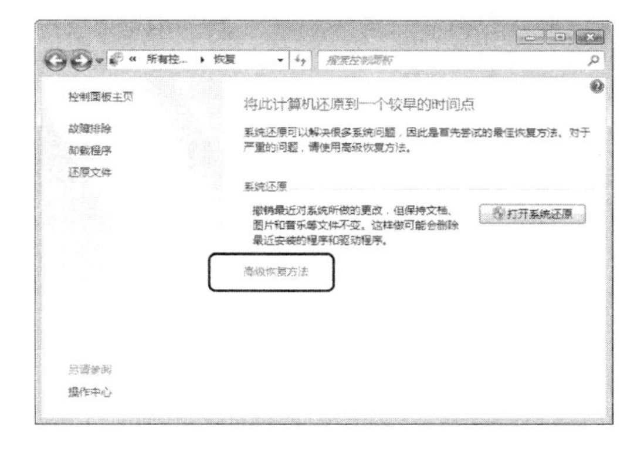

图 2-156　启用高级恢复

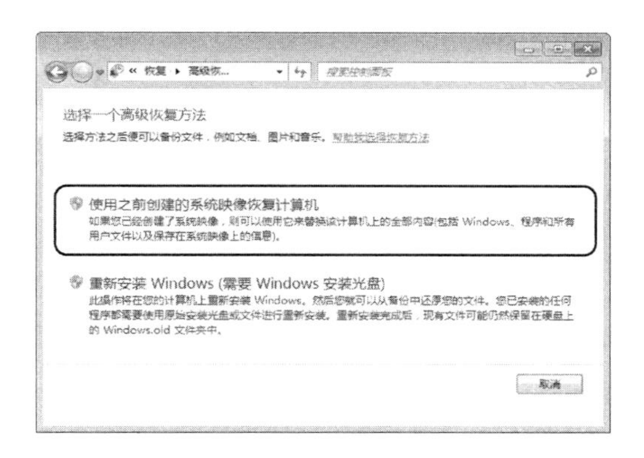

图 2-157　选择恢复方式

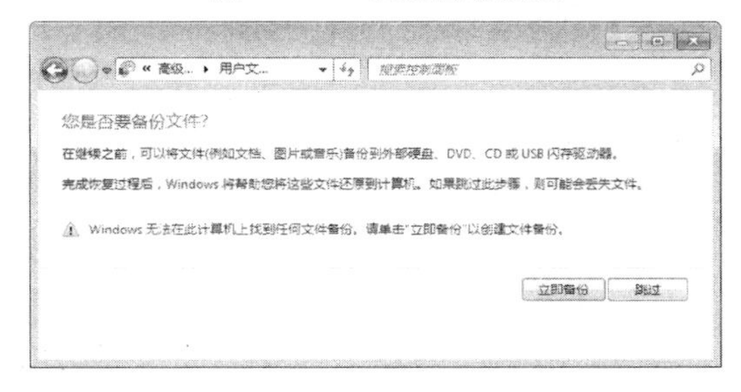

图 2-158　“用户文件备份”窗口

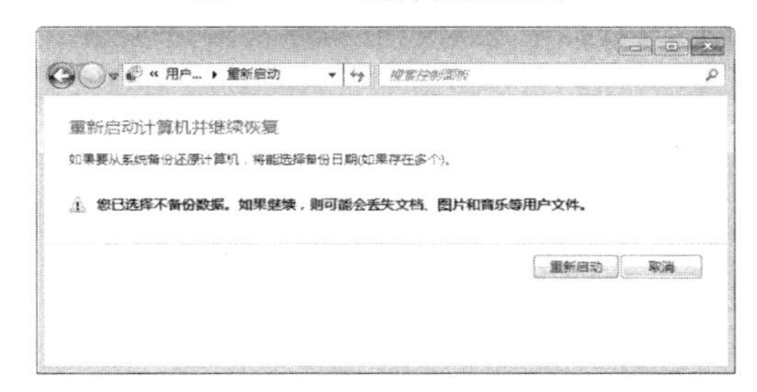

图 2-159　重启开始恢复

本章小结

本章详细介绍了 Windows 7 操作系统，由浅入深地介绍 Windows 7 的性能、使用和基本管理，逐步引导读者认识并熟练使用 Windows 7。本章共分为 6 节，第 1 节主要讲述 Windows 7 的特点，系统及应用程序安装，以及系统的启动与退出；第 2 节主要讲述 Windows 7 的界面及其应用，包括 Windows 7 的桌面组成及各种窗口、菜单的组成和使用；第 3 节重点讲述了 Windows 7 系统的个性化设置，包括视觉和声音、鼠标和键盘、日期和时间、任务栏和开始菜单的设置等；第 4 节重点介绍了 Windows 7 的文件管理，主要介绍了文件的基本操作；第 5 节主要讲述磁盘的管理和维护；第 6 节介绍了 Windows 7 的管理与优化。本章只是对 Windows 7 操作系统的最基本的内容进行了介绍，若要深入学习 Windows 7 操作系统则需要参考相关专题的书籍。

思考题

2-1　Windows 7 发行了哪些版本，它们各自的优点有哪些?

2-2　简述 Windows 7 的新特点。

2-3　简述 Windows 7 桌面的基本组成与功能。

2-4　如何设置桌面背景及屏保?

2-5　简述使用“程序和功能”窗口卸载应用程序的方法。

2-6　简述 Windows 7 中多窗口预览和切换的方法。

2-7　如何搜索自己需要的文件?

2-8　简述格式化磁盘分区的基本步骤。

2-9　如何创建磁盘分区?

2-10　管理用户账户的基本操作有哪些?

第3章　文字处理软件 Word 2010

3.1 Word 2010 概述

Word 2010 是微软公司的办公自动化套装软件 Microsoft Office 2010 中的一个组件，其主要功能是可以方便地进行文字处理，用户可以用它简单、快速地进行文字编辑、图文混排、表格设计、网页制作等工作。Word 2010 继承了以前 Word 版本的全部功能和特点，并在此基础上进行了改进和扩充，有了更新、更方便、更全面的功能。本节主要介绍 Word 2010 的基础知识。

3.1.1 Word 2010 的新增功能和特点

Word 2010 除了拥有 Office 2010 共同的新增功能之外，还具有以下新增功能：

1）发现改进的搜索与导航体验。在 Word 2010 中，可以更加迅速、轻松地查找所需的信息。利用改进的新“查找”体验，用户可以在单个窗格中查看搜索结果的摘要，并单击以访问任何单独的结果。改进的导航窗格会提供文档的直观大纲，以便于用户对所需的内容进行快速浏览、排序和查找。

2）方便好用的功能区。功能区是向用户呈现 Word 工具和特性的一种全新的方法。所有菜单更直观地摆放在界面最上方，根据界面大小的变动自动缩小菜单内容，只保留关键的功能显示在界面上。相比以前版本，Word 2010 增加了“文件”菜单，如图 3-1 所示。

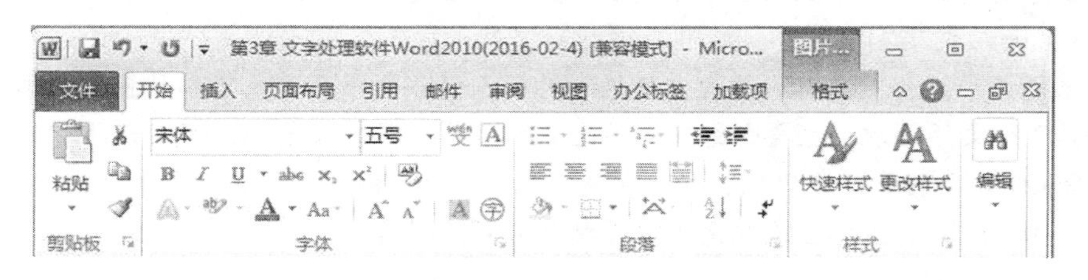

图 3-1　功能区

3）可从任何位置访问和共享文档。在线发布文档后，用户可以通过任何一台计算机或便携式设备对文档进行访问、查看和编辑。

4）将屏幕截图插入到文档。用户可直接从 Word 2010 中捕获和插入屏幕截图，以快速、轻松地将视觉插图纳入到工作中。

5）利用增强的用户体验完成更多工作。Word 2010 可简化功能的访问方式。新的 Microsoft Office Backstage 视图将替代传统的“文件”菜单，从而用户只需单击几次鼠标即可保存、共享、打印和发布文档。利用改进的功能区，可以更快速地访问常用命令。

6）恢复已丢失的工作。利用 Word 2010，用户可以像打开任何文件那样轻松恢复最近所编辑文件的草稿版本，即使从未保存过该文档也是如此。

7）向文本添加视觉效果。利用 Word 2010，用户可以像应用粗体和下划线那样，将诸如阴影、凹凸效果、发光、映像等格式效果轻松应用到文档文本中。可以对使用了可视化效果的文本执行拼写检查，并将文本效果添加到段落样式中。

8）跨越沟通障碍。Word 2010 有助于用户使用不同语言进行有效的工作和交流，比以往更轻松地翻译某个单词、词组或文档。针对屏幕提示、帮助内容和显示，分别对语言进行不同的设置，利用英语文本到语音转换播放功能，为以英语为第二语言的用户提供额外的帮助。

3.1.2　Word 2010 的启动与退出

1. Word 2010 的启动

Word 2010 的启动有以下两种方法：

1）通过运行应用程序正常启动。单击任务栏左侧的“开始”按钮，选择“所有程序”→“Microsoft Office”→“Microsoft Word 2010”命令，即可启动 Word 2010，如图 3-2 所示。

如果在 Windows 桌面上创建了 Word 2010 的快捷方式，也可以通过双击该快捷方式图标来启动。

2）通过打开文档启动。由于 Word 文档和 Word 应用程序建立了关联，打开一个已有的 Word 文档时，会自动启动 Word 应用程序，然后在该程序中打开并显示该文档。

2. Word 2010 的退出

可以采用以下几种方法退出 Word 2010 应用程序：

1）双击快速访问工具栏左侧的“Word”按钮W。

2）单击“Word”按钮，然后在弹出的菜单中选择“关闭”命令。

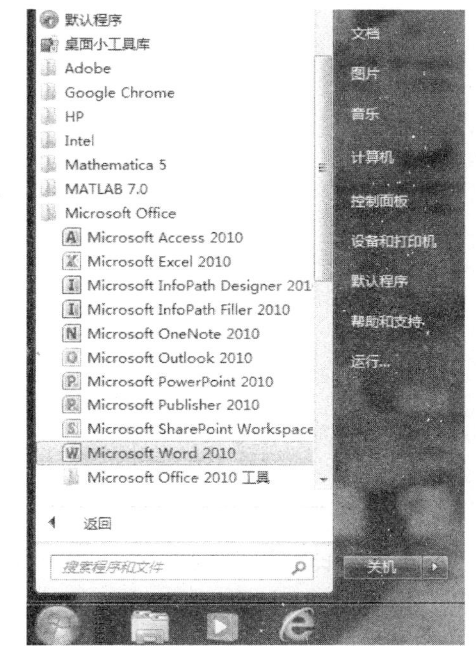

图 3-2　从“开始”菜单启动 Word 2010

3）右击标题栏，从弹出的快捷菜单中选择“关闭”命令。

4）单击应用程序窗口标题栏右侧的“关闭”按钮×。

5）按“Alt + F4”组合键。

6）单击“文件”按钮文件，在弹出的下拉菜单中选择“退出”命令。

如果在退出 Word 2010 之前没有保存修改过的文档，则会弹出如图 3-3 所示的提示框。单击“保存”按钮，Word 2010 会保存文档并退出；单击“不保存”按钮，则不保存文档，直接退出；单击“取消”按钮，则取消退出操作，回到刚才的 Word 2010 编辑界面。

图 3-3　保存文件提示框

3.1.3 Word 2010 的工作界面

Word 2010 的工作界面由快速访问工具栏、标题栏、“文件”按钮、选项标签、功能区、文档编辑区、视图按钮和状态栏等组成，如图 3-4 所示，用简单明了的单一机制取代了 Word 早期版本中的菜单、工具栏和大部分任务窗口，旨在帮助用户在 Word 中更高效、更容易地找到完成各种任务的合适功能，并提高效率。

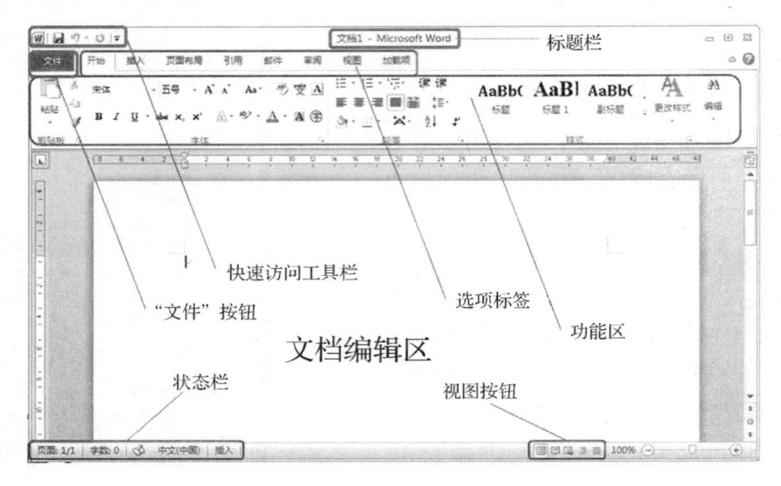

图 3-4　Word 2010 的工作界面

1. “文件”按钮

“文件”按钮是 Word 2010 新增的功能按钮，位于窗口的左上角，单击该按钮可打开一个下拉菜单，其中包含了一些常见的命令，如新建、打开、保存和打印等，如图 3-5 所示。在其中选择所需命令可执行相应的操作。

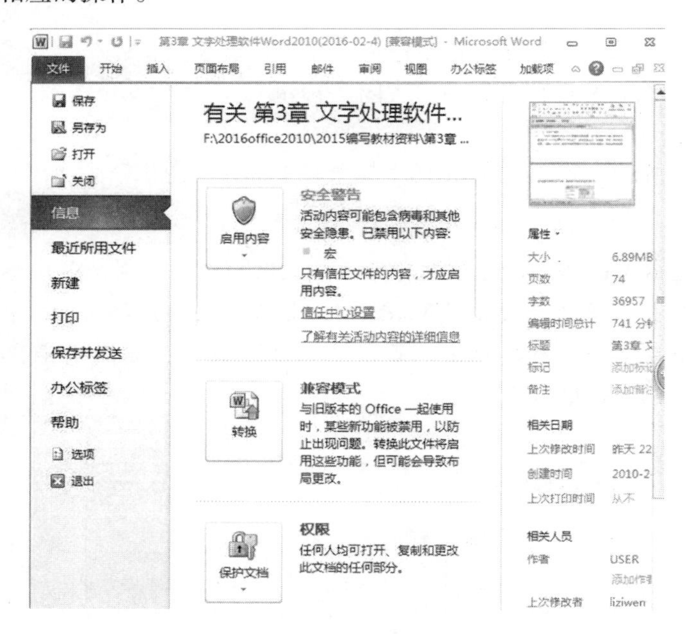

图 3-5　“文件”下拉菜单

2．快速访问工具栏

默认情况下，快速访问工具栏位于 Word 2010 工作界面的左上角，使用它可以快速访问经常使用的工具，如“Word”按钮、“保存”按钮、“撤销”按钮和“打印预览”按钮等。用户还可将其他命令添加到快速访问工具栏，方法是单击快速访问工具栏右侧的按钮，在弹出的下拉菜单中选择需要在快速访问工具栏中显示的按钮即可。选择“在功能区下方显示”命令可改变快速访问工具栏的位置。如果要添加更多的命令可按以下步骤操作：

1）单击“文件”按钮，在弹出的下拉菜单中选择“选项”命令，弹出“Word 选项”对话框，在该对话框左侧的列表中选择“快速访问工具栏”项，如图 3-6 所示（或单击快速访问工具栏右侧的按钮，在弹出的下拉菜单中选择“其他命令”命令）。

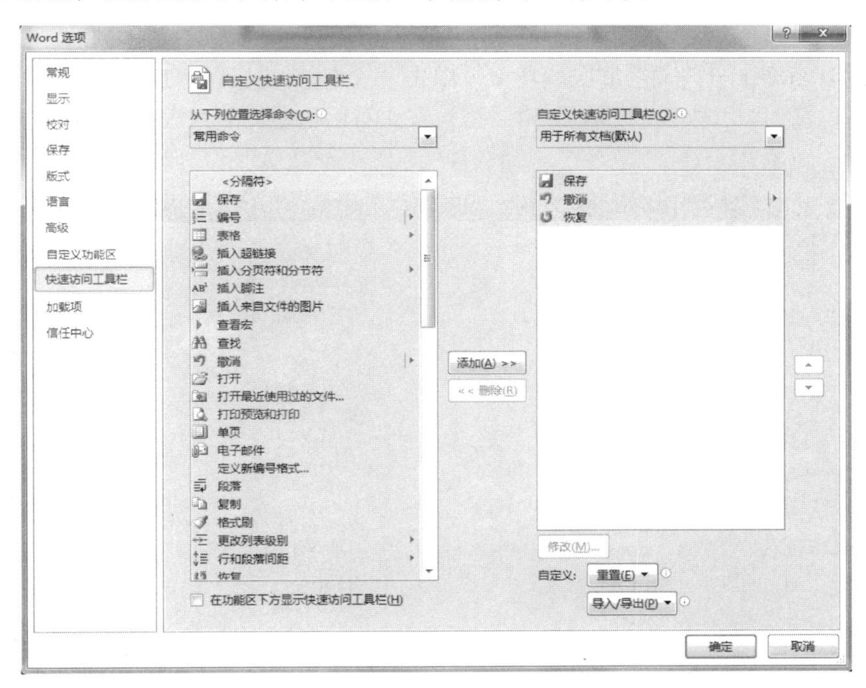

图 3-6　快速访问工具栏设置

2）在该对话框中的“从下列位置选择命令”下拉列表中选择需要的命令，然后在其下边的列表框中选择具体的命令，单击“添加”按钮，将其添加到右侧的“自定义快速访问工具栏”列表框中。注意：在对话框中选中复选框，可在功能区下方显示快速访问工具栏。

3）添加完成后，单击“确定”按钮，即可将常用的命令添加到快速访问工具栏中。

3．标题栏

Word 2010 工作界面最顶端一栏称为标题栏，包含快速访问工具栏、当前打开的 Word 文档名称等信息，并提供“最小化”按钮、“最大化”按钮和“关闭”按钮来管理工作窗口。

4．功能区

Word 2010 中的选项标签中有许多不同的选项卡，但与其他 Word 版本不同，每个选项卡下并没有展开的下拉列表，而是由不同的功能区代替。功能区能够比菜单和工具栏承载更加丰富的内容，包括按钮、库和对话框内容。每个选项卡显示的功能区又根据控件的不同细化为若干组，每个组中又列出了多个命令按钮，如图 3-7 所示。

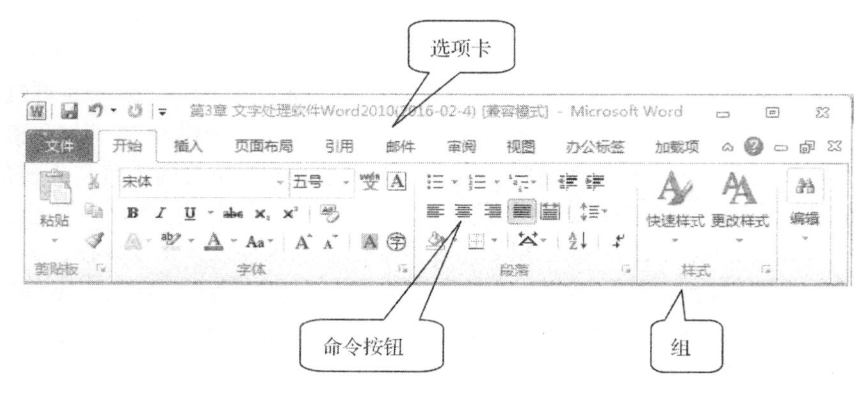

图 3-7　功能区

Word 2010 新增了自定义功能区的功能。单击“文件”按钮，然后在弹出的下拉菜单中选择“选项”命令，弹出“Word 选项”对话框，在该对话框左侧的列表中选择“自定义功能区”项，如图 3-8 所示。

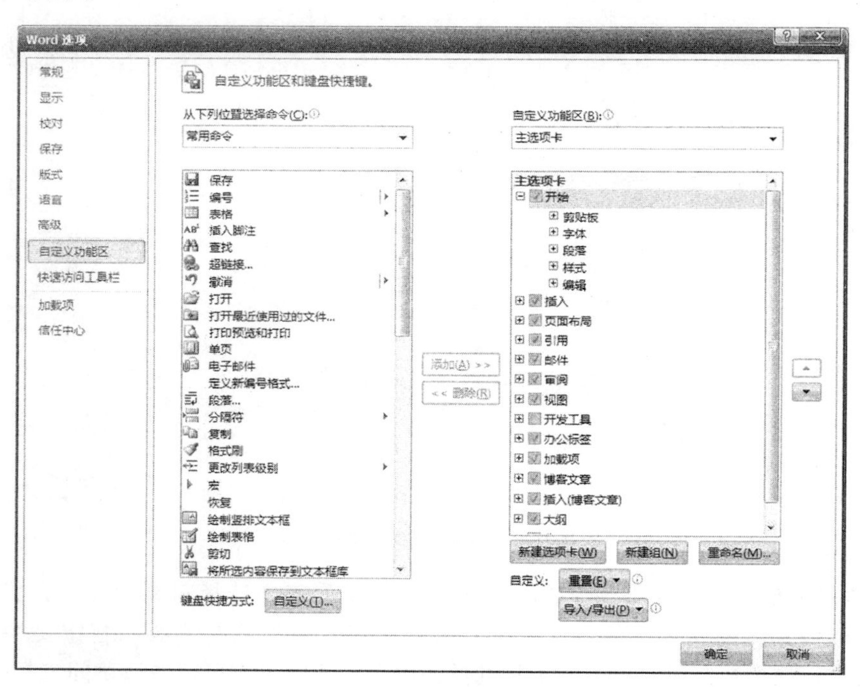

图 3-8　自定义功能区

5．文档编辑区

Word 2010 工作界面中间的空白区域为文档编辑区，或称文档窗口，用户可以在其中创建、编辑和查看文档。用户对文档进行的各种操作的结果都显示在该区域中。

6．状态栏

状态栏位于工作界面的最底部。用来显示当前编辑文档的状态，如当前页数、总页数、字数、语言状态和插入/改写状态等内容。在状态栏的右侧有视图区（主要用来切换视图模式）、高速文档显示比例（可以方便用户查看文档内容）和调节页面显示比例的控件杆，如图 3-9 所示。

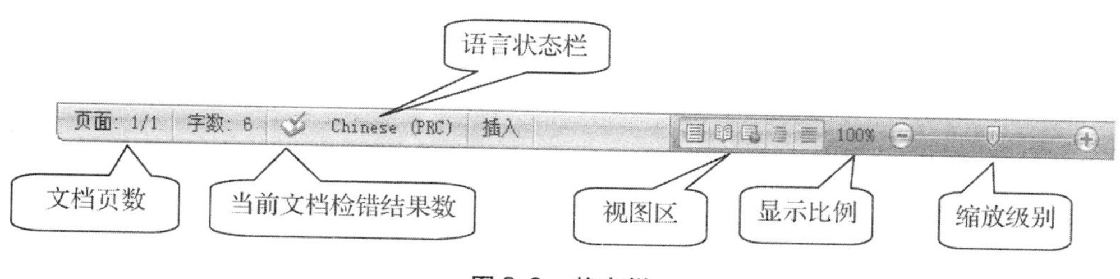

图 3-9 状态栏

3.1.4 Word 2010 的视图方式

文档的显示模式称为视图方式。Word 2010 提供了页面视图、阅读版式视图、Web 版式视图、大纲视图和草稿视图共 5 种视图方式，每种视图方式都有其特定的功能和特点，适用于不同的编辑需要。打开“视图”选项卡，在“文档视图”组中单击相应的视图按钮即可，或单击工作界面右下角的视图切换按钮，即可切换到相应的视图方式。

1. 页面视图

页面视图中文本以页面形式显示，直接按用户设置的页面大小显示文档，使文本看上去就像写在纸上，所见即所得，即用户看到的显示效果和实际的打印效果几乎完全一样。用户可以看到文档中的所有对象在页面中的实际打印位置，非常直观并便于页面布局，因此是最常用的一种视图方式，如图 3-10 所示。在页面视图中可以进行添加页眉和页脚、插入图片或图表等操作，比较适合于在文本制作过程中使用。

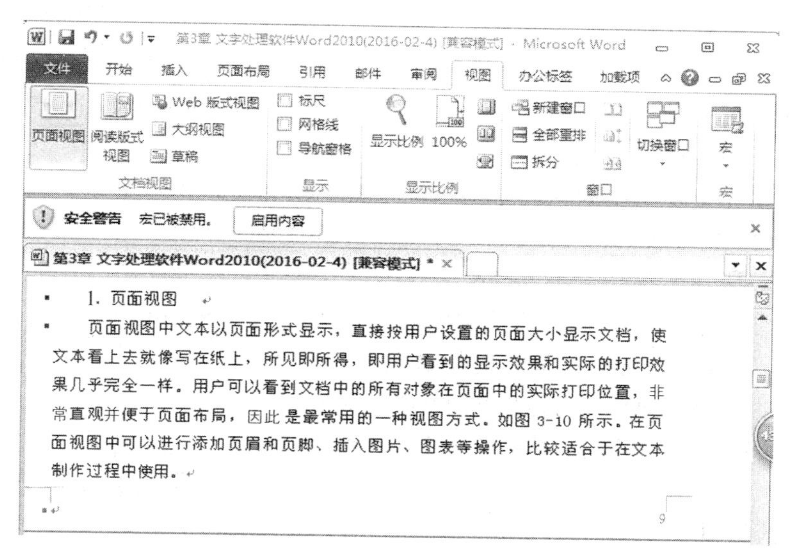

图 3-10 页面视图

2. 阅读版式视图

阅读版式视图最大的优点是便于用户阅读操作。在阅读内容紧凑或包含文档元素少的文档中多使用阅读版式视图，单击“文档结构图”按钮 文档结构图，可以在左侧打开文档结构窗格，这样在阅读文档时就能够根据目录结构有选择地阅读文档内容。阅读版式视图提供了更方便的文档阅读方式。在阅读版式视图中可以完整地显示每一张页面，就像书本展开一样，如图 3-11 所示。

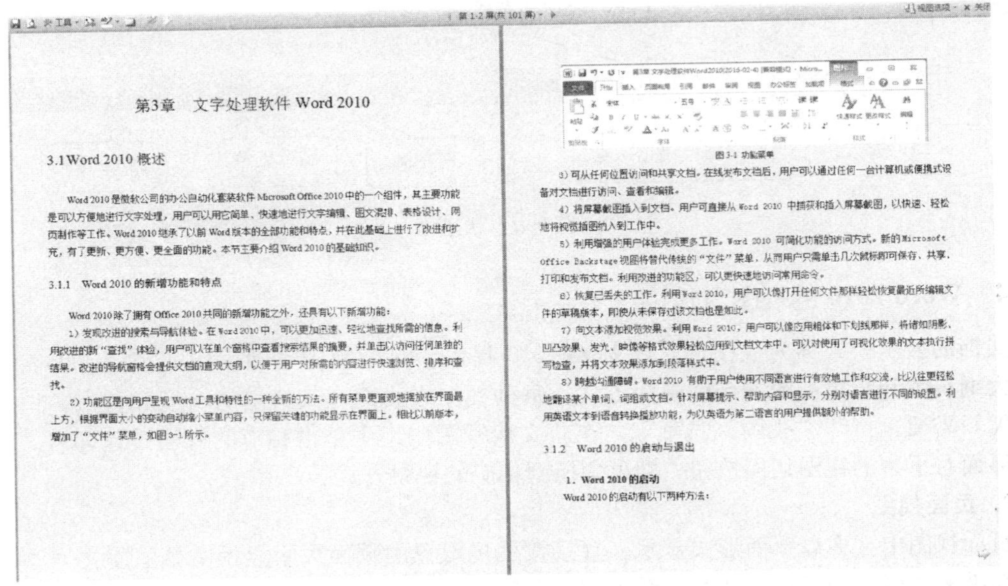

第1-2屏(共101屏)

视图选项 关闭

第3章　文字处理软件 Word 2010

3.1 Word 2010 概述

Word 2010 是微软公司的办公自动化套装软件 Microsoft Office 2010 中的一个组件，其主要功能是可以方便地进行文字处理，用户可以用它简单、快速地进行文字编辑、图文混排、表格设计、网页制作等工作。Word 2010 继承了以前 Word 版本的全部功能和特点，并在此基础上进行了改进和扩充，有了更新、更方便、更全面的功能。本节主要介绍 Word 2010 的基础知识。

3.1.1　Word 2010 的新增功能和特点

Word 2010 除了拥有 Office 2010 共同的新增功能之外，还具有以下新增功能：

1）发现改进的搜索与导航体验。在 Word 2010 中，可以更加迅速、轻松地查找所需的信息。利用改进的新“查找”体验，用户可以在单个窗格中查看搜索结果的摘要，并单击以访问任何单独的结果。改进的导航窗格会提供文档的直观大纲，以便于用户对所需的内容进行快速浏览、排序和查找。

2）功能区是向用户呈现 Word 工具和特性的一种全新的方法。所有菜单更直观地摆放在界面最上方，根据界面大小的变动自动缩小菜单内容，只保留关键的功能显示在界面上。相比以前版本，增加了“文件”菜单，如图 3-1 所示。

图 3-1 功能菜单

3）可从任何位置访问和共享文档。在线发布文档后，用户可以通过任何一台计算机或便携式设备对文档进行访问、查看和编辑。

4）将屏幕截图插入到文档。用户可直接从 Word 2010 中捕获和插入屏幕截图，以快速、轻松地将视觉插图纳入到工作中。

5）利用增强的用户体验完成更多工作。Word 2010 可简化功能的访问方式。新的 Microsoft Office Backstage 视图将替代传统的“文件”菜单，从而用户只需单击几次鼠标即可保存、共享、打印和发布文档。利用改进的功能区，可以更快速地访问常用命令。

6）恢复已丢失的工作。利用 Word 2010，用户可以像打开任何文件那样轻松恢复最近所编辑文件的草稿版本，即使从未保存过该文档也是如此。

7）向文本添加视觉效果。利用 Word 2010，用户可以像应用粗体和下划线那样，将诸如阴影、凹凸效果、发光、映像等格式效果轻松应用到文档文本中。可以对使用了可视化效果的文本执行拼写检查，并将文本效果添加到段落样式中。

8）跨越沟通障碍。Word 2010 有助于用户使用不同语言进行有效地工作和交流，比以往更轻松地翻译某个单词、词组或文档。针对屏幕提示、帮助内容和显示，分别对语言进行不同的设置。利用英语文本到语音转换播放功能，为以英语为第二语言的用户提供额外的帮助。

3.1.2　Word 2010 的启动与退出

1. Word 2010 的启动

Word 2010 的启动有以下两种方法：

图 3-11　阅读版式视图

与其他视图相比，阅读版式视图隐藏了“文件”按钮、标题栏、选项卡、功能区等不必要的部分，增加了文档的可读性，使视图看上去更加亲切、赏心悦目。单击阅读版式视图窗口中的“视图选项”下拉按钮 视图选项 可实现在一屏一页和一屏多页之间进行切换、增大文本字号或减小文本字号、允许键入、修订、显示批注和更改、显示原始/最终文档和显示打印页等操作，如图 3-12 所示。单击阅读版式视图窗口中的“关闭”按钮即可退出阅读版式视图。

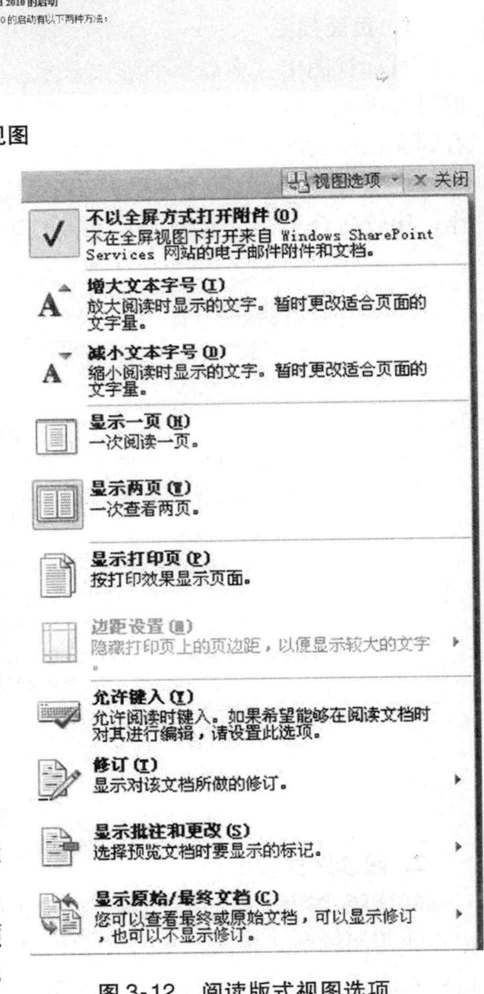

图 3-12　阅读版式视图选项

阅读版式视图中，页面上不在段落中的文本（如图形、艺术字、表格中的文本）显示时不调整大小。该视图比较适合阅读结构简单、内容紧凑的文档，对于图文混排或包含多种文档元素的文档的阅读不如在页面视图中方便。

3. Web 版式视图

Web 版式视图能够仿真 Web 浏览器来显示文档。该视图的优点是在屏幕上显示的文档效果最佳，文本能自动换行以适应窗口的大小，但不是实际打印的形式。另外，可看到给文档添加的背景，可以对文档的背景颜色进行设置，非常适用于创建 Web 页，如图 3-13 所示。

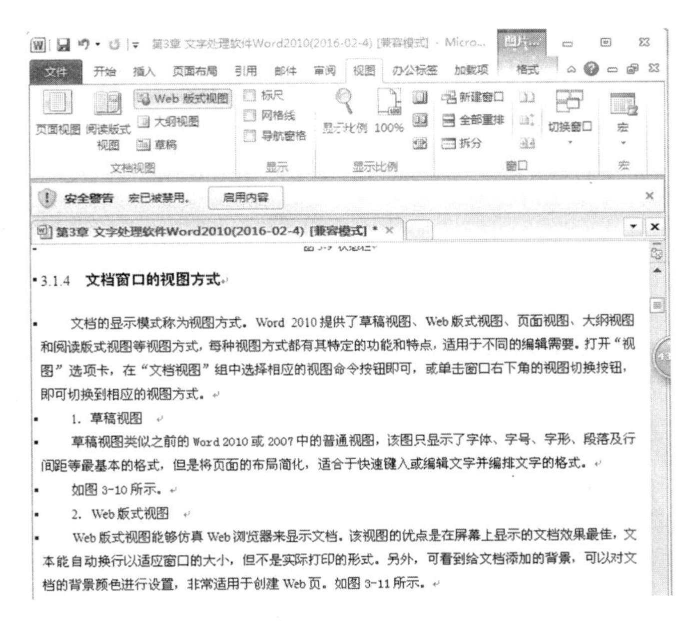

图 3-13　Web 版式视图

4. 大纲视图

大纲视图按照文档中标题的层次显示文档，可以折叠文档，只显示文档的标题，或扩展文档，显示整个文档内容，可以方便地升降各标题的级别或移动标题来重新组织文档，非常适合为一个具有多重标题的文档创建文档大纲，查看和调整文档结构。

大纲视图经常在编辑长篇文档时使用。在大纲视图下，能够方便地查看文档的结构、修改标题内容和设置格式，还可以通过折叠文档来查看主要标题。

进入大纲视图后，系统会自动打开“大纲”选项卡，如图 3-14 所示。

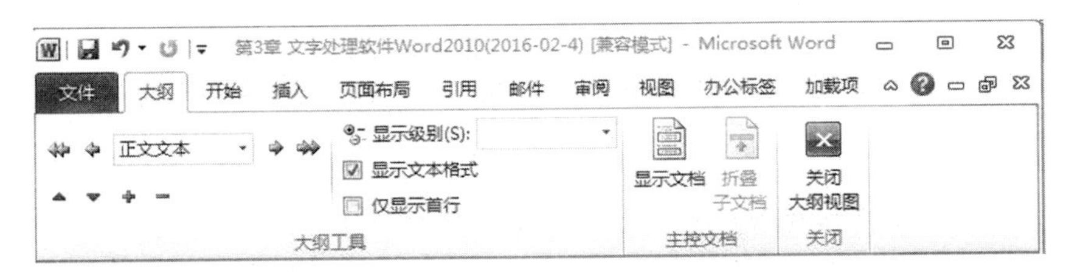

图 3-14　“大纲”选项卡

“大纲”功能区中提供一些操作大纲时常用的功能按钮，通过这些按钮可进行升降级、移位、展开、折叠等操作。

1）“升级”按钮：可将光标所在段落的标题提升一级。

2）“降级”按钮：可将光标所在段落的标题下降一级。

3）“提升至‘标题 1’”按钮：可将光标所在段落的标题提升为“标题 1”。

4）“降级为正文”按钮：可将选定的标题降为正文文字。

5）“大纲级别”下拉列表框：单击该下拉列表框右侧的下拉按钮，可以为光标所在的段落设定位置。

6）“上移”按钮：可将光标所在段落上移至前一段落之前，快捷键为“Alt + Shift + ↑”。

7）“下移”按钮：可将光标所在段落下移至下一段落之后，快捷键为“Alt + Shift + ↓”。

8）“展开”按钮：可以将选定标题的折叠子标题和正文展开。

9）“折叠”按钮：可以将选定标题的折叠子标题和正文隐藏。

10）“显示级别”下拉列表框 所有级别：单击该下拉列表框右侧的下拉按钮，可以指定显示标题的级别。

11）“显示文本格式”复选框 显示文本格式：在大纲视图中显示或隐藏字符的格式。

12）“仅显示首行”复选框 仅显示首行：只显示正文各段落的首行而隐藏其他行。

13）“显示文档”按钮：单击此按钮，可以对文档进行创建、插入等编辑操作。

5. 草稿视图

草稿视图类似之前 Word 版本中的普通视图，将页面的布局简化，只显示了字体、字号、字形、段落及行间距等最基本的格式，适合于快速键入或编辑文字并编排文字的格式，如图 3-15 所示。

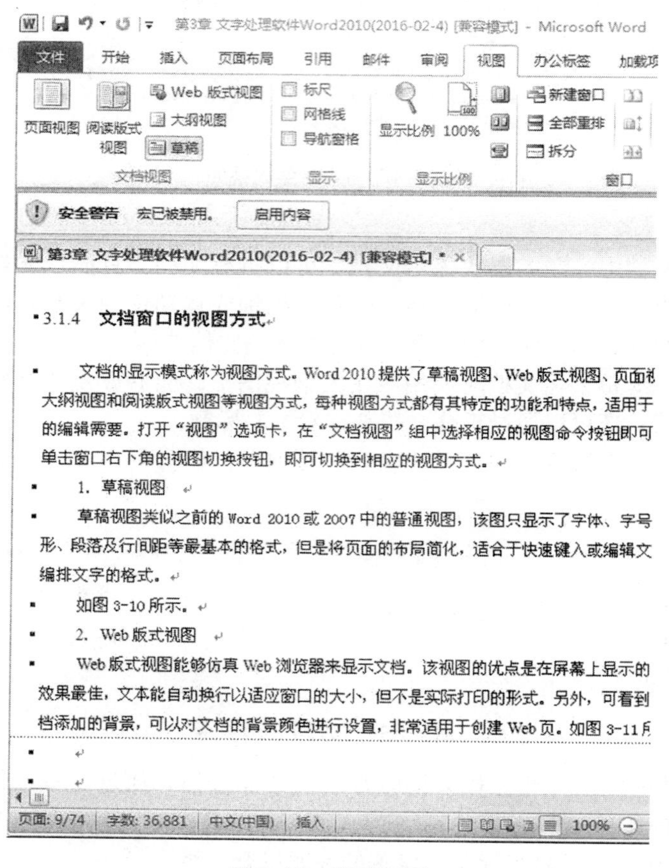

图 3-15 草稿视图

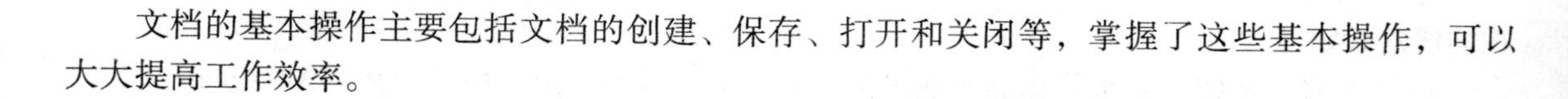

3.2 Word 2010 的基本操作

文档的基本操作主要包括文档的创建、保存、打开和关闭等，掌握了这些基本操作，可以大大提高工作效率。

3.2.1 创建和保存文档

在使用 Word 编辑排版文档之前，首先要学会如何创建一个新文档，以及如何根据要求保存文档，这样才能进行 Word 文档的基本操作。

1. 创建文档

创建新文档的方法有多种，用户可以使用其中任意一种来创建新的文档。

1）启动 Word 2010 应用程序后，系统会自动创建一个名为“文档 1-Microsoft Word”的文档。

2）用户也可按“Ctrl + N”组合键来新建一个基于通用模板的空白文档。

3）单击“文件”按钮，在弹出的下拉菜单中选择“新建”命令，弹出“新建”导航窗口，如图 3-16 所示。在该导航窗口的“可用模板”列表框中选择“空白文档”，然后单击“创建”按钮，即可创建一个空白文档。

新建一个文档后，系统会自动给该文档暂时命名为“文档 1”“文档 2”“文档 3”等。用户在保存文档时，可以按照自己的需要为文档命名。

在“新建”导航窗口的“可用模板”列表框中选择“样本模板”，在导航栏将显示已安装的样本模板，如图 3-17 所示。在“样本模板”列表框中选择需要的文档模板，在导航窗口的右侧可对文档模板进行预览，选择“文档”单选按钮，再单击“创建”按钮，即可根据已安装的样本模板创建新文档。

用户也可通过 Office 官网提供的模板来创建文档。在“新建”导航窗口的“Office. com 模板”列表框中选择需要的模板，也可在文本框中输入所需的模板名进行网上查找。

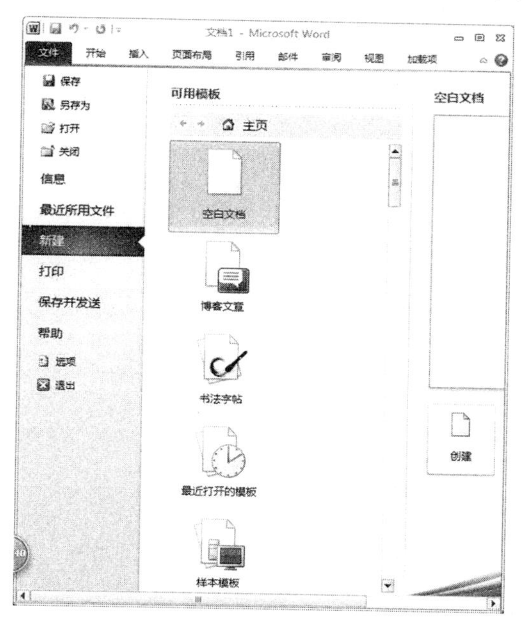

图 3-16 “新建”导航窗口

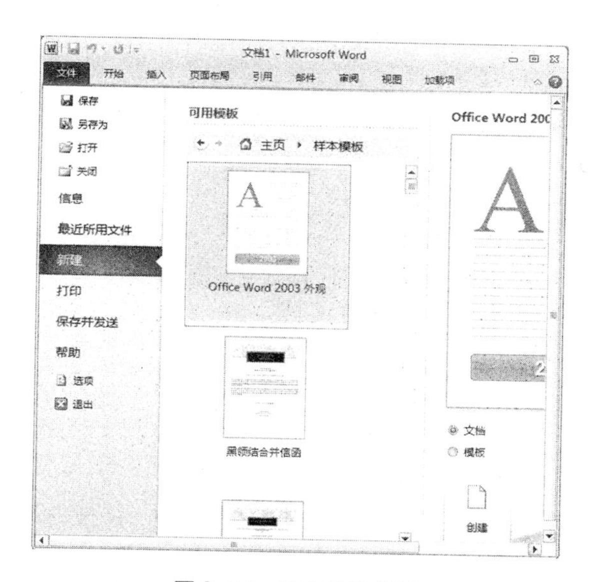

图 3-17 已安装的模板

在“新建”导航窗口的“可用模板”列表框中选择“我的模板”，弹出“新建”对话框，如图 3-18 所示。在该对话框中选择需要的模板，单击“确定”按钮，即可根据自定的模板新建文档。

在“新建”导航窗口的“可用模板”列表框中选择“根据现有内容新建”，弹出“根据现有文档新建”对话框，如图 3-19 所示。在该对话框中选择现有的文档模板，单击“新建”按钮，即可在该文档的基础上创建一个新的 Word 文档。

图 3-18 “新建”对话框

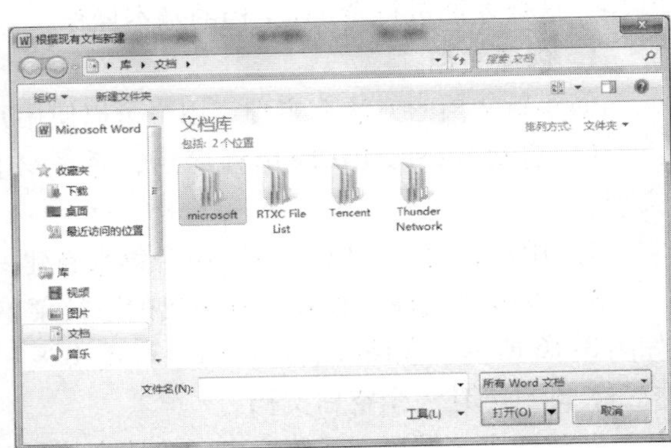

图 3-19 “根据现有文档新建”对话框

2. 保存文档

在编写文档的过程中，文档的内容只是临时性的保存在计算机的内存中，如果不存盘，在系统发生故障而非正常退出 Word 2010 时会丢失。保存文档即把对当前文档所做的编辑和修改保存到磁盘文件中，以便以后使用。用户应该在开始使用 Word 2010 的时候就养成良好的习惯，及时保存文档，以防止数据丢失。Word 2010 为用户提供了多种保存文档的方法。

（1）保存新建文档　保存新建文档的具体操作步骤如下：

1）单击“文件”按钮，在弹出的下拉菜单中选择“保存”命令，或按“Ctrl + S”组合键，弹出“另存为”对话框，如图 3-20 所示。

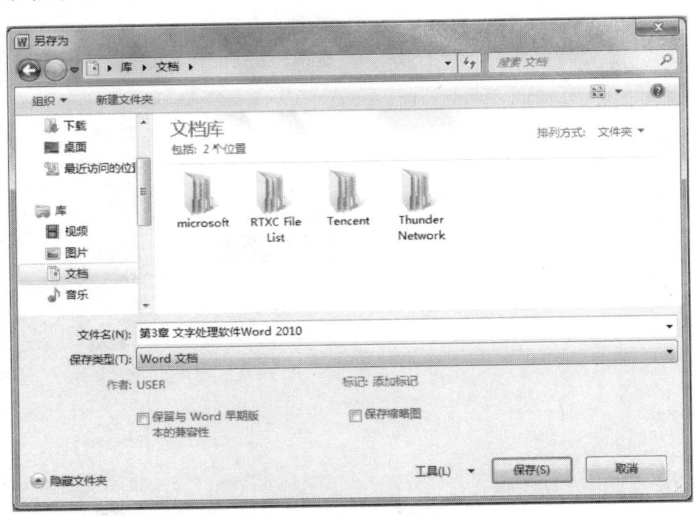

图 3-20 “另存为”对话框

2）在该对话框的“保存位置”下拉列表中选择要保存文件的文件夹位置。

3）在“文件名”下拉列表中输入文件名；在“保存类型”下拉列表中选择保存文件的格式。

4）设置完成后，单击“保存”按钮即可。

Word 2010 允许为文件起一个最多可达 255 个字符的文件名，文件名中可以有空格，可以中英文混编，还可以区分大小写字母。Word 2010 默认的文档保存类型为 Word 文档，用户还可以在“保存类型”下拉列表框中选择 Word 2010 支持的其他文档类型来保存文档。

（2）保存已有文档　如果当前文档已经保存过，编辑修改后需要重新保存。保存已有文档有以下两种方法：

1）在原有位置保存。在对已有文档修改完成后，单击“文件”按钮，在弹出的下拉菜单中选择“保存”命令，Word 2010 将以修改后的文档覆盖修改前的内容，并且不再弹出“另存为”对话框。

2）“另存为”方式保存。如果需要将已有的文档保存到其他的文件夹中，可在修改完文档之后，单击“文件”按钮，在弹出的下拉菜单中选择“另存为”命令，弹出“另存为”对话框。在该对话框中的“保存位置”下拉列表中重新选择文件的位置；在“文件名”下拉列表中输入文件的名称；在“保存类型”下拉列表中选择文件的保存类型；最后单击“保存”按钮即可。

（3）自动保存文档

Word 2010 具有文档“自动保存”的功能，设置“自动保存”功能后，Word 应用程序每隔一定时间就会自动保存文档。这样，当系统遇到意外错误或应用程序停止响应，以致在没有保存修改后的文档的情况下，重新启动计算机或 Word 2010 时，发生故障前处于打开状态的所有文档都会自动恢复，用户可以重新命名并保存这些恢复以后的文档。

设置“自动保存”功能的具体操作步骤如下：

1）单击“文件”按钮，在弹出的下拉菜单中选择“选项”命令，弹出“Word 选项”对话框，在该对话框左侧选择“保存”项，如图 3-21 所示。

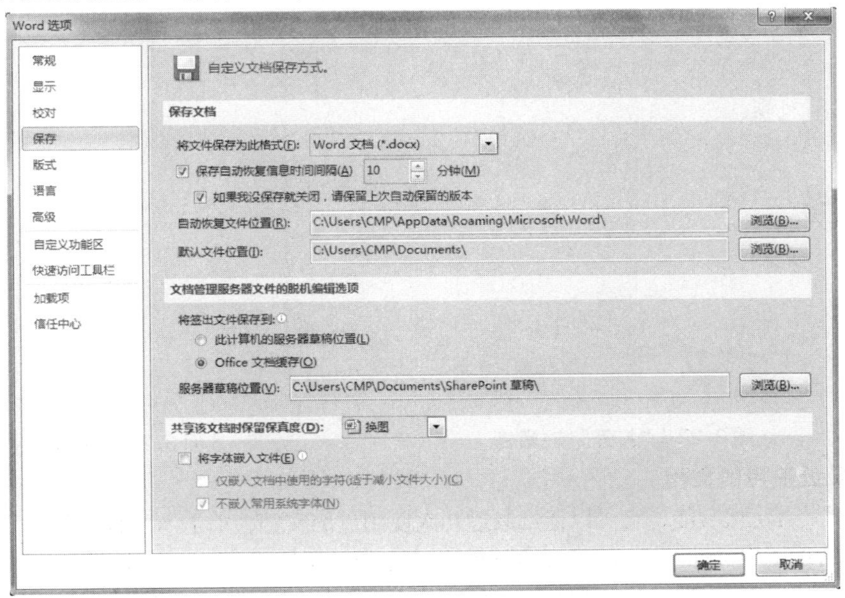

图 3-21　保存文档设置

2）在该对话框右侧的“保存文档”栏中的“将文件保存为此格式”下拉列表中选择文件保存的类型。

3）选中“保存自动恢复信息时间间隔”单选按钮，并在其后的数值框中输入保存文件的时间间隔。在默认状态下自动保存时间间隔为10分钟，一般10～15分钟较为合适。

4）在“自动恢复文件位置”文本框中输入保存文件的位置，或者单击“浏览”按钮，在弹出的“修改位置”对话框中设置保存文件的位置。

5）设置完成后，单击“确定”按钮，即可完成文档自动保存的设置。

3.2.2 打开和关闭文档

若要对已经存在的文档进行编辑修改操作，需先将该文档打开，即将文档从磁盘读入内存，并在Word 2010窗口中显示。Word 2010提供了多种打开文档的方法，这里介绍几种较常用的方法。

1. 使用“打开”对话框打开文档

使用“打开”对话框打开文档的具体操作步骤如下：

1）单击“文件”按钮，在弹出的下拉菜单中选择“打开”命令，弹出“打开”对话框，如图3-22所示。

2）在“查找范围”下拉列表中选择文档所在的位置，然后在文件列表中选择需要打开的文档。

3）单击“打开”按钮，打开需要的文档。

提示　在打开文档时，用户还可以根据需要选择不同的方式打开文档。单击“打开”按钮右侧的下拉按钮，弹出如图3-23所示的下拉菜单，在该下拉菜单中选择相应的命令以不同方式打开文档。

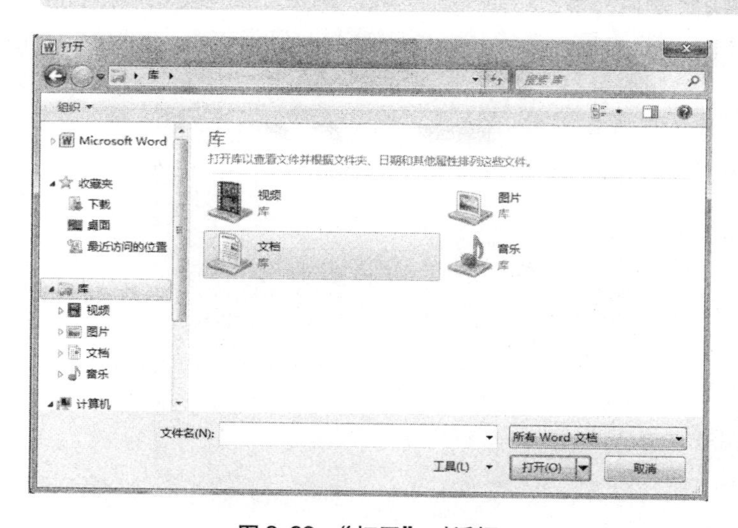

图3-22 “打开”对话框

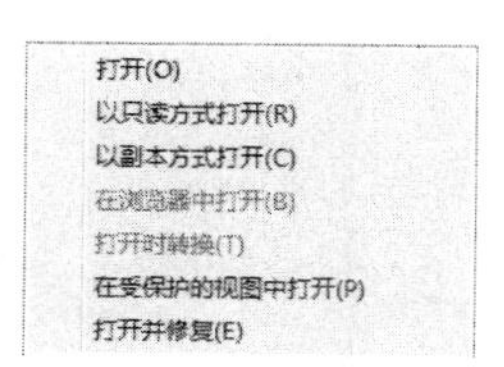

图3-23 “打开”下拉菜单

2. 打开最近使用的文档

Word 2010具有记忆功能，它可以记忆最近几次使用过的文档。单击“文件”按钮，在弹出的下拉菜单选择“最近所用文件”命令，在右侧的列表中选择需要打开的文档即可，如图3-24所示。

在Word 2010中默认显示最近使用的25个文档。如果用户需要修改记录文档的数目，单击“文件”按钮，在弹出的下拉菜单中选择“选项”命令，弹出“Word选项”对话框，在该对话框左侧选择“高级”项，如图 3-25 所示。在该对话框右侧的“显示”选项区中的“显示此数目的‘最近使用的文档’”数值框中输入需要文件的个数，单击“确定”按钮即可。如果列表与屏幕大小不适应，则会显示较少的文档。

图 3-24　最近使用的文档

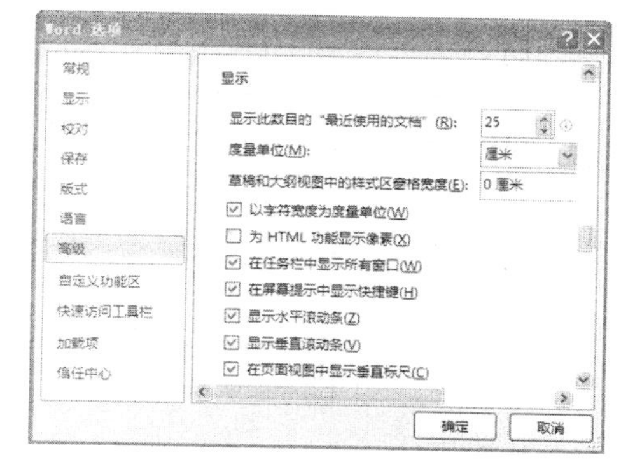

图 3-25　最近使用的文档数目设置

3. 使用“开始”按钮打开最近使用的文档

单击“开始”按钮，将鼠标移动到常用程序列表中的“Microsoft Word 2010”项上，或单击其右侧的箭头，即可打开最近使用的文档列表，从中选择要打开的文档，即可启动 Word 2010 应用程序并打开该文档，如图 3-26 所示。

4. 使用 Word 2010 打开其他类型的文件

Word 2010 是一种功能强大的编辑软件，它不仅能用于编辑普通 Word 文档，还可用于编辑纯文本文件、网页等多种其他类型的文件。在利用 Word 编辑其他类型的文件之前，首先要打开该文件。具体操作步骤如下：

1）在需要打开的其他类型文件上单击鼠标右键，从弹出的快捷菜单中选择“打开方式”命令，弹出“打开方式”对话框，如图 3-27 所示。

2）在该对话框中的“其他程序”列表框中选择“Microsoft Word”。

3）单击“确定”按钮即可打开该类型的文件。

图 3-26　最近使用的文档列表

图 3-27　“打开方式”对话框

文档编辑完成后就可以关闭该文档。关闭 Word 2010 文档的方法有以下几种：

1）单击“Word”按钮，在弹出的菜单中选择“关闭”命令。

2）单击“标题栏”右侧的“关闭”按钮。

3）单击“文件”按钮，在弹出的下拉菜单中选择“关闭”或“退出”命令。

4）双击“Word”按钮。

5）右击“标题栏”，在弹出的快捷菜单中选择“关闭”命令。

3.3 文本的基本操作

文本的基本操作主要包括输入文本、编辑文本以及查找和替换文本。

3.3.1 输入文本

输入文本是编辑文档的基本操作。在 Word 2010 中，可以输入普通文本、插入符号和特殊符号以及插入日期和时间等。

1. 定位插入点

Word 中有两种形态的输入标志，一种是随鼠标移动的“I”形指针，一种是编辑区中闪烁的“｜”形光标（也称为“插入点”），它指明了当前文档的输入位置。输入文本时，文本将显示在插入点处，插入点自动向右移动。在编辑文档时经常需要移动光标来重新选择输入位置。要重新定位插入点，只需移动鼠标，将“I”形指针指向新的位置，然后单击鼠标左键即可。也可以利用键盘上的方向键及“Pg Up”“Pg Dn”等键或“定位”命令来重新定位插入点。

（1）使用键盘定位插入点　除了使用鼠标来定位插入点外，还可以使用键盘定位插入点。表 3-1 为定位插入点的快捷键列表。

（2）定位到特定位置　如果一个文档很长，或者知道将要定位的位置，则可使用“定位”命令直接定位到特定位置。具体操作步骤如下：

1）在功能区中单击“开始”选项卡，在“编辑”组中单击“查找”右侧的下拉按钮，在弹出的下拉菜单中选择“转到”命令，弹出“查找和替换”对话框，默认情况下打开“定位”选项卡。

2）在“定位目标”列表框中选择所需的定位对象，如选择“页”选项。

3）在“输入页号”文本框中输入具体的页号，如输入“5”，如图 3-28 所示。

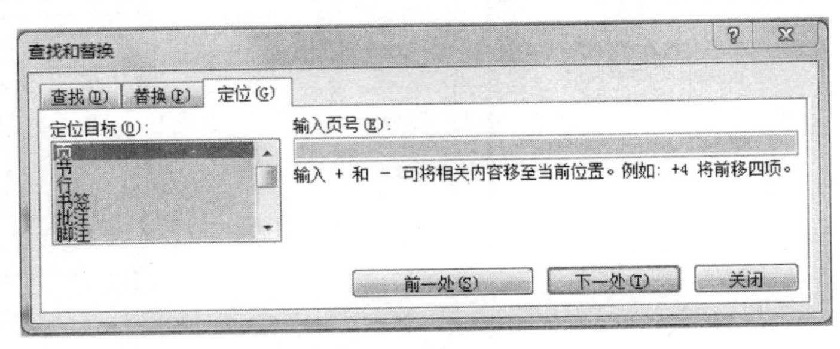

图 3-28 “定位”选项卡

4）单击“定位”按钮，插入点将移至第 5 页的第一行的起始位置。

5）单击“关闭”按钮，关闭对话框。

定位插入点的快捷键列表见表 3-1。

表 3-1　定位插入点的快捷键列表

快捷键	移动方式	快捷键	移动方式
↑	上移一行	Home	移至行首
↓	下移一行	End	移至行尾
→	左移一个字符	Ctrl + Home	移至文档的开头
←	右移一个字符	Ctrl + End	移至文档的末尾
Ctrl + ↑	上移一段	Pg Up	上移一屏
Ctrl + ↓	下移一段	Pg Dn	下移一屏
Ctrl + →	左移一个单词	Ctrl + Pg Up	上移一页
Ctrl + ←	右移一个单词	Ctrl + Pg Dn	下移一页

2. 输入普通文本

普通文本包括英文文本和中文文本两种类型。

(1) 输入英文文本　可在键盘上直接输入英文文本。按大写锁定键“Caps Lock”可在大小写状态之间进行切换。按住“Shift”键，再按包含要输入字符的双字符键，即可输入双排字符键中的上排字符，否则输入的是双排字符键中下排的字符。按住“Shift”键，再按需要输入的英文字母键，即可在小写输入状态下输入相对应的大写字母，或在大写输入状态时输入相对应的小写字母。

(2) 输入中文文本　中文的输入要借助某种中文输入法，即在输入中文前需先选择一种中文输入法（如微软拼音、五笔等）。具体操作方法如下：

可以按“Ctrl + 空格”组合键在中英文输入方式间切换，按“Ctrl + Shift”组合键选择所需的中文输入法；也可单击任务栏上的输入法指示器图标，从弹出的菜单中选择输入法。如果在输入法指示器图标上单击鼠标右键，可以从弹出的快捷菜单中选择“设置”命令，弹出“文本服务和输入语言”对话框，在该对话框中可添加其他的输入语言、中文输入法、设置快捷键等。

(3) 插入符号　在输入文本的过程中，有时需要插入一些键盘上没有的特殊符号。具体操作步骤如下：

1) 在功能区中单击“插入”选项卡，在“符号”组中单击“符号”按钮，在弹出的下拉菜单中选择“其他符号”命令，弹出“符号”对话框，如图 3-29 所示。

2) 在该对话框中的“字体”下拉列表中选择所需的字体，在“子集”下拉列表中选择所需的选项。

3) 在列表框中选择需要的符号，单击“插入”按钮，即可在插入点处插入该符号。

4) 此时对话框中的“取消”按钮变为“关闭”按钮，单击该按钮关闭对话框。

5) 在“符号”对话框中打开“特殊字符”选项卡，如图 3-30 所示。

6) 选中需要插入的特殊字符，然后单击“插入”按钮，再单击“关闭”按钮，即可完成特殊字符的插入。

另外也可右键单击输入法工具栏右侧的键盘按钮，在弹出的快捷菜单中选择要输入的符号集合，则会在屏幕上弹出一个键盘，单击要输入符号所在键即可输入相应符号。

图 3-29 “符号”对话框

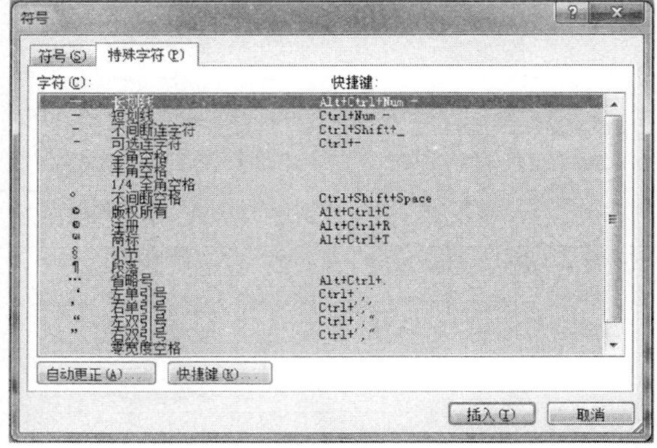

图 3-30 “特殊字符”选项卡

在“符号”对话框中单击“快捷键”按钮，弹出“自定义键盘”对话框，如图 3-31 所示。将光标定位在“请按新快捷键”文本框中，然后直接按要定义的快捷键，单击“指定”按钮，再单击“关闭”按钮，完成插入符号的快捷键设置。这样，当用户需要多次使用同一个符号时，只需按所定义的快捷键即可插入该符号。

（4）插入日期和时间　用户可以在文档中直接输入日期和时间，也可以使用 Word 2010 提供的插入日期和时间功能，具体操作步骤如下：

1）将插入点定位在要插入日期和时间的位置。

2）在“插入”选项卡中的“文本”组中单击“日期和时间”按钮，弹出“日期和时间”对话框，如图 3-32 所示。

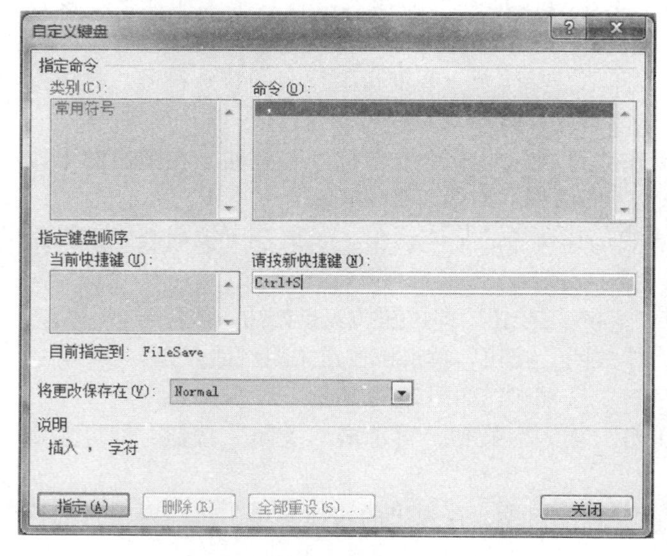

图 3-31 “自定义键盘”对话框

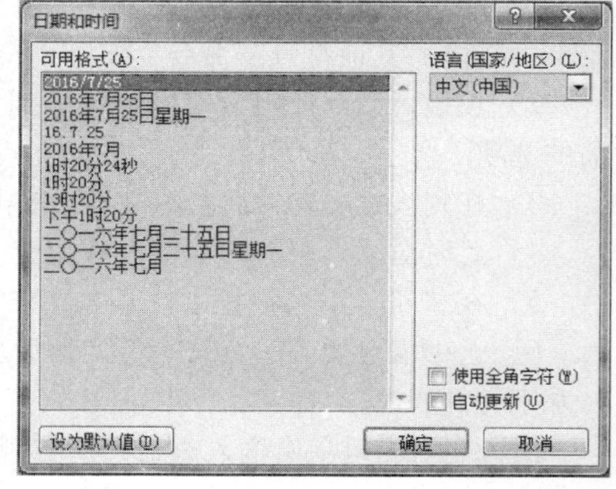

图 3-32 “日期和时间”对话框

3）用户可根据需要在“语言（国家/地区）”下拉列表中选择一种语言；在“可用格式”下拉列表中选择一种日期和时间格式。

4）如果选中“自动更新”复选框，则以域的形式插入当前的日期和时间。该日期和时间是一个可变的数值，它可根据打印的日期和时间的改变而改变。取消选中“自动更新”复选框，则可将插入的日期和时间作为文本永久地保留在文档中。

5）单击“确定”按钮完成设置。

3.3.2　编辑文本

在文档中输入文本后，往往还需要对文本进行编辑。主要包括文本的选定、复制、移动、删除等操作。

1. 选定文本

“先选定，后操作”是 Windows 系统环境下操作的基本规则。在 Word 2010 中，如果要对某些文本进行操作，首先必须选定该文本。选定的文本区域将呈蓝底黑字显示。

（1）使用鼠标选定文本　使用鼠标选定文本是最直接、最基本的选定方法，有以下几种方法：

1）按住鼠标左键拖过欲选定的文本，然后释放鼠标左键；或在欲选定文本的首部（或尾部）单击鼠标左键，然后按住 <Shift> 键，再在欲选定文本的尾部（或首部）单击鼠标左键。此方法可选定任意长度的文本。

2）将鼠标移到某句任意位置，双击鼠标左键指针，可选定该句。

3）将鼠标移到某行的左侧空白处，直到鼠标指针变为↗形状时，单击鼠标左键，即可选定该行文本。

4）将鼠标移到某行的左侧空白处，直到鼠标指针变为↗形状时，然后按住鼠标左键向上或向下拖动到需要的位置，可选定多行文本。

5）按住“Alt”键的同时按住鼠标左键拖过欲选定的文本区域，可选定垂直的一块矩形文本。

6）将鼠标移到段落的左侧空白处，直到鼠标指针变为↗形状时，双击鼠标左键，或者三击该段落的任意位置，即可选定该段落。

7）将鼠标移到文档正文的左侧空白处，直到鼠标指针变为↗形状时，三击鼠标左键，即可选定整篇文档。或在功能区中单击“开始”选项卡，单击“编辑”组中的“选择”按钮，在弹出的下拉菜单中选择“全选”命令。

（2）使用键盘选定文本　Word 2010 提供了一系列利用键盘选定文本的组合键，通过“Ctrl”“Shift”和方向键可以方便地进行文本的选定。在使用键盘进行文本选定之前，必须将光标定位在将要选定区域的起始位置，然后才能进行键盘选定的操作。常用的操作和按键见表 3-2。

选定文本后，如果键入了其他字母键、符号键、数字键或输入汉字，则选定的文本将被键入的内容替换。

表 3-2　使用键盘选定文本

选择范围	快捷键
左侧一个字符	Shift + ←
右侧一个字符	Shift + →
行尾	Shift + End
行首	Shift + Home
下一行	Shift + ↓
上一行	Shift + ↑
段首	Ctrl + Shift + ↑
段尾	Ctrl + Shift + ↓
上一屏	Shift + Pg Up
下一屏	Shift + Pg Dn
窗口结尾	Ctrl + Alt + Pg Dn
文档开始处	Ctrl + Shift + Home
整个文档	Ctrl + A
列文本块	Ctrl + Shift + F8，然后按方向键，按“Esc”键取消选定内容

2. 复制、移动和删除文本

在输入和编辑文本时，经常需要移动、复制和删除文本，这些操作都可以通过鼠标、键盘或剪贴板来完成。

对于在文档中多次重复出现的文本，利用 Word 的复制与粘贴功能，可以提高输入速度，节省输入时间。复制文本的具体操作步骤如下：

1）选定要复制的文本。

2）在功能区中单击“开始”选项卡，再单击“剪贴板”组中的“复制”按钮；或右击选中的文本，在弹出的快捷菜单中选择“复制”命令；或按“Ctrl + C”组合键。

3）将光标定位在目标位置，在功能区中单击“开始”选项卡，再单击“剪贴板”组中的“粘贴”按钮；或单击鼠标右键，在弹出的快捷菜单中选择“粘贴”命令；或按“Ctrl + V”组合键。

复制文本还可通过鼠标拖动的方法实现，具体方法如下：

首先选定要复制的文本。把鼠标移动到选中的文本处，当鼠标指针变成左向的空心箭头时按住“Ctrl”键不放，同时按住鼠标左键进行拖动。达到目标位置后先后松开鼠标左键和“Ctrl”键即可。

3. 移动文本

移动文本的具体操作步骤如下：

1）选定要移动的文本。

2）在功能区中单击“开始”选项卡，再单击“剪贴板”组中的“剪切”按钮；或右击选中的文本，在弹出的快捷菜单中选择“剪切”命令；或按“Ctrl + X”组合键。

3）将光标定位在目标位置，在功能区中单击“开始”选项卡，再单击“剪贴板”组中的“粘贴”按钮；或单击鼠标右键，在弹出的快捷菜单中选择“粘贴”命令；或按“Ctrl + V”组合键。

通过鼠标拖动的方法也可实现文本的移动，移动文本时只需移动鼠标到选定的文本上，按住鼠标左键，并将该文本块拖到目标位置，然后松开鼠标左键即可。

4. 删除文本

在编辑文本的过程中，有时需要把多余或错误的文本删除。具体操作方法如下：

1）按“Backspace”键删除插入点左边的一个字符。

2）按“Delete”键删除插入点右边的一个字符。

3）如果要删除一段文本，可选定要删除的文本，按“Delete”“Backspace”或“Shift + Delete”组合键都行。

3.3.3 查找和替换文本

Word 2010 提供了强大的查找和替换功能，不仅可以迅速地进行查找和替换文本，还能够查找和替换指定的格式，大大提高了工作效率。

1. 查找文本

查找是指根据用户指定的查找内容，在文档中查找相同的内容。查找文本的具体操作步骤如下：

1）在功能区中单击“开始”选项卡，在“编辑”组中单击“查找”按钮右侧的下拉按钮 ，在弹出的下拉菜单中选择“高级查找”命令，弹出“查找和替换”对话框，默认打开“查找”选项卡，如图 3-33 所示。

2）在该选项卡中的“查找内容”文本框中输入要查找的文本，单击“查找下一处”按钮，Word 将自动查找指定的内容，并以蓝底黑字突出显示查找结果。

3）如果需要继续查找，单击“查找下一处”按钮，Word 2010 将继续查找下一个相同的文本，直到文档的末尾。查找完毕后，系统将弹出如图 3-34 所示的提示框，提示用户 Word 已经完成对文档的搜索。

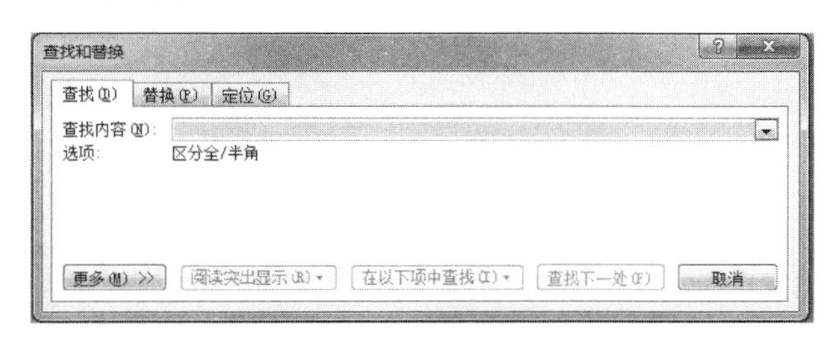

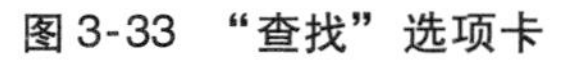
图 3-33 “查找”选项卡

图 3-34 搜索完成提示框

4）单击“查找”选项卡中的“更多”按钮，将展开“查找”选项卡的高级形式，如图 3-35所示。在“搜索选项”栏中的“搜索”下拉列表中可设置查找的范围。如果希望在查找过程中区分字母的大小写，可选中“区分大小写”复选框。

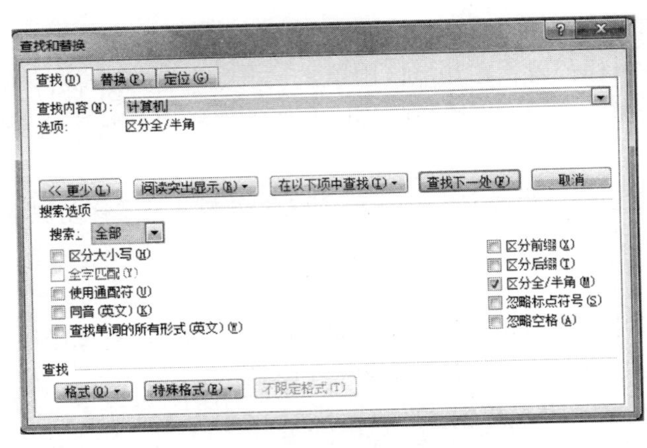

图 3-35 “查找”选项卡的高级形式

5）如果要查找带格式文本，在输入查找内容后，需要单击“格式”按钮，在弹出的下拉菜单中选择设置要查找内容的格式。比如选择“字体”命令，将弹出“查找字体”对话框，如图 3-36 所示，在该对话框中设置查找文本的字体。

6）如单击“格式”按钮，在弹出的下拉菜单中选择“段落”命令，将弹出“查找段落”对话框，如图 3-37 所示，在该对话框中设置查找文本的段落格式。

图 3-36 “查找字体”对话框

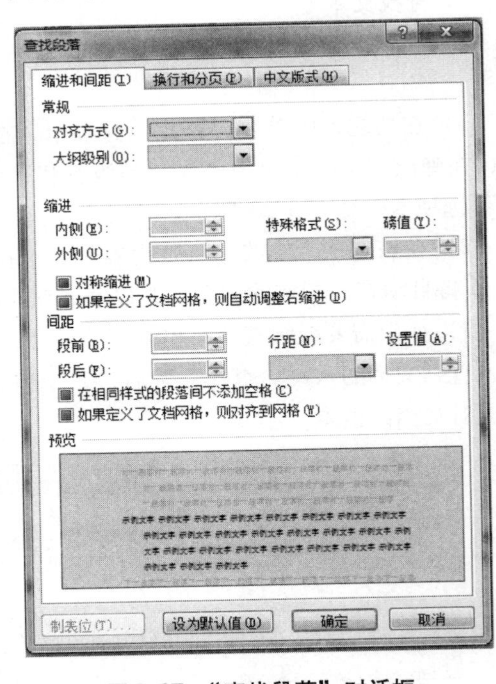

图 3-37 “查找段落”对话框

7）查找完文本后，单击“取消”按钮关闭“查找和替换”对话框。

2. 替换文本

使用查找功能，可以快速找到特定文本或格式。若要在找到目标后，需将其替换为其他文本或格式，可使用 Word 的替换功能。替换文本的具体操作步骤如下：

1）在功能区中单击“开始”选项卡，在“编辑”组中单击“替换”按钮，弹出“查找和替换”对话框，默认打开“替换”选项卡，如图 3-38 所示。

2）在该选项卡中的“查找内容”下拉列表中输入要查找的内容；在“替换为”下拉列表中输入要替换的内容。

3）单击“替换”按钮，将查找文档中第一个和“查找内容”相同的内容，如果找到并单击“替换”按钮则实现内容的替换。这样依次单击“替换”按钮即可完成查找和替换。

4）如果要一次性替换文档中的全部被替换对象，可单击“全部替换”按钮，系统将自动替换全部被替换对象，替换完成后，弹出如图 3-39 所示的提示框。

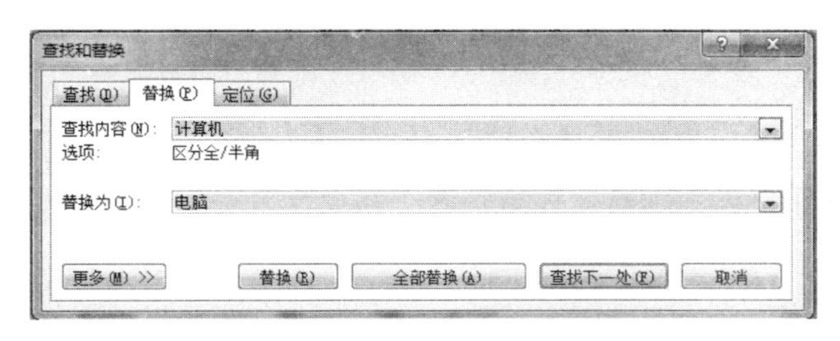

图 3-38 “替换”选项卡

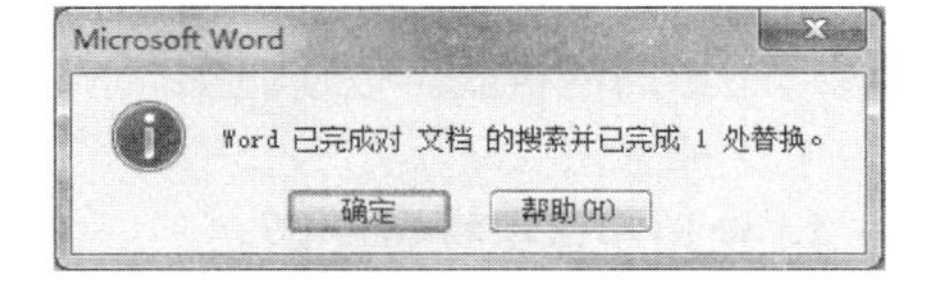

图 3-39 替换完成提示框

5）单击“替换”选项卡中的“更多”按钮，将展开“替换”选项卡的高级形式，如图 3-40 所示。在该选项卡中单击“格式”按钮可对替换文本的字体、段落格式等进行设置。

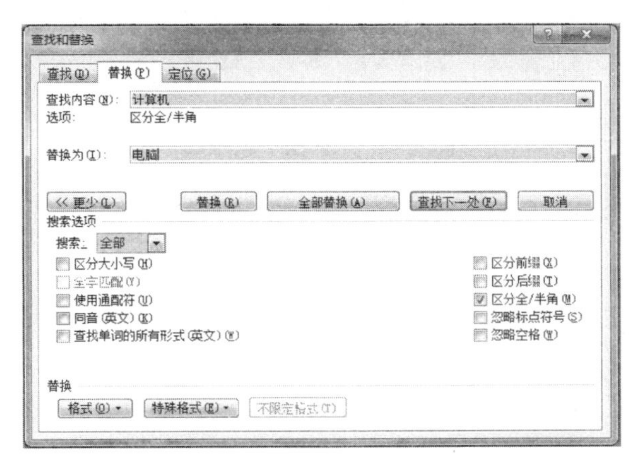

图 3-40 “替换”选项卡的高级形式

3. 导航窗格

在功能区中单击“开始”选项卡，在“编辑”组中单击“查找”按钮，可以打开导航窗格，进行快速查找，如图 3-41 所示。

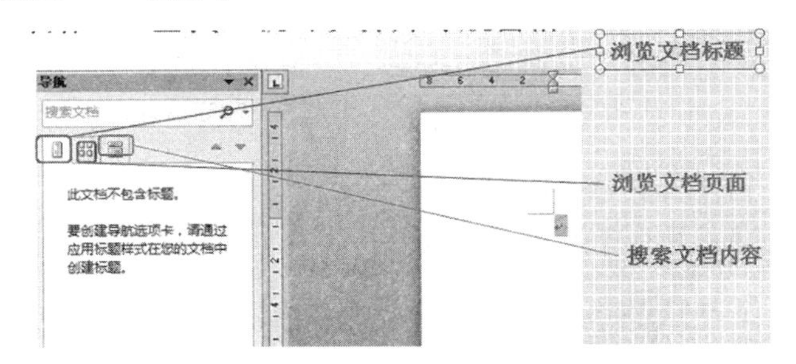

图 3-41 导航窗格

3.4 文档格式设置

为了增强文档的可读性及艺术性，使文档更加清晰、美观，对文档进行格式设置是必不可少的。用户可以通过对字符、段落等格式的设置，对文档进行必要的修饰，使版面更加赏心悦目。

3.4.1 字符格式

Word 2010 中提供了丰富的字符格式，包括字体、字号、颜色、字形等各种字符属性。Word 对字符格式的设置是“所见即所得”，即在屏幕上看到的字符显示效果就是实际打印时的效果。通过选用不同的格式可以使所编辑的文本显得更加美观、灵活多样、富有个性。字符格式设置有以下 3 种方法。

1. 使用字体组按钮设置

在功能区中单击“开始”选项卡，打开“字体”组，如图 3-42 所示。

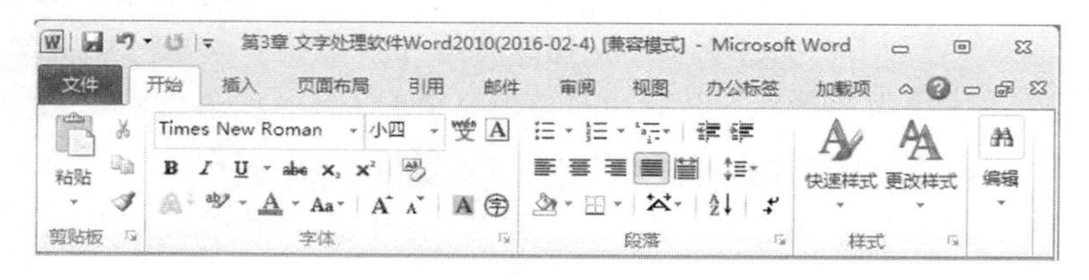

图 3-42 “开始”选项卡

单击“字体”组中的按钮即可对选中文本进行字符格式的设置，相关按钮及功能如下。

“字体”下拉列表框：打开该下拉列表框后，可以为选中的文本选择一种字体。

“字号”下拉列表框：打开该下拉列表框后，可以为选中的文本选择一种字号。

“增大字体”按钮：单击一次将选中的文本增大一个字号。

“缩小字体”按钮：单击一次将选中的文本缩小一个字号。

“清除格式”按钮：清除所选内容的所有格式，只留下纯文本。

“字符边框”按钮：为选中的文字加上或取消字符边框。

“加粗”按钮：为选中的文字设置或取消粗体。

“倾斜”按钮：为选中的文字设置或取消倾斜体。

“下划线”按钮：为选中的文字加上或取消下划线。单击右侧的下拉按钮可以弹出下划线类型下拉列表框，选择下划线的类型和颜色。

“更改大小写”按钮：将选中的文字更改为全部大写、全部小写或其他常见的大小写形式。

“以不同颜色突出显示文本”按钮：为选中的文字设置背景底色，突出显示文字。单击右侧的下拉按钮可以选择不同的颜色。

“字体颜色”按钮：为选中的文字设置字体颜色。单击右侧的下拉按钮可以选择不同的颜色。

“字符底纹”按钮：为选中的文字加上或取消底纹。

“拼音指南”按钮：为选中的文字加上拼音。

"带圈字符"按钮：为选中的文字加上圆圈等符号。

"删除线"按钮：在选中的文字中间加一条线。

"下标"按钮：在文字基线下方创建小字符。

"上标"按钮：在文字基线上方创建小字符。

2. 使用对话框设置

字体组中只提供了一些比较常用的字符格式设置按钮，而阴影、空心、阳文等特殊格式则需要在"字体"对话框中进行设置。具体操作步骤如下：

1）在功能区中单击"开始"选项卡，在"字体"组中单击"对话框启动器"按钮，弹出"字体"对话框，如图3-43所示。

2）在"字体"选项卡中设置字符的基本格式。

3）在"字符间距"选项卡中精确设置字符的显示比例、间距和位置。

4）设置完成后单击"确定"按钮，即可应用字符格式。

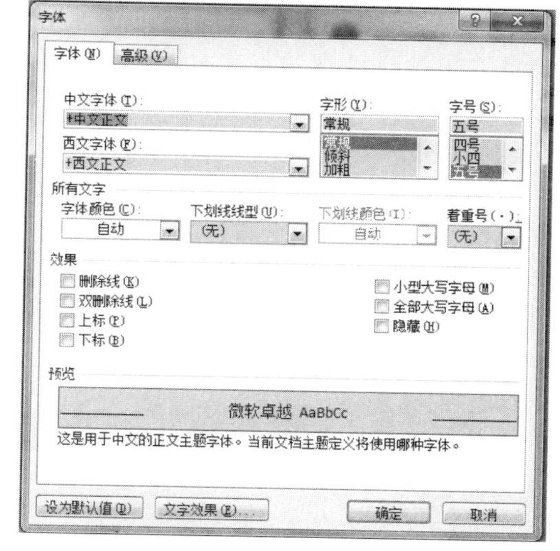

图3-43 "字体"对话框

3. 使用格式刷复制格式

使用"剪切板"组中的"格式刷"按钮可以将一个文本的格式复制到其他文本上。具体操作方法如下：

选定已设置好格式的源文本。单击"格式刷"按钮，此时鼠标指针变成一个带有小刷子的I字形光标，按住鼠标左键拖动鼠标扫过欲应用选定文本格式的目标文本，然后松开鼠标左键，则选定文本的格式应用到该文本上。要将源文本格式复制到多处文本上，则双击"格式刷"按钮，然后逐个扫过要复制格式的各处文本，复制完后，再次单击"格式刷"按钮，结束复制。

3.4.2 段落格式

段落是指两个段落标记（回车符）之间的文本，是划分文章的基本单位，用户可以将整个段落作为一个整体进行格式设置。段落格式包括段落的对齐方式、段落缩进、行距和段间距等。一般情况下，在输入时按"回车"键表示换行并开始一个新的段落，新段落的格式会自动设置为上一段中字符和段落的格式。

1. 段落对齐方式

段落对齐是指段落相对于某一个位置的排列方式。Word 2010提供的段落对齐方式有"文本左对齐""居中""文本右对齐""两端对齐"和"分散对齐"共5种段落对齐方式，其中"两端对齐"是系统默认的对齐方式。

用户可以在功能区中单击"开始"选项卡，在"段落"组中设置段落的对齐方式：

1）单击"文本左对齐"按钮，选定的文本沿页面的左边对齐。

2）单击"居中"按钮，选定的文本居中对齐。

3）单击"文本右对齐"按钮，选定的文本沿页面的右边对齐。

4）单击"两端对齐"按钮，选定的文本沿页面的左右边对齐。

5）单击"分散对齐"按钮，选定的文本均匀分布。

段落对齐方式也可以通过“段落”对话框来进行设置。在功能区中单击“开始”选项卡，在“段落”组中单击“对话框启动器”按钮，弹出“段落”对话框，如图 3-44 所示。在“缩进和间距”选项卡中的“常规”栏中可设置段落的对齐方式，还可以在“大纲级别”下拉列表中设置段落的级别。

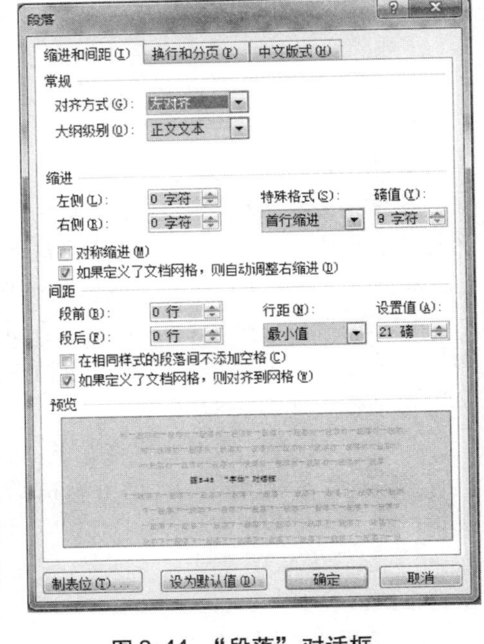

图 3-44 “段落”对话框

用户也可以将插入点移到需要设置对齐方式的段落中，按“Ctrl + J”组合键设置两端对齐；按“Ctrl + E”组合键设置居中对齐；按“Ctrl + L”组合键设置左对齐；按“Ctrl + R”组合键设置右对齐；按“Ctrl + Shift + J”组合键设置分散对齐。

2. 段落缩进

段落缩进是指文本与页边距之间的距离，其中页边距是指文档与页面边界之间的距离。段落缩进一般包括首行缩进、悬挂缩进、左缩进和右缩进。设置段落缩进可以将一个段落与其他段落分开，使得文档条理清晰，便于阅读。可以通过以下几种方法实现段落缩进。

（1）使用“段落”组按钮　将光标定位在需要设置段落缩进的段落中，单击“开始”选项卡，在“段落”组中单击“减少缩进量”按钮，将当前段落左移一个默认制表位的距离；单击“增加缩进量”按钮，将当前段落右移一个默认制表位的距离。用户可根据需要多次单击按钮以达到缩进目的。

（2）使用水平标尺上的段落缩进滑块　在水平标尺上有首行缩进、悬挂缩进、左缩进和右缩进四个滑块，分别用来控制段落的 4 种缩进方式，是进行段落缩进最便捷的方法。按住鼠标左键拖动这些滑块到需要的位置，即可为插入点所在段落或选定段落设置缩进方式，如图 3-45 所示。

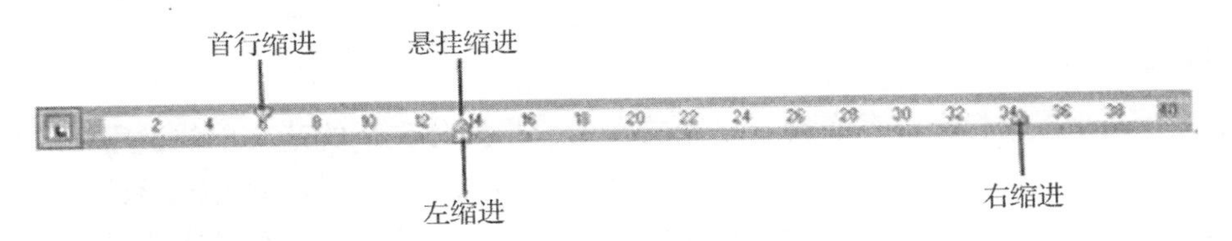

图 3-45 水平标尺的缩进滑块

1）首行缩进：改变段落中第一行第一个字符的起始位置。

2）悬挂缩进：改变段落中除第一行以外的其他所有行的起始位置。

3）左缩进：设置整个段落相对于页面左边距向右缩进的位置。

4）右缩进：设置整个段落相对于页面右边距向左缩进的位置。

（3）使用“段落”对话框　在功能区中单击“开始”选项卡，在“段落”组中单击“对话框启动器”按钮，弹出“段落”对话框。在“缩进和间距”选项卡中的“缩进”栏中可设置段落的左缩进、右缩进、悬挂缩进和首行缩进，在其后的数值框中设置具体的数值。

3. 行间距和段落间距

行间距是指段落中行与行之间的距离，段落间距指的是段落与段落之间距离。Word 2010 默认的行间距为一个行高，段落间距为 0 行。设置行间距和段间距的操作步骤如下：

1）选中要更改行间距及段间距的文本。

2）在功能区中单击“开始”选项卡，在“段落”组中单击“对话框启动器”按钮，弹出“段落”对话框；或右击选中的文本，在弹出的快捷菜单中选择“段落”命令。

3）在“缩进和间距”选项卡中的“间距”栏中的“行距”下拉列表框中选择一种行距（默认是“单倍行距”），如图 3-46 所示。也可直接在“设置值”数值框中输入相应的值。

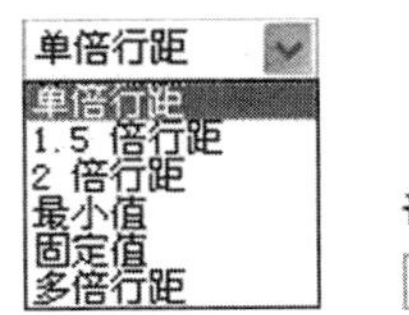

图 3-46　“间距”栏中的“行距”下拉列表

“行距”下拉列表框中各选项的含义如下。

单倍、1.5 倍、2 倍行距：指行距是该行最大字高的单倍、1.5 倍、2 倍。

最小值：选中该选项后可以在“设置值”数值框中输入固定的行间距，当该行中的文字或图片超过该值时，Word 自动扩展行间距。

固定值：选中后可以在“设置值”数值框中输入固定的行间距，当该行中的文字或图片超过该值时，Word 不会自动扩展行间距。

多倍行距：选中后在“设置值”数值框中输入值为行间距，此时的单位为行，而不是磅。

4）在“段前”和“段后”数值框中分别设置距前段距离以及段后距离，此方法设置的段间距与字号无关。用户还可以直接按“回车”键设置段落间隔距离，此时的段间距与该段文本字号有关，是该段字号的整数倍。如果相邻的两段都通过“段落”对话框设置间距，则两段间距是前一段的“段后”值和后一段的“段前”值之和。

5）设置完成后单击“确定”按钮，即可应用段间距和行间距。

另外，设置行间距也可以单击“开始”选项卡中的“段落”组中的“行距”按钮，弹出“行距”下拉列表，如图 3-47 所示。在该下拉列表中选择合适的行距，或者选择“行距选项”命令，在弹出的“段落”对话框中的“间距”栏中的“行距”下拉列表中设置段落行间距。

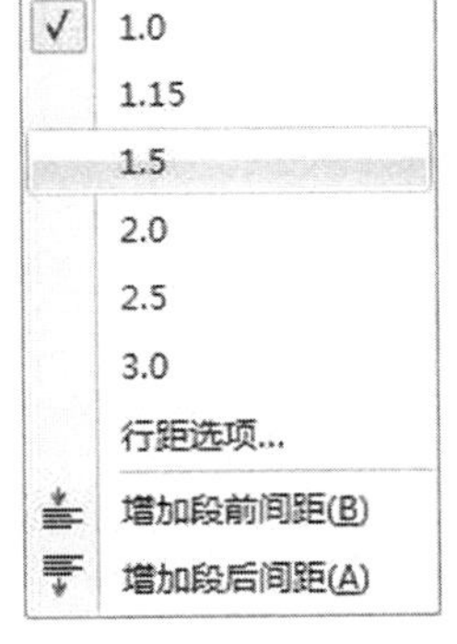

图 3-47　“行距”下拉列表

4. 设置边框和底纹

为了进一步美化文档，可以为文字、段落添加边框、底纹等特殊效果，进而突出显示这些文本和段落。

（1）添加边框　为文本或段落添加边框的具体操作步骤如下：

1）选定需要添加边框的文本或段落。

2）在功能区中单击“开始”选项卡，在“段落”组中单击“下框线”按钮右侧的下拉按钮，在弹出的快捷菜单中选择“边框和底纹”命令，弹出“边框和底纹”对话框，如图 3-48 所示。

3）在“边框”选项卡的“设置”栏中选择边框类型；在“样式”列表框中选择边框的线型。

4）单击“颜色”下拉列表后的下拉按钮，打开“颜色”下拉列表，如图 3-49 所示。在该下拉列表中选择需要的颜色。

5）如果在“颜色”下拉列表中没有用户需要的颜色，可选择“其他颜色”命令，弹出“颜色”对话框，在该对话框中选择需要的标准颜色或者自定义颜色。

6）在“宽度”下拉列表中选择边框的宽度。

7）在“应用于”下拉列表中选择边框的应用范围。

8）设置完成后，单击“确定”按钮即可为文本或段落添加边框。

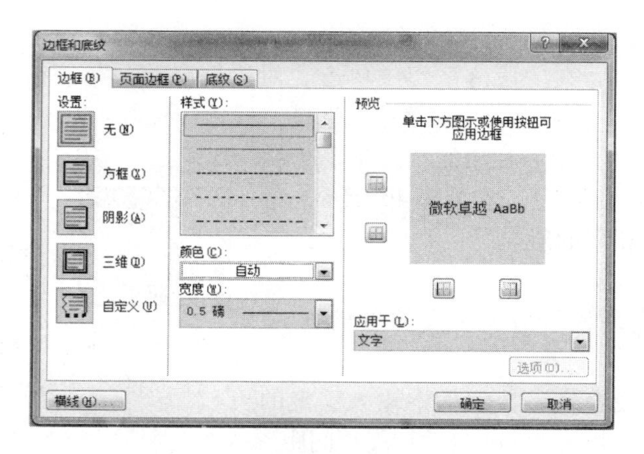

图 3-48 “边框和底纹”对话框

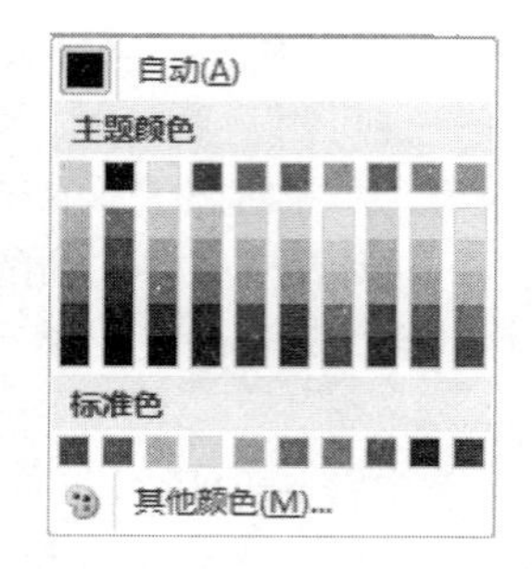

图 3-49 “颜色”下拉列表

（2）添加底纹　为文本或段落添加底纹的具体操作步骤如下：

1）选定需要添加底纹的文本或段落。

2）在功能区中单击“开始”选项卡，在“段落”组中单击“下框线”按钮 右侧的下拉按钮，在弹出的快捷菜单中选择“边框和底纹”命令，弹出“边框和底纹”对话框，打开“底纹”选项卡，如图 3-50 所示。

3）在“填充”栏中的下拉列表中选择填充的颜色。

4）在“图案”栏的“样式”和“颜色”下拉列表中选择图案的样式和颜色。

5）设置完成后，单击“确定”按钮即可为文本或段落添加底纹。

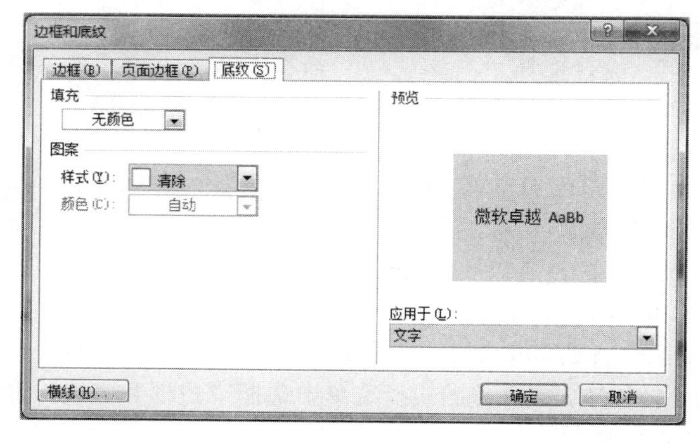

图 3-50 “底纹”选项卡

5. 设置段落制表位

制表位用来指定文字缩进的距离或一栏文字开始的位置和对齐方式。默认情况下，每 0.75cm（2 个字符）就有一个左对齐的制表位。每按一次“Tab”键，插入点及其右边的正文就会向右移动到下一个制表位。用户可以修改制表位的位置和设置文字在制表位位置的对齐方式。

设置制表位可以使用以下两种方法。

（1）使用“制表符”按钮　使用“制表符”按钮设置制表位的具体操作步骤如下：

1）在水平标尺的左侧有一个“制表符”按钮，单击一次就变换为另一个按钮，所有“制表符”按钮及其对齐方式见表 3-3。

表3-3 “制表符”按钮及其对齐方式

制表符按钮	对齐方式
	左对齐方式
	居中对齐方式
	右对齐方式
	小数点对齐方式
	竖线对齐方式

2）根据需要选择对齐方式，在标尺上的目标位置单击鼠标左键，即可在标尺上留下一个制表符。

3）将光标定位到目标文档的开始处，输入文本，按“Tab”键将光标移动到相邻的制表符处，输入的文本将按照指定的对齐方式对齐。

将鼠标移动到水平标尺上的制表符处，按住鼠标左键在水平标尺上左右拖动，可以改变制表位的位置。按住“Alt”键，然后按住鼠标左键拖动制表符，可以看到移动制表符时的制表位位置的精确数值标度。按住鼠标左键将制表符拖出水平标尺可将该制表位删除。

（2）使用“制表位”对话框　用户还可以使用“制表位”对话框来精确地设置制表位，其具体操作步骤如下：

1）在功能区中单击“开始”选项卡，在“段落”组中单击“对话框启动器”按钮，弹出“段落”对话框。

2）在该对话框中单击“制表位”按钮，弹出“制表位”对话框，如图3-51所示。

3）在该对话框中的“制表位位置”文本框中输入具体的数值；在“对齐方式”栏中选择一种制表位对齐方式；在“前导符”栏中选择一种前导符。

4）单击“设置”按钮继续设置第二个制表位。

5）设置完成后，单击“确定”按钮。

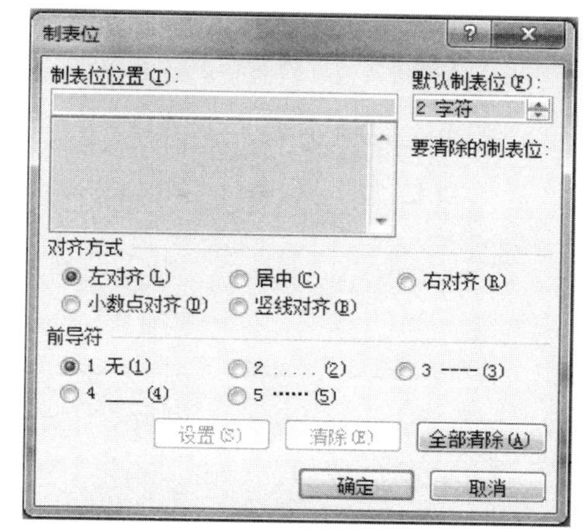

图3-51 “制表位”对话框

6. 添加项目符号和编号

Word 2010为用户提供了自动添加编号和项目符号的功能。项目符号就是放在文本或列表前用以添加强调效果的符号。在排版文档时，可以通过为段落添加编号或项目符号，使文档更具层次感和可读性。

在添加项目符号或编号时，可以先输入文字内容，再给文字添加项目符号或编号；也可以先创建项目符号或编号，然后输入文字内容，自动实现项目的编号，不必手工编号。

（1）创建项目符号列表　具体操作步骤如下：

1）将光标定位在要创建项目符号列表的开始位置。

2）在功能区中单击“开始”选项卡，在“段落”组中单击“项目符号”按钮右侧的下拉按钮，弹出“项目符号库”下拉列表，如图3-52所示。

3）在该下拉列表中选择项目符号，或选择“定义新项目符号”命令，弹出“定义新项目符号”对话框，如图3-53所示。

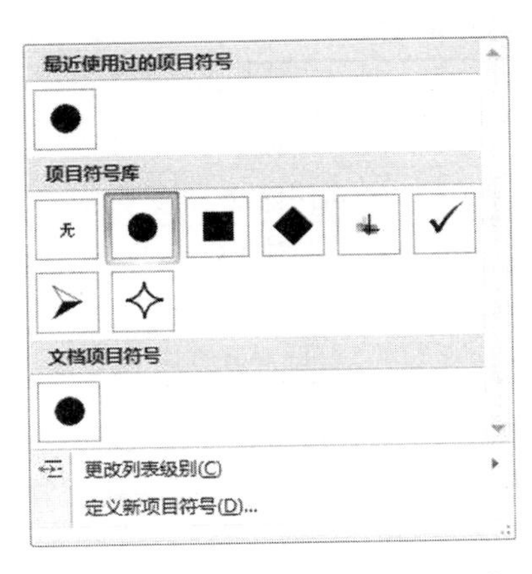

图 3-52　“项目符号库”下拉列表

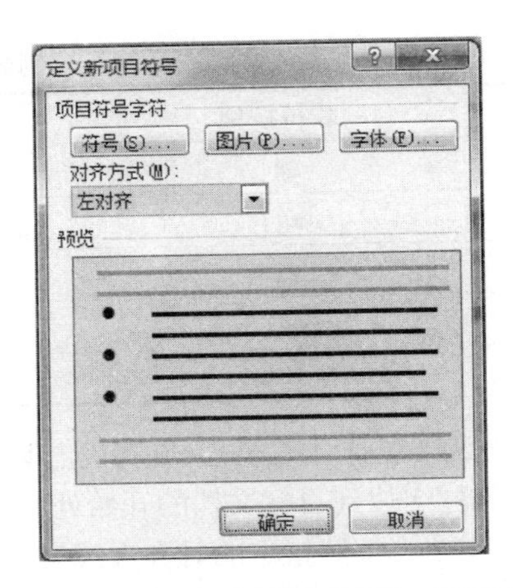

图 3-53　“定义新项目符号”对话框

4）在该对话框中的“项目符号字符”栏中单击“符号”按钮，在弹出的如图 3-54 所示的“符号”对话框中选择需要的符号；单击“图片”按钮，在弹出的如图 3-55 所示的“图片项目符号”对话框中选择需要的图片符号；单击“字体”按钮，在弹出的“字体”对话框中设置项目符号中的字体格式。

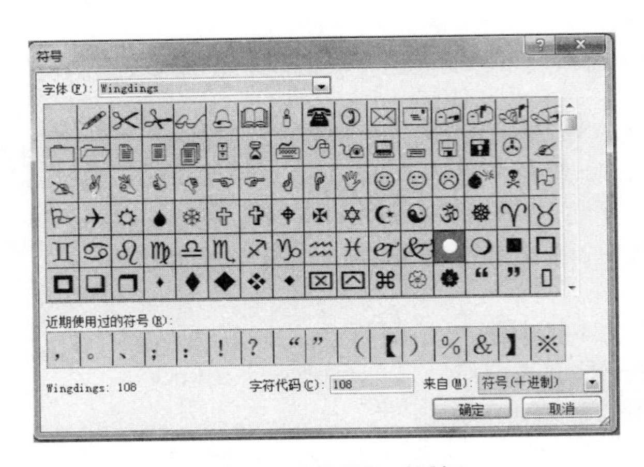

图 3-54　“符号”对话框

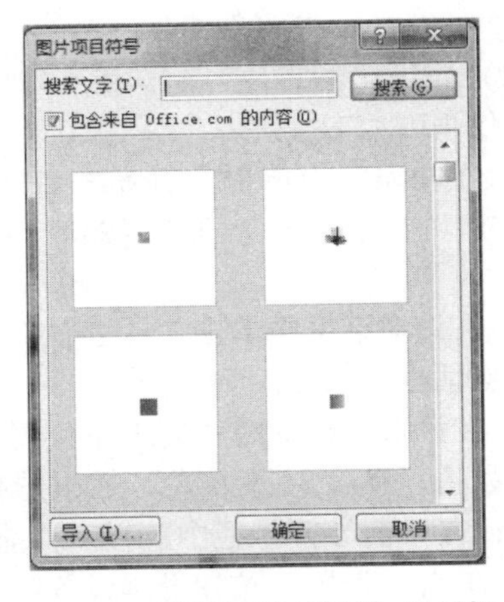

图 3-55　“图片项目符号”对话框

5）设置完成后，单击“确定”按钮，为文本添加项目符号。

（2）创建编号列表　编号列表是在实际应用中最常见的一种列表，它和项目符号列表类似，只是编号列表用数字替换了项目符号。在文档中应用编号列表，可以增强文档的顺序感。

创建编号列表的具体操作步骤如下：

1）将光标定位在要创建编号列表的开始位置。

2）在功能区中单击“开始”选项卡，在“段落”组中单击“编号”按钮右侧的下拉按钮，弹出“编号库”下拉列表，如图 3-56 所示。

3）在该下拉列表中选择编号的格式，或选择“定义新编号格式”命令，弹出“定义新编号格式”对话框，如图 3-57 所示。在该对话框中定义新的编号样式、格式以及编号的对齐方式。

4）选择“设置编号值”命令，弹出“起始编号”对话框，如图 3-58 所示。在该对话框中设置起始编号的具体值。

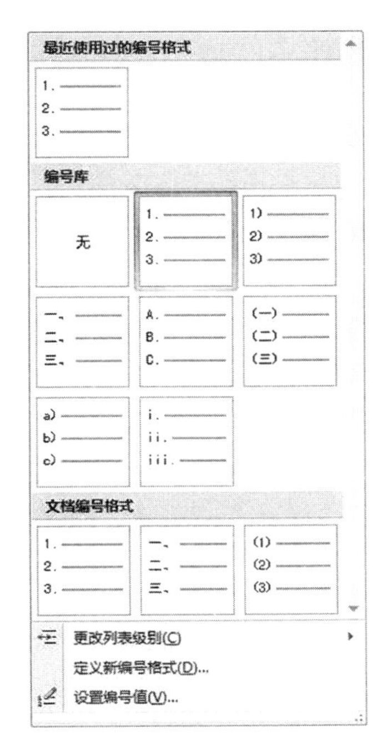

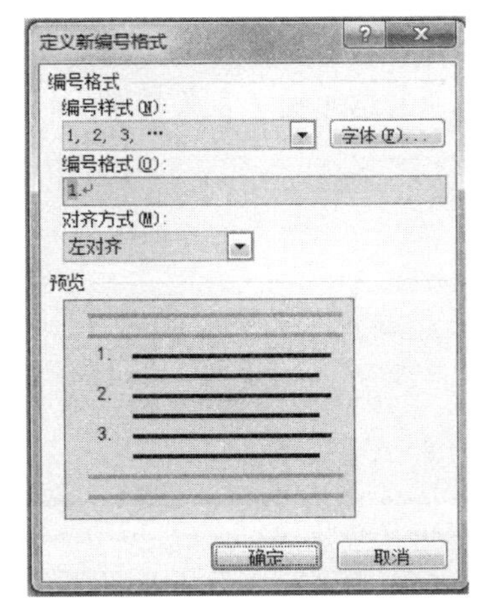

图 3-56　“编号库”下拉列表　　图 3-57　“定义新编号格式”对话框　　图 3-58　“起始编号”对话框

（3）创建多级列表　多级列表可以清晰地表明各层次之间的关系，列表中每段的项目符号或编号根据缩进范围而变化，最多可生成有 9 个层次的多级列表。

创建多级列表的具体操作步骤如下：

1）在功能区中单击“开始”选项卡，在“段落”组中单击“多级列表”按钮右侧的下拉按钮，弹出“列表库”下拉列表，如图 3-59 所示。

2）在该下拉列表中选择编号的格式，或选择“定义新的多级列表”命令，弹出“定义新多级列表”对话框，如图 3-60 所示。

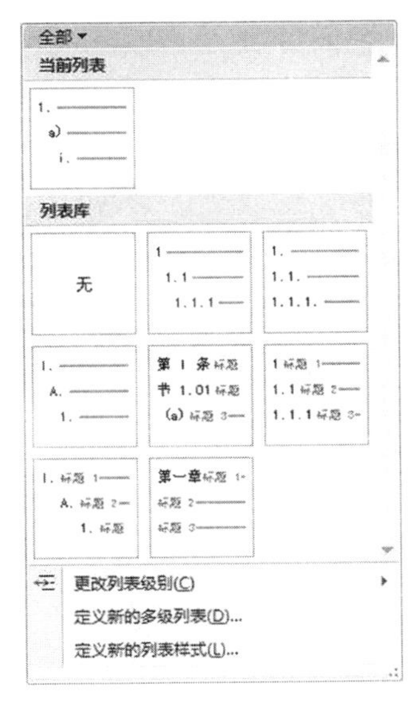

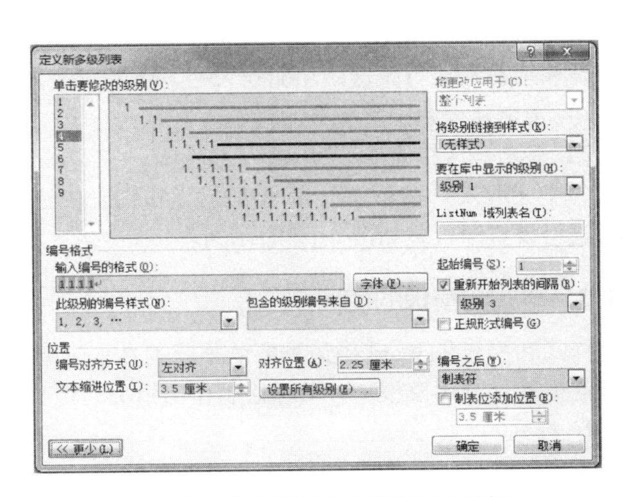

图 3-59　“列表库”下拉列表　　图 3-60　“定义新多级列表”对话框

3）在“单击要修改的级别”列表框中选择当前要定义的列表级别；在“输入编号的格式”文本框中输入编号或项目符号及其前后紧接的文字；在“此级别的编号样式”下拉列表中选择列表要用的项目符号或编号样式；在“起始编号”数值框中设置起始编号。根据需要设置编号位置或文字位置等。

4）在“列表库”下拉列表中选择“定义新的列表格式”命令，弹出“定义新列表样式”对话框，如图3-61所示。在该对话框中定义新列表的样式。

5）输入列表内容，并在每一项的结尾按“回车”键。

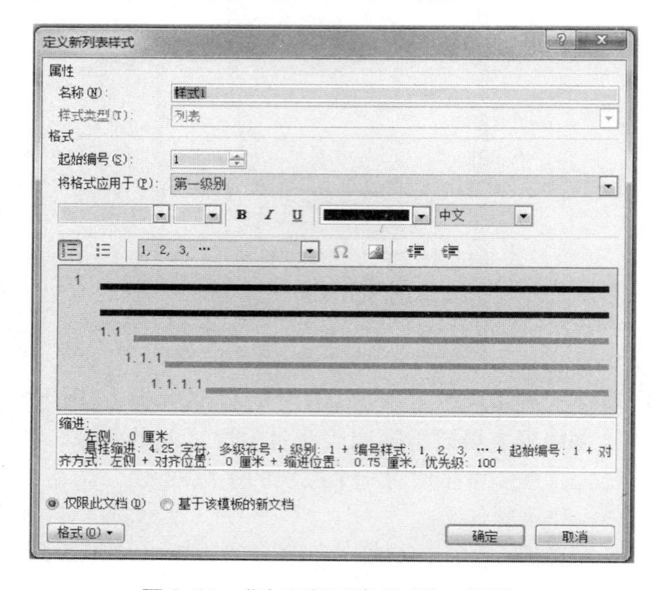

图3-61 “定义新列表样式”对话框

6）输入完成后，连续按两次“回车”键，以停止创建多级符号列表。

7）将光标定位在列表中的任意位置，再单击“段落”组中的“减少缩进量”按钮或“增加缩进量”按钮，或者直接按“Tab”键，调整列表到合适的级别。

7. 中文版式

中文版式是自定义中文或混合文字的版式，主要包括纵横混排、合并字符、双行合一、调整宽度和字符缩放等。这些功能极大地方便了对中文的编辑操作。具体操作步骤如下：

1）选定要设置中文版式的文本。

2）在功能区中单击“开始”选项卡，在“段落”组中单击“中文版式”按钮，在弹出的下拉列表中选择相应的版式进行设置即可，如图3-62所示的。

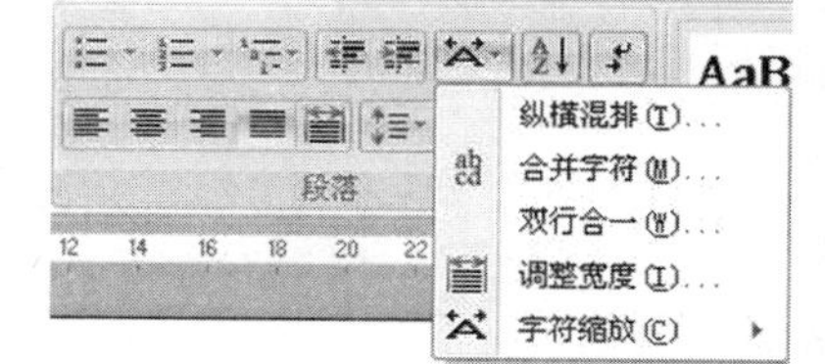

图3-62 中文版式设置

3.4.3 样式和模板的使用

样式和模板是Word中最重要的排版工具。应用样式，可以直接将文字和段落设置成事先定义好的格式；应用模板，可以轻松制作出精美的传真、信函、报告等公文。

1. 样式

样式是一系列预置的排版格式，是包括字体、段落、制表位和边距等多种格式的集合。使用样式不仅可以快捷地排版具有统一格式的文本、保证文档格式的一致性以及提高效率，而且便于文档格式的修改，当修改了某一样式后，文档中应用该样式的所有文本的格式会自动随之修改。

（1）创建样式　创建样式的具体操作步骤如下：

1）在功能区中单击“开始”选项卡，在“样式”组中单击“对话框启动器”按钮，打开“样式”任务窗格，如图 3-63 所示。

2）在该任务窗格中单击“新建样式”按钮，弹出“根据格式设置创建新样式”对话框，如图 3-64 所示。

3）在该对话框中的“属性”栏中的“名称”文本框中输入新样式的名称；在“样式类型”下拉列表中选择“字符”或“段落”选项。

4）单击“格式”按钮，在弹出的下拉菜单中选择相应的命令，设置相应的字符或段落格式。例如选择“字体”命令，在弹出的“字体”对话框中设置字体格式。

5）设置完成后，单击“确定”按钮，返回到“根据格式设置创建新样式”对话框，选中“添加到快速样式列表”和“自动更新”复选框，单击“确定”按钮，完成样式的创建。

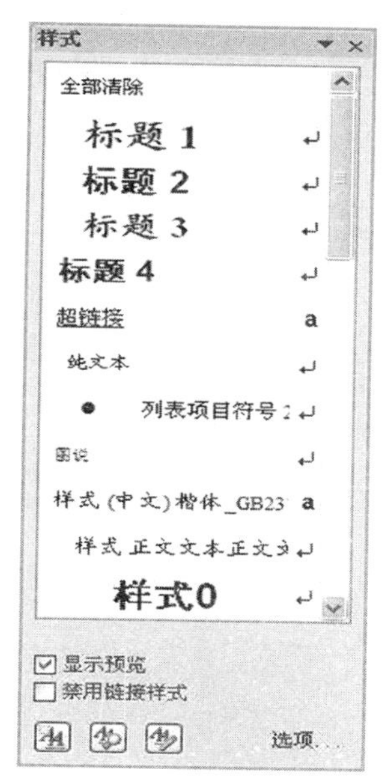

图 3-63　“样式”任务窗格

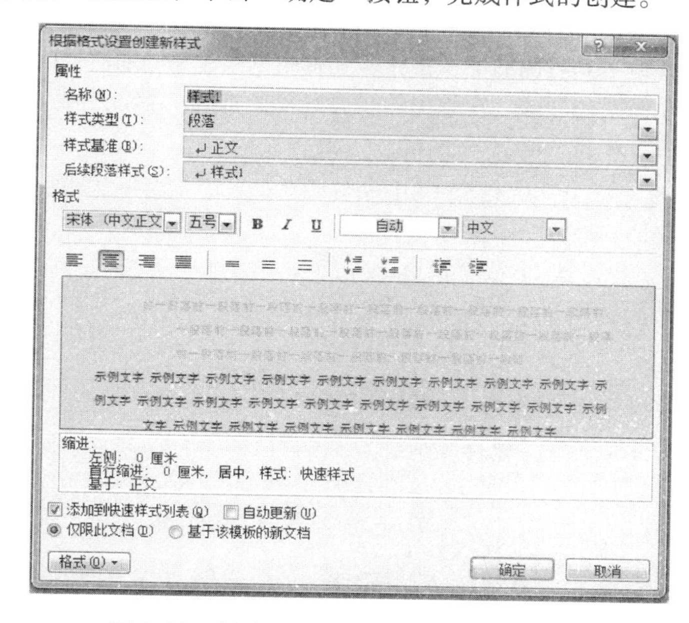

图 3-64　“根据格式设置创建新样式”对话框

也可基于已排好版的文本创建新样式，方法如下：选定已排好版的段落，在功能区中单击“开始”选项卡，在“样式”组中单击“其他”按钮，在弹出的样式菜单中选择“将所选内容保存为新快速样式”命令，在弹出的“根据格式设置创建新样式”对话框的名称框中输入样式名，然后单击“确定”按钮，则所创建的样式名即添加到样式列表中，所选段落的字符格式、段落格式等都将包括在所建样式之中。

（2）应用样式　对文本应用样式的具体操作步骤如下：

1）选定要应用样式的字符或段落。

2）在功能区中单击“开始”选项卡，在“样式”组中单击“其他”按钮，在弹出的样式菜单中直接选择样式即可，如图 3-65 所示。或选择菜单下方的“应用样式”命令，打开“应用样式”任务窗格，如图 3-66 所示。

3）在“样式名”下拉列表中选择相应的样式，即可应用于所选的字符或段落中。

4）用户也可以在“样式”任务窗格（见图 3-63）中选择需要的样式。

图 3-65　样式菜单

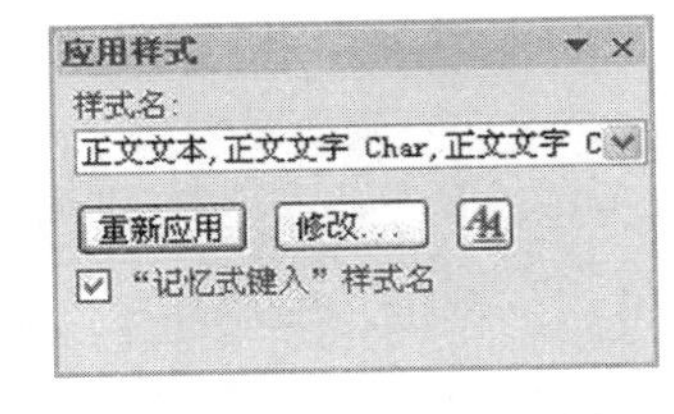

图 3-66　“应用样式”任务窗格

（3）修改样式　如果对设置好的样式不满意，可以对样式进行修改。具体操作步骤如下：

1）在“应用样式”任务窗格中单击“修改”按钮（或选中“样式”任务窗格中要修改的样式并单击其右侧的下拉按钮，在弹出的菜单中选择“修改”命令；或直接在样式菜单中右键单击要修改的样式，在弹出的快捷菜单中选择“修改”命令，弹出“修改样式”对话框，如图 3-67 所示。

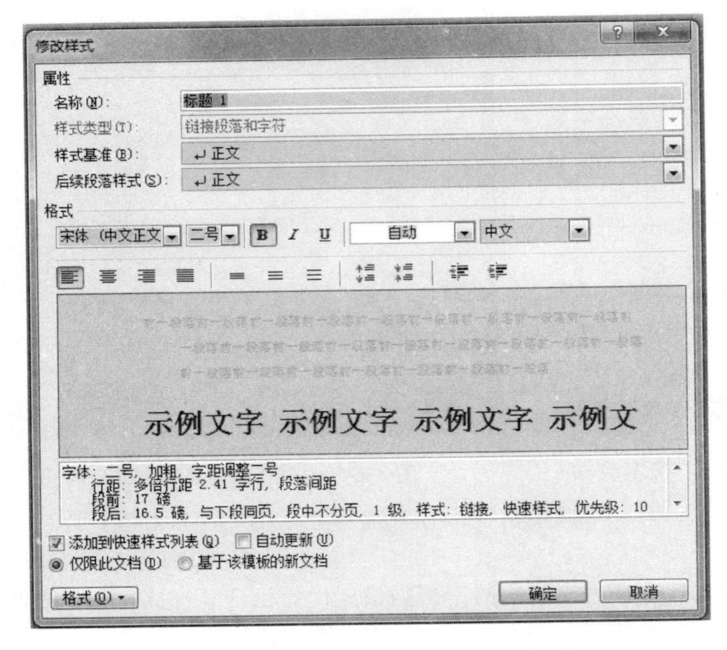

图 3-67　“修改样式”对话框

2）在该对话框中对样式的名称、格式等进行修改。

3）修改完成后，选中“添加到快速样式列表”和“自动更新”复选框，单击“确定”按钮即可。

2. 模板

模板是一类特殊的文档，它提供了创建文档的基本框架，包括字体、快捷键指定方案、菜单、页面设置、特殊格式、样式以及宏等。使用模板创建文档，模板中的文本和样式等会自动添加到新文档中，可以快速生成所需类型文档的基本框架，为创建某类形式相同、具体内容有所不同的文档提供了便利。

用户在打开模板时会创建模板本身的副本。在 Word 2010 中，模板可以是 .dotx 文件，也可以是 .dotm 文件（.dotm 文件类型允许在文件中启用宏）。在将文档保存为 .docx 或 .docm 文件时，文档会与文档基于的模板分开保存。

可以在模板中提供建议的部分或必需的文本以供其他人使用，还可以提供内容控件（如预定义下拉列表或特殊徽标），在这方面模板与文档极其相似。可以对模板中的某个部分添加保护，或者对模板应用密码以防止对模板的内容进行更改。

（1）创建模板　除了使用 Word 预定义的模板，用户还可以自己创建模板，以满足某些特殊的需求。用户可以从空白文档开始并将其保存为模板，或者基于现有的文档或模板创建模板。

创建模板的具体操作步骤如下：

1）打开要创建模板的文档，单击“文件”按钮，在弹出的下拉菜单中选择“另存为”命令，弹出“另存为”对话框。

2）在“文件名”文本框中指定新模板的文件名；在“保存类型”下拉列表中选择“Word 模板”；选择所需保存模板的位置，一般情况下使用默认的“Templates”文件夹。然后单击“保存”按钮，即可创建新模板，如图 3-68 所示。

用户还可以将模板保存为“启用宏的 Word 模板”（.dotm 文件）或者“Word 97-2003 模板”（.dot 文件）。

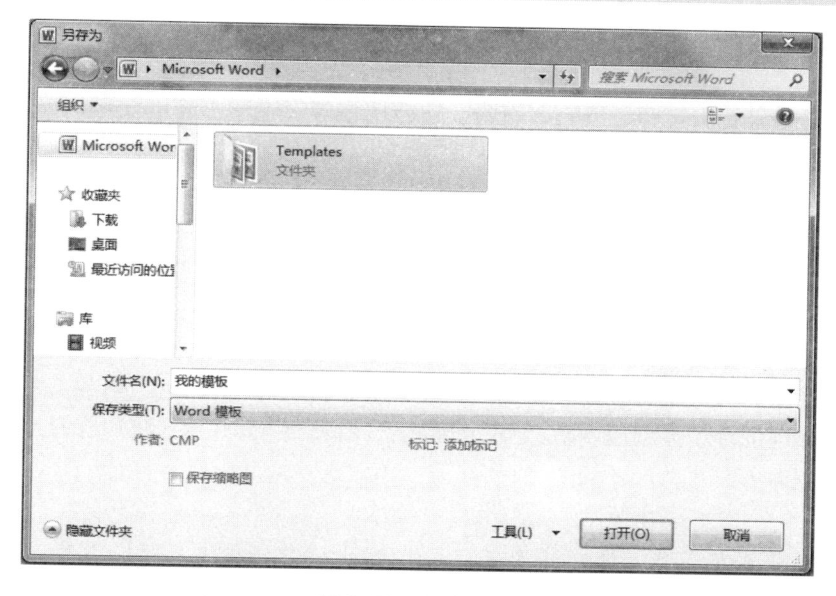

图 3-68　保存模板

（2）使用模板创建文档　使用模板创建文档的步骤如下：

1）单击“文件”按钮，在弹出的下拉菜单中选择“新建”命令，弹出“新建”导航窗口，如图 3-69 所示。

2）在“可用模板”栏下选择“我的模板”选项，弹出“新建”对话框，如图 3-70 所示。

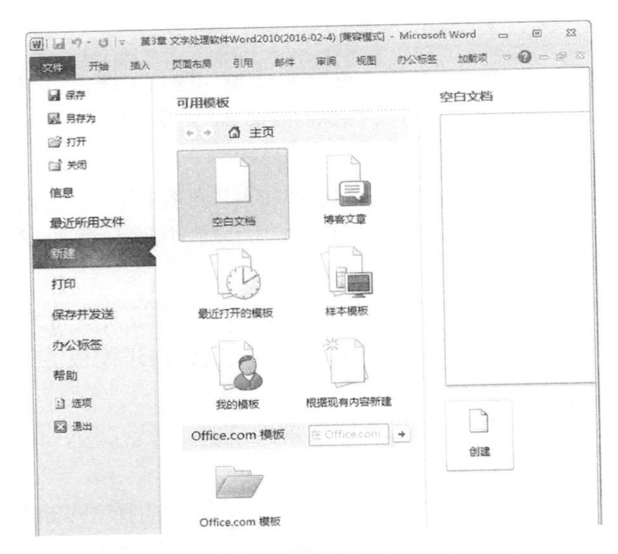

图 3-69 “新建”导航窗口

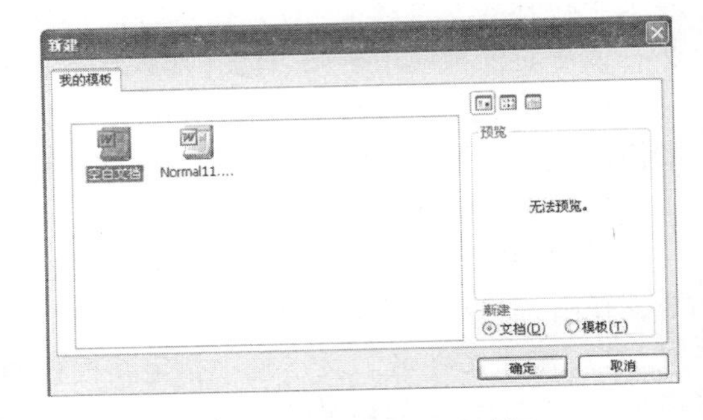

图 3-70 “新建”对话框

3）选中要应用的模板文件，在“新建”栏中选择“文档”单选按钮，再单击“确定”按钮。

3.4.4 页面排版

页面排版主要包括页面设置、添加页眉和页脚、页面背景设置等操作。重新设置页面后，文档会随之重新排版，因此，一般先进行页面设置，然后再进行其他排版操作。

1. 页面设置

页面设置是指设置页边距、纸张、版式、文档网格等。在建立新的文档时，Word 已经自动设置默认的页边距、纸型、纸张的方向等页面属性。为了编排出一个简洁美观的版式，用户必须根据需要对页面属性进行重新设置。

（1）设置页边距　页边距即文本距离纸张上、下、左、右边界的距离。设置页边距能够控制文本的宽度和长度，还可以留出装订边。设置页边距方法有以下 3 种：

1）使用标尺设置页边距。在页面视图中，用户可以通过拖动水平标尺和垂直标尺上的页边距线来设置页边距。具体操作方法如下：

在页面视图中，将鼠标移动到标尺的页边距线处，此时鼠标指针变为↕或↔形状；按住鼠标左键并拖动，出现的虚线表明改变后的页边距位置，如图 3-71 所示；将鼠标拖动到需要的位置后松开鼠标左键即可。

在使用标尺设置页边距时按住“Alt”键，将显示出文本区和页边距的量值。

2）使用“页边距”下拉菜单设置页边距。在“页面布局”选项卡中的“页面设置”组中单击“页边距”按钮，在弹出的下拉菜单中直接选择某种“页边距”即可。

3）使用“页面设置”对话框设置页边距。如果需要精确设置页边距，或者需要添加装订线等，就必须使用“页面设置”对话框来进行设置。具体操作步骤如下：

① 在“页面布局”选项卡中的“页面设置”组中单击“页边距”按钮，在弹出下拉菜单

中选择“自定义边距”命令（或在“页面设置”组中单击“对话框启动器”按钮），弹出“页面设置”对话框，如图 3-72 所示。

② 单击“页边距”选项卡，在“页边距”栏中的“上”“下”“左”“右”数值框中分别输入页边距的数值；在“装订线”数值框中输入装订线的宽度值；在“装订线位置”下拉列表中选择“左”或“上”。

③ 在“纸张方向”栏中选择“纵向”或“横向”来设置文档的方向。

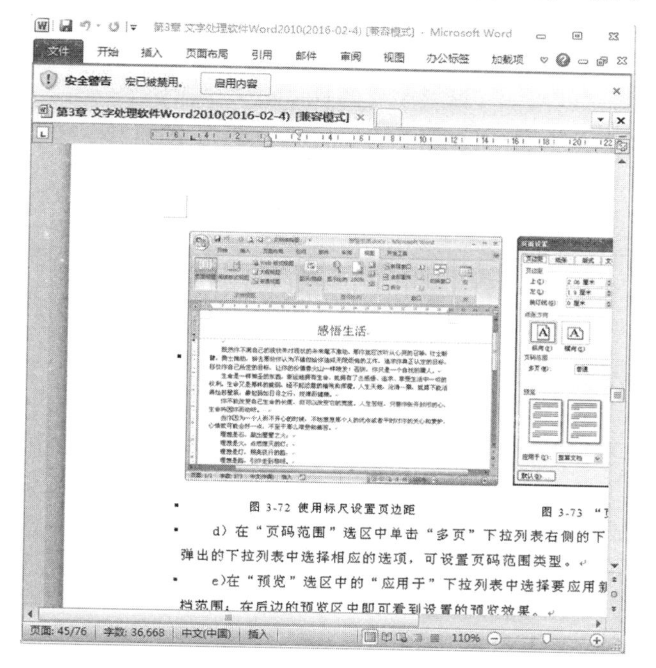

图 3-71　使用标尺设置页边距

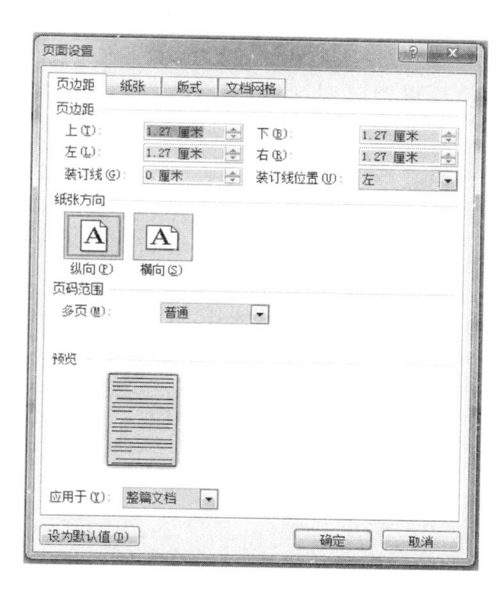

图 3-72　“页面设置”对话框

④ 在“页码范围”栏中的“多页”下拉列表中选择相应的项，可设置页码范围类型。

⑤ 在“预览”栏中的“应用于”下拉列表中选择要应用新页边距设置的文档范围；在后边的预览区中即可看到设置的预览效果。

⑥ 设置完成后，单击“确定”按钮即可。

（2）设置纸张类型　Word 2010 默认的打印纸张为 A4，其宽度为 21 厘米，高度为 29.7 厘米，且页面方向为纵向。如果实际需要的纸型与默认设置不一致，就会造成分页错误，此时就必须重新设置纸张类型。具体操作步骤如下：

1）在“页面布局”选项卡中的“页面设置”组中的“纸张大小”下拉列表中选择“其他页面大小”命令（或在“页面设置”组中单击“对话框启动器”按钮），弹出“页面设置”对话框，打开“纸张”选项卡，如图 3-73 所示。

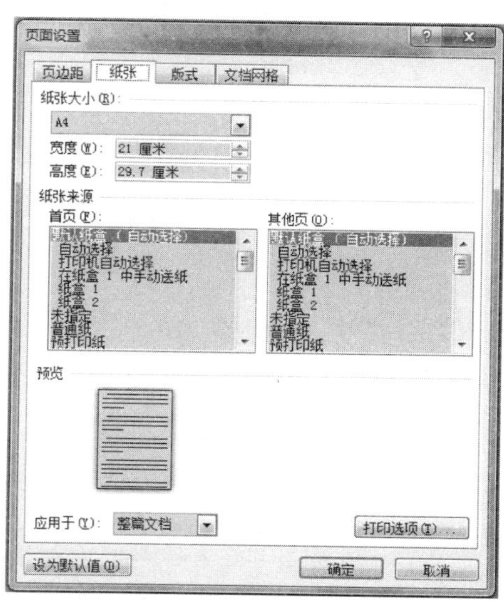

图 3-73　“纸张”选项卡

2）在“纸张大小”下拉列表中选择一种纸型。用户还可在“宽度”和“高度”数值框中设置具体的数值，自定义纸张的大小。

3）在“纸张来源”栏中设置打印机的送纸方式：在“首页”列表框中选择首页的送纸方式；在“其他页”列表框中设置其他页的送纸方式。

4）在“应用于”下拉列表中选择当前设置的应用范围。

5）单击“打印选项”按钮，可在弹出的“Word 选项”对话框中的“打印选项”栏中进一步设置打印属性。

6）设置完成后，单击“确定”按钮即可。

（3）设置版式　Word 2010 提供了设置版式的功能，可以设置有关页眉和页脚、节的起始位置、页面垂直对齐方式、行号以及边框等特殊的版式。设置版式的具体操作步骤如下：

1）在“页面布局”选项卡中的“页面设置”组中单击“对话框启动器”按钮，弹出“页面设置”对话框，打开“版式”选项卡，如图 3-74 所示。

2）在“节的起始位置”下拉列表中选择节的起始位置，用于对文档分节。

3）在“页眉和页脚”栏中可确定页眉和页脚的显示方式。如果需要奇数页和偶数页不同，可选中“奇偶页不同”复选框；如果需要首页不同，可选中“首页不同”复选框。在“页眉”和“页脚”数值框中可设置页眉和页脚距边界的具体数值。

4）在“垂直对齐方式”下拉列表中可设置页面的一种垂直对齐方式。

5）在“预览”栏中单击“行号”按钮，弹出“行号”对话框，选中“添加行号”复选框，如图 3-75 所示。在“起始编号”“距正文”“行号间隔”数值框中选择或输入相应的数值；在“编号”栏中根据需要选择一种编号方式。单击“确定”按钮，返回“页面设置”对话框。

6）单击“边框”按钮，弹出“边框和底纹”对话框，根据需要设置即可。

7）在“预览”栏中的“应用于”下拉列表中选择版式的应用范围。

8）单击“确定”按钮，完成版式的设置。

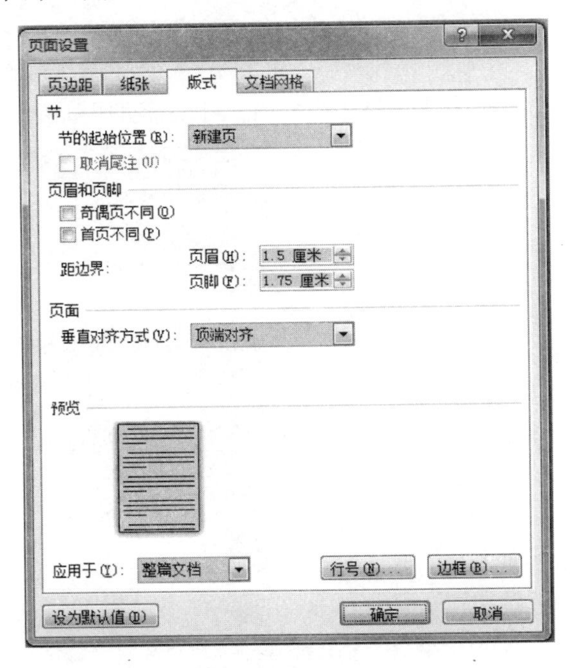

图 3-74　“版式”选项卡

图 3-75　“行号”对话框

（4）设置文档网格　利用 Word 中的文档网格，可以设置文字的排列方向、分栏、网格、文档中每行字符的个数以及每页行数等。设置文档网格的具体操作步骤如下：

1）在“页面布局”选项卡中的“页面设置”组中单击“对话框启动器”按钮，弹出“页面设置”对话框，打开“文档网格”选项卡，如图 3-76 所示。

2）在“文字排列”栏中设置文字排列的方向和栏数。

3）在“网格”栏中可设置不同的网格类型。

4）在“字符数”和“行数”栏中分别设置每行的字符数和每页的行数。

5）在“预览”选区中单击“绘图网格”按钮，弹出如图 3-77 所示的“绘图网格”对话框，在该对话框中设置网格格式，如选中“在屏幕上显示网格线”复选框，单击“确定”按钮后，即可看到屏幕上显示的网格线。

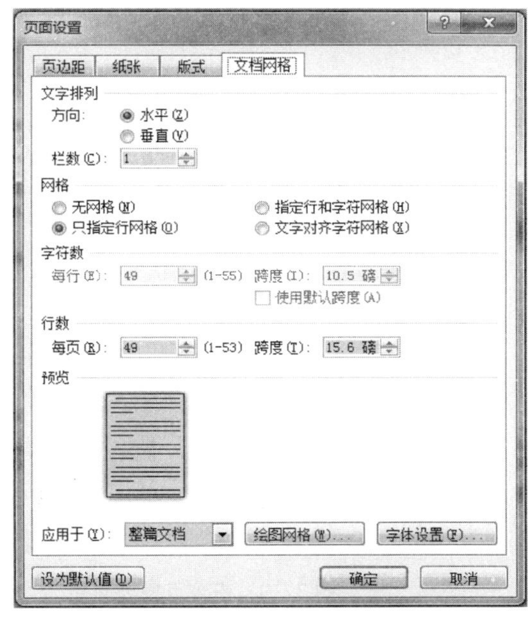

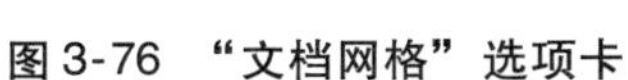
图 3-76　“文档网格”选项卡

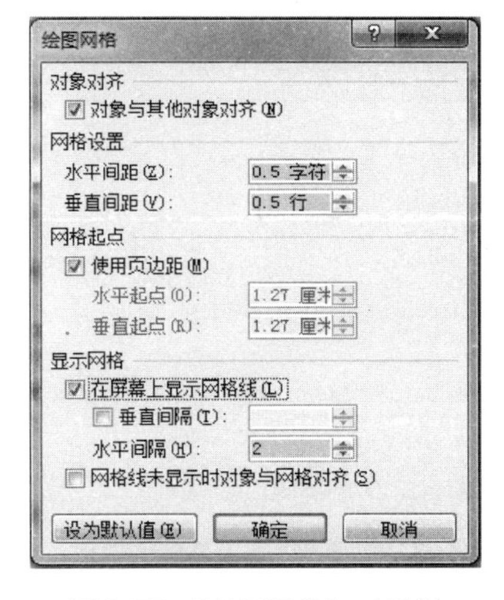

图 3-77　“绘图网格”对话框

6）在“预览”栏中单击“字体设置”按钮，弹出“字体”对话框，在该对话框中设置页面中的字体格式。

7）在“预览”栏中的“应用于”下拉列表中选择设置的应用范围。

8）最后单击“确定”按钮，完成文档网格的设置。

2. 添加页眉和页脚

页眉位于文档中每页的顶端，页脚位于文档中每页的底端，它们主要用来显示文档的一些附加信息，一般由文本或图标组成，如标题、页码、日期等。页眉和页脚的格式化与文档内容的格式化方法相同。

（1）插入页眉和页脚　用户可在文档中插入不同格式的页眉和页脚，如可插入与首页不同的页眉和页脚，或者插入奇偶页不同的页眉和页脚。插入页眉和页脚的具体操作步骤如下：

1）在“插入”选项卡中的“页眉和页脚”组中单击“页眉”按钮，在弹出的下拉菜单中选择“编辑页眉”命令，进入页眉编辑区，并打开页眉和页脚工具的“设计”选项卡，如图 3-78所示。

2）在页眉编辑区中输入页眉内容，并编辑页眉格式。

3）在“设计”选项卡的“导航”组中单击“转至页脚”按钮，切换到页脚编辑区。

4）在页脚编辑区输入页脚内容，并编辑页脚格式。

5）设置完成后，在“设计”选项卡的“关闭”组中单击“关闭页眉和页脚”按钮，返回文档编辑窗口。

（2）设置页眉线　在默认状态下，Word 自动在页眉的底端插入一条页眉线。用户可以对页眉线进行删除和重新设置。具体操作步骤如下：

1）选定页眉文本后面的回车符。

2）在“开始”选项卡中的“段落”组中单击“下框线”按钮右侧的下拉按钮，在弹出的快捷菜单中选择“无框线”命令，删除默认的页眉线。图 3-79 所示。

3）将插入点定位到要插入页眉线的位置，单击“下框线”按钮右侧的下拉按钮，在弹出的快捷菜单中选择“横线”命令即可手工插入页眉线。

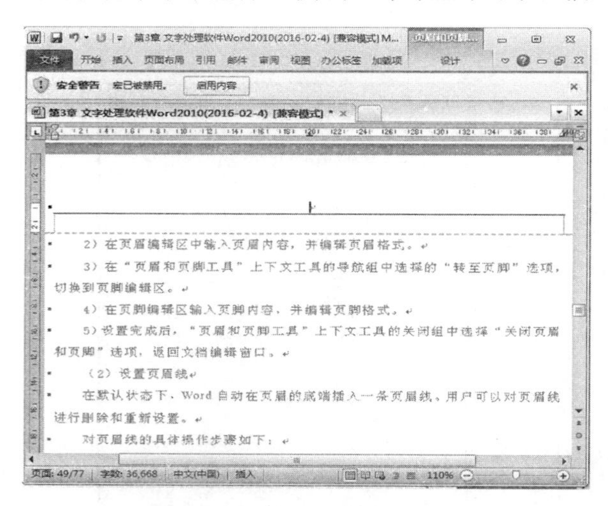

图 3-78　页眉和页脚工具的“设计”选项卡

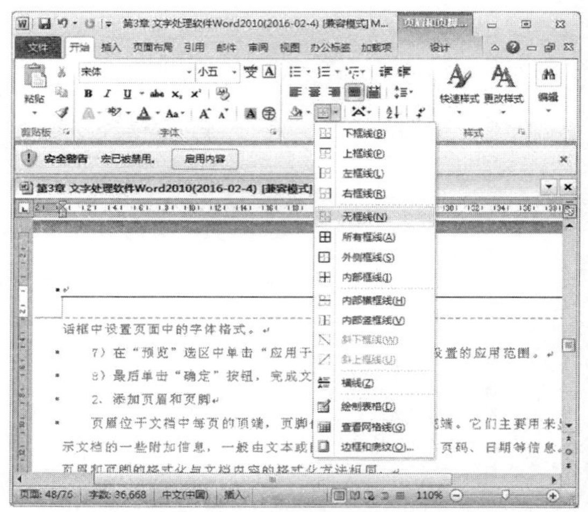

图 3-79　设置页眉线格式

3. 页面背景设置

页面背景主要包括添加页面背景颜色、页面边框和数字水印等。页面背景设置主要是通过打开“页面布局”选项卡，在“页面背景”组中分别单击“页面颜色”按钮页面颜色、“页面边框”按钮页面边框和“水印”按钮水印进行设置。

3.5 表格操作

Word 2010 提供了强大的表格处理功能，用户可以在文档的任意位置创建各种复杂的表格，对表格进行格式化、计算、排序等操作。

3.5.1 表格的创建

在 Word 2010 中，可以通过从一组预先设好格式的表格（包括示例数据）中选择，或通过选择需要的行数和列数来插入表格，同时也可以将表格插入到文档中或将一个表格插入到其他表格中以创建更复杂的表格。

（1）使用表格模板　可以使用表格模板插入一组预先设好格式的表格。表格模板包含有示例数据，便于用户理解添加数据时的正确位置。具体操作步骤如下：

1）将光标定位在需要插入表格的位置。

2）在“插入”选项卡的“表格”组中单击“表格”按钮，在弹出下拉菜单中选择“快速表格”命令，然后从级联菜单中选择一种表格模版即可。如果在该级联菜单下方选择“将所选内容保存到快速表格库”命令，弹出“新建构建基块”对话框，如图 3-80 所示。在该对话框中设置表格模板的名称、类别、说明、保存位置，单击“确定”按钮，即可创建快速表格模版。

（2）使用“表格”按钮　使用“表格”按钮插入表格的具体操作步骤如下：

1）将光标定位在需要插入表格的位置。

2）在“插入”选项卡的“表格”组中单击“表格”按钮，在弹出下拉菜单中拖动鼠标以选择需要的行数和列数，如图 3-81 所示。

（3）使用“插入表格”命令　使用“插入表格”命令插入表格，可以让用户在将表格插入文档之前，选择表格尺寸和格式。具体操作步骤如下：

1）将光标定位在需要插入表格的位置。

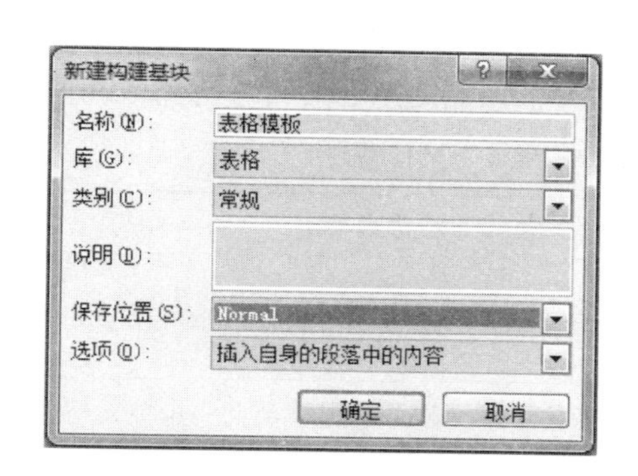

图 3-80　“新建构建基块”对话框

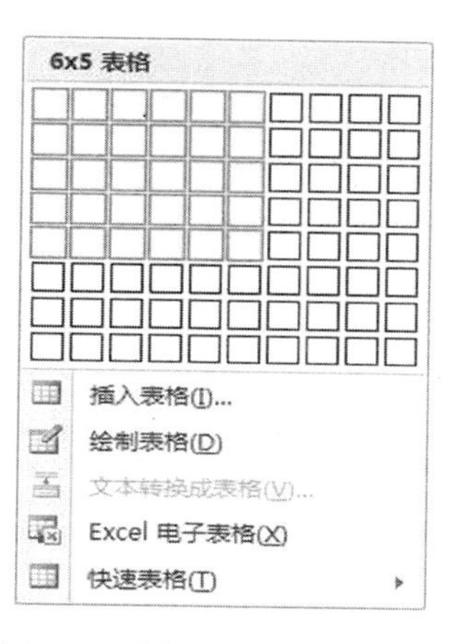

图 3-81　选择表格的行数和列数

2）在“插入”选项卡的“表格”组中单击“表格”按钮，在弹出下拉菜单中选择“插入表格”命令，弹出“插入表格”对话框，如图 3-82 所示。

3）在该对话框中的“表格尺寸”选区中的“列数”和“行数”数值框中输入具体的数值；在“‘自动调整’操作”栏中选中相应的单选按钮，设置表格的列宽。

4）设置完成后，单击“确定”按钮，即可插入相应的表格。

（4）手工绘制表格　在 Word 文档中，用户可以绘制复杂的表格，例如，绘制包含不同高度的单元格的表格或每行的列数不同的表格。绘制表格的具体操作步骤如下：

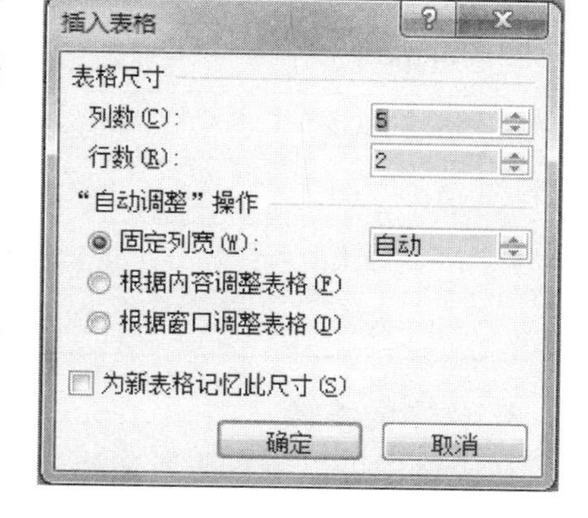

图 3-82　“插入表格”对话框

1）将光标定位在需要插入表格的位置。

2）在“插入”选项卡的“表格”组中单击“表格”按钮，在弹出下拉菜单中选择“绘制表格”命令，此时鼠标指针变为✎形状，将鼠标移动到文档中需要插入表格的定点处。

3）按住鼠标左键并拖动，当到达合适的位置后松开鼠标左键，即可绘制表格边框。

4）用鼠标继续在表格边框内自由绘制表格的横线、竖线或斜线，绘制出表格的单元格。

5）如果要擦除单元格边框线，可在表格工具的“设计”选项卡的“绘图边框”组中单击“擦除”按钮，此时鼠标指针变为形状，按住鼠标左键并拖动经过要删除的线，即可删除表格的边框线。

3.5.2 表格的编辑

在文档中插入表格后，即可向表格中输入所需内容（文字、图形等），还可以随时修改表格，如增加、删除行或列，合并、拆分单元格等。

1. 输入文本

创建好表格后，可在单元格中输入文本，并对其进行各种编辑。在表格中输入文本和在表格外的文档中输入文本一样，首先将插入点定位到要输入文本的单元格中，然后即可输入。当输入的文本超过了单元格的宽度时，会自动换行，并增大行高以容纳文本。按“回车”键可在当前单元格中开始一个新段，按“Tab”键将插入点移到下一个单元格中。

2. 定位插入点

在表格中输入和编辑文本之前，需要在表格中定位插入点。要将插入点定位在表格中的某个单元格中，最简单的方法是用鼠标在该单元格中单击，或者也可以使用键盘定位。使用键盘定位插入点的具体操作方法如表 3-4 所示。定位好插入点之后，即可进行输入和编辑操作。

表 3-4 在表格中定位插入点的快捷键

快捷键	定位目标
↑	移至上一行
↓	移至下一行
←	左移一个字符，插入点位于单元格开头时移至上一个单元格中
→	右移一个字符，插入点位于单元格末尾时移至下一个单元格中
Tab	移至下一单元格中
Shift + Tab	移至前一个单元格中
Alt + Home	移至本行的最后一个单元格中
Alt + End	移至本行的最后一个单元格中
Alt + Pg Up	移至本列的第一个单元格中
Alt + Pg Dn	移到本列的最后一个单元格中

3. 文本的编辑

在表格中可以像在普通文档中一样编辑表格中的文本。单击“开始”选项卡，在“字体”组中单击“对话框启动器”按钮，弹出“字体”对话框。在该对话框中的“字体”和“高级”两个选项卡中可对表格中的文字进行格式编辑。

4. 在表格中选定内容

对表格的编辑操作也遵循“先选定，后操作”的原则。表格内容选定主要包括选定表格中的单元格、选定行、选定列和选定整个表格等。

（1）选定单元格　将鼠标移到单元格内部左边界处，当鼠标指针变为向右指向的实心箭头时单击鼠标左键，即可选定所需的单元格。

（2）选定行　将鼠标移到要定选行左侧空白处，当鼠标指针变为向右指向的空心箭头时单击鼠标左键，即可选定所需的行。

（3）选定列　将鼠标移到要选定列的上边界处，当鼠标指针变为垂直向下指向的实心箭头时单击鼠标左键，即可选定所需的列。

（4）选定整个表格　选定整个表格的具体操作步骤如下：

将鼠标移动到表格中的任意位置，表格左上角就会出现一个移动控制点，然后鼠标移到该移动控制点处，鼠标指针变成形状，单击鼠标左键，即可选定整个表格。

把鼠标移到移动控制点，当鼠标指针变成形状时，按住鼠标左键拖动可移动表格。另外，在表格中选定内容也可以通过以下方法来选定：在表格工具的“布局”选项卡中的“表”组中单击“选择”按钮，然后从弹出的下拉菜单中选择所需命令即可，如图 3-83 所示。

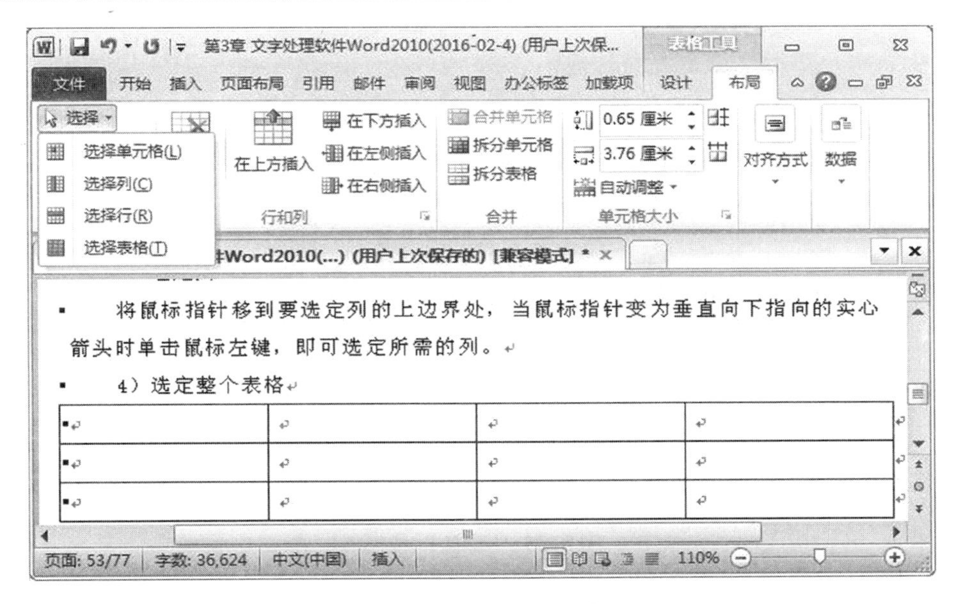

图 3-83　选择表格命令

5. 插入单元格

插入单元格的具体操作步骤如下：

1）在要插入单元格的位置选定若干个单元格，选定的单元格数应和要插入的单元格数相同。

2）在表格工具的“布局”选项卡中的“行和列”组中单击相应的按钮即可，也可单击“行和列”组中“对话框启动器”按钮，弹出“插入单元格”对话框，如图 3-84 所示。

3）在该对话框中选择相应的单选按钮，例如选中“活动单元格右移”单选按钮，单击“确定”按钮，即可插入单元格。

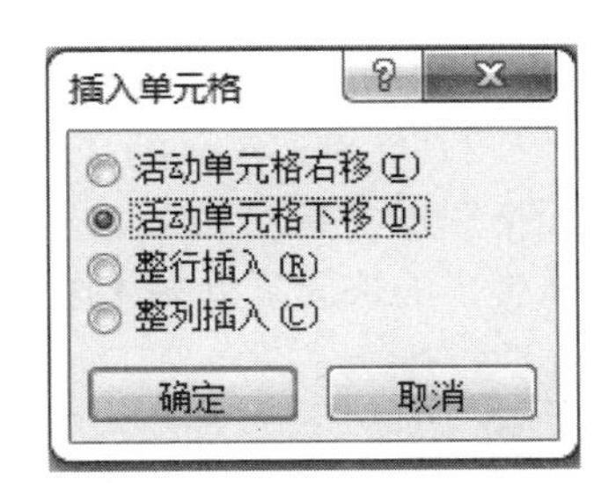

图 3-84　“插入单元格”对话框

6. 插入行和列

插入行和列的具体操作步骤如下：

1）选定要插入新行（列）位置的行（列），选定的行数（列数）应与要插入的行数（列数）相同。

2）在表格工具的“布局”选项卡中的“行和列”组中单击“在上方插入”“在下方插入”“在左侧插入”或“在右侧插入”按钮，即可插入相应的行或列。或者单击鼠标右键，从弹出的快捷菜单中选择“插入”命令，在级联菜单中选择插入行或列即可。

7. 删除单元格、行或列

在制作表格时，如果某些单元格、行或列是多余的，可将其删除。具体操作步骤如下：

1）首先选定要删除的单元格（或将光标定位在需要删除的单元格中）、行或列。

2）在表格工具的“布局”选项卡中的“行和列”组中单击“删除”按钮，在弹出的下拉列表中选择所需的删除命令即可，如图 3-85 所示；或者在要删除项上单击鼠标右键，从弹出的快捷菜单中选择相应的删除命令即可。

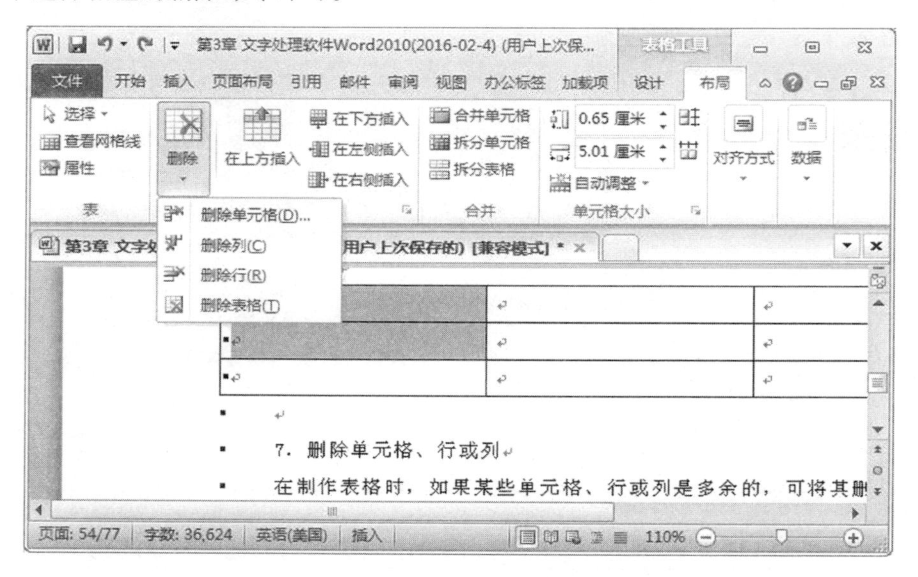

图 3-85 “删除”按钮

8. 合并和拆分单元格

在编辑表格时，有时需要对选中的单元格进行合并或拆分，其具体操作步骤如下：

1）选中要合并或拆分的单元格。

2）在表格工具的“布局”选项卡中，单击“合并”组中的“合并单元格”或“拆分单元格”按钮，如图 3-86 所示。或者右击选中的对象，从弹出的快捷菜单中选择“合并单元格”或“拆分单元格”命令即可。

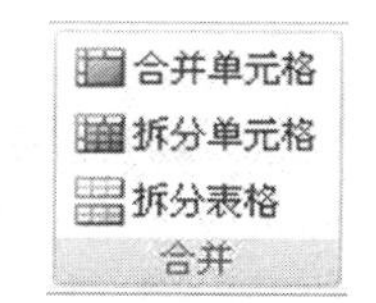

图 3-86 “合并”组

提示　拆分表格时需将光标定位在要拆分表格的位置，在表格工具的“布局”选项卡中的“合并”组中单击“拆分表格”按钮即可。

3.5.3 表格的格式化

表格的格式化即设置表格的外观效果，包括表格的行高、列宽、边框、底纹、对齐方式等。

1. 调整表格的行高和列宽

调整表格行高和列宽的具体操作步骤如下：

1）将光标定位在需要调整行高和列宽的表格中。

2）在表格工具的“布局”选项卡中的“单元格大小”组中的“高度”和“宽度”数值框中设置表格行高和列宽；或者单击“单元格大小”组中的“对话框启动器”按钮，弹出“表格属性”对话框，打开“行”或“列”选项卡进行调整即可，如图 3-87 所示。

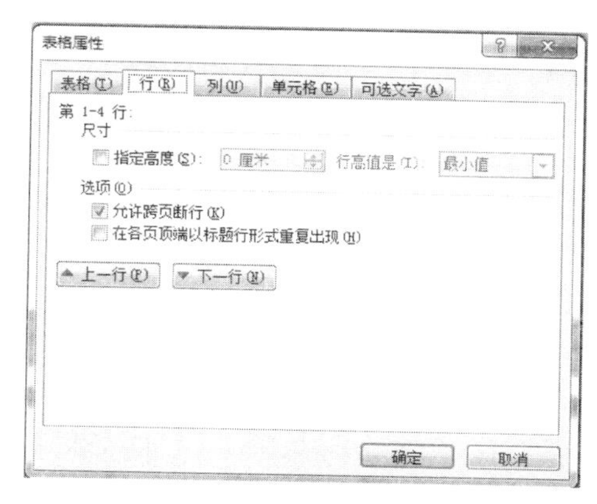

图 3-87 “表格属性”对话框

提示　单击鼠标右键，从弹出的快捷菜单中选择“表格属性”命令，也可弹出“表格属性”对话框。另外，将鼠标移动到要调整行高或列宽的行或列的边框线上，鼠标指针变成双向指向的箭头时，按住鼠标左键拖动，也可调整行高可列宽。

2. 自动调整表格

Word 2010 还提供了自动调整表格功能，使用该功能，可以根据需要方便地调整表格。具体操作步骤如下：

1）选定要调整的表格或表格中的某部分。

2）在表格工具的“布局”选项卡的“单元格大小”组中单击“自动调整”按钮，弹出如图 3-88 所示的下拉菜单。

3）在该弹出菜单中选择相应的命令，对表格进行调整。

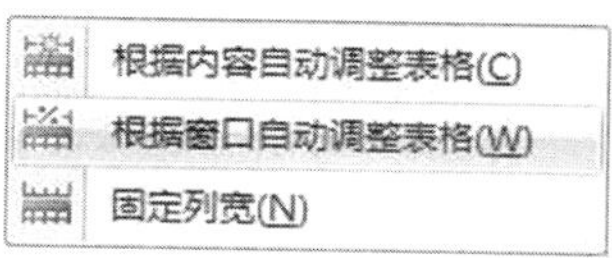

图 3-88 “自动调整”下拉菜单

3. 表格的对齐方式

单元格中文本水平方向有左、中、右 3 种对齐方式，垂直方向有上、中、下 3 种对齐方式，水平方向和垂直方向组合起来共有 9 种对齐方式。对表格中的文本设置对齐方式的具体操作步骤如下：

1）选定要设置对齐方式的区域。

2）在表格工具的“布局”选项卡中的“对齐方式”组中设置文本的对齐方式，如图 3-89 所示。

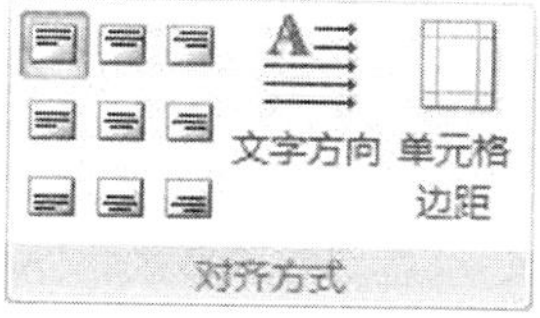

图 3-89 “对齐方式”组

4. 表格的自动套用样式

Word 2010 中提供了大量的预定义表格样式，用户可以直接套用这些样式来快速格式化表格。具体操作步骤如下：

1）将光标定位在需要套用样式的表格中的任意位置。

2）在表格工具的“设计”选项卡中的“表格样式”组中设置即可，也可单击“其他”按钮，在弹出的“表格样式”下拉列表中选择表格的样式，如图 3-90 所示。

3）在该下拉列表中选择“修改表格样式”命令，弹出“修改样式”对话框，在该对话框中可修改所选表格的样式。

4）在该下拉列表中选择“新建表样式”命令，弹出“根据格式设置创建新样式”对话框，在该对话框中新建表格样式。

5. 设置表格的边框和底纹

Word 2010 中创建的表格，默认使用单线边框，不设底纹。用户可以根据需要为表格添加任意的边框和底纹效果。

设置表格边框和底纹的具体操作步骤如下：

1）选定要添加边框或底纹的单元格或表格。

2）在表格工具的“设计”选项卡中的“表格样式”组中单击“底纹”按钮，在弹出的下拉列表中设置表格的底纹颜色，或者选择“其他颜色”命令，弹出“颜色”对话框，如图 3-91 所示。在该对话框中可选择其他的颜色。

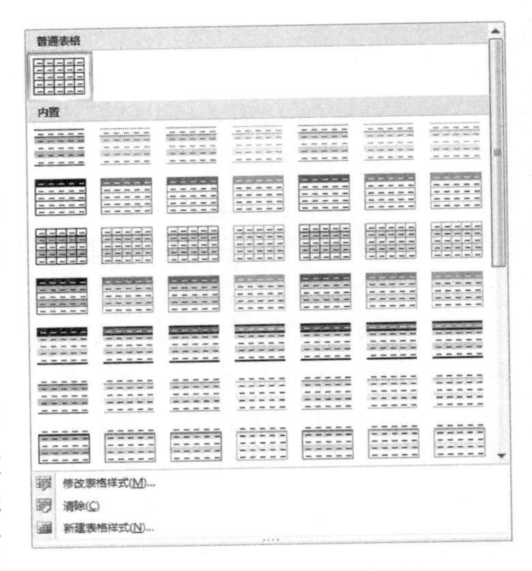

图 3-90　“表格样式”下拉列表

3）在表格工具的“设计”选项卡中的“表样式”组中单击“边框”按钮右侧的下拉按钮，在弹出的下拉菜单中选择“边框和底纹”命令，或者单击鼠标右键，从弹出的快捷菜单中选择“边框和底纹”命令，弹出“边框和底纹”对话框，如图 3-92 所示。

4）打开“边框”选项卡，在“设置”栏中选择相应的边框形式；在“样式”列表框中设置边框线的样式；在“颜色”和“宽度”下拉列表中分别设置边框的颜色和宽度；在“预览”栏中设置相应的边框或者单击左侧和下方的按钮；在“应用于”下拉列表中选择应用的范围。

5）设置完成后，单击“确定”按钮。

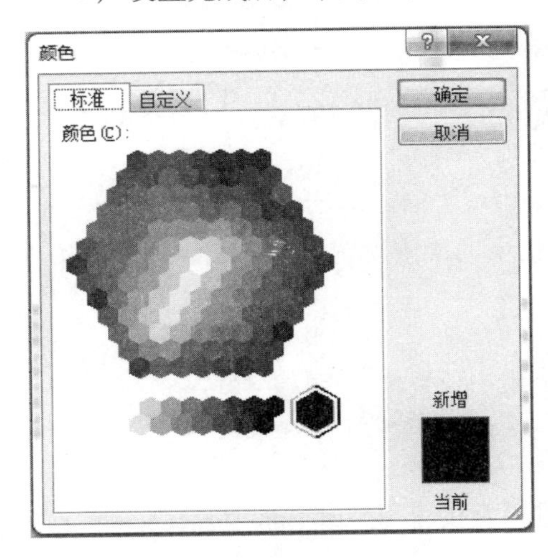

图 3-91　“颜色”对话框

图 3-92　“边框和底纹”对话框

3.5.4　表格的高级应用

下面主要介绍表格和文本的相互转换、表格的排序和计算以及由表格生成图等高级操作。

1. 文本转换成表格

在 Word 2010 中，可以将已经输入的文本转换成表格。要将文本转换成表格，文本之间要有有效的分隔符间隔（如制表符、逗号、空格等）。具体操作步骤如下：

1）选定要转换成表格的文本。

2）单击“插入”选项卡，在“表格”组中单击“表格”按钮，在弹出下拉列表中选择“文本框转换成表格”命令，弹出“将文字转换成表格”对话框，如图 3-93 所示。

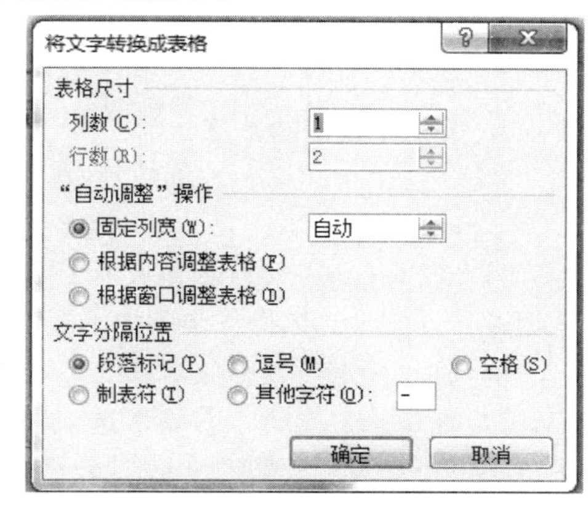

图 3-93 “将文字转换成表格”对话框

3）在该对话框中的“表格尺寸”栏中的“列数”数值框中的数值为 Word 自动检测出的列数。用户可以根据情况，在“‘自动调整’操作”栏中选择所需的单选按钮，在“文字分隔位置”栏中选择或者输入一种分隔符。

4）设置完成后，单击“确定”按钮，即可将文本转换成表格。

2. 表格转换成文本

要将一个表格转换成文本的操作步骤如下：

1）选定要转换成文本的表格。

2）在表格工具的“布局”选项卡中的“数据”组中单击“转换为文本”按钮，弹出“将表格转换成文本”对话框，如图 3-94 所示。

图 3-94 “将表格转换成文本”对话框

3）在对话框中选择将原表格中各单元格文本转换成文字后的分隔符。

4）单击“确定”按钮。

3. 表格中数据的排序

使用 Word 可以方便地对表格中的数据按某一列（单关键字）或某几列（多关键字）排序。具体操作步骤如下：

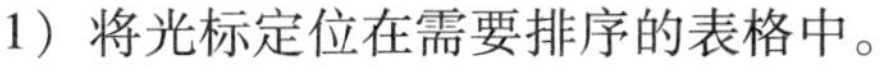

1）将光标定位在需要排序的表格中。

2）在表格工具的“布局”选项卡中，单击“数据”组中的“排序”按钮，弹出“排序”对话框，如图 3-95 所示。

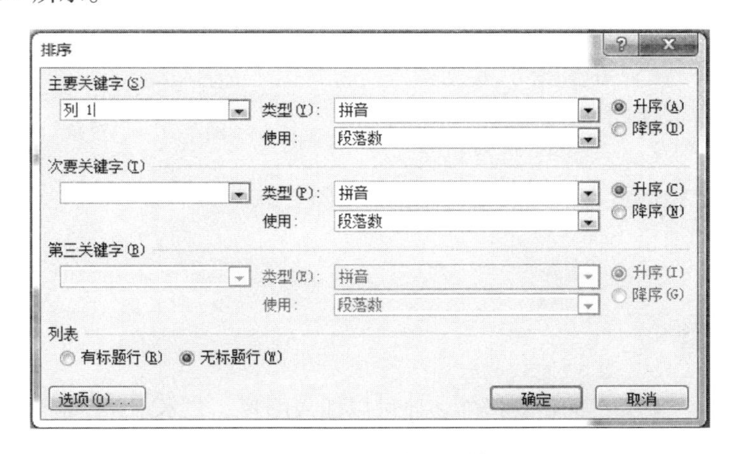

图 3-95 “排序”对话框

3）在对话框中，排序依据可分别为“主要关键字”“次要关键字”和“第三关键字”3 级，下拉列表框用于选择排序的依据；“类型”下拉列表用于指定排序类型；“升序”或“降序”单选按钮用于选择排序的顺序。

4）单击“选项”按钮，在弹出的“排序选项”对话框中可设置排序选项。

5）设置完成后，单击“确定”按钮。

4. 表格中数据的计算

Word 提供了表格中数据的基本计算功能，可以完成大部分的计算操作。表格中列以 A、B、C 等字母编号，行以 1、2、3 等数字编号，行和列的交叉部分长方格称为单元格，单元格以相应的列号和行号标识，如 C2 表示第 2 行第 3 列的单元格。利用该单元格的标识符可以对表格中的数据进行计算，具体操作步骤如下：

1）将光标定位在存放计算结果的单元格中。

2）在表格工具的“布局”选项卡中的“数据”组中单击“公式”按钮，弹出“公式”对话框，如图 3-96所示。

3）在该对话框中的“公式”文本框中输入公式；在“编号格式”下拉列表中选择一种合适的计算结果格式。可在“粘贴函数”下拉列表中选择一种函数。

4）单击“确定”按钮，即可在表格中显示计算结果。

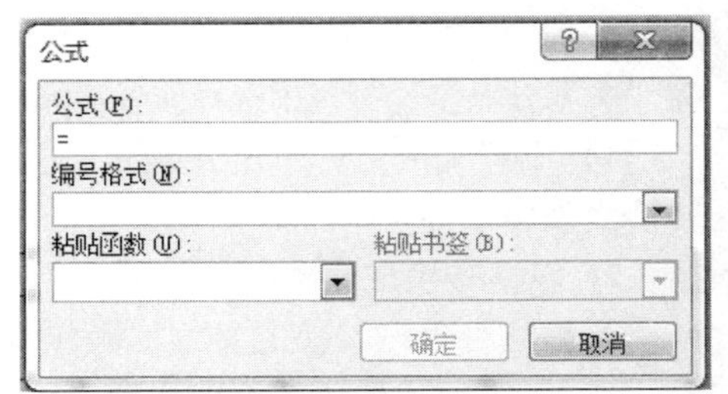

图 3-96 “公式”对话框

5. 由表生成图

在 Word 中，用户可以根据表格的数据生成各种统计图，使得文档图文并茂。具体操作步骤如下：

1）选定要生成图的数据表格。

2）单击“插入”选项卡，在“文本”组中单击“对象”按钮，弹出“对象”对话框，如图3-97所示。

3）打开“新建”选项卡，在“对象类型”列表框中选择“Microsoft Graph”图表项，单击“确定”按钮，进入图表编辑状态。

4）此时，屏幕上除了原来的文档之外，还有一个“数据表”窗口和根据“数据表”中的数据生成的图表。如果希望图表随着表格中数据的变化而变化，只需在“数据表”窗口中修改对应的数据即可。单击文档编辑区，关闭“数据表”窗口，恢复原来文档窗口状态，产生的图表将插入到表格下面。

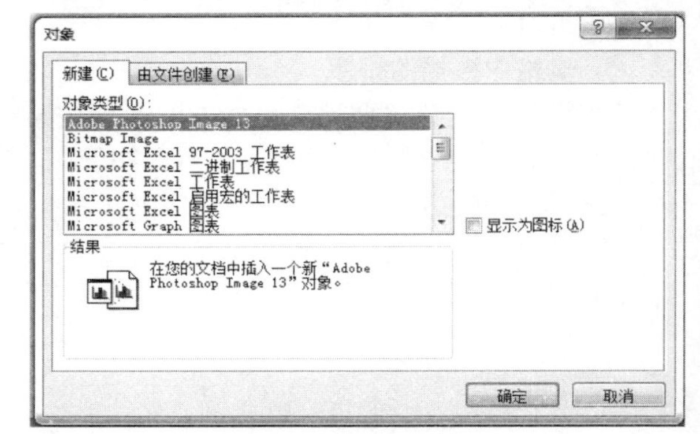

图 3-97 “对象”对话框

3.6 图文的混排

在 Word 文档中，除了文字和表格外，还可以插入图片、艺术字，绘制各种图形等。用户可以对丰富的文档内容进行图文混排，使文档图文并茂、生动活泼、引人入胜。

3.6.1 绘制图形

在实际工作中，有时需要在文档中插入一些简单的图形，来说明一些特殊的问题。Word

2010 提供了强大的绘图功能，用户可以直接绘制和编辑各种图形，并可为绘制的图形设置所需的图形格式（颜色、边框、图案、三维效果等）。

1. 绘制自选图形

Word 2010 提供了一系列现成的图形，如矩形等基本图形、各种线条和连接符、箭头总汇、流程图、星与旗帜、标注等。在“插入”选项卡中的“插图”组中单击“形状”按钮，弹出其下拉菜单，如图 3-98 所示。在该下拉列表中选择需要绘制的自选图形的形状，此时鼠标指针变为十形状，将鼠标移到要插入自选图形的位置，按住鼠标左键拖动到适当的位置释放鼠标，即可绘制相应的自选图形。要绘制正多边形（如正方形）则需在拖动时按住“Shift”键。

2. 编辑自选图形

在文档中绘制好自选图形后，就可以对其进行各种编辑操作。

（1）在图形中添加文字　在绘图工具的“格式”选项卡中的“插入形状”组中单击“添加文字”按钮，如图 3-99 所示，或者在插入的自选图形上单击鼠标右键，从弹出的快捷菜单中选择“添加文字”命令，即可输入要添加的文本。

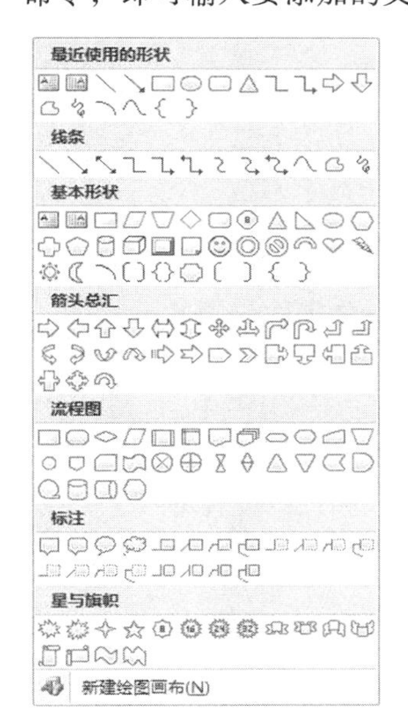

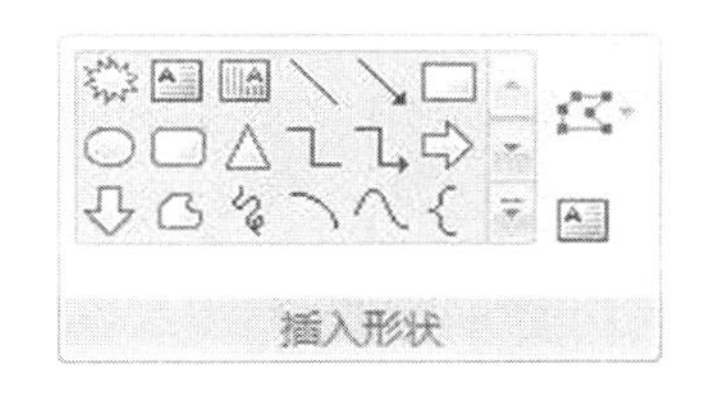

图 3-98　“形状”下拉列表　　图 3-99　“插入形状”组

（2）设置填充效果和线型　默认情况下，用白色填充所绘制的自选图形对象。用户还可以用颜色过渡、纹理、图案以及图片等对自选图形进行填充，具体操作步骤如下：

1）选定需要设置填充效果和线型的自选图形。

2）单击鼠标右键，从弹出的快捷菜单中选择“设置形状格式”命令，或在绘图工具的“格式”选项卡中的“形状样式”组中单击“对话框启动器”按钮，弹出“设置形状格式”对话框，如图 3-100 所示。

3）在对话框左侧选择“填充”项，在右侧的“填充颜色”栏中的“颜色”下拉列表中选择“其他颜色”命令，在弹出的“颜色”对话框中设置填充颜色，再设置图形的填充效果。在“设置形状格式”对话框左边选择“线条颜色”及“线型”项，分别设置线条的颜色、线型及粗细，如图 3-101 所示。

图 3-100 “设置形状格式”对话框

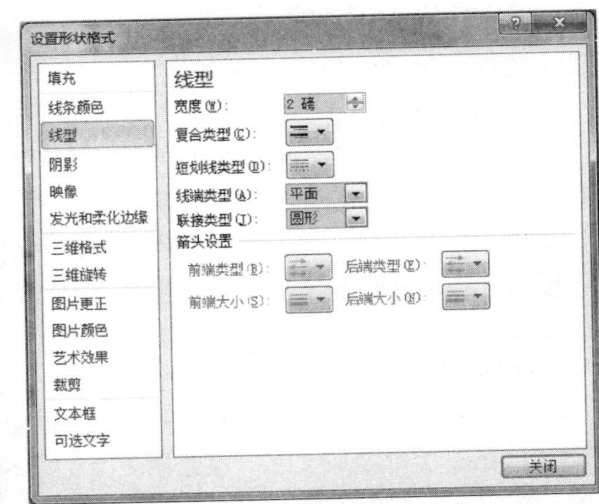

图 3-101 设置线型

> **提示** 设置图形的填充效果可直接在绘图工具的“格式”选项卡中的“形状样式”组中单击“形状填充”按钮；设置图形的线型和轮廓可直接在单击“形状轮廓”按钮。

（3）设置阴影和三维旋转 给自选图形设置阴影和三维旋转，可以使图形对象更具深度和立体感，更加逼真、形象。设置阴影和三维旋转的具体操作步骤如下：

1）选定需要设置阴影和三维旋转的图形。

2）在绘图工具的“格式”选项卡中的“形状样式”组中单击“形状效果”按钮，在弹出的下拉菜单中选择“阴影”项，打开其级联菜单，如图 3-102 所示。选择“三维旋转”项，打开其级联菜单，如图 3-103 所示。然后分别设置阴影和三维旋转即可。

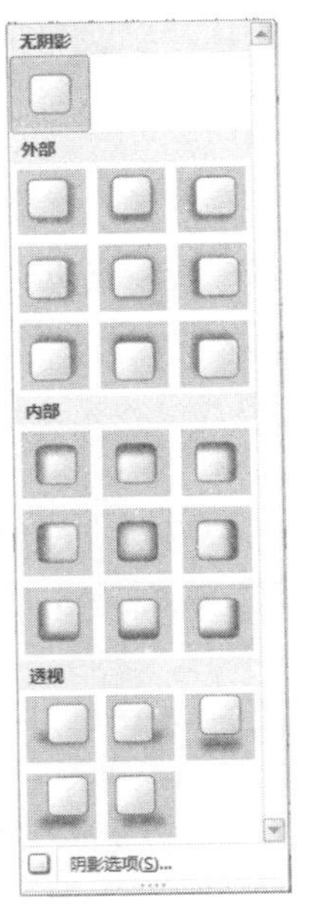

图 3-102 “阴影”级联菜单

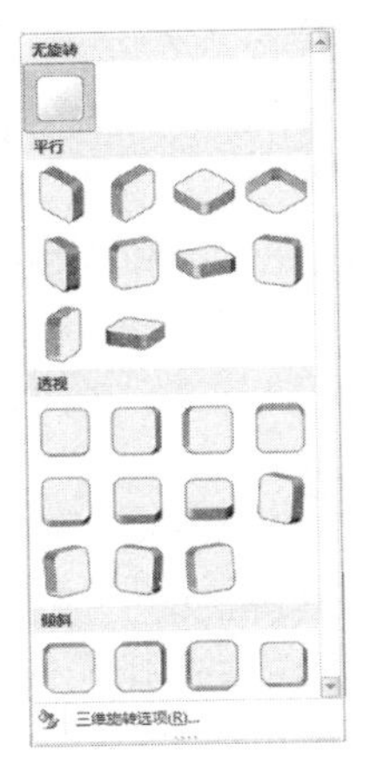

图 3-103 “三维旋转”级联菜单

（4）图形的排列　图形的排列主要包括设置叠放次序、对齐、组合、旋转和文字的环绕方式等。具体操作步骤如下：

1）选定需要进行排列操作的图形。

2）在绘图工具的“格式”选项卡中的“排列”组中单击“位置”“自动换行”“对齐”“组合”和“旋转”等按钮，分别进行相应的设置，如图 3-104 所示。

也可右击选定的对象，从弹出的快捷菜单中选择“置于顶层”“置于底层”“组合”等命令。

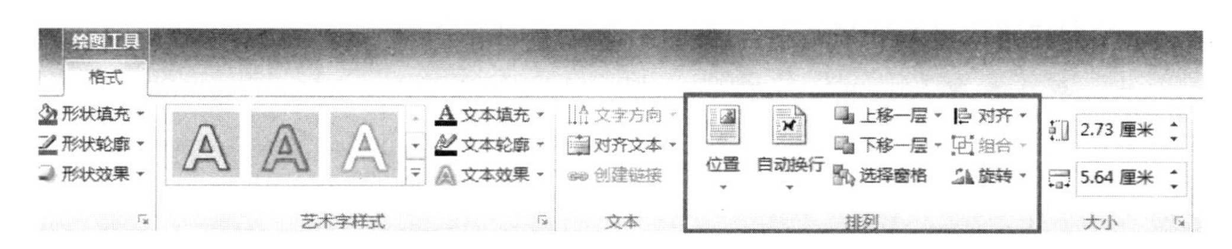

图 3-104　“格式”选项卡中的“排列”组

3.6.2　插入图片、艺术字和文本框

在 Word 文档中，除了图形外，还可以插入图片、剪贴画、艺术字、文本框和复杂的公式等。

1. 插入图片

插入图片的具体操作步骤如下：

1）将光标定位在需要插入图片的位置。

2）单击“插入”选项卡，在“插图”组中单击“图片”按钮，弹出“插入图片”对话框，如图 3-105 所示。

3）在左侧窗格中选择图片所在的文件夹，在右侧列表框中选中所需的图片文件。

4）单击“插入”按钮，即可在文档中插入图片。

图 3-105　“插入图片”对话框

2. 插入剪贴画

Word 提供了一个剪贴画库，其中包含了大量的图片，例如人物图片、动物图片、建筑类图片等。用户可以很容易地将它们插入到文档中。具体操作步骤如下：

1）将光标定位在需要插入剪贴画的位置。

2）单击“插入”选项卡，在“插图”组中单击“剪贴画”按钮，打开“剪贴画”任务窗格，如图 3-106 所示。

3）在“搜索文字”文本框中输入剪贴画的相关主题或类别；在“搜索范围”下拉列表中选择要搜索的范围；在“结果类型”下拉列表中选择文件类型。

4）单击“搜索”按钮，即可在“剪贴画”任务窗格中显示查找到的剪贴画。

5）单击要插入到文件的剪贴画，即可插入到文件中。

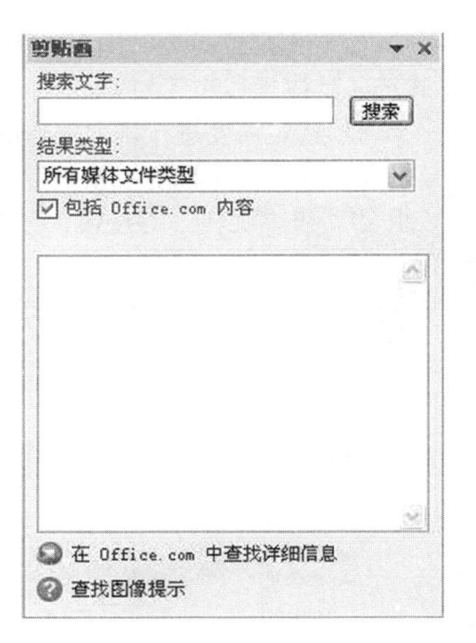

图 3-106 “剪贴画”任务窗格

3. 插入艺术字

艺术字即具有一定艺术效果的文字。在 Word 2010 中，艺术字是作为一种图形对象插入的，所以用户可以像编辑图形对象那样编辑艺术字。

在文档中插入艺术字的具体操作步骤如下：

1）将光标定位在需要插入艺术字的位置。

2）单击“插入”选项卡，在“文本”组中单击“艺术字”按钮，弹出其下拉列表，如图 3-107 所示。

3）在该下拉列表中选择一种艺术字样式，在文档编辑区中打开“请在此放置您的文字”文本框，如图 3-108 所示。

4）在该文本框中输入需要插入的艺术字；在“绘图”工具的“格式”选项卡中设置艺术字的大小和样式。

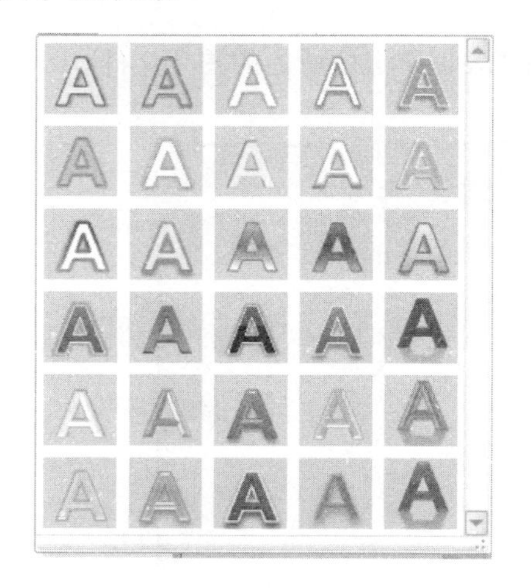

图 3-107 “艺术字”下拉列表

图 3-108 “请在此放置您的文字”文本框

4. 插入文本框

文本框是 Word 2010 提供的一种可以在页面上任意处放置文本的工具。使用文本框可以将段落和图形组织在一起，或者将某些文字排列在其他文字或图形周围。例如，当在一页横排文档中的某处使用竖排文本时，使用正文文本的编辑方法就不可能做到，此时就可以利用文本框完成。

插入文本框的具体操作步骤如下：

1）单击“插入”选项卡，在“文本”组中单击“文本框”按钮，在弹出的下拉列表中选择“绘制文本框”或“绘制竖排文本框”命令，此时鼠标指针变为＋形状。

2）将鼠标移至需要插入文本框的位置，单击鼠标左键并拖动至合适大小，松开鼠标左键，即可在文档中插入文本框。

3）将光标定位在文本框内，就可以在文本框中输入文字。输入完毕，单击文本框以外的任意地方即可，如图 3-109 所示。

互联网+ 中国梦

图 3-109　文本框

5. 插入 SmartArt 图形

创建具有设计师水准的插图很困难，用户可以使用 SmartArt 图形功能创建具有设计师水准的插图。SmartArt 图形是信息和观点的视觉表示形式，用户可以通过从多种不同布局中进行选择来创建 SmartArt 图形，从而快速、轻松、有效地传达信息。

在文档中插入 SmartArt 图形的具体操作步骤如下：

1）将光标定位在需要插入 SmartArt 图形的位置。

2）在功能区中单击“插入”选项卡，在“插图”组中单击“SmartArt”按钮，弹出“选择 SmartArt 图形”对话框，如图 3-110 所示。

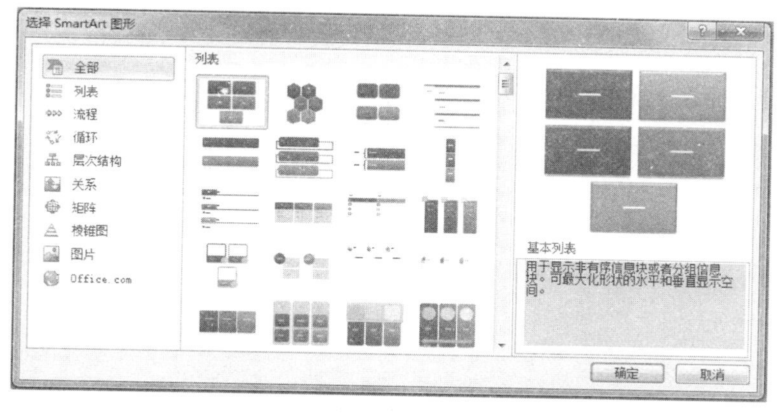

图 3-110　“选择 SmartArt 图形”对话框

3）在该对话框左侧的列表框中选择 SmartArt 图形的类型；在中间的“列表”列表框中选择子类型；在右侧将显示 SmartArt 图形的预览效果。

4）设置完成后，单击“确定”按钮，即可在文档中插入 SmartArt 图形。

5）如果需要输入文字，可在写有“文本”字样处单击鼠标左键，即可输入文字。

6）选中输入的文字，即可像普通文本一样进行格式化编辑。

3.6.3　图片的编辑和格式化

在文档中插入图片后，图片的大小、位置和格式等不一定符合要求，需要进行各种编辑才能达到令人满意的效果。选中图片，然后在图片工具的“格式”选项卡中对图片进行各种编辑和格式化操作，如图 3-111 所示。如果要进行详细的设置，只需单击相应组的“对话框启动器”按钮即可。例如，单击“大小”组的“对话框启动器”按钮，就弹出“布局”对话框，如图 3-112所示。

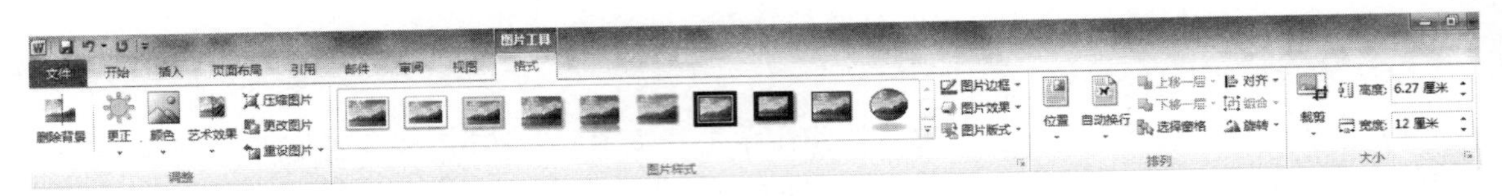

图 3-111　图片工具的“格式”选项卡

也可以右击选中的图片，在弹出的快捷菜单中进行编辑和格式化操作，如图 3-113 所示。快速调整图片大小的操作方法如下：单击要缩放的图片，将鼠标移到图片四周的尺寸控点，当鼠标指针变成双向指向的箭头时，按住鼠标左键拖动，出现的虚线框表示缩放的大小，松开鼠标完成缩放。

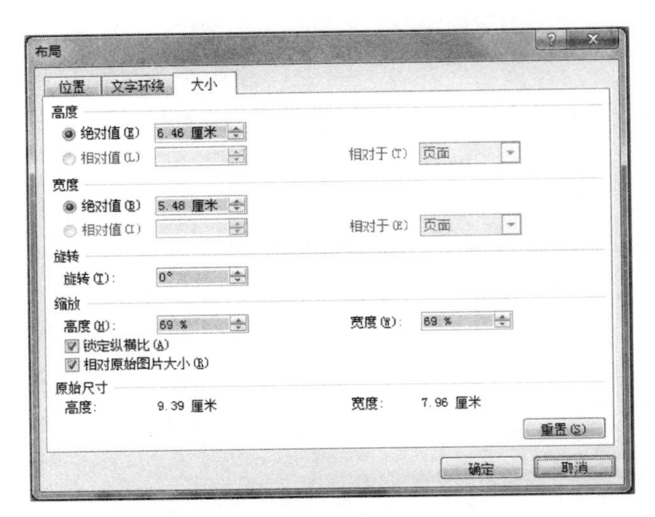

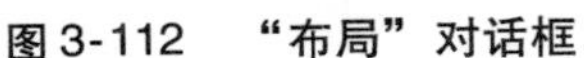

图 3-112　“布局”对话框

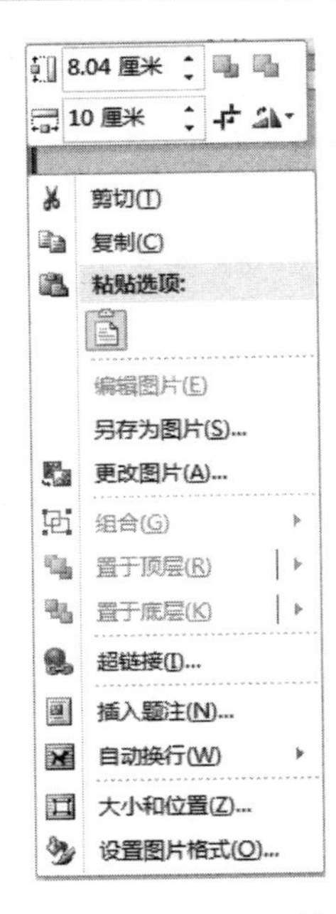

图 3-113　图片格式设置快捷菜单

由于文本框和艺术字具有类似于图形、图片的属性，所以对于文本框和艺术字的编辑和格式化方法与对图片的操作方法类似。

3.7 打印设置与打印

文档编写完成后，经过页面排版，形成了一份比较理想的文档，这时就可以将文档打印出来。下面介绍如何在打印前进行打印设置和预览。

1. 打印预览

Word 2010 具有强大的打印功能，在打印前用户可以使用 Word 中的打印预览功能在屏幕上观看即将打印的效果，如果不满意还可以对文档进行修改。具体操作步骤如下：

单击“文件”按钮，在弹出的下拉菜单中选择“打印”命令，或单击快速访问工具栏中的“打印预览和打印”按钮，即可打开打印预览窗口，如图 3-114 所示。

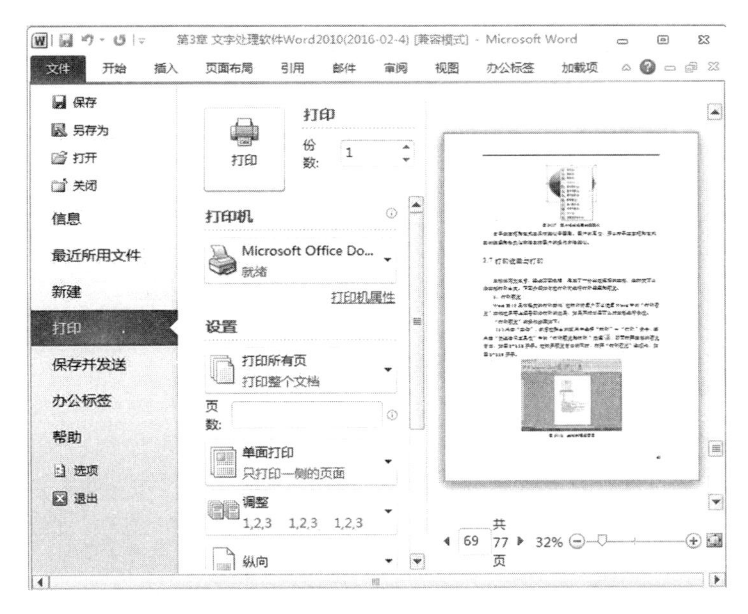

图 3-114 打印预览窗口

2. 打印

如果对打印预览的效果满意，就可开始打印文档。在打印文档之前，应该对打印机进行检查和设置，确保计算机已正确连接了打印机，并安装了相应的打印机驱动程序。所有设置检查完成后，即可打印文档。具体操作步骤如下：

1）单击“文件”按钮，在弹出的下拉菜单中选择“打印”命令，弹出“打印”导航窗口，如图 3-115 所示。

2）单击“打印机属性”按钮，弹出打印机属性对话框，如图 3-116 所示。在该对话框中可对选择的打印机的属性进行设置。

图 3-115 “打印”导航窗口

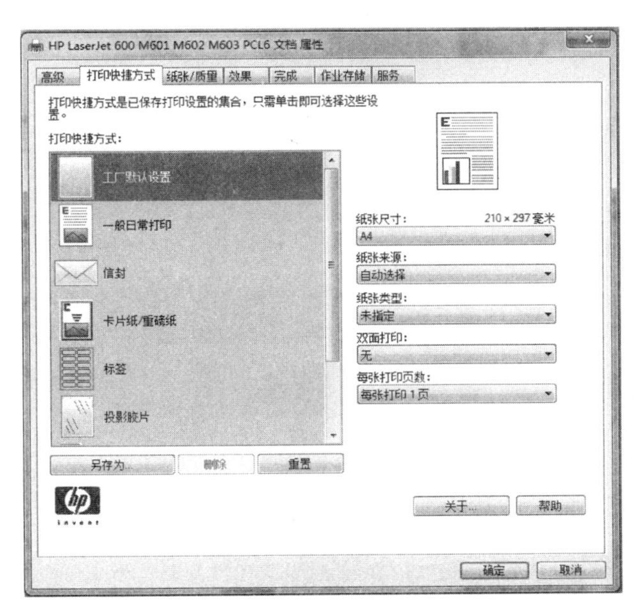

图 3-116 打印机属性对话框

3）在“页数”数值框中设置打印文档的范围；在“份数”数值框中设置打印的份数；在“设置”栏中设置打印内容是否缩放及每版打印的页数。

4）设置完成后，单击“打印”按钮即可进行打印。

如果不需进行打印设置则可使用快速打印的功能，直接单击“打印”导航窗口中的“打印”按钮，或单击快速访问工具栏中的“快速打印”按钮。

3.8 应用案例

本节以制作父亲节电子贺卡为例，介绍如何利用 Word 2010 来创建新文档，如何设置文档背景，如何插入艺术字、剪贴画以及如何设置文档格式等。贺卡的效果如图 3-117 所示。

在动手制作贺卡之前，首先必须准备好制作贺卡的素材，比如图片、祝福文字和背景音乐等。素材准备好后，就可以按以下步骤来制作电子贺卡了。

（1）新建空白 Word 文档　单击“文件”按钮，在弹出的下拉菜单中选择“新建”命令，弹出“新建文档”导航窗口，在“可用模板”列表中选择“空白文档”，然后单击“创建”按钮，即可创建一个空白文档。

（2）设置纸张大小和页边距　单击“页面布局”选项卡，在“页面设置”组中单击“对话框启动器”按钮，弹出“页面设置”对话框，如图 3-118 所示。在该对话框中的“页边距”和“纸张”选项卡中设置页边距、方向和纸张的大小，最后单击“确定”按钮完成设置。

图 3-117　贺卡效果图

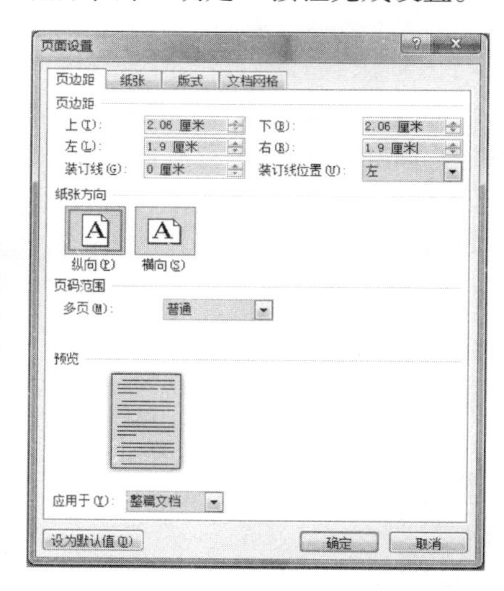

图 3-118　“页面设置”对话框

（3）设置贺卡的“背景”　在“页面布局”选项卡的“页面背景”组中单击“页面颜色”按钮，弹出“主题颜色”下拉列表，如图 3-119 所示。可以在其中选择一种颜色做背景色，也可选择“填充效果”命令，弹出“填充效果”对话框，如图 3-120 所示。打开“图片”选项卡，在该选项卡中单击“选择图片”按钮，在弹出的“选择图片”对话框中选中需要作为背景的图片，并单击“插入”按钮，返回到“填充效果”对话框中，再单击“确定”按钮即可。通过以上操作我们为贺卡设置好了图片背景，效果如图 3-121 所示。

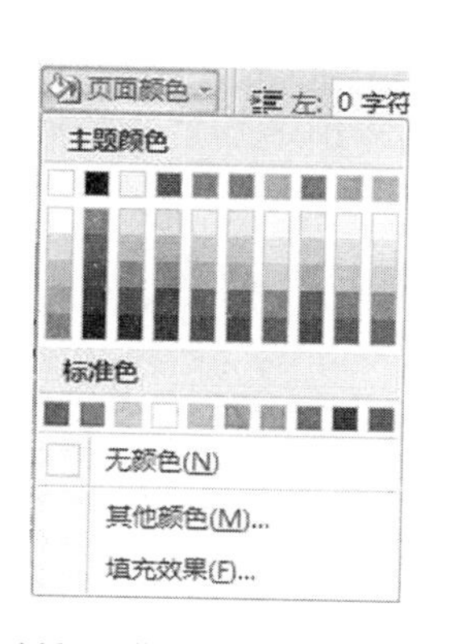

图 3-119　“主题颜色”下拉列表

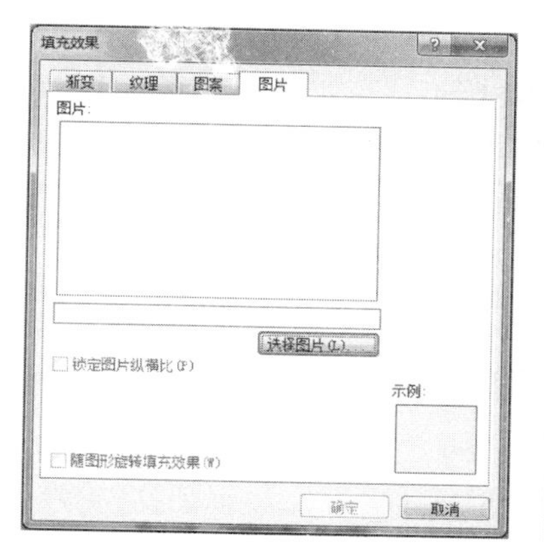

图 3-120　“填充效果”对话框

图 3-121　设置背景效果

（4）添加文字、图片、艺术字等素材　贺卡的大小、背景等主题风格确定之后，就可把准备的各种素材添加上去了。

1）添加文字。在文档中输入文本“父爱如”，并设置字体为“华文行楷”，字号为“小初”。选中输入的文本，按“Ctrl + C”组合键复制文本。将光标定位在第二行的位置，按“Ctrl + V”组合键粘贴文本。

在文档中输入文本“父亲，辛苦了，祝您节日快乐!”，并设置字体为“华文行楷”，字号为“二号”。

设置文本的段落缩进和行间距，效果如图3-122所示。

图 3-122　输入并设置文本后的效果

2）插入艺术字。单击“插入”选项卡，在“文本”组中单击“艺术字”按钮，弹出其下拉列表，选择一种艺术字样式，在“请在此放置您的文字”文本框中输入文字“海”，并设置字体为“华文行楷”选项，字号为“60”，字形为“加粗”。插入艺术字“海”后，单击绘图工具的“格式”选项卡的“排列”组中的“自动换行”按钮，在弹出的下拉列表中选择“浮于文字上方”命令，就可通过拖动的方法来调整艺术字“海”的位置，效果如图 3-123 所示。重复以上操作步骤，在文档中插入其他艺术字，效果如图 3-124 所示。

图 3-123　插入艺术字“海”的效果

图 3-124　插入其他艺术字后的效果

3）插入剪贴画。单击“插入”选项卡，在“插图”组中单击“剪贴画”按钮，打开“剪贴画”任务窗格，如图 3-125 所示。然后在“搜索文字”文本框中输入“父亲”，则将把和“父亲”有关的剪贴画都显示出来，单击所需的剪贴画即可插入到当前文档中。然后单击图片工具中的“格式”选项卡，在“排列”组中单击“自动换行”按钮，在弹出的下拉列表中选择“浮于文字上方”命令，然后即可通过拖动来调整剪贴画的大小和位置，如图 3-126所示。

图 3-125 “剪贴画”任务窗格

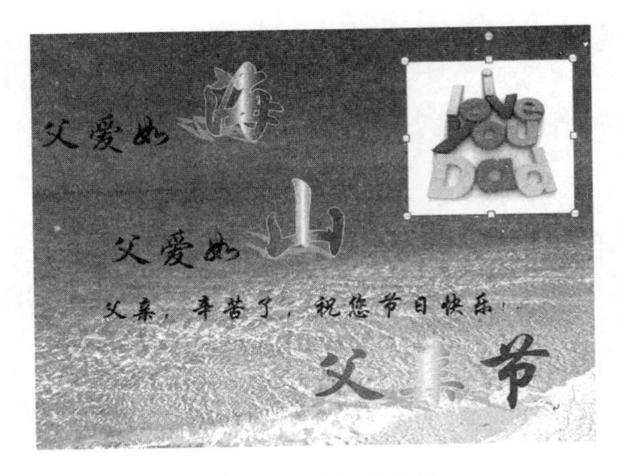

图 3-126 插入剪贴画

右击剪贴画，在弹出的快捷菜单中选择“设置图片格式”命令，打开“设置图片格式”对话框，在该对话框中可对剪贴画格式进行设置。当然也可以单击选中的要设置格式的剪贴画，然后单击图片工具中的“格式”选项卡，中对剪贴画的格式进行详细设置。在本贺卡中剪贴画图片样式设置为“柔化边缘椭圆”，“柔化边缘”幅度选择“10 磅”；“映像”效果选择“紧密映像，4pt 偏移量”。对剪贴画进行格式设置后的贺卡效果参见效果图。

到此为止，我们制作的贺卡就基本成型了。读者还可以根据自身需要进一步调整贺卡的一些设置，比如添加文字、调整素材的格式和位置等。

本章小结

本章介绍了 Microsoft Office 2010 办公自动化软件中的文字处理软件 Word 2010。从 Word 2010 的新增功能和特点入手，逐步介绍了 Word 2010 的工作界面、Word 2010 的基本操作、文本的基本操作、文档格式设置、表格操作、图文混排和打印设置与打印。

通过本章循序渐进地学习，使用户对 Word 2010 的基本知识有一个初步的了解和掌握，从而可以灵活使用 Word 2010 来进行编辑和排版工作，制作出各种满足实际需要的专业化文档，并为以后进一步的学习打好基础。

思 考 题

3-1 Word 2010 的新增功能和特点有哪些?

3-2 Word 2010 的窗口由哪些部分组成?

3-3 在快速访问工具栏上如何进行添加或删除工具按钮?

3-4 Word 2010 提供了几种文档窗口视图方式，各有什么特点?

3-5 如何把一个 Word 文档保存为其他类型的文件?

3-6 Word 中段落的对齐方式有哪几种? 如何调整段落缩进?

3-7 如何实现文本的查找和替换?

3-8 如何新建和应用样式?

3-9 模板的用途是什么? 如何应用模板创建文档?

3-10 Word 中创建表格有哪几种方法? 如何设置表格中文字的对齐方式?

3-11 Word 中图片的环绕方式有哪几种? 如何设置?

3-12 如何插入页眉、页脚?

第4章 电子表格软件 Excel 2010

4.1 Excel 2010 概述 

电子表格软件 Excel 2010 是微软公司的办公自动化软件 Microsoft Office 2010 中的一个组件，是一个集表格处理、图表制作和数据库功能于一体的功能强大的分析工具。它不仅能够创建和处理各种精美的电子表格，而且通过公式和函数的使用，可以方便地对表格中的大量数据进行计算、统计、排序、筛选、汇总等。

4.1.1 Excel 2010 的新增功能和特点

Excel 2010 主要用来制作电子表格、完成复杂的数据运算、制作图表和对表格中的数据进行分析处理等，与 Excel 2007 等早期的版本相比，主要有以下几方面的新增功能：

（1）增强的功能区　单从界面上来看，Excel 2010 与 Excel 2007 相比并没有特别大的变化，工作界面的主题颜色和风格有所改变，功能区更加强大，用户可以设置的东西更多，使用更加方便，而且创建电子表格更加便捷。

（2）xlsx 格式文件的兼容性　xlsx 格式文件伴随着 Excel 2007 被引入到 Office 产品中，它是一种压缩包格式的文件。默认情况下，Excel 文件被保存成 xlsx 格式的文件（当然也可以保存成 Excel 2007 及以前版本的兼容格式，带 vba 宏代码的文件可以保存成 xlsm 格式）。用户可以将扩展名修改成 rar，然后用 WinRAR 打开，可以看到里面包含了很多 xml 文件。这种基于 xml 格式的文件在网络传输和编程接口方面提供了很大的便利性。相比 Excel 2007，Excel 2010 改进了文件格式对前一版本的兼容性，并且较前一版本更加安全。

（3）新增的“文件”按钮　单击“文件”按钮打开下拉菜单，可以在其中创建新文件或打开现有文件，还可以保存、发送、保护、预览和打印文件以及设置 Excel 选项等。

（4）快速、有效地比较数据列表　在 Excel 2010 中，迷你图和切片器等新增功能以及对数据透视表和其他现有功能的改进可帮助用户了解数据中的模式或趋势。

（5）改进的图片编辑工具　在 Excel 2010 中交流想法并不总是与显示数字或图表相关。如果要使用照片、绘图或 SmartArt 以可视化方式通信，则可以利用下列功能：屏幕快照、新增的 SmartArt 图形布局、图片修正、新增和改进的艺术效果、更好的压缩和裁剪等。

4.1.2 Excel 2010 的启动与退出

启动与退出 Excel 2010 应用程序的方法有很多种，下面将分别介绍。

1. 启动 Excel 2010

Excel 2010 的启动与 Word 2010 类似，有以下几种方法：

1）通过“开始”菜单启动。单击系统任务栏左侧的“开始”按钮，选择“所有程序”→

"Microsoft Office"→"Microsoft Excel 2010"命令，即可启动 Excel 2010。如果在 Windows 桌面上创建了 Excel 2010 的快捷方式，可以通过双击该快捷方式图标来启动。

2）通过"运行"对话框启动。选择"开始"→"运行"命令，弹出"运行"对话框。在"打开"文本框中输入"Excel. exe"，单击"确定"按钮。

3）通过打开工作簿启动。双击一个已有的 Excel 工作簿，系统会自动启动 Excel 2010，打开并显示该工作簿。

2. 退出 Excel 2010

退出 Excel 2010 的方法也很多，一般常用的有以下几种：

1）单击标题栏右侧的"关闭"按钮×。

2）单击快速访问工具栏左侧的"Excel"按钮，在弹出的下拉菜单中选择"关闭"命令。

3）双击快速访问工具栏右侧的"Excel"按钮。

4）按"Alt + F4"组合键。

5）单击"文件"按钮，从下拉菜单中选择"关闭"命令。

4.1.3 Excel 2010 的工作界面

启动 Excel 2010 后，系统自动新建一个名为"工作簿 1"的工作簿，即可进入其工作界面，如图 4-1 所示。

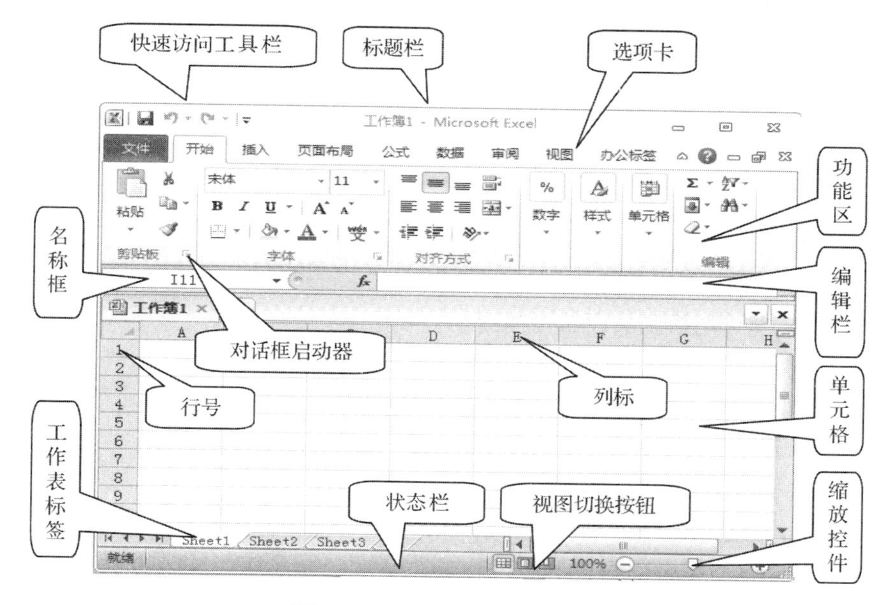

图 4-1　Excel 2010 工作界面

中文 Excel 2010 与早期 Excel 版本相比，其工作界面变化较大，主要有以下几个组成部分。

1）快速访问工具栏：通过自定义来显示常用命令的工具栏。

2）"文件"按钮：位于功能区的左上角，单击该按钮，即可打开如图 4-2 所示的下拉菜单，其中包括编辑文档时的很多命令，或是 Excel 的通用命令。

3）选项卡：显示不同的功能区命令，类似于早期 Excel 版本中的菜单。

4）功能区：操作 Excel 命令的主要部分，单击选项卡列表中的项目更改显示的功能区。每个选项卡的功能区又细化为几个组。功能区能够比菜单和工具栏承载更加丰富的内容，包括按钮、库和对话框等内容。

5）对话框启动器：功能区中位于某些组名右侧的小图标按钮，单击将打开相关的对话框或任务窗格，其中提供了与该组相关的更多选项。

6）名称框：显示活动单元格地址或所选单元格名称、范围或对象。

7）编辑栏：将信息或公式输入 Excel 时，它们会出现在该处。

8）视图切换按钮：主要用来更改工作簿的显示方式。

9）缩放控件：放大和缩小工作表。

10）工作表标签：显示工作簿中不同的工作表。

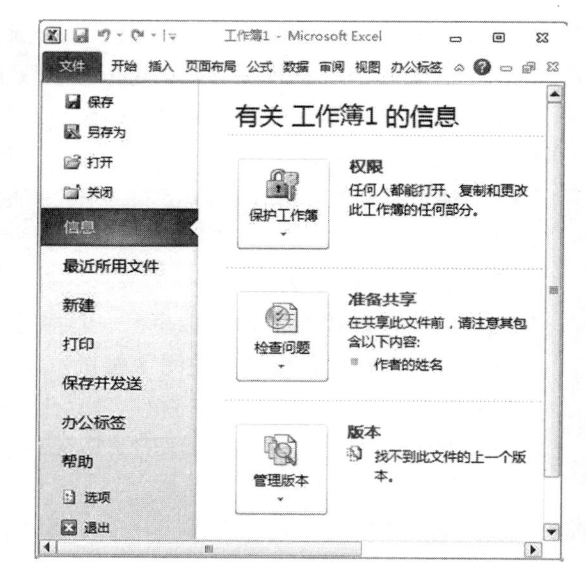

图 4-2 “文件”下拉菜单图

4.1.4 Excel 2010 的视图方式

视图是应用程序窗口的显示方式。Excel 2010 有以下 5 种视图方式。

1. 普通视图

普通视图是 Excel 默认的视图方式，在“视图”选项卡的“工作簿视图”组中单击“普通”按钮，或单击状态栏右侧的“普通”按钮，即可切换到“普通”视图。在普通视图中可以进行任意编辑和格式化操作。

2. 页面布局视图

在“视图”选项卡的“工作簿视图”组中单击“页面布局”按钮，或单击状态栏右侧的“页面布局”按钮，即可切换到页面布局视图。

在该视图方式下，不仅可以更改数据的布局和格式，还可以使用标尺测量数据的宽度和高度、更改页面方向、添加或更改页眉和页脚、设置打印边距以及隐藏或显示行标题与列标题。

3. 分页预览视图

在“视图”选项卡的“工作簿视图”组中单击“分页预览”按钮，或单击状态栏右侧的“页面布局”按钮，即可切换到分页预览视图。

分页预览视图是将活动工作表切换到分页预览状态，它是按打印方式显示工作表的编辑视图。在分页预览视图中，可以通过鼠标上、下、左、右拖动分页符来调整工作表，使其行和列适合页面的大小。

4. 全屏显示视图

在“视图”选项卡的“工作簿视图”组中单击“全屏显示”按钮，即可切换到全屏显示视图中。

在该视图下，Excel 工作界面会尽可能多地显示文档内容，自动隐藏“文件”按钮、快速访问工具栏、选项卡和功能区等以增大显示区域。如果要关闭全屏显示视图，在标题栏上双击鼠标左键即可。

5. 自定义视图

在“视图”选项卡的“工作簿视图”组中单击“自定义视图”按钮，即可打开“视图管理器”对话框，如图 4-3 所示。在该对话框中可进行自定义视图的添加、显示、关闭和删除等操作。

4.1.5　Excel 2010 的基本概念

工作簿、工作表和单元格是 Excel 中 3 个最基本的概念，用户对 Excel 文档编辑操作，其实就是对工作簿、工作表和单元格的操作。因此在学习和使用 Excel 之前，首先要了解这些概念及其联系。

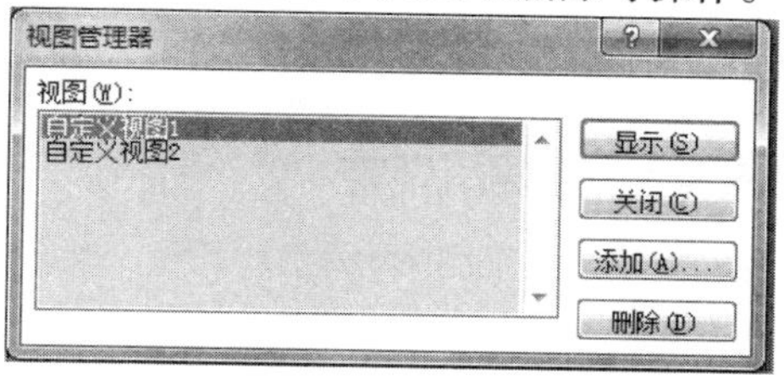

图 4-3　“视图管理器”对话框

1. 工作簿

工作簿是 Excel 用来存储和处理数据的文件。工作簿名就是文件名，在用户未命名前自动以工作簿 1、工作簿 2……命名。Excel 2010 工作簿默认扩展名为 . xlsx。

每个工作簿中默认有 3 个工作表，可以根据需要插入或删除工作表。

2. 工作表

工作表也称为电子表格，由排列成行和列的单元格组成。它是工作簿的组成部分，主要用于存储和处理数据。工作簿中的若干工作表相互独立，任一时刻，用户只能在一张工作表中进行操作。当前正在编辑的工作表称为活动工作表或当前工作表，其标签以白底显示，其他工作表标签以蓝底显示。单击工作表标签可以在各工作表间切换。

在用户未命名前，工作表默认用 Sheet1、Sheet2、Sheet3……命名。

3. 单元格

单元格是工作表中行和列交叉处的长方格，是 Excel 最基本的操作单位。单元格地址由其所在的列标加行号表示。任一时刻，工作表中只有一个单元格处于活动状态，称为活动单元格，可在其中输入和编辑数据。活动单元格由粗线黑框框住，其地址显示在编辑栏左侧的名称框中，如图 4-4 所示。

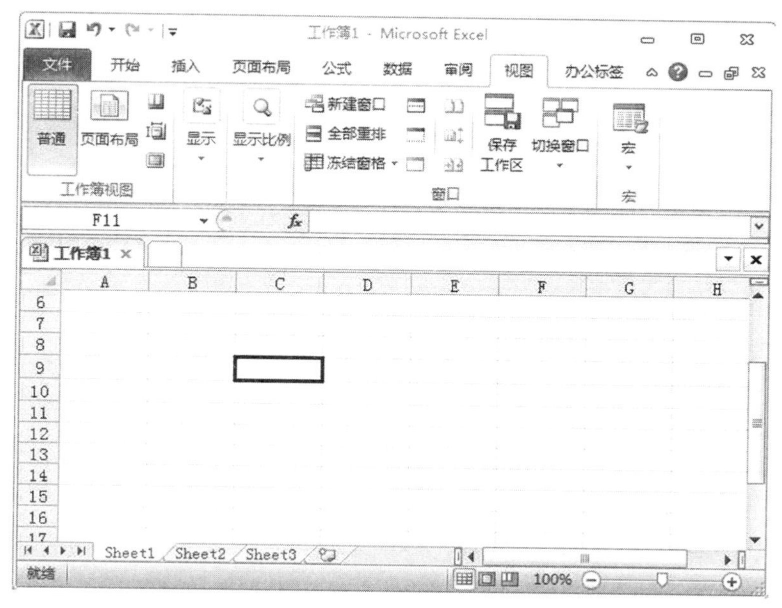

图 4-4　单元格示例

4.2 工作簿的基本操作

工作簿的基本操作包括新建、打开、保存和关闭等，与 Word 文件的基本操作方法类似。

4.2.1 新建工作簿

用户在启动 Excel 2010 后，系统会自动创建一个名为“工作簿 1”工作簿。另外，用户还可以通过以下方法新建工作簿。

1）单击快速访问工具栏中的“新建”按钮 ，即可新建一个空白工作簿。

2）单击“文件”按钮，在弹出的下拉菜单中选择“新建”命令。弹出“新建”导航窗口，选择“空白工作簿”，单击“创建”按钮，即可创建一个空白的工作簿，如图 4-5 所示。或选择“样本模板”，然后选择所需的模板，单击“创建”按钮，即可根据模板来创建一个工作簿。

3）按“Ctrl + N”组合键。

图 4-5 “新建”导航窗口

4.2.2 保存工作簿

为了长久保存工作簿中的数据，需要将工作簿保存到外部存储器上。常用以下几种方法保存工作簿：

1）如果是首次保存工作簿，单击“文件”按钮，在弹出的下拉菜单中选择“保存”命令，或单击快速访问工具栏中的“保存”按钮 ，或按“Ctrl + S”组合键，会弹出“另存为”对话框，在其中设置保存路径和文件名，单击“保存”按钮即可，如图 4-6 所示。

2）如果对已经保存过了的工作簿进行编辑修改后，需要重新保存则分两种情况：

① 如果不需要更改文件名、保存路径和文件保存类型，则单击快速访问工具栏中的“保存”按钮 ，或按“Ctrl + S”组合键，或单击“文件”按钮，在弹出的下拉菜单中选择“保存”命令即可。

② 如果需要更改文件名、保存路径或文件保存类型，则需要单击“文件”按钮，在弹出的下拉菜单中选择“另存为”命令，打开“另存为”对话框，在其中进行相应设置即可。

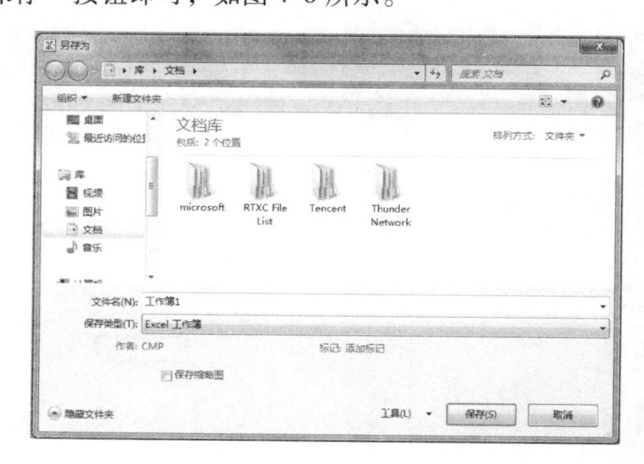

图 4-6 “另存为”对话框

3）Excel 2010 具有自动保存功能，用户可以自行设置自动保存的时间间隔，具体操作步骤如下：

① 单击“文件”按钮，在弹出的下拉菜单中选择“选项”命令，弹出“Excel 选项”对

话框。

② 在左侧窗格中选择“保存”项，选中“保存自动恢复信息时间间隔”复选框，设置对工作簿进行自动保存和恢复的时间间隔，如设定为“10 分钟”。

③ 单击“确定”按钮即可。

4.2.3 打开工作簿

当用户启动 Excel 2010 后，系统会自动打开一个空白的工作簿。如果要打开已经存在的工作簿，有以下几种方法：

1）单击快速访问工具栏中的“打开”按钮，或单击“文件”按钮，在弹出的下拉菜单中选择“打开”命令，或按“Ctrl + O”组合键，弹出“打开”对话框，选择要打开文档所在的路径，在显示文件名窗口中选中需要打开的工作簿，或在“文件名”列表框中输入工作簿名称，然后单击“打开”按钮（或直接双击需要打开的工作簿）。

如果用户想要打开 Excel 所支持的其他格式文件，首先应在“文件名”列表框右侧的下拉列表中选择“所有文件”，然后选中所需打开的文件，再单击“打开”按钮。

2）从最近使用的文档列表中打开使用过的工作簿。单击“开始”按钮，将鼠标移动到常用程序列表中的“Microsoft Excel 2010”项上，或单击其右侧的箭头，即可打开最近使用的文档列表，选择要打开的工作簿名。

3）直接找到要打开的工作簿文件，然后双击该工作簿文件图标即可。

4.2.4 关闭工作簿

对工作簿完成了编辑之后就要关闭文档。有以下几种方法可关闭：

1）单击“文件”按钮，在弹出的下拉菜单中选择“关闭”命令。

2）单击工作簿窗口右上角的“关闭”按钮。

3）双击快速访问工具栏左侧的“Excel”按钮。

4）按“Ctrl + F4”组合键。

5）按“Ctrl + W”组合键。

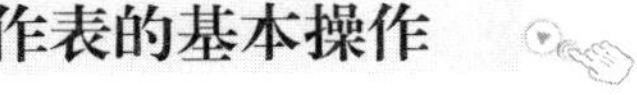

4.3 工作表的基本操作

工作表的基本操作包括选定单元格、编辑单元格、工作表的插入和删除、格式设置、显示设置及工作表中的计算等。

4.3.1 选定单元格和单元格区域

在对工作表进行编辑和格式化操作时，必须遵循“先选定，后操作”的原则，即先选中操作对象（单元格、单元格区域或工作表），然后再对它们进行相应的操作。

1. 选取单个单元格

选取单个单元格的常用方法有以下 3 种：

1）用鼠标直接单击单元格。当鼠标指针变为✥形状时，单击某单元格，此时该单元格的外侧出现一黑色边框，说明该单元格成为活动单元格。

2）在工作表左上方的名称框内直接输入需要选定的单元格名称，按“回车”键即可选定该单元格。

3）使用键盘来选定，具体方法见表 4-1。

表 4-1　使用键盘选定单元格的按键

按　　键	光标移动的方向
←，→，↑，↓	向左、右、上、下移动一个单元格
Home	移到光标所在行的第一个单元格
Ctrl +←	向左移到光标所在行的行首
Ctrl +→	向右移到光标所在行的行尾
Ctrl + ↑	向上移到光标所在列的列首
Ctrl + ↓	向下移到光标所在列的列尾
Pg Up	向上移动一屏
Pg Dn	向下移动一屏
Ctrl + Pg Up	移到上一张工作表
Ctrl + Pg Dn	移到下一张工作表
Ctrl + Home	移到光标所在工作表的第一个单元格
Ctrl + End	移到光标所在工作表的已有数据的右下角最后一个单元格

2. 选取单元格区域

要对工作表中一个区域内的单元格进行操作，首先要选择该区域。选中区域的单元格突出为淡蓝色，但活动单元格仍保持正常颜色。选取单元格区域的常用方法有以下几种：

1）移动鼠标到要选取区域的起始单元格位置，然后按住鼠标左键拖动到终止单元格，再松开鼠标左键。

2）按住“Shift”键的同时移动键盘上的方向键选择区域。

3）按住“Shift”键的同时用鼠标单击单元格，选取活动单元格和最终单击的单元格之间的矩形区域。

4）按住“Ctrl”键的同时多次按住鼠标左键拖动可选择多个单元格区域。

要取消对区域的选取，只要单击任意单元格即可。

3. 选取行和列

在工作表中选取整行和整列的常用方法有以下几种：

1）将鼠标移至要选定行（列）的行号（列标）上，当鼠标指针变为➡（⬇）形状时，单击鼠标左键即可选定该行（列）。

2）首先按住“Ctrl”键，然后分别单击需要选定的不连续的行（列）的行号（列标），即可选取多个不连续的行（列）。

3）将鼠标移至要选定连续多行（列）的开始行号（列标）上，然后按住鼠标左键并拖动，至适当的位置松开鼠标左键即可选定多个连续的行（列）。

4）单击要选定连续多行（列）的开始行号（列标），然后按住“Shift”键，再单击要选定的最后一行（列）即可选定连续多行（列）。

4. 选中整个工作表

如果要选取整个工作表，可以采用以下3种方法：

1）单击工作表左上角的“全选”按钮。将鼠标移至该按钮时，鼠标指针变为形状，此时单击鼠标左键即可选取整个工作表。

2）按“Ctrl + A”组合键。

3）参照选取行或列的操作方法。

4.3.2 数据的输入

在Excel中，用户可以在单元格中输入文本、数值、公式等数据。在这里首先介绍常量数据的输入，公式的输入和使用方法将在后续内容中详细介绍。

向单元格中输入数据，可以在选定（激活）单元格后，直接输入数据；也可以先选定单元格，然后单击编辑栏，在编辑栏中输入；还可以双击单元格，在单元格中定位插入点位置，然后再输入数据。第一种方法输入的内容将替换单元格中原有内容，后两种方法输入内容将插入在插入点位置，常用于修改单元格内容。

输入数据后，可以按“回车”键、“Tab”键、方向键，或单击编辑栏中的“输入”按钮✔或其他单元格来确认输入。按“Esc”键或单击编辑栏中的“取消”按钮✖则取消输入。

1. 输入文本

文本包括任意字母、数字字符、汉字及其他键盘符号的组合，最多可输入32000个字符，默认左对齐。当输入的文本长度超过了单元格的宽度时，如果右侧相邻单元格为空，则超出的文本会延伸到右侧单元格显示；如果右侧单元格非空，则超出的文本就会被隐藏起来，此时只要适当增大列宽或设置单元格内容自动换行，就可以显示全部内容。

如果要将数字作为文本处理（如电话号码等），只需在输入时以单撇号（'）开头，如输入“'0001”，则Excel将该数字作为文本处理，左对齐，单元格内容为0001。

在单元格中输入数据时，若要强行换行，按“Alt + 回车”组合键即可。

2. 输入数值

数值数据可以包括数字和+、-、E、e、¥、$、%、/、,、(、)及小数点等特殊字符，默认右对齐。输入和显示时可以使用十进制小数形式，如2.5、-34等，也可以使用科学记数法，如0.0025可输入“2.5E-3”。需要注意的是，输入数值与显示的数值未必相同，当输入数据长度超过单元格宽度时，则自动以科学记数法显示，当单元格宽度不足以显示数值时，以“###”符号填充，并且单元格数据的显示还受单元格格式设置的影响，如设置了保留两位小数，输入3位小数时，则自动对末位四舍五入，但计算时以输入数据为准。

输入正数时，数字前面的“+”可以省略。输入负数时可以用一对圆括号代替负号，如可以输入“-12”或“(12)”。

为了避免Excel将输入的分数自动识别为日期，输入分数时，需在分数前加“0”和空格，如输入“0 2/3”。

3. 输入日期和时间

Excel内置了一些日期和时间格式，当输入数据与这些格式匹配时，Excel将能够识别它们，并以内部的日期时间格式显示。输入的日期和时间默认是右对齐。

常用的日期格式为“年/月/日”或“年-月-日”，年份可省。例如，99/12/5、1/5、3-4

分别表示99年12月5日、1月5日、3月4日。若要输入当前系统日期，按“Ctrl + ;”组合键。

常用的时间格式为“小时: 分: 秒”。时间格式分12小时制和24小时制，若采用12小时制格式，需在时间后空一格，输入上午（AM或A）或下午（PM或P）标志，如输入“5: 18 P”“18: 32: 25”。若要输入当前系统时间，按“Ctrl + Shift + ;”组合键。在同一单元格输入日期和时间，中间应用空格分隔。

4. 数据输入技巧

利用Excel的自动填充功能，可以快速地输入等差序列、等比序列等有规律的数据。

（1）填充文本　使用自动填充功能填充文本的具体操作如下：

1）选中文本所在的单元格。

2）将鼠标移动到单元格右下角，当鼠标指针变为细十字形状（称为填充柄），按住鼠标左键并拖动，即可在鼠标经过的单元格中复制该文本。

（2）填充等差序列　使用自动填充功能填充等差序列的具体操作如下：

1）在选中单元格中输入一个数字，如1。

2）选择数字所在的单元格，按住“Ctrl”键的同时按住鼠标左键并拖动填充柄，即可以选中单元格中的数字为基数，在鼠标经过的单元格中创建等差序列。

（3）填充等比序列　使用自动填充功能填充等比序列的具体操作如下：

1）单击“开始”选项卡，在“编辑”组中单击“填充”按钮，在下拉菜单中选择“系列”命令，打开“序列”对话框，如图4-7所示。

2）在“序列产生在”栏中选择“行”或者“列”，在“类型”栏中选择“等差序列”，然后输入“步长值”和“终止值”。

当然这种方法也适用于填充等差序列和日期序列。

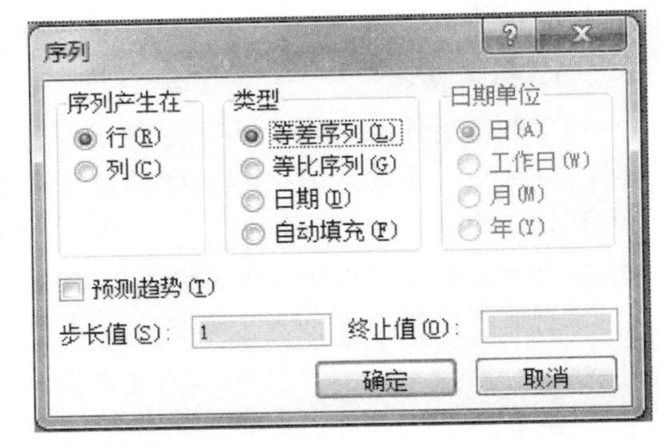

图4-7　“序列”对话框

（4）填充相同数据　在某些单元格或单元格区域中填充相同的数据的操作步骤如下：

1）选中要填充相同数据的这些单元格或区域。

2）在活动单元格中输入数据，然后按“Ctrl + 回车”组合键。

4.3.3 工作表的编辑

默认情况下，每个工作簿有3个工作表。用户在实际的使用过程中，可根据需要对工作表进行选定、添加、删除、复制和移动等操作，以满足实际需要。

1. 选定工作表

一个工作簿通常包含多个工作表，要对某个工作表进行编辑，必须先选取该工作表。

1）要选定单个工作表，只要用鼠标单击相应的工作表标签即可。

2）要选定连续的多个工作表，可先单击要选取的第一个工作表标签，然后按住“Shift”键，再单击最后一个要选取的工作表标签。

3）要选定不连续的多个工作表，则按住“Ctrl”键，再依次单击要选取的工作表标签。

选定多个工作表时，在标题栏的文件名右侧将出现“[工作组]”字样，此时在被选定的任一工作表的单元格中输入数据或设置格式时，工作组中其他工作表相同位置的单元格将出现相同的数据和格式。

要取消工作表的选定，只需单击任意一个未选定的工作表标签即可。

2. 插入和删除工作表

在默认情况下，一个工作簿有 3 张工作表，用户可以对工作表进行添加和删除操作。

（1）添加工作表　要在某个工作表前插入一个或多个新工作表，只需先选定一个或多个工作表，然后单击“开始”选项卡，在“单元格”组中单击“插入”按钮，从弹出的下拉菜单中选择“插入工作表”命令；或在工作表标签中单击鼠标右键，从弹出的快捷菜单中选择“插入”命令，在弹出的“插入”对话框中选中“工作表”图标，再单击“确定”按钮；或直接单击工作表标签中的“插入工作表”按钮（按“Shift + F11”组合键）。系统会在选定工作表之前插入与选定工作表个数相同的工作表，插入的第一个工作表成为活动工作表。

（2）删除工作表　选定要删除的一个或多个工作表，单击“开始”选项卡，在“单元格”组中单击“删除”按钮，从弹出的下拉菜单中选择“删除工作表”命令。或右键单击选定的工作表标签，在弹出的快捷菜单中选择“删除”命令。此时，若选定工作表为空表，则直接删除；若选定工作表中存有数据，则会弹出一个提示框进行删除确认。

3. 复制和移动工作表

复制工作表则是指增加原工作表的副本，移动工作表是指改变工作表在工作簿中排列的位置。下面介绍两种移动和复制工作表的方法。

1）使用鼠标拖动。选中要移动的工作表标签，按住鼠标左键并拖动，此时工作表标签上方会出现一个黑色下三角箭头▼，提示工作表插入的位置，鼠标指针变成形状，拖动到要移到的位置松开鼠标左键即可。若要复制工作表，只需按住“Ctrl”键，再拖动要复制的工作表到要复制到的位置，然后松开鼠标左键，再松开“Ctrl”键即可。

2）使用菜单移动和复制工作表。选中要移动或复制的工作表，单击鼠标右键，从弹出的快捷菜单中选择“移动或复制”命令，弹出“移动或复制工作表”对话框，如图 4-8 所示。在“下列选定工作表之前”列表框中选择要移动或复制的位置。如果是移动工作表，在该对话框中取消选择“建立副本”复选框；如果要复制工作表，则选中“建立副本”复选框。最后单击“确定”按钮即可。

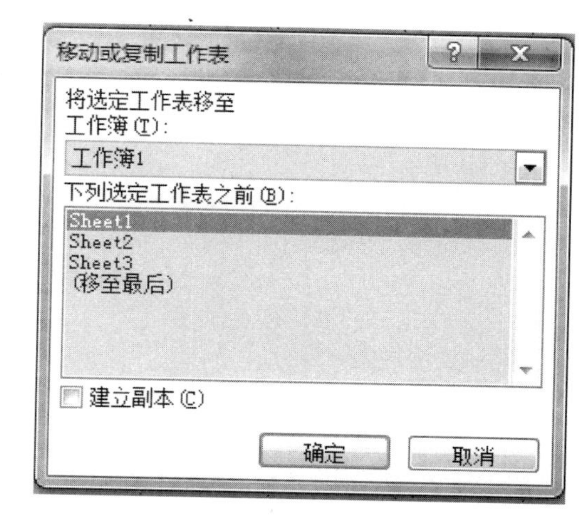

图 4-8　“移动或复制工作表”对话框

4. 重命名工作表

创建工作簿时，默认的工作表名为 Sheet1、Sheet2……。为了方便使用，用户可以根据需要重新为工作表起一个有意义的名字。右键单击要重命名的工作表标签，在弹出的快捷菜单中选择“重命名”命令，或双击要重命名的工作表标签，此时标签名呈黑色背景显示，然后输入新的工作表名，并按“回车”键（或单击标签外的任何位置）即可。

5. 隐藏和显示工作表

当用户打开的工作簿数量太多时，屏幕会较乱，可以将暂时不使用的工作簿隐藏起来，需要对其操作时，再将它们显示出来。具体操作如下：

单击“视图”选项卡，在“窗口”组中单击“隐藏”按钮，即可将当前工作簿隐藏。如果要重新显示该工作簿，可在“窗口”组中单击“取消隐藏”按钮，弹出“取消隐藏”对话框。在该对话框中选择要显示的工作簿，单击“确定”按钮即可。

如果想只隐藏或显示工作簿中的某些工作表，可在工作表标签上单击鼠标右键，从弹出的快捷菜单中选择“隐藏”命令，即可将选中的工作表隐藏。如果要重新显示该工作表，可在工作表标签上单击鼠标右键，从弹出的快捷菜单中选择“取消隐藏”命令，在弹出的“取消隐藏”对话框中选择显示的工作表，单击“确定”按钮即可。

6. 工作表的拆分与冻结

Excel 2010 为用户提供了拆分和冻结工作表窗口的功能，有了这些功能可以更加合理地利用屏幕空间。

（1）拆分工作表　拆分工作表就是将工作表当前窗口拆分成几个窗格，在各窗格中都可以通过滚动条来显示或查看工作表的不同部分。具体操作方法如下：选定工作表要拆分处的单元格，该单元格的左上角就是拆分的分隔点；单击“视图”选项卡，在“窗口”组中单击“拆分”按钮即可。如果需要对窗格大小进行更改，按下鼠标左键拖动拆分框即可。拆分效果如图 4-9 所示。

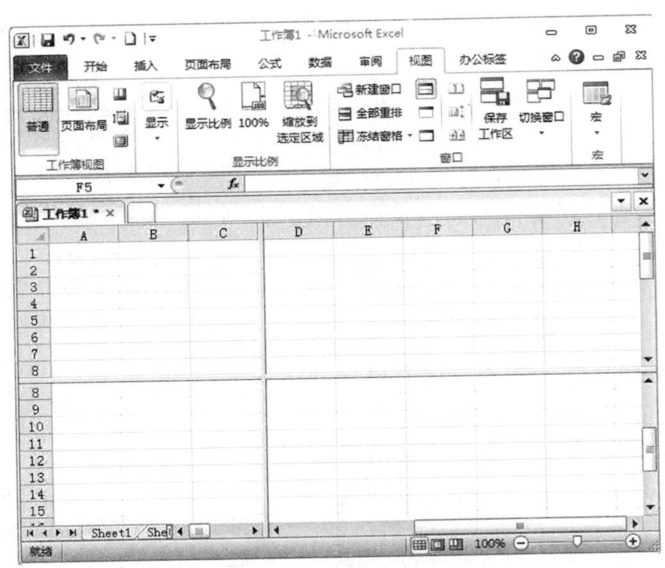

图 4-9　拆分工作表窗口

取消拆分有以下两种方法：

1）单击“视图”选项卡，在“窗口”组中再次单击“拆分”按钮，即可取消拆分。

2）在分隔条的交点处双击鼠标左键，可取消拆分。如果要删除一条分隔条，则在该分隔条上方双击即可。

（2）冻结工作表　如果工作表较大，在滚动显示其中数据时，为了保持行列标志始终可见，需要使用冻结窗口功能。冻结窗口的操作步骤如下：

1）选定工作表中的一个单元格作为冻结点，即冻结点以上和左边的所有单元格都将被冻结，始终显示在屏幕上。

2）单击“视图”选项卡，在“窗口”组中单击“冻结窗格”按钮，从弹出的下拉菜单中选择“冻结拆分窗格”命令即可，如图 4-10 所示。如果只需冻结首行或首列，则选择“冻结首行”或“冻结首列”命令。如果用户要撤销冻结的窗口，选择“取消冻结窗格”命令即可。

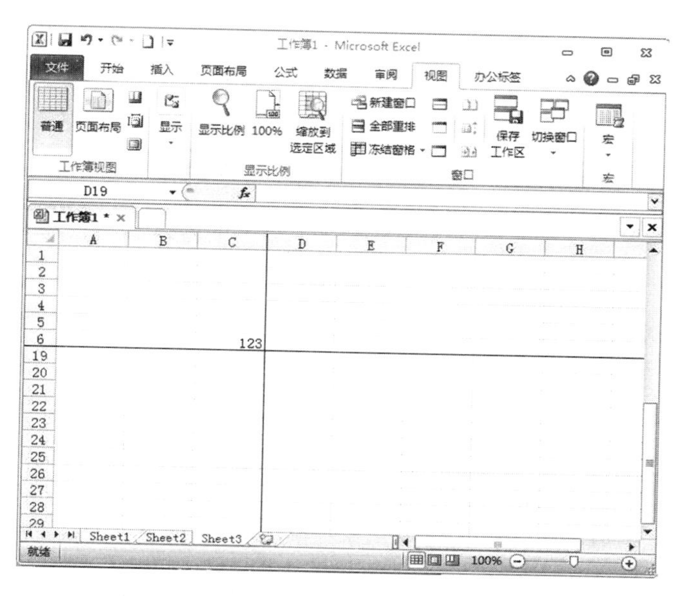

图 4-10　冻结拆分窗格

在被冻结的工作表中，按“Ctrl + Home”组合键，将返回到冻结点所在的单元格。

4.3.4　工作表的格式设置

必要时需要给工作表设置一些格式，比如背景色、文本对齐方式、边框等，这样可以使工作表更加美观大方、层次分明。工作表的格式设置并不影响工作表中所存放的内容。下面主要介绍单元格格式、条件格式和自动套用格式的设置。

1. 设置单元格格式

在 Excel 2010 中，用户可以对工作表中的单元格或单元格区域进行各种格式设置，如设置单元格中数字的类型、文本的对齐方式、字体等。

（1）设置字符格式　字符格式主要包括字体、字号、字形以及字符颜色等。在 Excel 2010 中，用户可以使用以下几种方法设置字符格式：

1）使用对话框设置字符格式。使用对话框设置字符格式的具体操作步骤如下：

首先选中要设置字符格式的文本或数字。单击“开始”选项卡，在“字体”组中单击“对话框启动器”按钮，弹出“设置单元格格式”对话框，如图 4-11 所示。打开“字体”选项卡，然后分别设置字符的字体、字号、字形、颜色等进行设置即可，具体方法和在 Word 2010 中的设置方法相同。

2）使用功能区按钮设置字符格式。与使用对话框相比，使用功能区中“字体”组提供的设置字符格式的工具按钮，可以更加方便快捷。

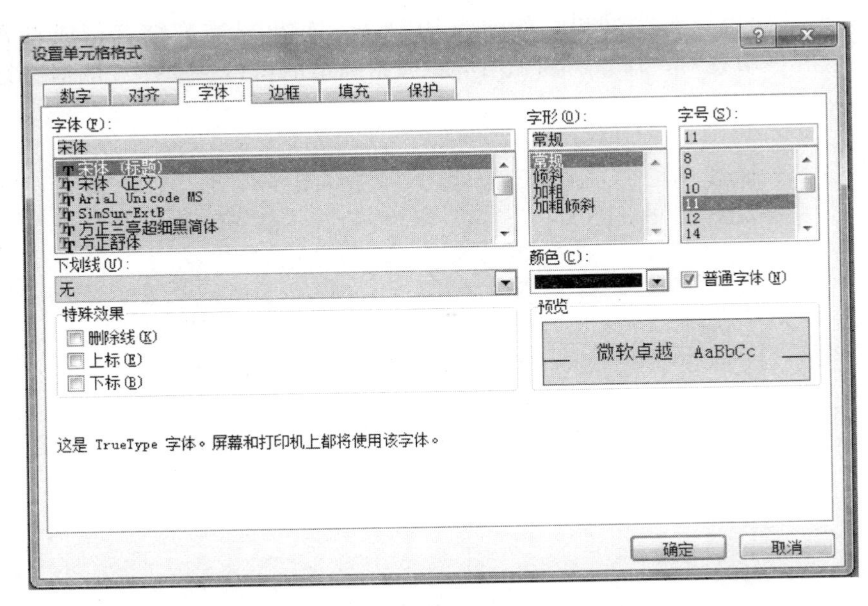

图 4-11 “设置单元格格式”对话框

3）设置默认字体格式。新建 Excel 文档并在单元格中输入数据时，如果用户对单元格格式不加以设置，则单元格将使用系统默认的格式设置。默认的字符格式可以更改，具体的操作步骤如下：

单击“文件”按钮，在弹出的下拉菜单中选择“选项”命令，弹出“Excel 选项”对话框。在左侧窗格中选择“常用”项，在右侧的“新建工作簿时”栏中对字符的格式进行设置。设置完成后，单击“确定”按钮，则所做设置将成为系统默认设置。如果要使用新的默认字体格式，必须重新启动 Excel 2010。新的字体和字体大小只应用于重新启动后创建的新工作簿中，已有的工作簿不受影响。

（2）设置数字格式　数字格式是指数字、货币、百分比、分数、日期、时间等各种数值数据在工作表中的显示方式。设置数字格式的方法有以下两种：

1）使用功能区设置数字格式。使用功能区设置数字格式的具体操作步骤如下：选中要设置数字格式的单元格或单元格区域。单击“开始”选项卡，在“数字”组中单击“常规”下拉列表框右侧的下拉按钮，打开其下拉列表，可在其中选择合适的数字格式。

2）使用对话框设置数字格式。使用对话框设置数字格式的具体操作步骤如下：选中要设置数字格式的单元格，单击“开始”选项卡，在“数字”组中单击“对话框启动器”按钮，即可弹出“设置单元格格式”对话框；打开“数字”选项卡，然后进行详细设置；设置完成后，单击“确定”按钮即可。

（3）设置对齐方式　在 Excel 2010 中，默认情况下单元格中的文本是左对齐，数字是右对齐。用户也可以根据自己的需要重新设置对齐方式，以满足其特殊要求。

在 Excel 2010 中，用户可以使用两种方法设置单元格的对齐方式。

1）使用功能区设置对齐方式。使用功能区设置数字格式的具体操作步骤如下：选中要设置对齐方式的单元格。单击“开始”选项卡，在“对齐方式”组中，用户可根据需要单击相应的按钮设置单元格的对齐方式。

2）使用对话框设置对齐方式。如果功能区中的“对齐方式”组中的按钮不能满足用户的需要，可在对话框中对单元格的对齐方式进行设置，具体操作步骤如下：选中要设置对齐方式的单元格，单击“开始”选项卡，在“对齐方式”组中单击“对话框启动器”按钮，弹出“设置单元格格式”对话框；打开“对齐”选项卡，可设置文本的对齐方式以及文本的方向等。

2. 格式化行与列

新建工作簿时，工作表中所有列的列宽和所有行的行高都是相同的。工作表的默认行高是 13.5 mm，列宽是 8.38 mm，输入数据时行高一般会随着字体的大小变化自动调整，列宽则不会自动调整。用户可以根据需要自行调整行高和列宽。

（1）使用鼠标拖动调整行高和列宽　将鼠标移到要调整行高的行号的下边线上或要调整列宽的列标的右边线上，当鼠标指针变成双向箭头时，按住鼠标左键拖动鼠标，即可改变行高或列宽。

（2）使用菜单命令设置行高和列宽　使用鼠标拖动，只能粗略地调整行高和列宽，如果要精确地对行高和列宽进行调整，需要使用菜单命令和对话框，具体操作步骤如下：

选定要调整行高（列宽）的行（列），单击“开始”选项卡，在“单元格”组中单击“格式”按钮，在弹出的下拉菜单中选择“行高”（“列宽”）命令，然后在弹出的对话框中输入所需的“行高”（“列宽”）的值，单击“确定”按钮即可精确设置行高（列宽）。如果要将行或列隐藏起来，则在下拉菜单中选择“隐藏和取消隐藏”命令，然后从其级联菜单中选择隐藏的对象即可。

3. 表格自动套用格式

Excel 2010 内置了多种预定义的表格样式。使用这些内置的表格样式可以快速地格式化工作表，使表格更加美观。使用自动套用格式的具体操作步骤如下：

1）选中要自动套用格式的单元格区域。

2）单击“开始”选项卡，在“样式”组中单击“套用表格格式”按钮，弹出其下拉菜单，如图 4-12 所示。

3）在该菜单中选择合适的样式，弹出“套用表格式”对话框，如图 4-13 所示。在该对话框中默认“表数据的来源”下拉列表中的设置。

4）在该对话框中选中“表包含标题”复选框，单击“确定”按钮。

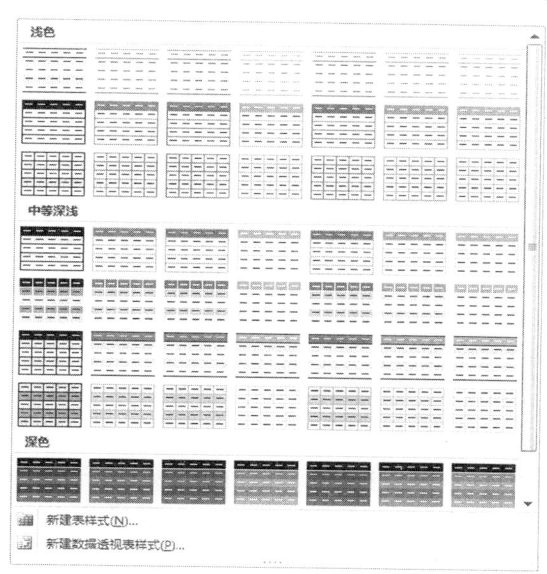

图 4-12　套用表格格式下拉菜单

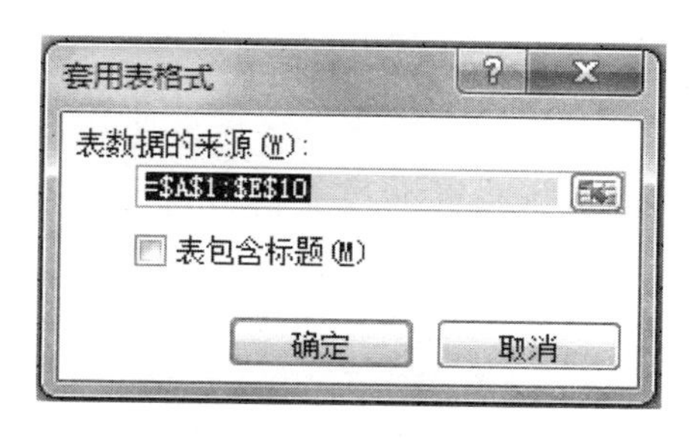

图 4-13　“套用表格式”对话框

4. 单元格样式

在 Excel 2010 中不仅内置了工作表样式，还提供了多种单元格样式，用户可以使用它们为单元格设置填充色、边框色及字体格式等，还可以自己创建新样式以及对样式进行修改。

（1）应用样式　应用样式的具体操作步骤如下：

1）选中要应用样式的单元格或单元格区域。

2）单击“开始”选项卡，在“样式”组中单击“单元格样式”按钮，即可弹出其下拉菜单。

3）在“主题单元格样式”栏中单击要应用的样式，即可将其应用到选中的单元格区域。

（2）创建新样式　如果用户对系统提供的样式不满意，可以创建新的样式，具体操作步骤如下：

1）单击“开始”选项卡，在“样式”选项组中单击“单元格样式”按钮，弹出其下拉菜单，选择“新建单元格样式”命令，弹出“样式”对话框。

2）在“样式名”文本框中输入新的样式名，单击“格式”按钮，弹出“设置单元格格式”对话框。在各选项卡中选择所需的格式，然后单击“确定”按钮。

3）在“样式”对话框中的“包括样式（例子）”栏中，清除在单元格样式中不需要的格式的复选框，单击“确定”按钮即可。

（3）修改和删除样式　如果对某样式不满意，可以对其进行修改或删除。具体操作步骤如下：

1）单击“开始”选项卡，在“样式”组中单击“单元格样式”按钮，弹出其下拉菜单。

2）在需要修改或删除的样式上单击鼠标右键，从弹出的快捷菜单中选择“修改”或“删除”命令，如果是选择“修改”命令，将弹出“样式”对话框。

3）在“样式名”文本框中为新单元格样式输入适当的名称，单击“格式”按钮，在弹出的“设置单元格格式”对话框中对数字格式、对齐方式、字体、边框和底纹以及图案等进行设置。

4）设置完成后，单击“确定”按钮，返回到“样式”对话框。

5）再次单击“确定”按钮即可。

（4）合并样式　合并样式是将其他工作簿中创建的样式复制到当前工作簿中，以便在当前工作簿中使用。合并样式的具体操作步骤如下：

1）打开源工作簿和目标工作簿，并激活目标工作簿。

2）单击“开始”选项卡，在“样式”组中单击“单元格样式”按钮，弹出其下拉菜单。选择“合并样式”命令，弹出“合并样式”对话框。

3）在“合并样式来源”列表框中选择源工作簿，单击“确定”按钮即可。

5. 条件格式

条件格式指的是基于数值格式化的单元格。使用条件格式可突出显示某些值，可以用于快速识别错误的单元格条目或特定类型的单元格。例如，可以将区域中负值背景颜色全设为浅灰色，则当输入或修改这一区域的数值时，Excel 会对数值进行检查并核对单元格的条件格式规则，如果数值为负，背景色变为浅灰色，如果为正单元格将不会应用格式。

应用条件格式的操作步骤如下：首先选定单元格或单元格区域，单击“开始”选项卡，在“样式”组中单击“条件格式”按钮，打开其下拉菜单，如图 4-14 所示。在其中选择相应的命令进行详细设置即可。这里主要介绍其中的可视化功能，即色阶、数据条和图标集的使用方法。

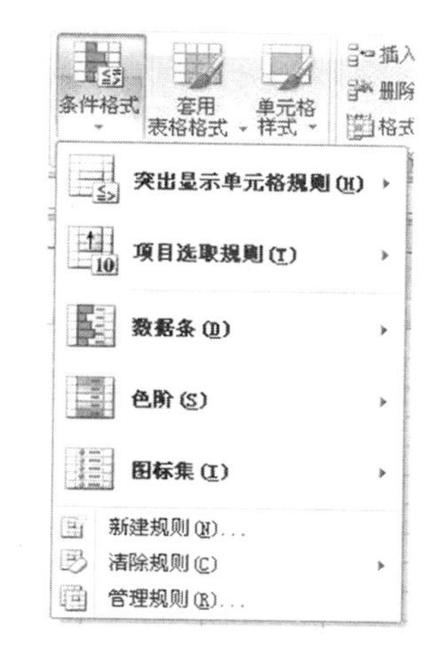

图 4-14　“条件格式”下拉菜单

（1）使用双色阶设置所选单元格的格式　双色阶使用两种颜色的深浅程度来帮助用户比较某个区域的单元格，颜色的深浅表示值的高低。例如，在绿色和白色的双色阶中，可以指定较高值单元格的颜色更绿，而较低值单元格的颜色更白。使用双色阶设置单元格格式的操作步骤如下：首先选中要设置格式的单元格区域，然后单击“开始”选项卡，在“样式”组中单击“条件格式”按钮，在弹出的下拉菜单中选择“色阶”命令，打开其级联菜单，如图 4-15 所示。在该菜单中任选一种双色阶样式，即可将其应用到所选的单元格区域中，如图 4-16 所示即为选中“绿—黄”色阶时的效果。

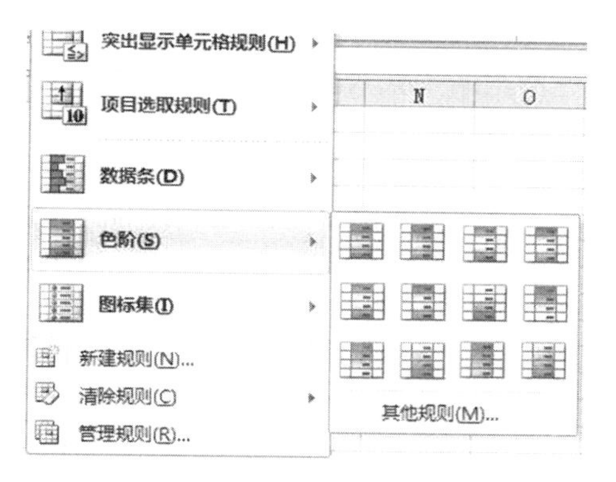

图 4-15　“色阶”级联菜单

10	20	30	40	40
10	20	30	40	40
10	20	30	40	40
10	20	30	40	40
10	20	30	40	40
10	20	30	40	40
10	20	30	40	40
10	20	30	40	40
10	20	30	40	40
10	20	30	40	40
10	20	30	40	40
10	20	30	40	40

图 4-16　应用双色阶设置单元格格式

（2）使用三色阶设置所选单元格的格式　三色阶使用三种颜色的深浅程度来帮助用户比较某个区域的单元格，颜色的深浅表示值的高、中、低。例如，在绿色、黄色和红色的三色刻度中，可以指定较高值单元格的颜色为绿色，中间值单元格的颜色为黄色，而较低值单元格的颜色为红色。使用三色阶设置单元格格式的具体操作步骤与使用双色阶设置单元格格式的具体操作步骤类似，不同之处是要在“色阶”级联菜单的第一行任选一种样式。

（3）使用数据条设置所选单元格的格式　数据条的长度代表单元格中的值。数据条越长，表示值越高；数据条越短，表示值越低。在观察大量数据中的较高值和较低值时，数据条尤其有用。使用数据条设置单元格格式的具体操作步骤如下：首先在工作表中选中要设置格式的单元格区域，然后单击“开始”选项卡，在“样式”组中单击“条件格式”按钮，打开其下拉菜单，选择其中的“数据条”命令，弹出其级联菜单，如图 4-17 所示，选择要应用的样式，即可将其应用到所选单元格区域中，如图 4-18 所示。

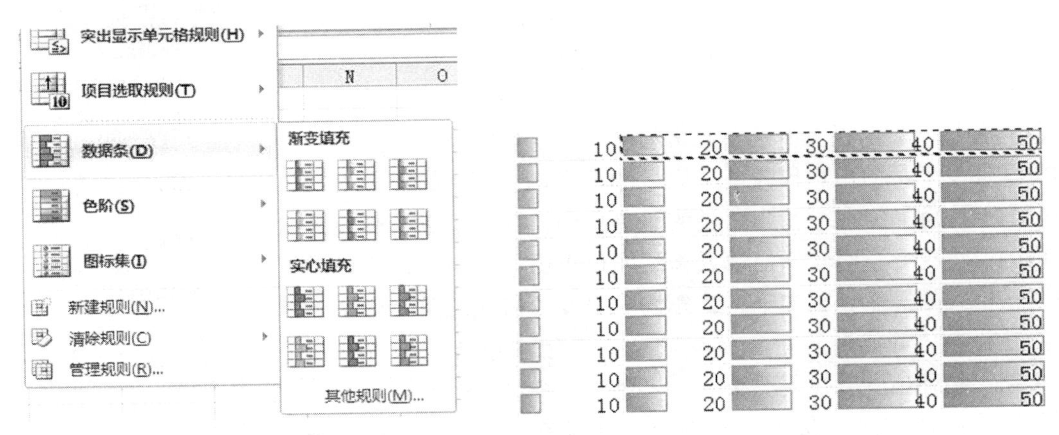

图 4-17　“数据条”级联菜单　　　图 4-18　使用数据条设置单元格格式

（4）使用图标集设置所选单元格的格式　使用图标集可以对数据进行注释，并可以按阈值将数据分为 3 ~ 5 个类别，每个图标代表一个值的范围。例如，在三向箭头图标集中，红色的下箭头代表较低值，黄色的横向箭头代表中间值，绿色的上箭头代表较高值。使用图标集设置单元格格式的具体操作步骤如下：首先在工作表中选中要设置格式的单元格区域，然后单击“开始”选项卡，在“样式”组中单击“条件格式”按钮，在弹出的下拉菜单中选择“图标集”命令，弹出其级联菜单，如图 4-19 所示，选择要应用的样式，即可将其应用到所选单元格区域中，如图 4-20 所示。

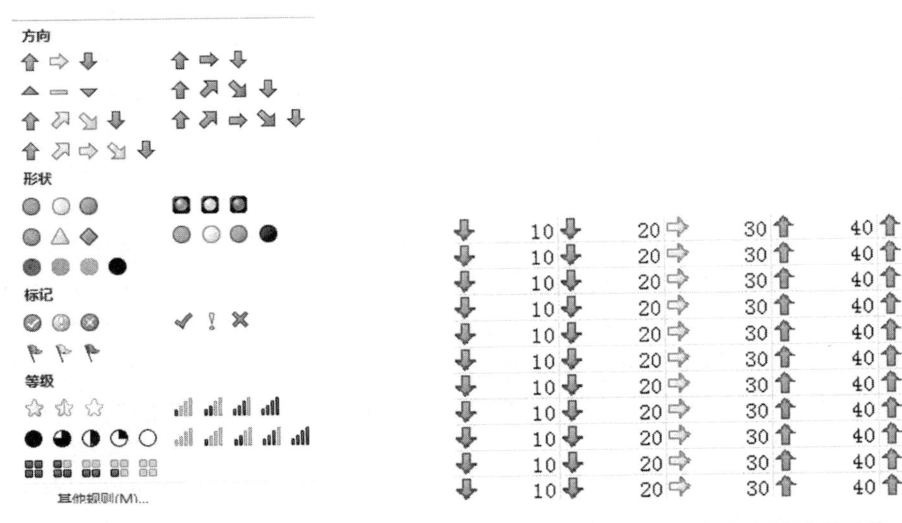

图 4-19　“图标集”级联菜单　　　图 4-20　使用图标集设置单元格格式

4.3.5　用图表显示数据

Excel 提供的图表功能可以以图表的形式显示表格中的数据，使数据更加直观、生动。图表本质上是按照工作表中的数据而创建的对象，由一个或者多个以图形方式显示的数据系列组成。数据系列的外观取决于选定的图表类型。而且，当工作表中的数据变化时，图表会自动更新。

图表不仅可以放在工作表中，也可以放在图表工作表中。直接放在工作表中的图表被称为嵌入图表，工作簿中只包含图表的工作表称为图表工作表。

1. 图表的类型和组成

Excel 2010 提供了多种样式的图表类型，包括柱形图、折线图、饼图、条形图、面积图、XY（散点）、股价图、曲面图、圆环图、气泡图、雷达图等基本图表样式。

组成图表的一些常用术语及其功能如下。

数据点：在图表中绘制的单个值，这些值由柱形、折线、饼图、条形或圆环的扇面、圆点和其他被称为数据标记的图形表示。

数据标签：为数据标记提供附加信息的标签，代表源于数据表单元格的单个数据点和值。

数据系列：在图表中绘制的相关数据点，这些数据来源于数据表的行或列。图表中的每个数据系列具有唯一的颜色或图案，也可以说数据系列是相同数据点的集合。用户可以在图表中绘制一个或多个数据系列。饼图只有一个数据系列。

图例：一个小文本框，用于标识为图表中的数据系列或分类指定的图案或颜色。

坐标轴：标识数据大小及分类的垂直线和水平线，上面标有刻度。应该注意的是，有的图表使用了三维立体图表，还应包含有 Z 轴，三维图表可以在两个方向上表示分类。饼图、圆环图等图表不含有坐标轴。

网格线：将坐标轴的刻度记号向上对 X 轴或向右对 Y 轴，延伸到整个绘图区的直线。网格线可以使用户更清楚数据点与坐标轴的相对位置，以便更容易估计图表上数据点的实际数值。

图表标题：图表标题分为 3 种，即图表标题、分类 X 轴标题和数值 Y 轴标题。这里图表标题为该图表的标题。

背景墙和基底：背景墙和基底是三维图表的组成部分，它以 X 轴和 Z 轴、Y 轴和 Z 轴所构成的平面为背景墙，以 X 轴和 Y 轴所构成的平面为基底。

绘图区：在二维图表中，指通过轴来界定的区域，包括所有数据系列。在三维图表中，同样是通过轴来界定的区域，包括所有数据系列、分类名、刻度线标志和坐标轴标题。

2. 创建图表

在 Excel 2010 中，用户只需简单的几步操作，即可创建出各种实用的图表。具体操作步骤如下：

1）在工作表中选中要创建图表的数据区域。

2）单击“插入”选项卡，在“图表”组中单击任意一种图表类型按钮，即可打开其对应子类型菜单，如图 4-21 所示，然后选择一种具体类型，即可创建出该种样式的图表。也可以单击“图表”组中的“对话框启动器”按钮，打开“插入图表”对话框，如图 4-22 所示。这里有更多的图表类型可供选择。

3. 编辑图表

图表创建好后，如果对默认的类型、位置、布局以及大小等不满意，可以对其进行修改。

（1）更改图表类型　对于大多数二维图表，可以更改整个图表的图表类型以赋予其完全不同的外观，也可以为任何单个数据系列选择另一种图表类型，使图表转换为组合图表。对于气泡图和大多数三维图表，只能更改整个图表的图表类型。

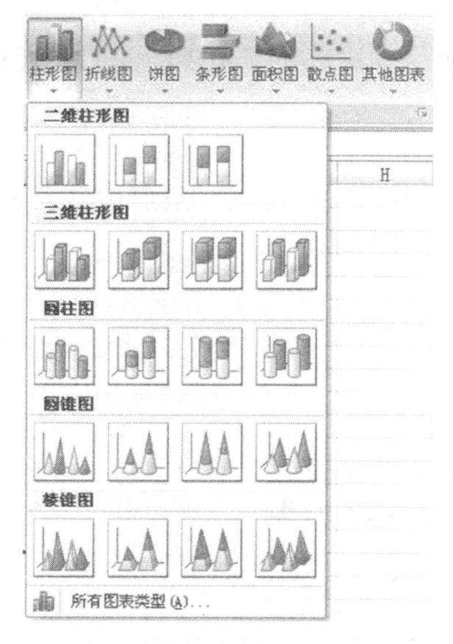

图 4-21 “柱形图”下拉菜单

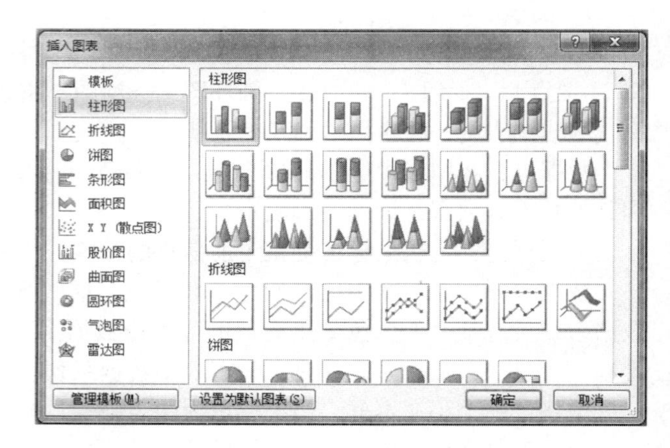

图 4-22 “插入图表”对话框

下面以更改二维图表的图表类型为例，介绍更改图表类型的方法，具体操作步骤如下：选中已创建的图表，单击图表工具中的“设计”选项卡，在“类型”组中单击“更改图表类型”按钮，弹出“更改图表类型”对话框，选择要更改的图表类型，再单击“确定”按钮即可。

（2）切换行/列位置　在 Excel 2010 中，创建的图表的行、列位置由系统确定，用户可根据需要，重新更改行列的位置，以便于用户查看图表。其具体操作步骤如下：选中创建的图表，单击图表工具中的“设计”选项卡，在“数据”组中单击“切换行/列”按钮，即可切换图表的行列。

（3）移动图表及改变图表大小　当图表创建完成后，通常要对图表进行移动、调整其大小及删除等操作。

1）移动图表。具体操作步骤如下：选中需要移动的图表，此时图表的四周会出现 8 个控制点。将鼠标放置在图表的空白区域，按住鼠标左键并拖动，此时鼠标指针变成✣形状，移动图表即可。

2）改变图表大小。具体操作步骤如下：选中需要改变大小的图表，此时图表的四周会出现 8 个控制点。将鼠标指针放在任意一个控制点上，当鼠标指针变成⤢、⤡或↔形状时，按住鼠标左键并拖动，即可改变图表的大小。当鼠标指针变成⤢或⤡形状时，按住“Shift”键并拖动鼠标，即可等比例缩放图表。

（4）更改图表布局　创建图表后，用户可以快速调整图表的布局，使图表中的各个元素显示得更完整。Excel 提供了多种预定义布局，用户可以直接从中选择，也可以通过手动更改单个图表元素的布局来进一步自定义布局。

1）使用预定义图表布局更改图表布局。具体操作步骤如下：选择要设置格式的图表，单击图表工具中的“设计”选项卡，在“图表布局”组中单击“其他”按钮，弹出其下拉菜单，选择要使用的布局样式，即可更改当前图表的布局。

2）手动更改图表元素的布局。具体操作步骤如下：选中图表或选择要为其更改布局的图表元素，单击图表工具中的“布局”选项卡，然后在“标签”组、“坐标轴”组、“背景”组进行设置选择即可。

（5）更换图表样式　图表样式与图表布局相同，都关系到图表的外观。用户可根据需要，对图表的样式进行更换，以使图表符合用户需要。用户既可以选择系统预设的图表样式，也可以手动对图表的样式进行修改，下面分别对这两种方法进行介绍。

1）选择预定义图表样式更换图表样式。具体操作步骤如下：选中需要设置格式的图表，单击图表工具中的“设计”选项卡，在“图表样式”组中单击“其他”按钮，弹出其下拉菜单，选择要使用的样式，即可更改当前选中图表的样式。

2）手动修改图表样式。具体操作步骤如下：单击图表，选中要设置格式的图表元素，再单击图表工具中的“格式”选项卡，在“当前所选内容”组中单击“设置所选内容格式”按钮，弹出与设置该格式对应的对话框，设置图表样式即可。

4. 格式化图表

创建图表后，在图表工具中会自动显示“设计”“布局”和“格式”3 个选项卡，通过这些选项卡下的各个组中的工具按钮即可对图表各个部分的样式和格式进行重新设置和美化。

（1）设置图表标题　为使图表更易于理解，可以对任何类型的图表添加标题（图表标题是说明性的文本，可以自动与坐标轴对齐或在图表顶部居中），如图表标题和坐标轴标题。坐标轴标题通常用于能够在图表中显示的所有坐标轴，包括三维图表中的竖（系列）坐标轴。有些图表类型（如雷达图）有坐标轴，但不能显示坐标轴标题。没有坐标轴的图表类型（如饼图和圆环图）也不能显示坐标轴标题。

1）应用包含标题的图表布局。用户可直接应用包含标题的图表布局以快速为图表添加标题，具体操作步骤如下：选择要对其应用图表布局的图表，单击图表工具中的“设计”选项卡，在“图表布局”组中选择包含标题的布局，即可为图表添加标题。

2）手动添加图表标题。具体操作步骤如下：选择要对其添加标题的图表，单击图表工具中的“布局”选项卡，在“标签”组中单击“图表标题”按钮，弹出其下拉菜单，选择“居中覆盖标题”或“图表上方”命令，即可在图表中创建一个标题文本框。在该文本框中输入所需文本，即可设置图表标题。

3）手动添加坐标轴标题。图表中的坐标轴标题需要手动添加，其具体操作步骤如下：选择要对其添加坐标轴标题的图表，单击图表工具中的“布局”选项卡，在“标签”组中单击“坐标轴标题”按钮，弹出其下拉菜单。如果要向主要水平（分类）轴添加标题，可以选择“主要横坐标轴标题”命令，然后在其级联菜单中选择所需命令。如果要向主要垂直（数值）轴添加标题，可以选择“主要纵坐标轴标题”命令，然后在其级联菜单中选择所需命令。设置好坐标轴标题后，在各自的文本框中输入所需文本，即可创建坐标轴标题。

（2）设置图例格式　如果用户要对图表中的图例格式进行设置，可按照以下操作步骤进行：选中要设置图例格式的图表，单击图表工具中的“布局”选项卡，在“标签”组中单击“图例”按钮，弹出其下拉菜单。选择合适的命令，即可设置图例的位置。如果用户要对图例中的文字、边框、背景等进行设置，可单击图表工具中的“布局”选项卡，在“当前所选内容”组中单击“设置所选内容格式”按钮，弹出“设置图例格式”对话框，可以设置图例的位置、填充、边框颜色、边框样式以及阴影等效果。

（3）设置数据标签　要快速标识图表中的数据系列，可以向图表的数据点添加数据标签。默认情况下，数据标签链接到工作表中的值，在对这些值进行更改时它们会自动更新。

1）添加/删除数据标签。如果要添加/删除数据标签，可按照以下操作步骤进行：

首先选中要添加/删除数据标签的对象（图表、数据系列或数据点），然后单击图表工具中的“布局”选项卡，在“标签”组单击“数据标签”按钮，弹出其下拉菜单，如图 4-23 所示。选择合适的选项，即可为所选对象添加或删除数据标签。

2）更改显示的数据标签项。如果要更改显示的数据标签项，可按照以下操作步骤进行：

首先选中要更改的数据标签项（某个数据系列的所有数据标签、单个数据点的数据标签），然后单击图表工具中的“格式”选项卡，在“当前所选内容”组中单击“设置所选内容格式”按钮，弹出“设置数据标签格式”对话框，如图 4-24 所示。在该对话框中设置数据标签的格式即可。

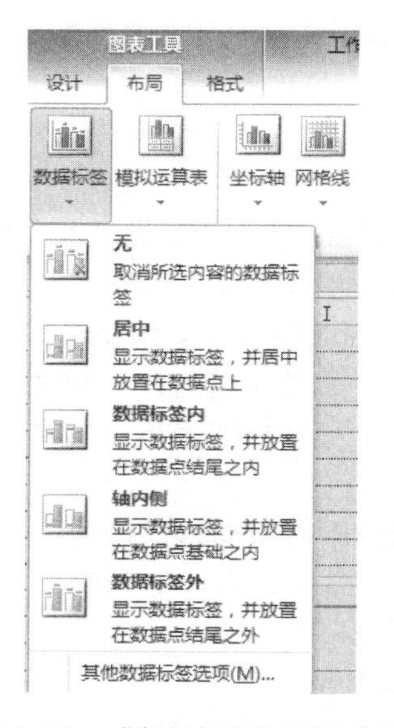

图 4-23 “数据标签”下拉菜单

图 4-24 “设置数据标签格式”对话框

（4）设置网格线　为了便于阅读图表中的数据，可以在图表的绘图区显示从水平轴和垂直轴延伸出的水平和垂直网格线。在三维图表中还可以显示竖网格线。可以为主要和次要刻度单位显示网格线，并且它们与坐标轴上显示的主要和次要刻度线对齐。在工作表中设置网格线的具体操作步骤如下：选择要向其中添加网格线的图表，单击图表工具中的“布局”选项卡，在“坐标轴”组中单击“网格线”按钮，弹出其下拉菜单，如果要向图表中添加横网格线，可选择“主要横网格线”命令，然后在其级联菜单中选择所需的命令即可；如果要向图表中添加纵网格线，可选择“主要纵网格线”命令，然后在其级联菜单中选择所需的命令即可。

（5）设置绘图区格式　绘图区在图表区中占有较大的区域，用户可设置绘图区的格式，以使整个图表更加美观。具体操作步骤如下：首先选中图表，然后单击图表工具中的“布局”选项卡，在“背景”组中单击“绘图区”按钮，在弹出的下拉菜单中选择“其他绘图区选项”命令，弹出“设置绘图区格式”对话框。在该对话框中设置绘图区的填充、边框颜色、边框样式、阴影以及三维格式等属性。

（6）应用趋势线　在图表中添加趋势线能够非常直观地对数据的变化趋势进行分析预测。

1）添加趋势线。为图表添加趋势线的具体操作步骤如下：在图表中选中要添加趋势线的数据系列，单击图表工具中的“布局”选项卡，在“分析”组中单击“趋势线”按钮，在其下拉菜单中选择合适的趋势线，即可在图表中添加该趋势线。

2）修改趋势线。创建好趋势线后，用户还可以对其进行修改，具体操作步骤如下：在图表中选中需要修改的趋势线，单击图表工具中的“布局”选项卡，在“当前所选内容”组中单击“设置所选内容格式”按钮，弹出“设置趋势线格式”对话框。在该对话框中可以设置趋势线的类型、线条颜色、线型以及阴影等。

3）删除趋势线。如果用户要将图表中的趋势线删除，可采用以下方法：选中图表中的趋势线，按“Delete”键，或右击趋势线，从弹出的快捷菜单中选择“删除”命令。

（7）应用误差线　在图表中可以添加误差线。误差线是代表数据系列中每一数据与实际值偏差的图形线条。常用的误差线是 Y 误差线。对误差线的操作方法和对趋势线的操作方法基本相同。

4.3.6　公式和函数的使用

利用公式和函数实现复杂的计算和统计，是 Excel 的核心功能和突出特色，是 Excel 强大功能的具体体现。使用公式和函数不仅可以避免手工计算的烦琐，降低出错率，而且数据修改后，Excel 还可以根据新的数据自动更新计算结果。

1. 公式

公式是以“ = ”开头，由运算符和运算量组成，可以对数据进行各种运算的式子。运算符包括算术运算符、比较运算符、文本运算符等，运算量可以是常量、单元格地址、标志名称和函数等。公式输入到单元格后，Excel 自动进行运算，然后将结果显示在存放公式的单元格中，而公式则显示在编辑栏中。

（1）常用的运算符及其优先级　公式中常用的运算符有算术运算符、比较运算符、文本运算符和引用运算符。

1）算术运算符。算术运算符包括：加（ + ）、减（ - ）、乘（ * ）、除（/）、乘幂（^）、百分号（%），用来完成基本的算术运算，运算结果为数值型数据。

2）比较运算符。比较运算符包括：等于（ = ）、小于（ < ）、大于（ > ）、小于等于（ < = ）、大于等于（ > = ）、不等于（ < > ），用来比较两个数值的大小关系，其结果为逻辑值 TRUE 或 FALSE。

3）文本运算符。文本运算符（&）又称字符串连接运算符，用来将两个或两个以上的字符串按顺序连接成一个字符串，其结果为字符型数据。如在 A1 单元格中输入“文化”，在 B2 单元格输入“基础”，在 C3 单元格输入公式“ = A1&B2”，则 C3 单元格的值为“文化基础”。

4）引用运算符。引用运算符包括：区域运算符（:）、联合运算符（,）和交叉运算符（空格），用于单元格或单元格区域的引用。例如，“A1: C3”表示引用以 A1 为左上角、C3 为右下角的矩形区域，“A1，C1”表示同时引用 A1 和 C1 两个单元格，“A1: C2 B2: D3”表示引用区域 A1: C2 和 B2: D3 重叠部分的单元格，即 B2 和 C2。

5）运算符的优先级。Excel 中各种运算符的优先级由高到低依次为：区域运算符（:）、联合运算符（,）、交叉运算符（空格）、负号（ - ）、百分号（%），乘幂（^）、乘和除（ * 和/）、加和减（ + 和 - ）、文本运算符（&）、比较运算符（ = 、 > 、 < 、 > = 、 < = 、 < > ）。当公式中同时用到多个运算符时，将按照运算符的优先级由高到低的顺序进行运算，优先级相同的按由左到右的顺序计算。如果要修改运算顺序，则要把公式中需要首先计算的总值括在圆括号内。

（2）单元格的引用与公式复制　公式复制可以避免大量重复输入公式的工作。复制公式的方法与复制数据的方法相同，其区别在于：公式中含有单元格或单元格区域的引用，而引用方法的不同，将对复制公式的结果产生不同的影响。

在 Excel 中，单元格的引用分相对引用、绝对引用和混合引用 3 种引用方式。

1）相对引用。相对引用是 Excel 默认的单元格引用方式，即用列号加行号直接表示单元格地址，如 A1、B2 等。相对引用是基于单元格间相对位置关系的一种引用，当将公式复制到其他位置时，公式中对单元格的引用会随着公式所在单元格位置的改变而改变。如在 C1 单元格输入了公式“=A1+B1”，若把公式复制到 C2 单元格，公式所在列未变，而行数增 1，为保持公式与其引用单元格之间的相对位置关系不变，则复制到 C2 单元格中的公式变为“=A2+B2”，若将公式复制到 D2 单元格，则公式变为“= B2+C2”。

2）绝对引用。绝对引用是在列号和行号前均加上符号“$”的单元格引用方式，如 $A$1、$B$2。绝对引用指向工作表中固定位置的单元格。公式复制时，采用绝对引用方式引用的单元格地址将不随公式位置的变化而变化。如在 C1 单元格输入了公式“=$A$1+$B$1”，若把公式复制到 C2 单元格，公式保持不变。

3）混合引用。混合引用指单元格地址部分采用相对引用，部分采用绝对引用。如行采用相对引用，列采用绝对引用；或列采用相对引用，行采用绝对引用，如 $A1、A$1。复制公式时，地址中相对引用部分会随公式位置的变化而变化，而绝对引用部分则保持不变。

在 Excel 中，还允许在当前工作表的单元格中引用其他工作表中的单元格，方法是在单元格地址引用前加上工作表名和“!”，如要在 Sheet1 工作表中引用 Sheet2 工作表中的 B2 单元格，则应在公式中输入“Sheet2! B2”。

（3）使用名称　在 Excel 中，可以为经常使用的区域定义一个名称，以名称来引用区域，这样不仅含义清晰、易读，而且便于记忆和引用。

1）单元格区域的命名。选定要命名的单元格或区域，在编辑栏左侧的名称框中输入名称，然后按“回车”键即可。区域命名后，可以通过在编辑栏左侧的名称框中单击区域名称来快速选择该区域。

2）在公式和函数中使用命名区域。区域命名后，可以在公式和函数中直接使用区域名称来引用该区域，如已经为张华的各门课成绩定义了区域名“张华成绩”，则在求其总分时，可输入公式“=SUM(张华成绩)”。

（4）公式错误值及其含义　在使用公式时，如果输入的公式格式不对，将会出现错误值。了解这些错误值的含义可以帮助用户修改单元格中的公式。Excel 中的错误值及其含义见表 4-2。

表 4-2　错误值及其含义

错误值	含　义
#VALUE!	使用了错误的参数或操作数类型不对
####!	列宽不够
#DIV/0!	公式中除数为零
#NAME?	未识别公式中的文本
#N/A	数值不可用
#REF!	单元格引用失效
#NUM!	无效的数字值
#NULL	对两个不相交的单元格区域引用使用了交叉引用运算符

（5）创建公式　在 Excel 2010 中可以通过 6 种方式创建公式，分别为创建包含常量和计算运算符的简单公式、包含函数的公式、包含嵌套函数的公式、包含引用和名称的公式、计算单个结果的数组公式、计算多个结果的数组公式。在 Excel 中可以通过以下方法创建公式：

1）选定要输入公式的单元格。

2）首先输入等号“=”，然后输入组成公式的内容。

3）单击编辑栏中的“输入”按钮✓或者按“回车”键，此时，选定的单元格内将显示计算结果，单元格中的公式内容显示在编辑栏中。

2. 函数

函数是 Excel 预定义的公式，其格式为：函数名(参数 1，参数 2，…)，其中参数可以是常量、单元格引用、公式或其他函数。Excel 2010 提供了多种函数，使用函数可以方便地对工作表中的数据进行计算。

（1）函数的输入　如果用户对函数的语法比较熟悉，可以采用输入公式的方法直接在单元格或编辑栏中输入函数，如输入“=SUM(B2: D4)”。

对于不熟悉的函数可以使用“插入函数”对话框来插入，方法如下：

1）选定要插入函数的单元格。

2）单击“公式”选项卡，在“函数库”组中单击“插入函数”按钮fx，或单击编辑栏上的“插入函数”按钮fx，弹出如图 4-25 所示的“插入函数”对话框。

3）在“选择类别”下拉列表框中选择所需的函数类型，然后在“选择函数”列表框中选择所需的函数。如选择“常用函数”，然后选择“SUM”。

4）单击“确定”按钮，弹出如图 4-26 所示的“函数参数”对话框。

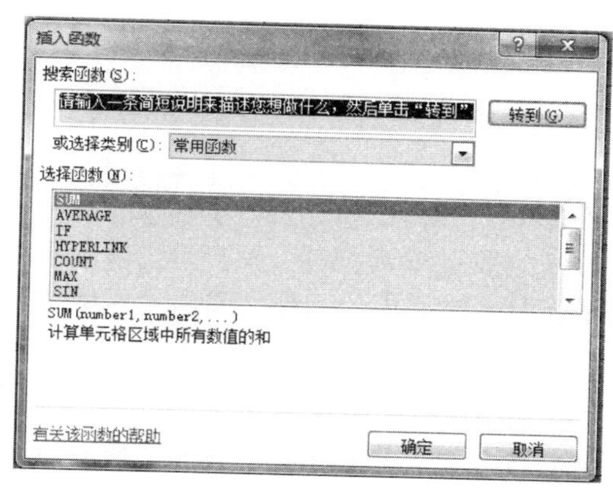

图 4-25　“插入函数”对话框

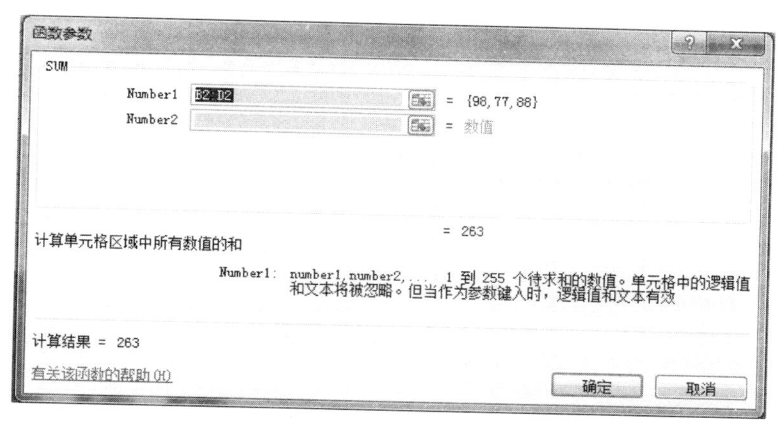

图 4-26　“函数参数”对话框

5）在参数输入框中输入参数值，或者用鼠标在工作表中选定所需区域。参数设定完成后，单击“确定”按钮，则计算结果显示在选定单元格中。

（2）常用函数举例。在如图 4-27 所示的成绩表中，计算所有学生的总分、总评及优秀率。

1）自动求和。

① 首先单击 E2 单元格，然后单击“开始”选项卡，在“编辑”组中单击“自动求和”按钮Σ ▾（当然也可以通过上述的插入函数的方法来求）。

② 插入函数后单击编辑栏的“输入”按钮✔（或按“回车”键），则文维的总分显示在 E2 单元格。拖动 E2 单元格右下角的填充柄至 E6 单元格，即可计算出所有学生的总分。

	A	B	C	D	E	F	G
1	姓名	数学	外语	计算机	总分	总评	
2	文维	98	77	88	263	良好	优
3	王浩	66	77	64	207	一般	秀
4	李凌	97	76	76	249	一般	率
5	杨梅	77	85	66	228	一般	
6	桑榆	88	99	96	283	优秀	

图 4-27　学生成绩示例

2）IF 函数。根据学生的总分计算学生的总评，总分大于 280 分时总评为“优秀”，总分大于 260 分时总评为“良好”，总分小于 260 分的总评为“一般”，使用 IF 函数实现。计算文维的总评：单击 F2 单元格，然后单击编辑栏左侧的“插入函数”按钮f_x，在弹出的“插入函数”对话框中选择“IF”函数，弹出“函数参数”对话框。在“Logical_test”数值框中输入“E2 > 280”，在“Value_if_true”数值框中输入“"优秀"”，将插入点定位在“Value_if_false”数值框中，然后单击名称框位置的函数按钮 IF ▾，如图 4-28 所示，在当前 IF 函数中再嵌入一个 IF 函数，则弹出一个新的函数参数对话框，在“Logical_test”数值框中输入“E2 > 260”，在“Value_if_true”数值框中输入“"良好"”，在“Value_if_false”数值框中输入“"一般"”，然后单击“确定”，则文维的总评等级显示在 F2 单元格中。

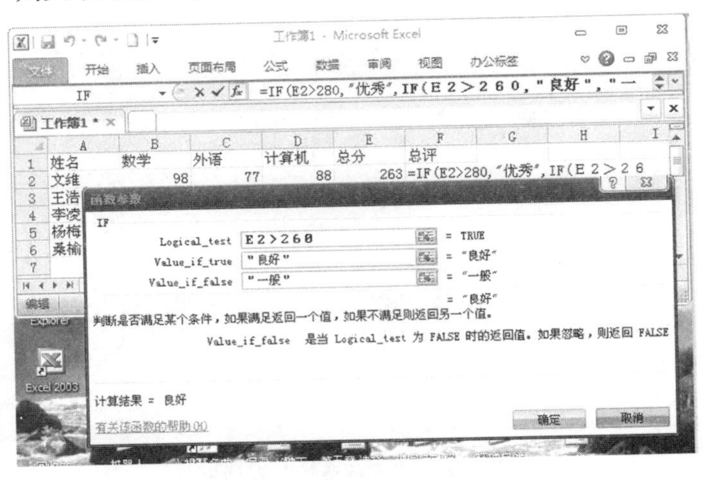

图 4-28　IF 函数嵌套示例

计算其他学生的总评：拖动 F2 单元格右下角的填充柄至 F6 单元格即可。

3）COUNTIF 函数。COUNTIF 函数用于计算指定区域中满足条件的单元格数目。优秀率的计算需要使用 COUNTIF 函数。在 G6 单元格输入 " =COUNTIF(F2: F6,"优秀")/5"，并单击"输入"按钮✓，然后再单击"开始"选项卡，在"数字"组中单击"百分比样式"按钮 % 即可，如图 4-29 所示。

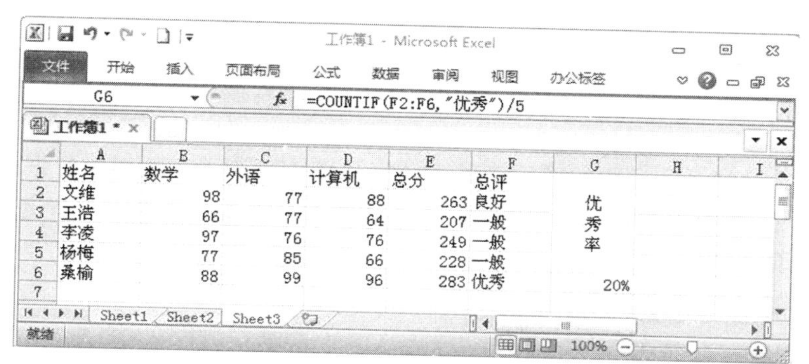

图 4-29　优秀率计算

4.4　数据的管理和分析

Excel 除了具有强大的制表、计算和图表处理能力外，数据库管理也是其一项重要功能。通过数据清单，用户可以轻松完成数据的排序、筛选和分类汇总等管理与统计工作。

4.4.1　建立数据清单

数据清单即一个具有固定格式的二维表，每一列相当于数据库中的一个字段，每一列有一个标题，相当于数据库中的字段名，每一行相当于数据库中的一条记录。它具备数据库的多种管理功能，是 Excel 中常用的工具。在工作表中创建数据清单时，应遵守以下准则：

1）在数据清单的第一行输入列标题。

2）每一列的数据类型必须一致。

3）数据清单中不要有空白行或空白列，单元格不要以空格开头。

4）不要在一个工作表中创建多个数据清单。

在工作表中创建如图 4-30 所示的数据清单，其具体操作步骤如下：

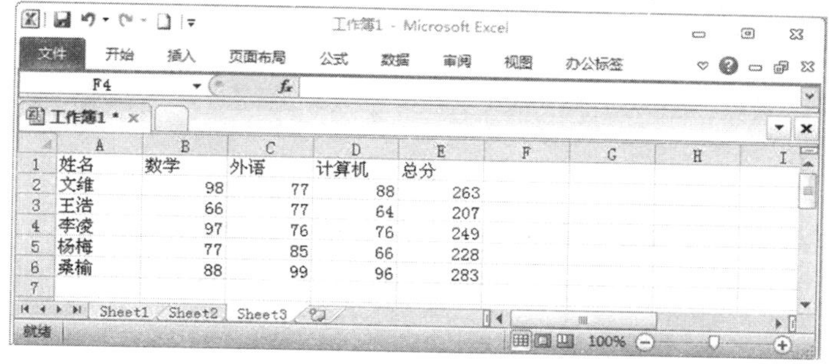

图 4-30　数据清单

1）选定当前工作簿中的某个工作表用于创建数据清单。

2）在要创建数据清单的单元格区域的第一行，输入各行的标题名，如“姓名”“英语”“语文”“总分”等。

3）在各行标题下方的单元格区域中输入数据内容，如学生姓名以及英语、语文和数学成绩等。

4）设置标题名称和字段名称的表格边框、字体格式等，然后保存数据清单。

4.4.2 数据的排序

排序即按照一个或几个字段的值重新排列数据清单中的记录，从而为数据的进一步处理做好准备。排序所依据的字段值称为“关键字”，在 Excel 2010 中，最多可以指定 64 个关键字。

数据排序的具体操作步骤如下：

1）选择要排序的列或确保活动单元格在要排序的列中。

2）单击“数据”选项卡，在“排序和筛选”组中单击“排序”按钮，打开“排序”对话框，如图 4-31 所示。

3）在“列”栏中设置排序关键字，在“排序依据”栏中选择排序类型（数值、单元格颜色、字体颜色或单元格图标）。

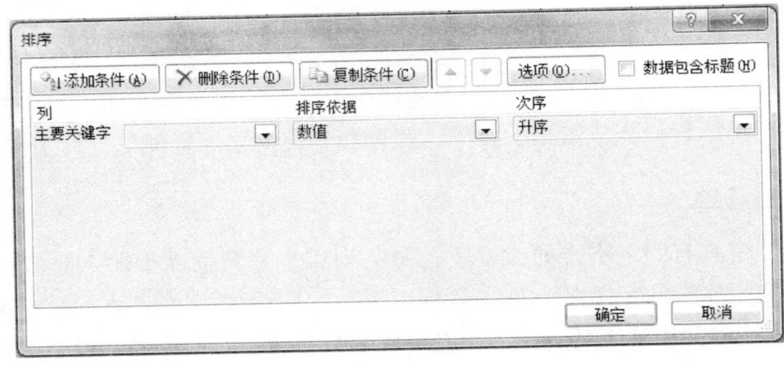

图 4-31 “排序”对话框

4）在“次序”栏中选择排序方式，排序次序选项随着排序依据的不同会有所不同。

5）如果需要按多关键字排序，则单击“添加条件”按钮可以增加排序的条件。

6）如果单击“选项”按钮，则会打开“排序选项”对话框，如图 4-32 所示。在该对话框中可对排序方向和排序方法等进行设置。

7）设置完成后，单击“确定”按钮即可。

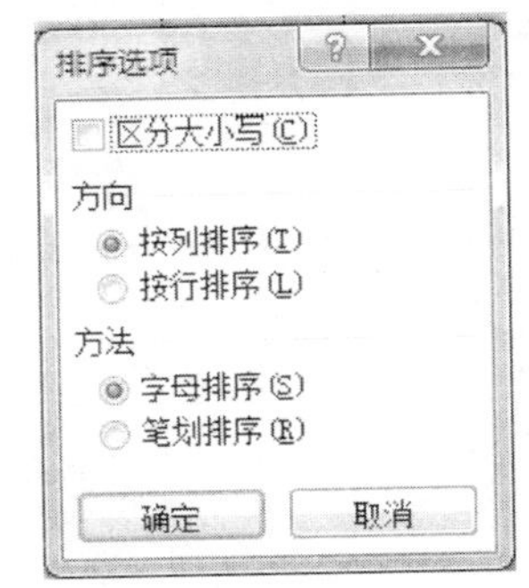

图 4-32 “排序选项”对话框

4.4.3 数据的筛选

筛选即隐藏数据清单中不满足条件的记录，只显示满足条件的记录。在 Excel 中提供了“自动筛选”和“高级筛选”两种筛选方法。

1. 自动筛选

自动筛选是按照选定的内容进行筛选，适用于简单条件。它为用户提供在大量数据记录的数据清单中快速查找符合条件记录的功能。自动筛选一次只能对工作表中的一个区域应用筛选。如果用户要在其他数据清单中使用筛选，则需要删除本次筛选，然后才可以在其他数据清单中重新进行筛选。

自动筛选的操作步骤如下：

1）选择要进行数据筛选的单元格区域或单击数据清单中的任一单元格。

2）单击“数据”选项卡，在“排序和筛选”组中单击“筛选”按钮，则各字段名右侧会出现筛选箭头，如图 4-33 所示。

3）单击某个字段名右侧的，将弹出下拉菜单。比如单击外语字段右侧的，弹出的筛选下拉列表如图 4-34 所示。

4）在其中选择相应的筛选项即可。

要取消自动筛选，则再次单击“数据”选项卡的“排序和筛选”组中的“筛选”按钮即可。

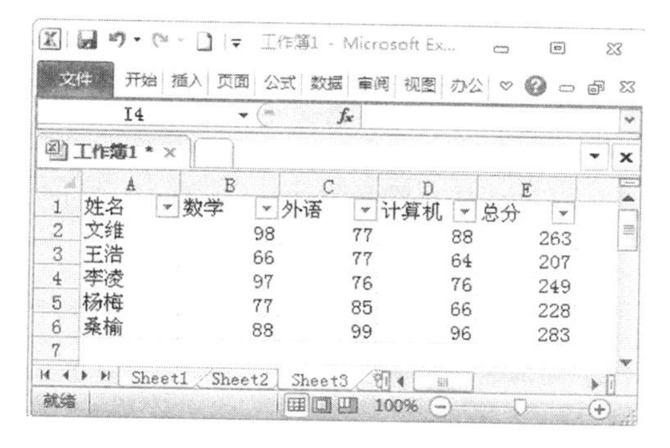

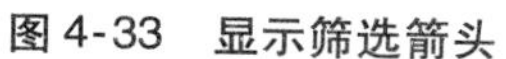
图 4-33 显示筛选箭头

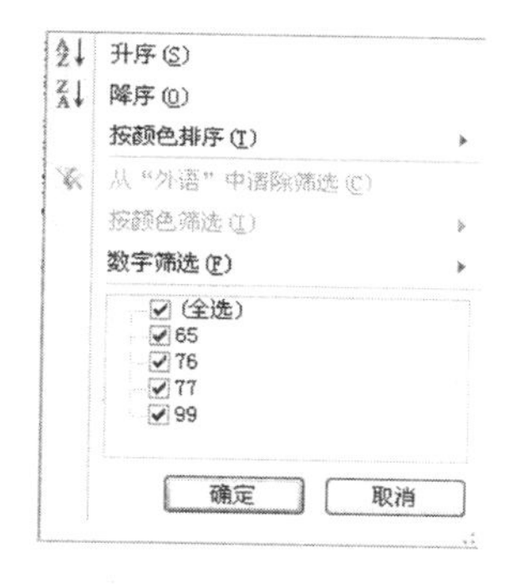

图 4-34 筛选下拉菜单

2. 高级筛选

当筛选条件过于复杂，自动筛选无法满足时，可使用高级筛选。如要筛选出总分大于 280 分或数学成绩大于 90 分的学生记录，按以下步骤操作：

1）在数据清单以外的单元格输入筛选条件，字段名单元格在上，条件单元格在下，如图 4-35所示。同一行的条件表示要同时满足，不同行的条件表示只要有一个满足即可。

2）单击要筛选的数据清单中的任一单元格，然后单击“数据”选项卡，在“排序和筛选”组中单击“高级”按钮，打开如图 4-36 所示“高级筛选”的对话框。

3）在“条件区域”框中指定设置好的条件区域。默认的数据显示方式为“在原有区域显示筛选结果”，如果不想扰乱原数据，选择“将筛选结果复制到其他位置”单选按钮，并在“复制到”框中指定筛选结果要放置位置的起始单元格。单击“确定”按钮，则从指定的单元格开始显示筛选结果。

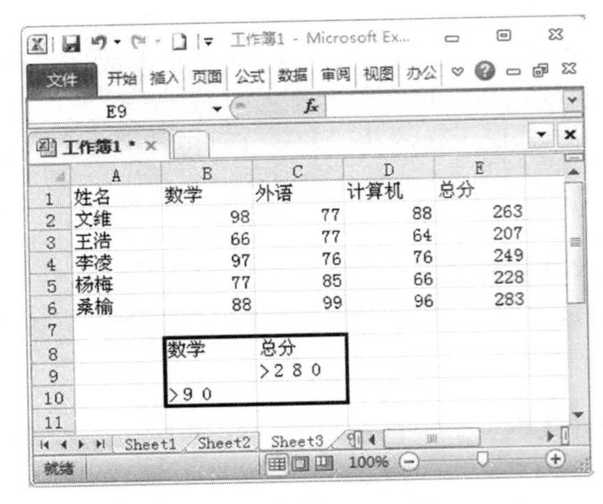

图 4-35　输入高级筛选条件

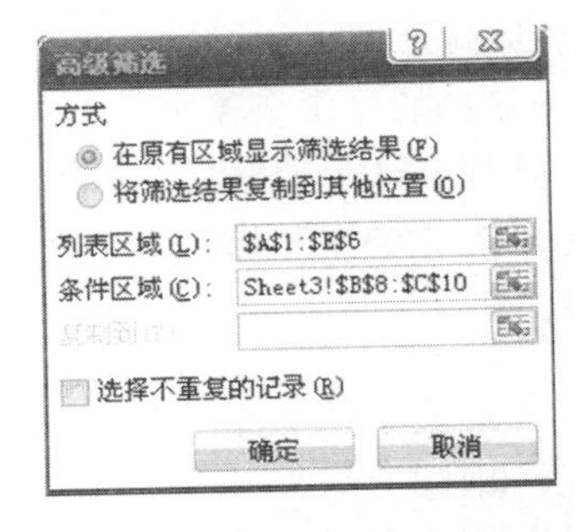

图 4-36　“高级筛选”的对话框

4.4.4　数据的分类汇总

分类汇总是对数据清单进行数据分析的一种方法。分类汇总指先将数据清单中的记录按某字段值分类，字段值相同的为一类。然后再对指定字段分别进行指定的运算。

1. 简单分类汇总

插入分类汇总的具体操作步骤如下：

1）选定要分类汇总的工作表中的任意单元格。

2）以分类字段为主要关键字进行排序（比如以专业字段为分类依据），排序结果如图 4-37 所示。

3）单击“数据”选项卡，在“分级显示”组中单击“分类汇总”按钮，弹出“分类汇总”对话框，如图 4-38 所示。在其中分类字段列表中选择分类依据（本例选“专业”），汇总方式列表中选择汇总方式（本例选的是“求和”），然后选择汇总项（本例选“总分”）。

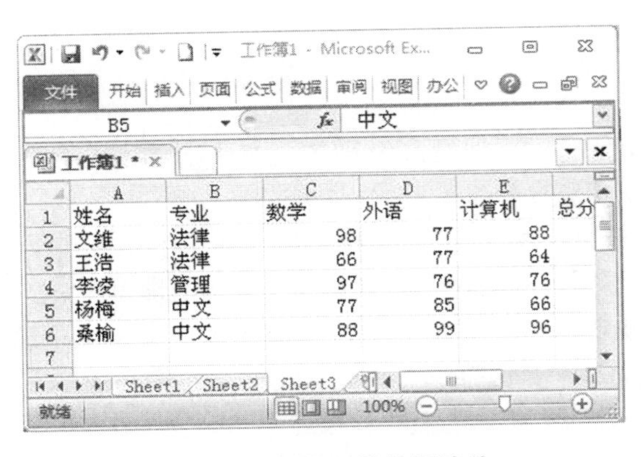

图 4-37　排序后的数据清单

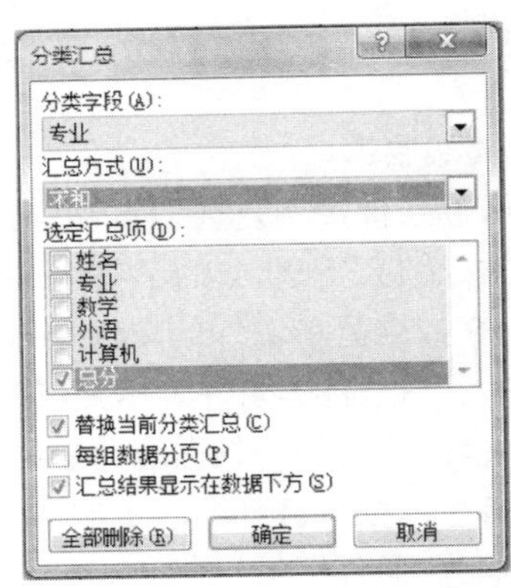

图 4-38　“分类汇总”对话框

4）单击“确定”按钮，分类汇总后的表格如图 4-39 所示。

为数据清单添加自动分类汇总时，Excel 自动将数据清单分级显示（如工作表左侧的分级显示按钮 1 2 3），以便用户根据需要查看其结构。例如，只显示分类汇总和总计的汇总，可单击行数值旁的分级显示按钮 1 2 3 中的按钮 2 ，如图 4-40 所示。或者单击 + 和 - 按钮来显示或隐藏单个分类汇总的明细数据行。

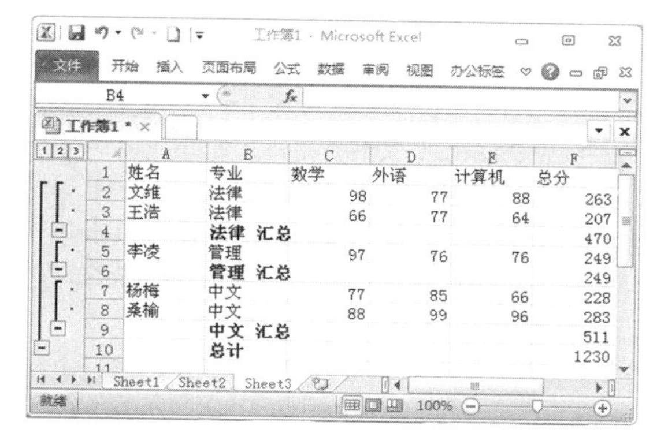

图 4-39　分类汇总后的表格

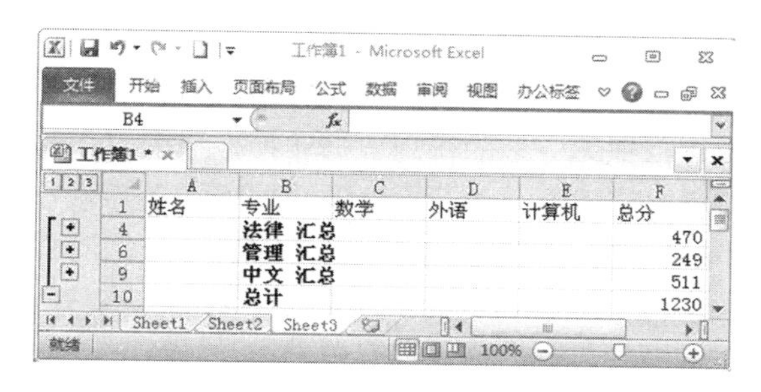

图 4-40　显示分类汇总和总计汇总

2. 嵌套分类汇总

所谓嵌套分类汇总，是指在现有的分类汇总表的基础上再以其他字段为分类依据进行新的分类汇总。其具体操作步骤如下：

1）打开要进行嵌套分类汇总的数据清单，单击数据清单中的任意单元格。

2）对数据清单中需要分类汇总的字段进行排序（本例选专业和姓名两字段）。

3）单击“数据”选项卡，在“分级显示”组中单击“分类汇总”按钮，弹出“分类汇总”对话框。在“分类字段”下拉列表中选择要分类汇总的字段，这里选择“专业”；在“汇总方式”下拉列表中选择汇总方式，这里选择“求和”；在“选定汇总项”下拉列表中选中汇总项，这里选中“总分”复选框。

4）单击确定按钮，即可建立一个以“专业”字段为分类依据的分类汇总表。

5）单击该分类汇总表中的任意单元格，然后单击“分类汇总”按钮，弹出“分类汇总”对话框。在“分类字段”下拉列表中选择要分类汇总的字段，这里选择“姓名”；在“汇总方式”下拉列表中选择汇总方式，这里选择“计数”；在“选定汇总项”下拉列表中选中汇总项，这里选中“数学”“外语”和“计算机”复选框。

6）在插入嵌套分类汇总时，为防止覆盖已存在的分类汇总，需取消选中“替换当前分类汇总”复选框。

7）设置完成后，单击“确定”按钮，得到嵌套的分类汇总表如图 4-41 所示。

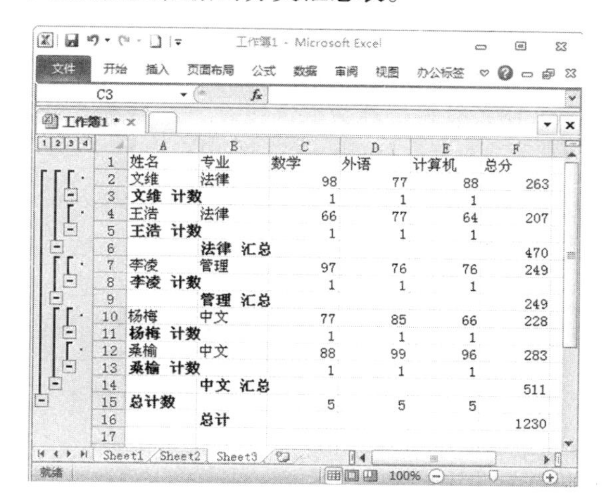

图 4-41　嵌套分类汇总

3. 清除分类汇总

进行分类汇总后，要恢复到汇总之前的状态，具体操作步骤如下：

1）单击分类汇总表中的任意单元格。

2）单击“数据”选项卡，在“分级显示”组中单击“分类汇总”按钮，弹出“分类汇总”对话框，单击“全部删除”按钮即可。

4.4.5 数据透视表和数据透视图

1. 数据透视表

数据透视表本质上是从数据库中产生的一个动态汇总表，只需单击几下鼠标，就能按照许多不同的方式切分数据表。数据库可以在一个工作表中，也可以在外部数据文件中。数据透视表可以把无穷多的行列数据转换成有意义的数据表示。在数据透视表中，源数据中的列或行字段可以变成汇总多行信息的数据透视表字段。使用此工具还可以旋转其行和列以看到源数据的不同汇总，而且还可以只显示需要的数据清单。

（1）数据透视表的术语　理解和数据透视表相关的术语是掌握数据透视表的第一步。下面介绍一些与数据透视表有关的术语。

1）源数据：用来创建数据透视表的数据，该数据可以位于工作表中，也可以位于一个外部的数据库中。

2）标签：从工作表或数据库中的字段衍生的数据分类。

3）组：作为单一项目看待的一组项目的集合，可手动或自动地为项目组合。

4）项目：字段中的一个元素，在数据透视表中作为行或列的标题显示。

5）行标签：在数据透视表中具有行方向的字段，字段的每个项目占用一行，行字段允许嵌套。

6）列标签：在数据透视表中拥有列方向的字段，字段的每一项目占用一列，列字段允许嵌套。

7）报表筛选：在数据透视表中拥有分页方向的字段，和三维立方体的一个片段相似，在一个页面字段内一次可显示一个项目（或所有项目）。

8）数值区域：数据透视表中包含汇总数据的单元格。Excel 提供若干汇总数据的方法（求和、求平均值、计数等）。

9）分类汇总：在数据透视表中，显示一行或一列中的详细单元格的分类汇总。

10）总计：在数据透视表中为一行或一列的所有单元格显示总和的行或列，可以指定为行（或为列）求和。

（2）创建数据透视表　在有了大量原始数据以后，就可以建立数据透视表了。创建数据透视表是一个不断交互的过程，需要不断尝试各种布局，直到得出满意的结果。创建数据透视表可以按下述操作步骤进行：

1）如果要用数据清单创建数据透视表，则选中数据清单中的任意一个单元格。

2）单击“插入”选项卡，在“表格”组中单击“数据透视表”按钮，弹出“创建数据透视表”对话框，如图 4-42 所示。

3）在对话框中分别选择要分析的数据源和放置数据透视表的位置，然后单击“确定”按钮，即可创建一个空的数据透视表，并显示“数据透视表字段列表”任务窗格以便用户添加字段、创建布局和自定义数据透视表，如图 4-43 所示。

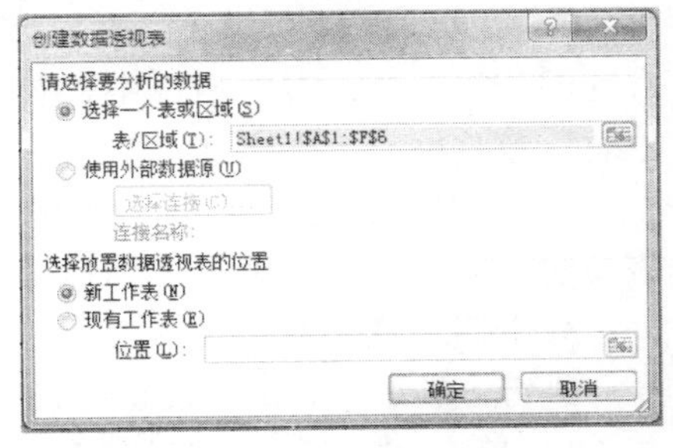

图 4-42　“创建数据透视表”对话框

4）在选择要添加到报表的字段区域中选择需添加的字段。添加的字段放置在布局部分的默认区域中。用户可通过把相应字段拖动到“数据透视表字段列表”任务窗格底部的不同区域来改变数据透视表的布局。

5）本例的数据透视表的效果如图 4-44 所示。

（3）编辑数据透视表　如果用户对已经创建好的数据透视表不满意，可以对其进行修改，比如重新排列字段、删除字段、更改数据透视表字段列表视图等。

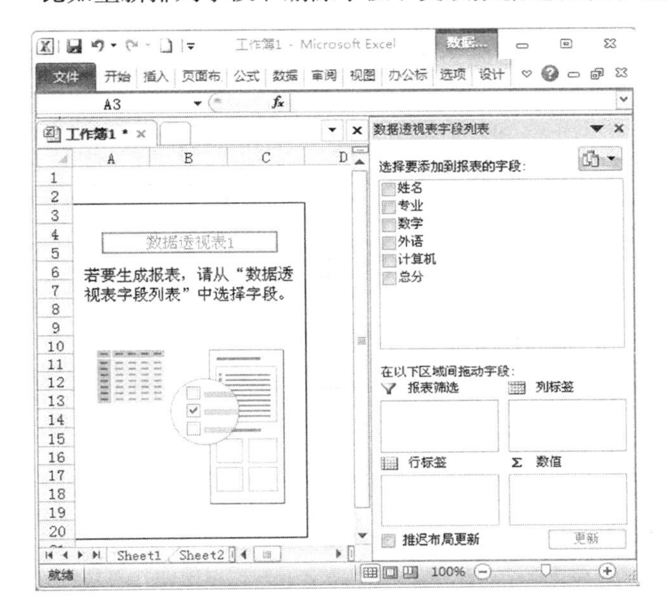

图 4-43　使用“数据透视表字段列表”建立数据透视表

行标签	求和项:数学	求和项:外语	求和项:计算机
⊟法律	164	154	152
王浩	66	77	64
文维	98	77	88
⊟管理	97	76	76
李凌	97	76	76
⊟中文	165	184	162
桑榆	88	99	96
杨梅	77	85	66
总计	426	414	390

图 4-44　创建好的数据透视表

2. 数据透视图

数据透视图是数据透视表中数据汇总的图形表示，总是基于数据透视表，但比数据透视表更加直观。两个报表中的字段相互对应，如果更改了某一报表的某个字段位置，则另一报表中的相应字段位置也会改变。与数据透视表一样，用户也可以更改数据透视图的布局和显示的数据。

（1）创建数据透视图　在 Excel 2010 中可以在数据透视表基础上创建数据透视图，也可以使用数据透视图向导创建数据透视图。

1）使用数据透视表创建数据透视图。使用数据透视表创建数据透视图时，首先要确保数据透视表至少有一个行字段可作为数据透视图里的分类字段，有一个列字段可作为数据透视图中的系列字段。其具体操作步骤如下：打开要创建数据透视图的数据透视表，然后隐藏不需要的字段；单击数据透视表区域中的任意单元格；单击数据透视表工具中的“选项”选项卡，在“工具”组中单击“数据透视图”按钮，弹出“插入图表”对话框，选择合适的图表样式，单击“确定”按钮，即可在该工作表中创建一个数据透视图，如图 4-45、图 4-46 所示。

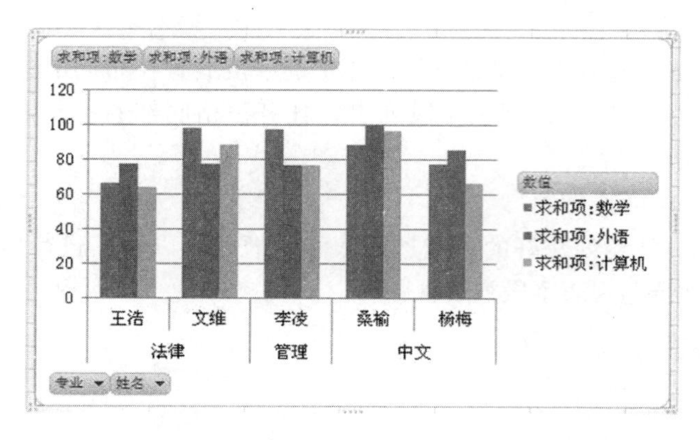

图 4-45　创建的数据透视图

图 4-46　“数据透视表字段列表”任务窗格

2）使用数据透视图向导创建数据透视图。如果用户使用数据透视图向导创建数据透视图，可以按下述操作步骤进行：打开要创建数据透视图的工作表，单击工作表中任意单元格；单击“插入”选项卡，在“表格”组中单击“数据透视表”按钮下面的下拉按钮，从弹出的下拉菜单中选择“数据透视图”命令，弹出“创建数据透视表及数据透视图”对话框，如图 4-47 所示；分别选择要分析的数据源和放置数据透视图的位置，再单击“确定”按钮，即可在工作表中创建一个空白数据透视图，且同时打开数据透视图工具，如图4-48所示。在“数据透视表字

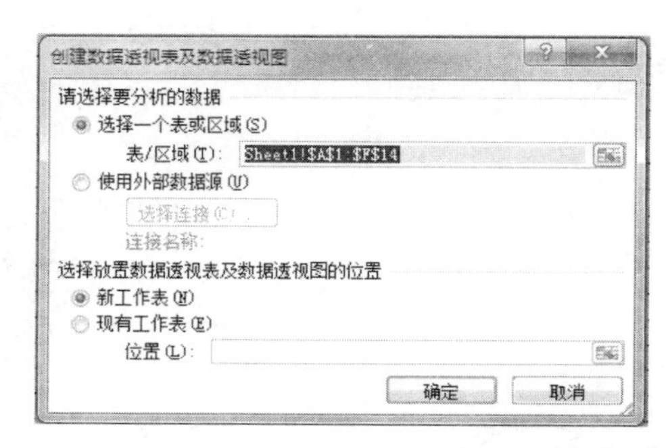

图 4-47　“创建数据透视表及数据透视图”对话框

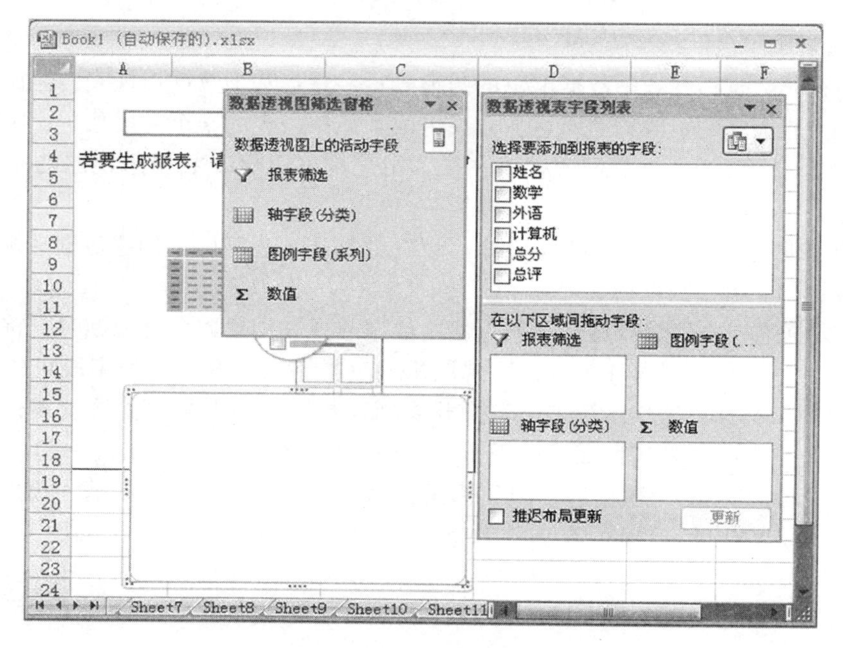

图 4-48　创建的空白数据透视图

段列表”任务窗格中选中要添加到数据透视图中的字段名，并在“设计”选项卡中的“图表样式”组中选择图表的样式，即可在工作表中创建好数据透视图，如图 4-49 所示。

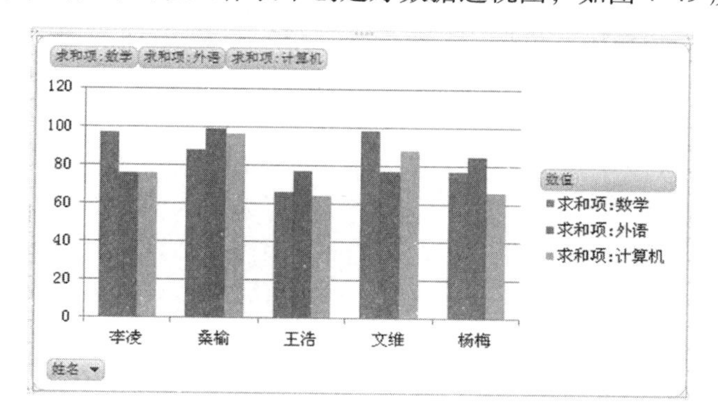

图 4-49　创建的数据透视图

（2）编辑数据透视图　用户在创建好数据透视图后，也可以对数据透视图的图表名称及其中的内容进行编辑修改，以使其符合用户的需要。主要通过数据透视图工具中的“布局”“分析”“设计”等选项卡对数据透视图进行重命名、清除、更改图表布局和图表类型等操作。

4.5　打印设置与打印

本节主要介绍如何打印工作簿，包括页面设置、打印预览和打印。

1. 页面设置

如果要进行页面设置，首先单击“页面布局”选项卡，在“页面设置”组中单击“对话框启动器”按钮，弹出“页面设置”对话框，如图 4-50 所示。在其中可分别设置页面、页边距、页眉/页脚和工作表等。设置后的工作表会更加合理美观。下面就对这些操作分别进行介绍。

图 4-50　“页面设置”对话框

（1）设置页面　在“页面设置”对话框中打开“页面”选项卡，设置步骤如下：

1）在“方向”栏中可以设置打印纸的方向，分为纵向打印和横向打印两种。“纵向”可打印长页面（默认设置），“横向”可打印宽页面。

2）在“纸张大小”下拉列表框中选择打印所用的纸张大小。纸张大小的选择取决于实际工作需要和所用打印机的打印能力。

3）“缩放”栏用来对工作簿进行放大或缩小，这样能够是工作簿更好地适应纸张。在缩放前必须先选中所需的文本。

4）在“打印质量”下拉列表框中选择所需的打印质量，这实际上是改变了打印机的分辨率。打印的分辨率越高，打印出来的效果越好，打印时间也越长。

5）“起始页码”文本框中一般使用默认状态。当工作簿中设置了包含页码的页眉或页脚时，可以在该文本框中输入要打印的实际起始页码。

（2）设置页边距　页边距是指页面上打印区域之外的空白空间。为页面设置合适的页边距，可以设置有效的打印区域。设置页边距的具体操作步骤如下：

1）在“页面设置”对话框中打开“页边距”选项卡，如图 4-51 所示。

2）在“上”“下”“左”“右”4 个数值框中输入数值，可以调整打印内容到页边缘上、下、左、右的距离。数值越大，表示打印内容到页边缘的距离越大。

3）在“页眉”和“页脚”数值框中输入数值以调整它们与上下边之间的距离，这个距离应小于数据的页边距，以免页眉和页脚被数据覆盖。

4）“居中方式”栏中包括“水平”和“垂直”两个复选框。水平居中是指打印内容与页面左、右边缘的距离相等；垂直居中是指打印内容与页面上、下边缘的距离相等。

5）设置完成后，单击“确定”按钮即可。

（3）设置页眉和页脚　页眉是每一打印页顶部所显示的一行信息，可以用于表明名称和标题等内容；页脚是每一打印页底部所显示的一行信息，可以用于表明页号、打印日期和时间等。设置页眉和页脚的具体操作步骤如下：

1）在“页面设置”对话框中打开“页眉/页脚”选项卡，如图 4-52 所示。

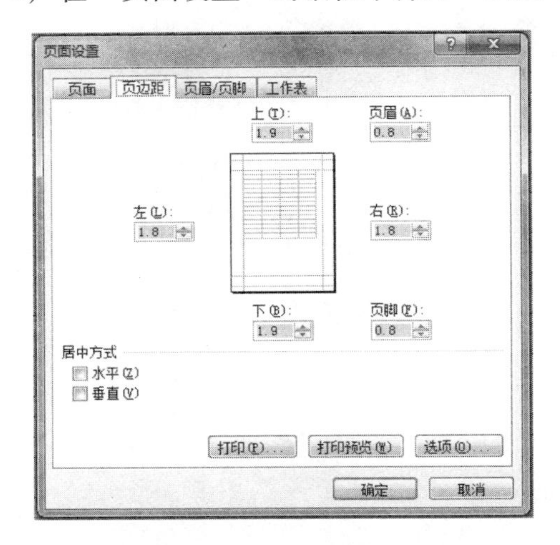

图 4-51　“页边距”选项卡

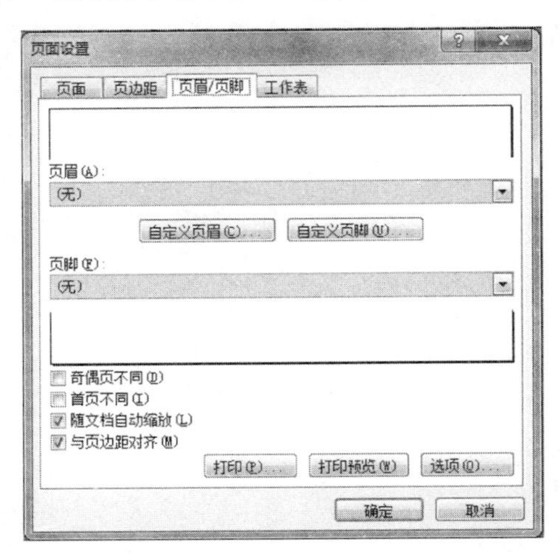

图 4-52　“页眉/页脚”选项卡

2）在“页眉”下拉列表中选择预定义的页眉和用户自定义的页眉，选择其中之一可以在页面中插入打印页眉。如果不需要在打印工作中显示页眉，则在列表框中选择“无”选项。

3）在“页脚”下拉列表中选择一种页脚显示方式，在该下拉列表下方的预览框中可以显示打印时的页脚外观。如果不需要在工作表中显示页脚，则在列表框中选择“无”。

4）若要在某个奇数页上插入不同的奇数页页眉或页脚，或在某个偶数页上插入不同的偶数页页眉或页脚，可选中“奇偶页不同”复选框。

5）要从打印首页中删除页眉和页脚，可选中“首页不同”复选框。

6）要使用与工作表相同的字号和缩放比例，可选中“随文档自动缩放”复选框。要使页眉或页脚的字号和缩放比例与工作表缩放比例无关，从而在多个页面上获得一致的显示效果，可取消选中该复选框。

7）若要确保页眉边距或页脚边距与工作表的左右边距对齐，可选中“与页边距对齐”复选框。若要为页眉和页脚的左右边距设置一个与工作表的左右边距无关的特定值，可取消选中该复选框。

8）用户也可以自定义页眉，单击“自定义页眉”按钮，弹出“页眉”对话框，如图 4-53 所示。在该对话框中从左到右列出了 3 个编辑框，分别为“左”“中”“右”。用鼠标单击任意一个编辑框，即可在其中输入文本。在“左”编辑框中输入的内容将自动左对齐，在“中”编辑框中输入的内容将自动居中对齐，在“右”编辑框中输入的内容将自动右对齐。用户可以通过 3 个编辑框上方的按钮来编辑输入的文本。

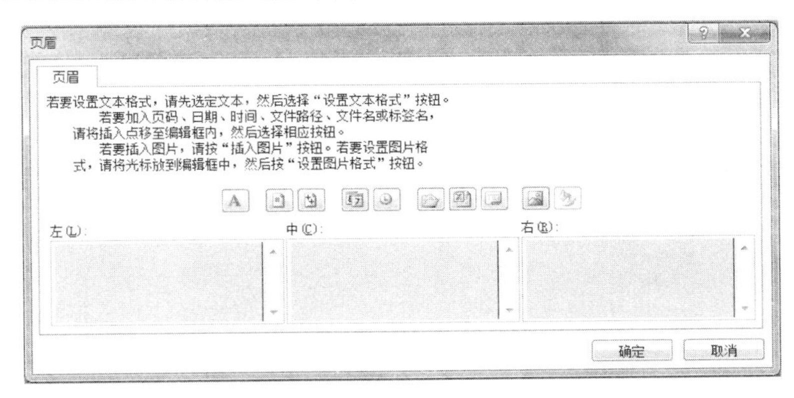

图 4-53 “页眉”对话框

9）用户也可以自定义页脚，其方法与自定义页眉的方法类似，在此不再赘述。

（4）设置工作表　如果用户要设置打印区域、打印标题、打印顺序和设置其他打印选项，都可以在“工作表”选项卡中进行设置，具体操作步骤如下：

1）在“页面设置”对话框中打开“工作表”选项卡，如图 4-54 所示。

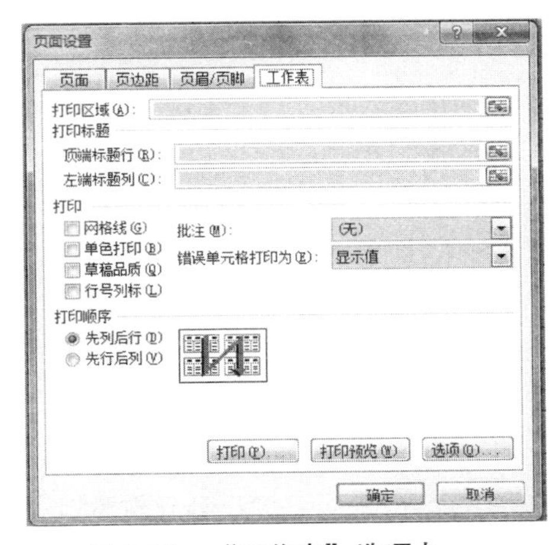

图 4-54 “工作表”选项卡

2）在“打印区域”文本框中单击“折叠”按钮，然后在工作表中选定要打印的单元格区域，即可在打印页面中指定打印的部分内容。

3）在“打印标题”栏中可以设置打印的标题。在“顶端标题行”文本框中输入顶端标题所在的单元格引用或直接输入标题名称，在“左端标题列”文本框中输入左端标题所在的单元格引用或直接输入标题名称。

4）在“打印”栏中包含一组选项，其作用如下。

①“网格线”复选框：选中该复选框，在打印时增加水平和垂直网格线。

②“单色打印”复选框：选中该复选框，将把彩色数据或图表以黑白格式打印。

③“草稿品质”复选框：选中该复选框，在打印时不打印大部分图形和网格线，大大减少打印时间。

④“行号列标”复选框：选中该复选框，以 A1 或 A1: B1 的单元格引用方式打印行号或列标。

⑤“批注”下拉列表：在该下拉列表中设置打印批注的方式，如果不打印批注则选择“无”。

5）当工作表的打印区域超过一页时，Excel 会自动分页打印。在“打印顺序”栏中可以设置打印的先后顺序。选中“先列后行”单选按钮，表示先从列打印，打印完成后再从行进行打印；选中“先行后列”单选按钮，表示先从行打印，打印完成后再从列进行打印。

2. 打印预览

打印预览就是在实际打印之前，把工作表的打印效果显示在屏幕上。打印预览工作表的具体操作步骤如下：

1）单击“文件 按钮” 文件，在弹出的下拉列表中选择“打印”命令，弹出其导航窗口，如图 4-55 所示。

2）在导航窗口右侧显示“打印预览”内容，在工作界面底部的状态栏中显示了当前打印页的页码和总页码，在窗口的上方有一排按钮，可对工作表进行设置和查看。

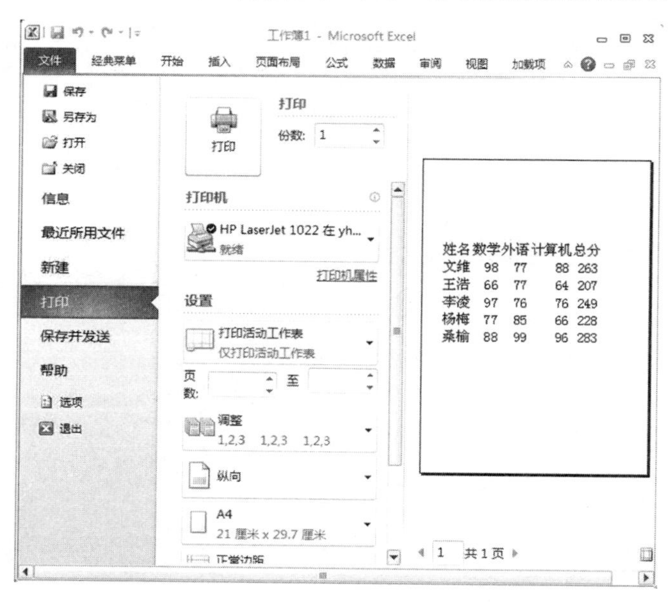

图 4-55 预览并打印文档

3. 打印

工作表设置完成后，就可以打印工作表。单击“文件”按钮 文件，在弹出的下拉列表中选择“打印”命令，弹出其导航窗口，其中各项的作用如下。

1）打印机：在其下拉列表中选择可以使用的打印机。单击“打印机属性”按钮，将弹出所选打印机属性对话框，对打印机属性进行设置，如图 4-56 所示。

2）设置：在设置区可以选择打印范围、页数、方向、纸张、边距和缩放等。

3）“份数”文本框：设置打印的份数。

将所有的设置完成后，单击“打印”按钮开始打印。如果不需要进行打印设置可直接单击快速访问工具栏中的“快速打印”按钮。

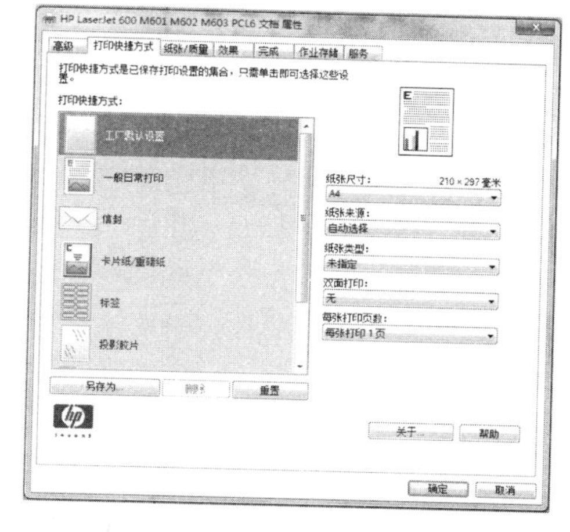

图 4-56　打印机属性对话框

4.6 应用案例

本节以制作学生成绩报告单为例，介绍如何利用 Excel 2010 生成数据清单、进行计算、设置单元格格式、插入图表以及数据的分析和管理。

1. 创建数据清单

（1）输入各列的列标（字段名）　在工作表的第一行输入学号、姓名、系部、性别、高数、英语、计算机、总分、名次。

（2）输入记录　具体操作步骤如下。

1）直接输入学生姓名及各科成绩，如图 4-57 所示。

2）学号自动填充。首先输入前两名学生的学号 2010201 和 2010202（如果学号很长，需要以字符类型输入），如图 4-58 所示；然后选定这两个单元格，将鼠标移到单元格区域右下角的填充柄的位置，当鼠标指针变成十形时，按住鼠标左键向下拖动至最后一名学生的学号为止。

应用案例.xlsx

	A	B	C	D	E	F	G	H	I
1	学号	姓名	系部	性别	高数	英语	计算机	总分	名次
2		白信子			88	89	86		
3		林质媛			68	70	61		
4		张静然			76	55	73		
5		李欣华			71	75	78		
6		赵上余			88	87	89		
7		李力强			57	63	61		
8		王一鸣			77	75	74		
9		郭海滔			75	87	82		
10		李自学			76	70	79		
11		周新凤			65	61	69		
12		白雪莹			74	76	81		
13		钟正谦			89	87	88		
14		赵书淬			88	85	89		

Sheet1　Sheet2　Sheet3

图 4-57　直接输入数据

3）系部名称复制。先在系部列标下的第一个单元格中输入“机电系”，然后选定该单元格，并将鼠标移至单元格右下角的填充柄的位置，当鼠标指针变成十形时，按住鼠标左键向下拖动至最后一名学生即可。

应用案例.xlsx

	A	B	C	D	E	F	G	H	I
1	学号	姓名	系部	性别	高数	英语	计算机	总分	名次
2	2010201	白信子			88	89	86		
3	2010202	林质媛			68	70	61		
4		张静然			76	55	73		
5		李欣华			71	75	78		
6		赵上余			88	87	89		
7		李力强			57	63	61		
8		王一鸣			77	75	74		
9		郭海滔			75	87	82		
10		李自学			76	70	79		
11		周新凤			65	61	69		
12		白雪莹			74	76	81		
13		钟正谦			89	87	88		
14		赵书淬			88	85	89		

Sheet1 Sheet2 Sheet3

图 4-58　输入前两名学生的学号

4）使用多单元格同时输入学生的性别。首先按住“Ctrl”键，选定性别相同的所有单元格，然后输入“男（女）”，按“Ctrl + 回车”组合键确认。

经过以上的填充和输入得到如图 4-59 所示的数据清单。

应用案例.xlsx

	A	B	C	D	E	F	G	H	I
1	学号	姓名	系部	性别	高数	英语	计算机	总分	名次
2	2010201	白信子	机电系	女	88	89	86		
3	2010202	林质媛	机电系	女	68	70	61		
4	2010203	张静然	机电系	男	76	55	73		
5	2010204	李欣华	机电系	女	71	75	78		
6	2010205	赵上余	机电系	男	88	87	89		
7	2010206	李力强	机电系	男	57	63	61		
8	2010207	王一鸣	机电系	男	77	75	74		
9	2010208	郭海滔	机电系	男	75	87	82		
10	2010209	李自学	机电系	男	76	70	79		
11	2010210	周新凤	机电系	女	65	61	69		
12	2010211	白雪莹	机电系	女	74	76	81		
13	2010212	钟正谦	机电系	男	89	87	88		
14	2010213	赵书淬	机电系	女	88	85	89		

Sheet1 Sheet2 Sheet3

图 4-59　数据清单

（3）添加标题　首先在数据清单第一行上边插入一行；选定该行要合并的列，然后单击“开始”选项卡，在“对齐方式”组中单击“合并后居中”按钮，输入标题“学生成绩单”，如图 4-60 所示。

应用案例.xlsx

	A	B	C	D	E	F	G	H	I
1	学生成绩单								
2	学号	姓名	系部	性别	高数	英语	计算机	总分	名次
3	2010201	白信子	机电系	女	88	89	86		
4	2010202	林质媛	机电系	女	68	70	61		
5	2010203	张静然	机电系	男	76	55	73		
6	2010204	李欣华	机电系	女	71	75	78		
7	2010205	赵上余	机电系	男	88	87	89		
8	2010206	李力强	机电系	男	57	63	61		
9	2010207	王一鸣	机电系	男	77	75	74		
10	2010208	郭海滔	机电系	男	75	87	82		
11	2010209	李自学	机电系	男	76	70	79		
12	2010210	周新凤	机电系	女	65	61	69		
13	2010211	白雪莹	机电系	女	74	76	81		
14	2010212	钟正谦	机电系	男	89	87	88		

Sheet1 Sheet2 Sheet3

图 4-60　添加标题

（4）保存文件　单击“文件”按钮 文件 ，在弹出的下拉菜单中选择“保存”命令，打开“另存为”对话框；选择保存位置，输入文件名，再单击“保存”按钮即可。

2. 输入函数及公式进行计算

（1）计算每名学生总成绩　选择 H3 单元格，单击“开始”选项卡，在“编辑”组中单击“自动求和”按钮 Σ ，结果如图 4-61 所示，按“回车”键确定接着使用鼠标拖动的方法复制公式到 H4 至 H15 之间的所有单元格，求出其他学生的总成绩。

应用案例.xlsx

	A	B	C	D	E	F	G	H	I
1					学生成绩单				
2	学号	姓名	系部	性别	高数	英语	计算机	总分	名次
3	2010201	白信子	机电系	女	88	89	86	=SUM(E3:G3)	
4	2010202	林质媛	机电系	女	68	70	61		
5	2010203	张静然	机电系	男	76	55	SUM(number1, [number2], ...)		
6	2010204	李欣华	机电系	女	71	75	78		
7	2010205	赵上余	机电系	男	88	87	89		
8	2010206	李力强	机电系	男	57	63	61		
9	2010207	王一鸣	机电系	男	77	75	74		
10	2010208	郭海滔	机电系	男	75	87	82		
11	2010209	李自学	机电系	男	76	70	79		
12	2010210	周新凤	机电系	女	65	61	69		
13	2010211	白雪莹	机电系	女	74	76	81		
14	2010212	钟正谦	机电系	男	89	87	88		

Sheet1 Sheet2 Sheet3

图 4-61　求和

（2）计算所有学生的单科平均成绩　单击 A16 单元格，输入“平均值”。选择 E16 单元格，单击“开始”选项卡，在“编辑”组中单击“自动求和”按钮 Σ 右侧的下拉按钮 ▾，从其下拉菜单中选择“平均值”命令，结果如图 4-62 所示，按“回车”键确定。使用鼠标拖动的方法复制公式到 F16 和 G16 单元格，生成其他各科的平均成绩。

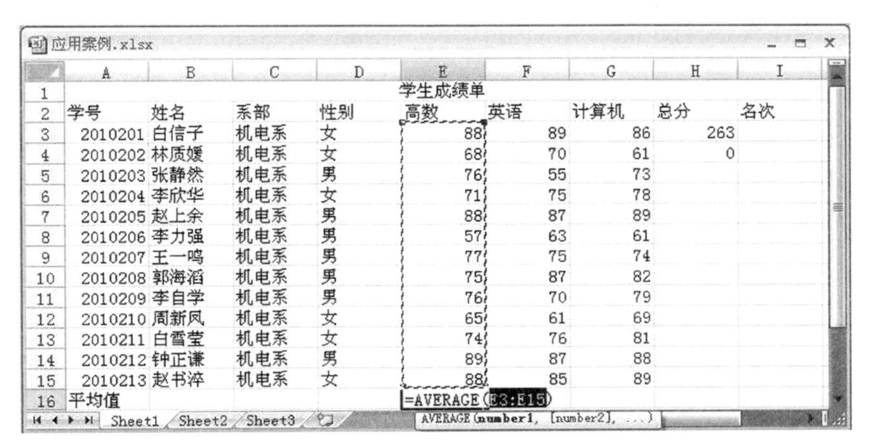

应用案例.xlsx

	A	B	C	D	E	F	G	H	I
1					学生成绩单				
2	学号	姓名	系部	性别	高数	英语	计算机	总分	名次
3	2010201	白信子	机电系	女	88	89	86	263	
4	2010202	林质媛	机电系	女	68	70	61	0	
5	2010203	张静然	机电系	男	76	55	73		
6	2010204	李欣华	机电系	女	71	75	78		
7	2010205	赵上余	机电系	男	88	87	89		
8	2010206	李力强	机电系	男	57	63	61		
9	2010207	王一鸣	机电系	男	77	75	74		
10	2010208	郭海滔	机电系	男	75	87	82		
11	2010209	李自学	机电系	男	76	70	79		
12	2010210	周新凤	机电系	女	65	61	69		
13	2010211	白雪莹	机电系	女	74	76	81		
14	2010212	钟正谦	机电系	男	89	87	88		
15	2010213	赵书淬	机电系	女	88	85	89		
16	平均值				=AVERAGE(E3:E15)				

Sheet1 Sheet2 Sheet3　AVERAGE(number1, [number2], ...)

图 4-62　输入求平均值公式

3. 使用排序和公式排名次

1）按“总分”进行降序排序。首先选定要排序的单元格区域，然后单击“数据”选项卡，在“排序和筛选”组中单击“排序”按钮 ，打开“排序”对话框，选择如图 4-63 所示的数据，单击“确定”按钮。

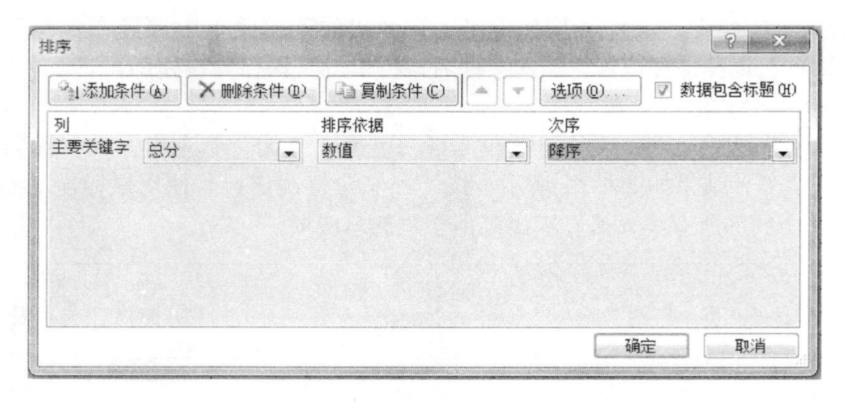

图 4-63　“排序”对话框

2）在“名次”字段前插入“排序”列，在 I3 至 I15 中自动填充序列 1、2、3、…13，结果如图 4-64 所示。

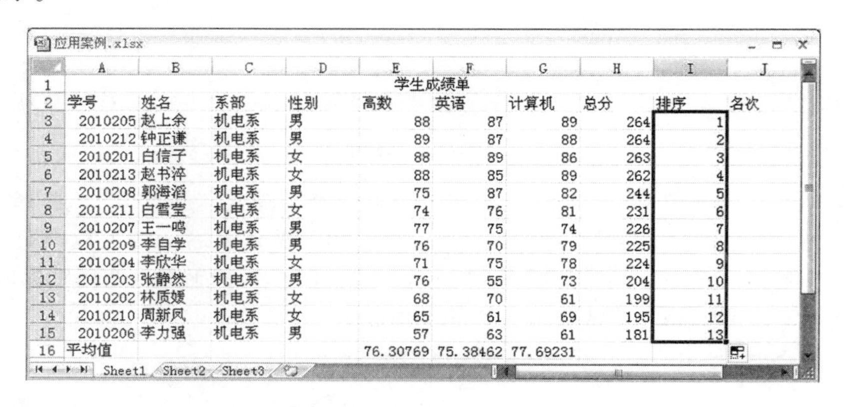

	A	B	C	D	E	F	G	H	I	J
1					学生成绩单					
2	学号	姓名	系部	性别	高数	英语	计算机	总分	排序	名次
3	2010205	赵上余	机电系	男	88	87	89	264	1	
4	2010212	钟正谦	机电系	男	89	87	88	264	2	
5	2010201	白信子	机电系	女	88	89	86	263	3	
6	2010213	赵书淬	机电系	女	88	85	89	262	4	
7	2010208	郭海滔	机电系	男	75	87	82	244	5	
8	2010211	白雪莹	机电系	女	74	76	81	231	6	
9	2010207	王一鸣	机电系	男	77	75	74	226	7	
10	2010209	李自学	机电系	男	76	70	79	225	8	
11	2010204	李欣华	机电系	女	71	75	78	224	9	
12	2010203	张静然	机电系	男	76	55	73	204	10	
13	2010202	林质媛	机电系	女	68	70	61	199	11	
14	2010210	周新凤	机电系	女	65	61	69	195	12	
15	2010206	李力强	机电系	男	57	63	61	181	13	
16	平均值				76.30769	75.38462	77.69231			

图 4-64　插入“排序”字段

3）在 J3 单元格中输入“1”，在 J4 单元格中输入“ = IF(H4 > = H3, J3, IF(H4 < H3, I4))”。使用鼠标拖动的方法复制公式到 J5 至 J15 之间的所有单元格，求出其他学生名次，如图 4-65 所示。

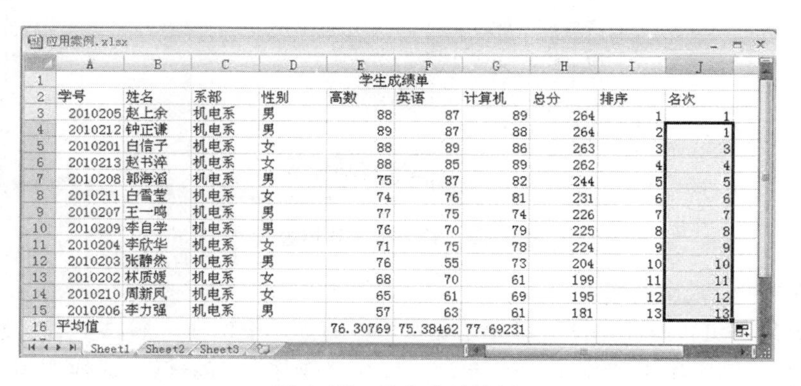

	A	B	C	D	E	F	G	H	I	J
1					学生成绩单					
2	学号	姓名	系部	性别	高数	英语	计算机	总分	排序	名次
3	2010205	赵上余	机电系	男	88	87	89	264	1	1
4	2010212	钟正谦	机电系	男	89	87	88	264	2	1
5	2010201	白信子	机电系	女	88	89	86	263	3	3
6	2010213	赵书淬	机电系	女	88	85	89	262	4	4
7	2010208	郭海滔	机电系	男	75	87	82	244	5	5
8	2010211	白雪莹	机电系	女	74	76	81	231	6	6
9	2010207	王一鸣	机电系	男	77	75	74	226	7	7
10	2010209	李自学	机电系	男	76	70	79	225	8	8
11	2010204	李欣华	机电系	女	71	75	78	224	9	9
12	2010203	张静然	机电系	男	76	55	73	204	10	10
13	2010202	林质媛	机电系	女	68	70	61	199	11	11
14	2010210	周新凤	机电系	女	65	61	69	195	12	12
15	2010206	李力强	机电系	男	57	63	61	181	13	13
16	平均值				76.30769	75.38462	77.69231			

图 4-65　排名次的结果

4）利用选择性粘贴使名次列中只保留数值，然后删除排序列，再按“学号”为主要关键字升序排序，结果如图 4-66 所示。

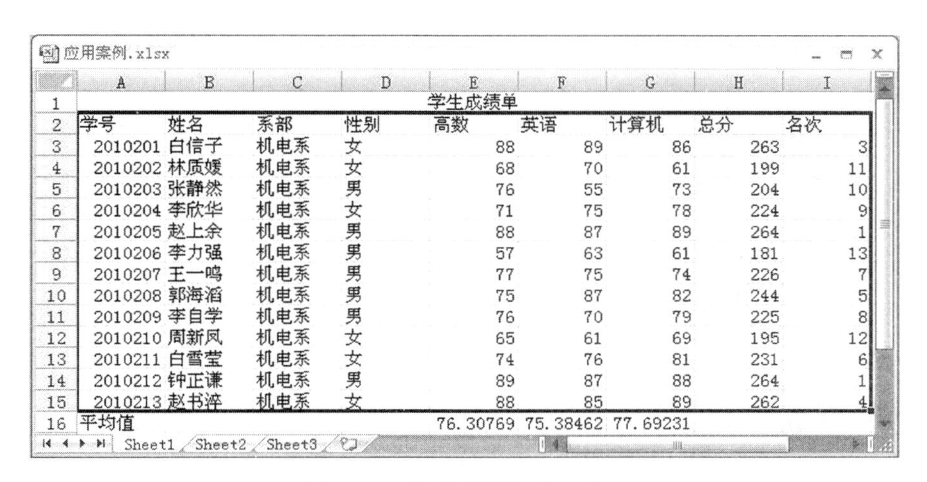

应用案例.xlsx

	A	B	C	D	E	F	G	H	I
1	学生成绩单								
2	学号	姓名	系部	性别	高数	英语	计算机	总分	名次
3	2010201	白信子	机电系	女	88	89	86	263	3
4	2010202	林质媛	机电系	女	68	70	61	199	11
5	2010203	张静然	机电系	男	76	55	73	204	10
6	2010204	李欣华	机电系	女	71	75	78	224	9
7	2010205	赵上余	机电系	男	88	87	89	264	1
8	2010206	李力强	机电系	男	57	63	61	181	13
9	2010207	王一鸣	机电系	男	77	75	74	226	7
10	2010208	郭海滔	机电系	男	75	87	82	244	5
11	2010209	李自学	机电系	男	76	70	79	225	8
12	2010210	周新凤	机电系	女	65	61	69	195	12
13	2010211	白雪莹	机电系	女	74	76	81	231	6
14	2010212	钟正谦	机电系	男	89	87	88	264	1
15	2010213	赵书浒	机电系	女	88	85	89	262	4
16	平均值				76.30769	75.38462	77.69231		

Sheet1　Sheet2　Sheet3

图 4-66　按“学号”升序排序

4. 设置单元格格式

(1) 设置对齐方式　选定整个数据清单并右击鼠标，在弹出的快捷菜单中选择“设置单元格格式”命令，打开“单元格格式”对话框。选择“对齐”选项卡，设置如图 4-67 所示。

(2) 设置数字格式　选择单元格区域 E16: G16，右击鼠标，从弹出的快捷菜单中选择“设置单元格格式”命令，打开“单元格格式”对话框。选择“数字”选项卡，设置结果如图 4-68 所示。

(3) 设置字符的格式　选定设置字符格式的单元格区域，然后右击鼠标，从弹出的快捷菜单中选择“设置单元格格式”命令，打开“单元格格式”对话框。选择“字体”选项卡，设置字体、字形、字号、颜色等属性，单击“确定”按钮即可。设置结果如图 4-69 所示。

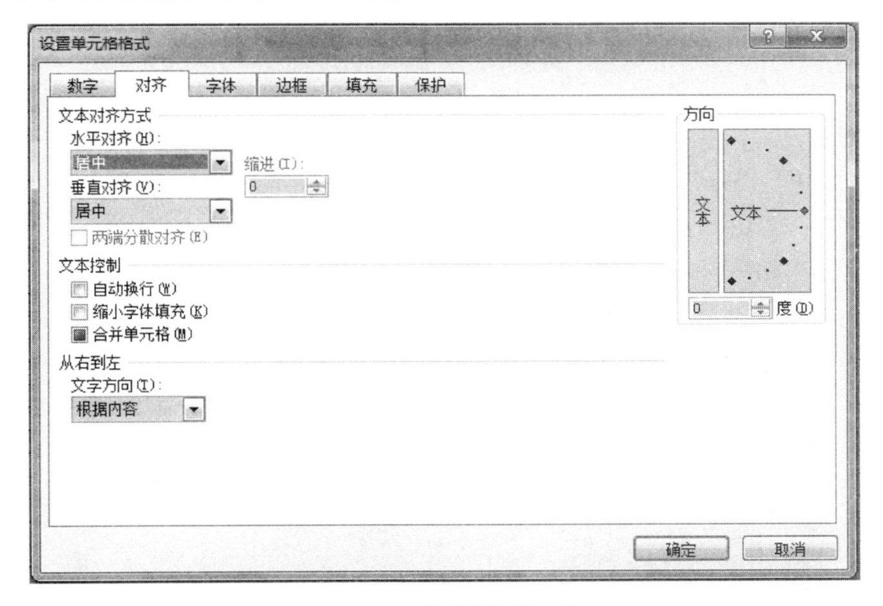

图 4-67　“对齐”选项卡

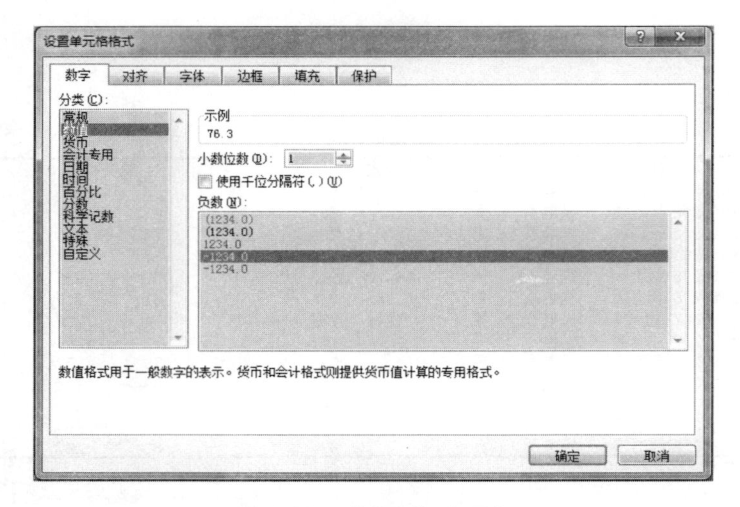

图 4-68　“数字”选项卡

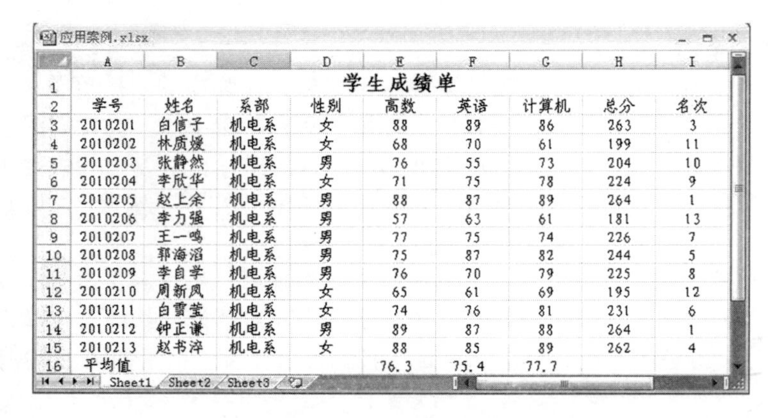

应用案例.xlsx

	A	B	C	D	E	F	G	H	I
1	学生成绩单								
2	学号	姓名	系部	性别	高数	英语	计算机	总分	名次
3	2010201	白信子	机电系	女	88	89	86	263	3
4	2010202	林质嫒	机电系	女	68	70	61	199	11
5	2010203	张静然	机电系	男	76	55	73	204	10
6	2010204	李欣华	机电系	女	71	75	78	224	9
7	2010205	赵上余	机电系	男	88	87	89	264	1
8	2010206	李力强	机电系	男	57	63	61	181	13
9	2010207	王一鸣	机电系	男	77	75	74	226	7
10	2010208	郭海滔	机电系	男	75	87	82	244	5
11	2010209	李自学	机电系	男	76	70	79	225	8
12	2010210	周新凤	机电系	女	65	61	69	195	12
13	2010211	白雪莹	机电系	女	74	76	81	231	6
14	2010212	钟正谦	机电系	男	89	87	88	264	1
15	2010213	赵书淬	机电系	女	88	85	89	262	4
16	平均值				76.3	75.4	77.7		

Sheet1　Sheet2　Sheet3

图 4-69　设置字符格式

5. 创建图表

1）按住“Ctrl”键，然后用拖动的方法选定要创建图表的数据清单中的列，如图 4-70 所示。

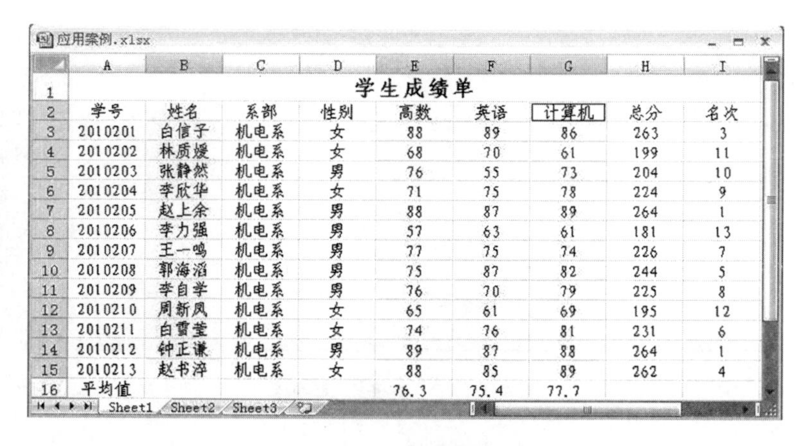

应用案例.xlsx

	A	B	C	D	E	F	G	H	I
1	学生成绩单								
2	学号	姓名	系部	性别	高数	英语	计算机	总分	名次
3	2010201	白信子	机电系	女	88	89	86	263	3
4	2010202	林质嫒	机电系	女	68	70	61	199	11
5	2010203	张静然	机电系	男	76	55	73	204	10
6	2010204	李欣华	机电系	女	71	75	78	224	9
7	2010205	赵上余	机电系	男	88	87	89	264	1
8	2010206	李力强	机电系	男	57	63	61	181	13
9	2010207	王一鸣	机电系	男	77	75	74	226	7
10	2010208	郭海滔	机电系	男	75	87	82	244	5
11	2010209	李自学	机电系	男	76	70	79	225	8
12	2010210	周新凤	机电系	女	65	61	69	195	12
13	2010211	白雪莹	机电系	女	74	76	81	231	6
14	2010212	钟正谦	机电系	男	89	87	88	264	1
15	2010213	赵书淬	机电系	女	88	85	89	262	4
16	平均值				76.3	75.4	77.7		

Sheet1　Sheet2　Sheet3

图 4-70　选择数据源

2）单击“插入”选项卡，在“图表”组中单击“对话框启动器”按钮，打开“插入图表”对话框，选择一种图表类型（本例选择“柱形图”），并从其右侧选择一种子图表类型（本例选择“簇状柱形图”）。单击“确定”按钮，即可创建一个如图 4-71 所示的图表。

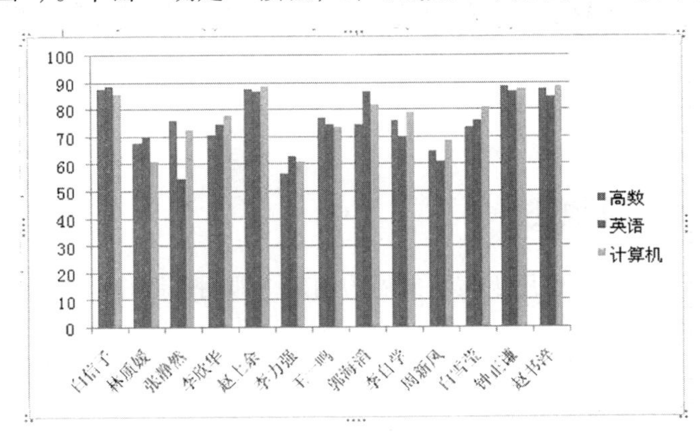

图 4-71　簇状柱形图

创建图表后，还可通过图表工具中的“设计”“布局”和“格式”3 个选项卡对图表进行诸如切换行/列、更改图表类型、更改图表的布局样式、移动图表、添加图表标题、坐标轴标题、设置网格线、设置所选内容的格式等操作，这里就不一一赘述了。

本 章 小 结

本章介绍了 Microsoft Office 2010 办公自动化软件中的电子表格软件 Excel 2010。从 Excel 2010 的新增功能和特点入手，逐步介绍了 Excel 2010 的工作界面、工作簿的基本操作、工作表的基本操作、数据的管理和分析、打印设置与打印等内容。

通过本章循序渐进地学习，使读者对 Excel 2010 的基本知识有一个初步的了解和掌握，从而可以灵活使用 Excel 来进行电子表格的制作、编辑、格式化以及数据的分析和管理等工作，制作出各种满足实际需要的精美的电子表格，并为以后进一步的学习打好基础。

思 考 题

4-1　简述 Excel 2010 的新增功能和特点。

4-2　简述 Excel 中工作簿、工作表和单元格的概念及其相互关系。

4-3　Excel 2010 中有哪些数据类型？各有哪些特点？

4-4　简述在单元格中输入数据和确认输入的几种方法。

4-5　简述清除和删除单元格的区别。

4-6　如何设置条件格式？

4-7　如何输入公式和函数？

4-8　简述 Excel 中单元格引用的几种方式。

4-9　复制公式时绝对引用和相对引用有何区别？

4-10　如何创建和格式化图表？

4-11　如何创建数据清单？如何在数据清单中进行筛选？

4-12　如何进行嵌套的分类汇总？

4-13　如何冻结窗口以及如何打印标题？

第 5 章　演示文稿软件 PowerPoint 2010

5.1　PowerPoint 2010 概述

PowerPoint（简称 PPT）主要用于演示文稿的创建，即用来制作、编辑和播放一张或一系列的幻灯片。利用 PowerPoint 能够制作出集文字、图形、图像、声音以及影视短片等多媒体元素于一体的演示文稿，把自己所要表达的资讯组织在一组图文并茂的画面中，一般用于介绍公司的产品、展示自己的学术成果等方面。

5.1.1　PowerPoint 2010 的启动与退出

1. 启动 PowerPoint 2010

常用的 PowerPoint 2010 的启动方法有以下两种：

1）单击任务栏左侧的“开始”按钮，选择“所有程序”→“Microsoft Office”→“Microsoft PowerPoint 2010”命令，如图 5-1 所示。

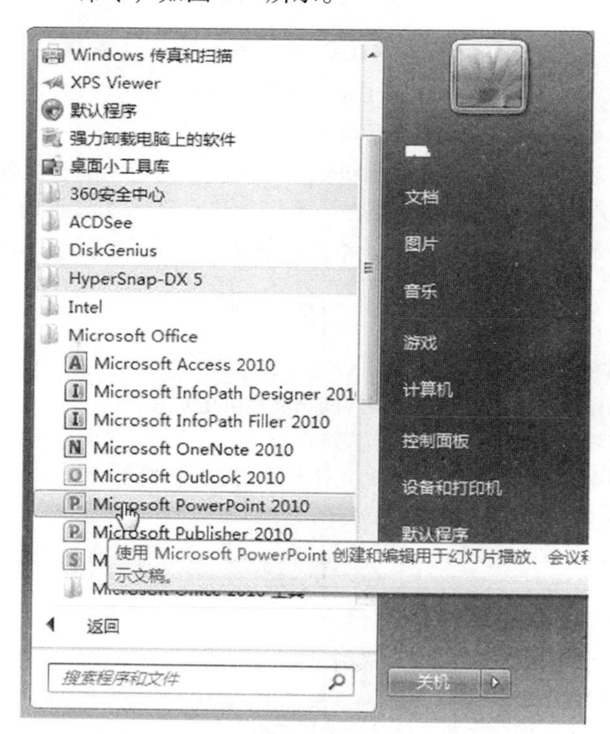

图 5-1　从“开始”菜单启动 Microsoft PowerPoint 2010

2）双击桌面上的“Microsoft PowerPoint 2010”快捷方式图标。

2. 退出 PowerPoint 2010

退出 PowerPoint 2010 有以下几种方法：

1）单击“文件”按钮，在弹出的下拉菜单中选择“退出”命令。

2）单击应用程序窗口标题栏右侧的“关闭”按钮。

3）接“Alt + F4”组合键。

退出 PowerPoint 2010 前，请先确认保存文档。如果未保存过文档，会弹出保存提示框，如图 5-2 所示。

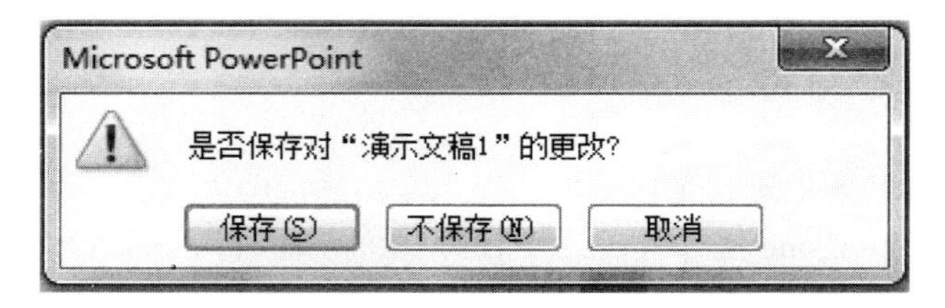

图 5-2 保存提示框

5.1.2 PowerPoint 2010 的工作界面

PowerPoint 2010 提供了全新的工作界面，其标题栏、菜单栏、功能区、状态栏等与 Word 2010 相似，如图 5-3 所示。

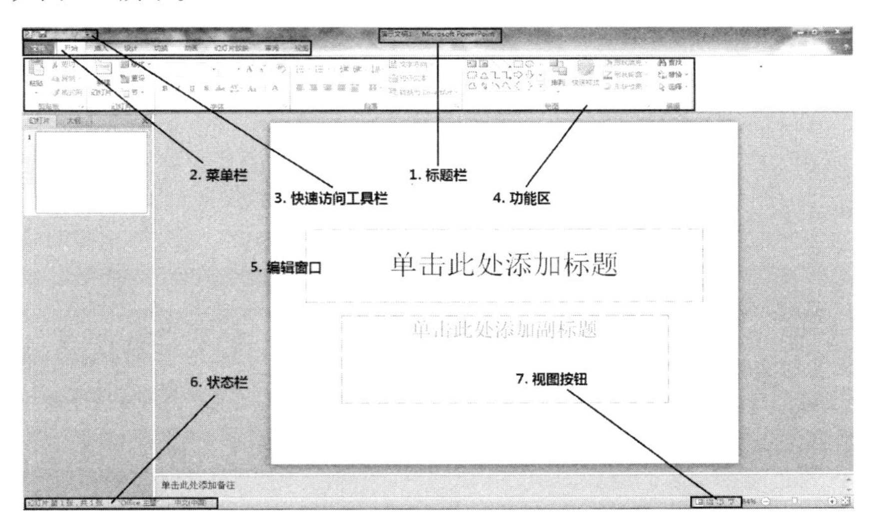

图 5-3 PowerPoint 2010 工作界面

1. 标题栏

显示正在编辑的演示文稿的文件名以及所使用的软件名。在标题栏的最右边依次是“最小化”按钮、“还原/最大化”按钮和“关闭”按钮。

2. 菜单栏

包含“文件”命令按钮和“开始”“插入”“设计”“切换”“动画”“幻灯片放映”“审阅”“视图”等 8 个命令选项卡。单击命令按钮或选项卡可以选择相应的命令或操作。如“文件”命令菜单中包括“新建”“打开”“关闭”“另存为”和“打印”等基本命令。

3. 快速访问工具栏

常用命令按钮位于此处，如“保存”按钮和“撤销”按钮。用户也可以添加自己的常用命令按钮。

4. 功能区

工作时需要用到的命令位于此处，与其他软件中的“菜单”或“工具栏”相同。

5. 编辑窗口

显示正在编辑的演示文稿。

6. 状态栏

显示正在编辑的演示文稿的相关信息。

7. 视图按钮

用户可以根据自己的要求更改正在编辑的演示文稿的视图方式。

设置一个适合的 PowerPoint 工作环境，不仅操作方便而且可以节省时间。可通过单击“文件”按钮，在弹出的下拉菜单中选择“选项”命令，打开“PowerPoint 选项”对话框，进行设置，如图 5-4 所示。

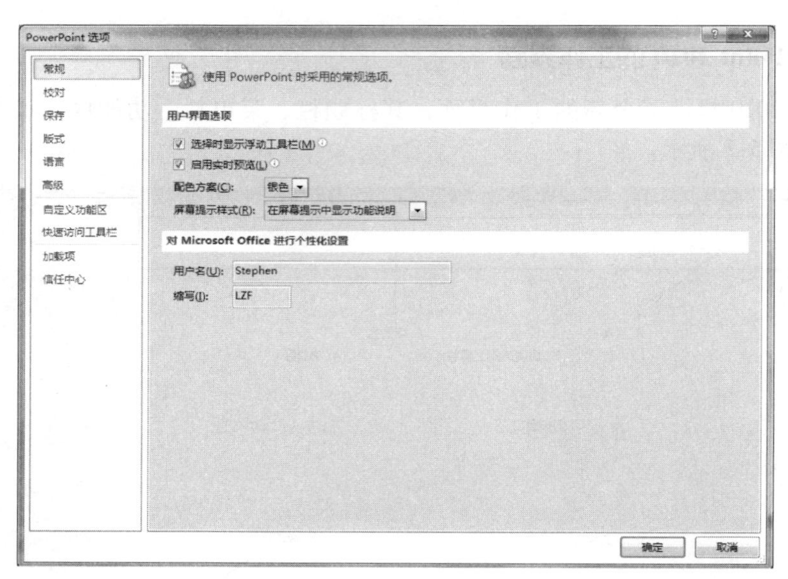

图 5-4 “PowerPoint 选项”对话框

5.1.3 PowerPoint 2010 的视图方式

PowerPoint 2010 提供了以下 4 种主要视图方式，用户可以从中选择一种视图作为演示文稿的默认视图，如图 5-5 所示。

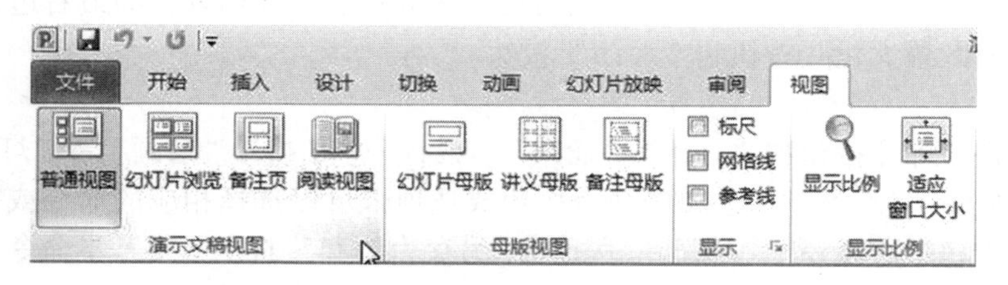

图 5-5 演示文稿的 4 种不同视图

1. 普通视图

主要的编辑视图，提供了各项操作，常用于撰写或设计演示文稿。该视图有三个工作区域：左侧是幻灯片文本大纲（“大纲”选项卡）和幻灯片缩略图（“幻灯片”选项卡）切换窗格；右侧为幻灯片窗格，以大视图显示当前幻灯片；底部为备注窗格。

2. 幻灯片浏览

以缩略图形式显示幻灯片的视图，常用于对演示文稿中各张幻灯片进行移动、复制、删除等各项操作。

3. 备注页

该视图用来显示和编排备注页内容。在备注页视图中，视图的上部分显示幻灯片，下半部分显示备注内容。备注内容只出现在编辑状态下，在文稿演示中不会出现。

4. 阅读视图

占据整个计算机屏幕，进入演示文稿的真正放映状态，可供观众以阅读方式浏览整个演示文稿的播放。

5.2 PowerPoint 2010 的基本操作

5.2.1 演示文稿的建立与编辑

1. 演示文稿的建立

演示文稿由一张或数张相互关联的幻灯片组成，每张幻灯片都可以有其独立的标题、说明文字、数字和图表、生动的图像以及动感的多媒体组建等元素，还可以通过幻灯片的各种切换和动画效果向观众表达观点、演示成果以及传达信息。

单击菜单栏中的“文件”按钮，在弹出的菜单中选择“新建”命令，打开“新建”导航窗口。PowerPoint 2010 提供如下几种创建演示文稿的方法。

1）空白演示文稿：从具备最少的设计且未应用颜色的幻灯片开始。

2）样本模板：在已经书写和设计过的演示文稿基础上创建演示文稿。使用此方法创建现有演示文稿的副本，以对新演示文稿进行设计或内容更改。

3）主题：在已经具备设计概念、字体和颜色方案的 PowerPoint 模板基础上创建演示文稿（模板还可使用自己创建）。

4）网站上的模板：使用网站上的模板创建演示文稿。

5）Office Online 模板：在 Microsoft Office 模板库中，从其他 PowerPoint 模板中选择。这些模板是根据演示类型排列的。

下面详细介绍样本模板、主题、空白演示文稿这 3 种常见的创建方式。其中样本模板和主题这两种模板带有预先设计好的标题、注释、文稿格式和背景颜色等，用户可以根据演示文稿的需要，选择合适的模板。

（1）通过样本模板新建演示文稿　样本模板能为各种不同类型的演示文稿提供模板和设计理念。

PowerPoint 2010 提供了 9 种标准的演示文稿样式模板：PowerPoint 2010 简介、都市相册、古典相册、宽屏演示文稿、培训、现代型相册、项目状态报告、小测验短片以及宣传手册。单击某种样式模板类型，右侧的列表框中将出现该类型的典型模式，如图 5-6 所示。

图 5-6　样本模板的类型

选定样板模板后，单击“创建”按钮，即完成了演示文稿的创建工作。新创建的演示文稿窗口如图 5-7 所示。可以看到，文稿、图形甚至背景等对象都已经形成，用户仅仅需要做一些修改和补充即可。

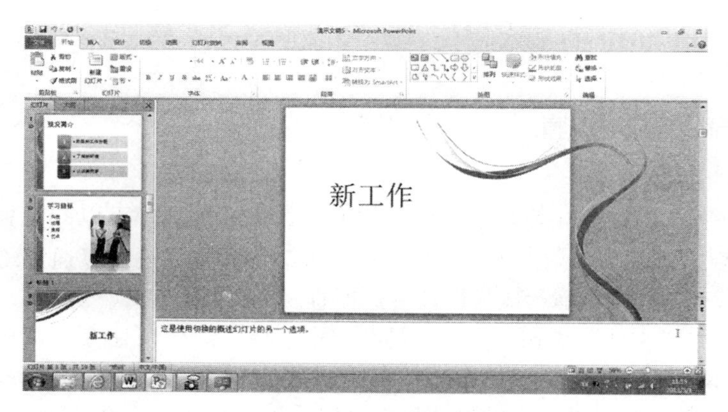

图 5-7　选择演示文稿样式

（2）通过主题新建演示文稿　样本模板演示文稿注重内容本身，而主题模板侧重于外观风格设计。PowerPoint 2010 提供了“暗香扑面”“奥斯汀”“跋涉”等 30 多种风格的主题样式，对幻灯片的背景样式、颜色、文字效果进行了各种搭配设置，如图 5-8 和图 5-9 所示。

图 5-8　主题模板的类型

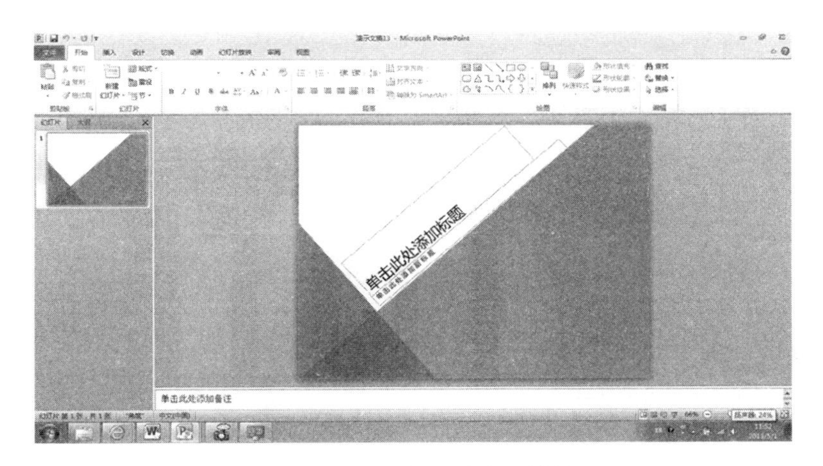

图 5-9　“角度”风格主题模板

(3) 新建空白演示文稿　在“可用的模板和主题”窗格中选择“空演示文稿”，可以创建一个系统默认固定格式和没有任何图文的空白演示文稿，如图 5-10 所示。空白幻灯片上有一些虚线框，称为对象的占位符。双击右边占位符，可以添加图像；单击左边占位符，可以添加文字。

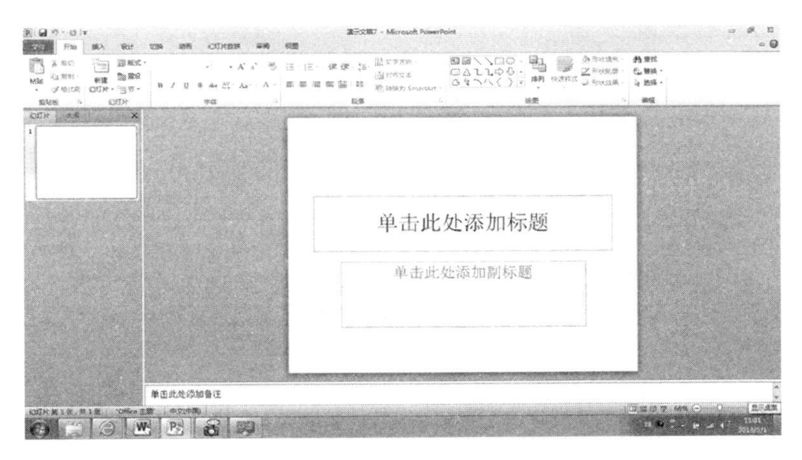

图 5-10　空演示文稿

2. 演示文稿的操作

单击“文件”按钮，在弹出的下拉菜单中选择“另存为”或“保存”命令可以保存演示文稿文件。在“另存为”对话框中选择演示文稿文件要保存的磁盘、目录（文件夹）和文件名。文件系统默认演示文稿文件的扩展名为 . PPTX。

通常，对幻灯片有选择、插入、删除、复制、移动等操作。

单击某张幻灯片则选中了该张幻灯片；选择多张幻灯片，须按住“Shift”键再单击要选择的幻灯片；单击“开始”选项卡，在“编辑”组中单击“选择”按钮，在弹出的下拉菜单中选择“全选”命令（或按“Ctrl + A”组合键）可以选中所有幻灯片。

在普通视图下，将鼠标定位在左侧“幻灯片”或者“大纲”选项卡中，然后按“回车”键或单击鼠标右键，从弹出的快捷菜单中选择“新建幻灯片”命令（或按“Ctrl + M”组合键）可以在当前幻灯片后面插入新幻灯片。

选中幻灯片后按“Delete”键，或者单击鼠标右键，在弹出的快捷菜单选择“删除幻灯片”命令，可删除幻灯片。

用鼠标拖动或利用“复制”“粘贴”命令可进行幻灯片的移动。

3. 幻灯片版式

用户可以选用版式来调整幻灯片中内容的排列方式，也可使用模板简便快捷地统一整个演示文稿的风格。下面介绍幻灯片选用版式的方法。

版式是幻灯片内容在幻灯片上的排列方式，不同的版式中占位符的位置与排列的方式也不同。用户可以选择需要的版式并运用到相应的幻灯片中，具体操作步骤如下：选择幻灯片版式，打开一个文件，单击“开始”选项卡，在“幻灯片”组中单击“版式”按钮，在展开的下拉菜单中显示了多种版式，选择所需要的版式即可，如图 5-11 所示。

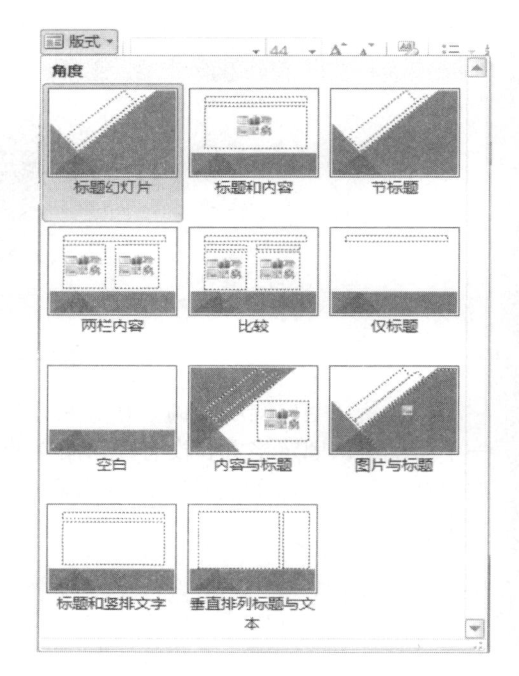

图 5-11 幻灯片版式

5.2.2 幻灯片格式的设置

1. 设置字符格式

在“开始”选项卡的“字体”组中提供各工具来设置其格式，如图 5-12 所示。

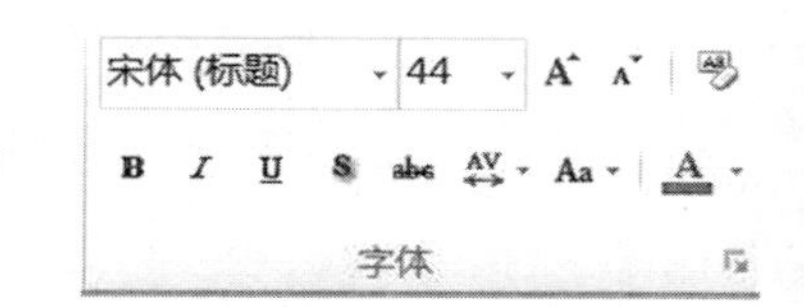

图 5-12 “字体”组

（1）改变文本的字体 具体操作步骤如下：

1）在普通视图或幻灯片视图中，选定要改变字体的文本。

2）单击“开始”选项卡，在“字体”组中单击“字体”下拉列表框右边的下拉按钮，从弹出的下拉列表中选择所需的字体。

（2）改变字号 具体操作步骤如下：

1）选定要改变字号的文本。

2）单击“开始”按钮，在“字体”组中单击“字号”下拉列表框右边的下拉按钮，从弹出的下拉列表中选择所需的字号。

（3）文本添加阴影 具体操作步骤如下：

1）选定要添加阴影的文本。

2）单击“开始”选项卡，在“字体”组中单击“阴影”按钮。如果要取消文本的阴影效果，可以再次选定这些文本，然后单击“阴影”按钮。

（4）设置文本的颜色 具体操作步骤如下：

1）选定要改变颜色的文本。

2）单击“开始”选项卡，在“字体”组单击“字体颜色”按钮右边的下拉按钮，打开“字体颜色”下拉菜单，选择所需的颜色即可。

2. 设置段落格式

幻灯片中文字的格式除了有“字体”格式外，还有“段落”格式。在“开始”选项卡中的

"段落"组中提供了用于段落设置的工具，如项目符号和编号、对齐方式、行距调整等，如图 5-13 所示。

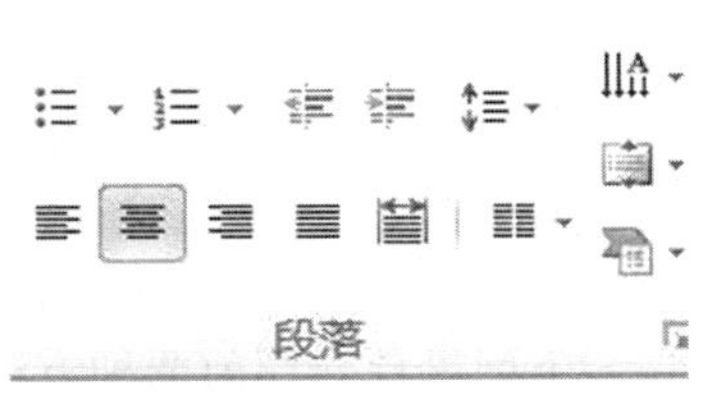

图 5-13　"段落"组

（1）设置段落的对齐方式　具体操作步骤如下：

1）选定要设置对齐方式的段落，或者将插入点置于段落中的任何位置。

2）单击"开始"选项卡，在"段落"组中单击"左对齐""居中对齐""右对齐"或者"分散对齐"按钮，设置不同的对齐方式。另外，也可以在选定要对齐的段落后，单击"段落"组的"对话框启动器"按钮，在弹出的"段落"对话框中的"对齐方式"下拉列表框中选择。

（2）设置段落缩进　具体操作步骤如下：

1）如果标尺尚未显示，先单击"视图"选项卡，在"显示"组中勾造"标尺"复选框。

2）如果要改变一个段落的格式，将插入点置于段落中的任何位置；如果要改变多个段落的格式，需要选定多个段落的文本。

3）拖动标尺上的缩进标记，为段落设置缩进。

（3）更改段落行距和间距　具体操作步骤如下：

1）选定要更改间距的段落或对象。

2）单击"开始"选项卡，在"段落"组中单击"对话框启动器"按钮，在打开的"段落"对话框中设置行距以及段前、段后间距。

3. 使用项目符号和编号

（1）添加项目符号　具体操作步骤如下：

1）选定要添加项目符号的段落。

2）单击"开始"选项卡，在"段落"组中单击"项目符号"按钮右侧的下拉按钮，为选定的文本添加项目编号，如图 5-14 所示。

（2）更改项目符号的字符　具体操作步骤如下：

1）选定要更改项目符号字符的段落。

2）单击"开始"选项卡，在"段落"组中单击"项目符号"按钮右侧的下拉按钮，选择需要更改的项目符号。也可以选择"项目符号和编号"命令，在打开的对话框中单击"自定义"按钮，打开"符号"对话框，设计所需要的项目符号。

3）要设置项目符号的大小，请在"大小"数值框中输入百分比。

4）要为项目符号选择一种颜色，请在"颜色"下拉列表框中选择所需的颜色。

（3）添加编号　可以用与创建项目符号类似的方法创建或者更改编号，这里不再赘述。

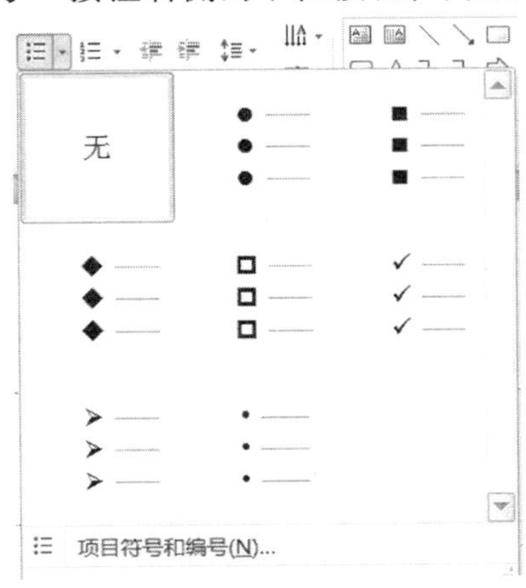

图 5-14　项目符号

5.2.3　幻灯片文本的编辑

PowerPoint 2010 提供了以下 4 种输入文本的方法：

1）直接将文本输入到占位符中。

2）利用“文本框”按钮或“竖排文本框”按钮输入文本。

3）输入艺术字。

4）在箭头自选图形中输入文本。

下面简单介绍前两种方法。

（1）在占位符中输入文本　占位符是带有虚线或影线标记边框的框，它能容纳标题和正文，以及图表、表格和图片等对象。在输入文本之前，占位符中是一些提示性的文字。当用鼠标单击占位符中的提示后，这些提示就会消失，同时光标的形状变成一个短竖线，这时用户就可以在占位符中输入文本。

（2）使用文本框添加文本　当需要在幻灯片占位符外的位置添加文本时，可以单击“开始”选项卡，在“绘图”组中单击“文本框”按钮或“竖排文本框”按钮。在要添加文本的位置按住鼠标左键并拖动，则在幻灯片上将出现一个具有实线边框的方框。当方框到合适的大小时，松开鼠标左键，则幻灯片上就会出现一个可编辑的文本框。此时，在该文本框中会出现一个闪烁的插入点，输入文本内容即可。

5.2.4　幻灯片的操作

1. 选择幻灯片

（1）在“大纲”选项卡中选择幻灯片　在普通视图中左侧的“大纲”选项卡中，显示了幻灯片的标题及正文。此时，用鼠标单击幻灯片标题前面的图标 ，即可选择该幻灯片。如果要选择一组连续的幻灯片，可以先单击第 1 张幻灯片的图标，然后在按住“Shift”键的同时，单击最后一张幻灯片图标，即可全部选中。

（2）在“幻灯片”选项卡中选择幻灯片　在普通视图中左侧的“幻灯片”选项卡中，显示了幻灯片的缩略图。此时，单击幻灯片的缩略图，即可选择该幻灯片。被选择的幻灯片的边框处于高亮显示。如果要选择一组连续的幻灯片，可以先单击第 1 张幻灯片的缩略图，然后在按住“Shift”键的同时，单击最后一张幻灯片的缩略图，即可全部选中。如果要选择多张不连续的幻灯片，在按住“Ctrl”键的同时，分别单击需要选择的幻灯片的缩略图即可。

（3）在幻灯片浏览视图中选择幻灯片　在幻灯片浏览视图中，只需单击相应幻灯片的缩略图，即可选择该幻灯片。被选择的幻灯片的边框处于高亮显示。选择一组连续的或多张不连续的幻灯片，其方法与在“幻灯片”选项卡中选择幻灯片的方法相同。

2. 插入新幻灯片

插入新幻灯片的具体操作步骤如下：

1）选中要插入新幻灯片位置之前的幻灯片。

2）单击“开始”选项卡，在“幻灯片”组中单击“新建幻灯片”按钮，在编辑窗口中将出现等待编辑的新插入的幻灯片 。

3）也可以单击“新建幻灯片”按钮下面的下拉按钮，在弹出的下拉列表框中选择一种需要的版式，即可向新插入的幻灯片中输入内容。

3. 复制幻灯片

通常使用“复制”与“粘贴”按钮复制幻灯片，具体操作步骤如下：

1）选中所要复制的幻灯片。

2）单击“开始”选项卡，在“剪贴板”组中单击“复制”按钮 。

3）将插入点置于想要插入幻灯片的位置，然后单击“粘贴”按钮即可。

4. 移动幻灯片

将复制幻灯片操作中的单击“复制”按钮改成单击“剪切”按钮，即可完成幻灯片的移动。

5. 删除幻灯片

选择要删除的幻灯片，单击鼠标右键，在弹出的快捷菜单中选择“删除幻灯片”命令，或者直接按“Delete”键。

5.3 幻灯片对象与母版

幻灯片中只有包含了艺术字、图片、图形、按钮、视频、超级链接等元素，才会美观漂亮，异彩纷呈。这些对象均需要插入，并对它们进行进一步的编辑和格式设置。

5.3.1 在幻灯片中插入对象

1. 文本的输入与编辑

PowerPoint 2010 中的文本有标题文本、项目列表和纯文本3 种类型。其中，项目列表常用于列出纲要、要点等，每项内容前可以有一个可选的符号作为标记。文本内容通常在“大纲”或“幻灯片”模式下输入。

（1）在大纲模式下输入文本　大纲模式下默认第一张幻灯片为“标题幻灯片”，其余的为“标题与项目列表”版式。

1）输入标题：将插入点移至幻灯片序号及图标之后的适当位置输入标题，按“回车”键后即进入下一级标题的输入。

2）各级标题的切换：在“大纲”选项卡中单击各标题名即可切换上、下级标题。

（2）在幻灯片模式下输入文本　用鼠标单击幻灯片的文本框区域，框的各边角上有 8 个小方块（尺寸控点），此时即可在该文本框中输入文本内容。

2. 对象及操作

对象是幻灯片中的基本元素，是设置动态效果的基本元素。幻灯片中的对象被分作文本对象（标题、项目列表、文字批注等）、可视化对象（图片、剪贴画、图表、艺术字等）和多媒体对象（视频、音频、Flash 动画等）3 类，各种对象的操作一般都是在幻灯片视图下进行，操作方法也基本相同。

（1）对象的选择与取消　单击对象实现对象单选，按“Shift”键单击对象实现对象连选，对象被选中后四周形成一个方框，方框上有 8 个控点，以对对象进行缩放。被选择的对象在进行操作时被看作是一个整体。取消选择只需在被选择对象外单击鼠标即可。

（2）插入对象　要使幻灯片的内容丰富多彩，须在幻灯片上添加一个或多个对象。这些对象可以是文本框、图形、图片、艺术字、组织结构图、Word 表格、Excel 图表、音频、视频等。这些对象除了声音和影片外都有其共性，如缩放、移动、加框、置色、版式等。对象均可从“插入”选项卡中插入，如图 5-15、图 5-16 所示，对它们的操作方法与 Word 相似，这里不再赘述。

图 5-15　插入图片示例

图 5-16　插入音频示例

（3）插入图表　除 Excel 图表外，对于一些较小的统计图表，可以直接在 PowerPoint 2010 中设计。单击“插入”选项卡，在“插图”组中单击“图表”按钮，屏幕上出现数据表后，修改数据表中横行和竖行上的数据，单击幻灯片上的空白处就可以建立数据表所对应的统计表，如图 5-17 所示。

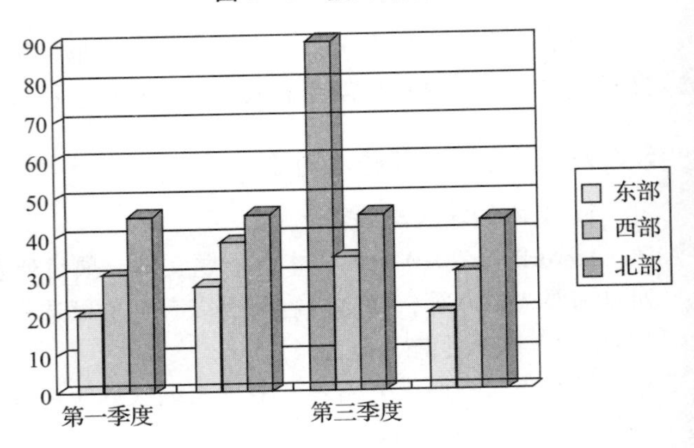

图 5-17　插入图表示例

（4）使用 SmartArt 图形　SmartArt 图形可以简化创建复杂形状的过程，它包含了一些模板，如列表、流程图、组织结构图和关系图等，可以帮助用户通过模板创建出复杂、专业的图形，而且还可以利用系统工具方便快捷的修改和编辑图形，大大提高效率。

1）插入 SmartArt 图形。单击“插入”选项卡，在“插图”组中单击“SmartArt”按钮，如图 5-18 所示。

图 5-18　插入 SmartArt 图形

在弹出的“选择 SmartArt 图形”对话框中选择所需的布局。如在本例中，选择“循环”中的“射线循环”，然后单击“确定”按钮，如图 5-19 所示。

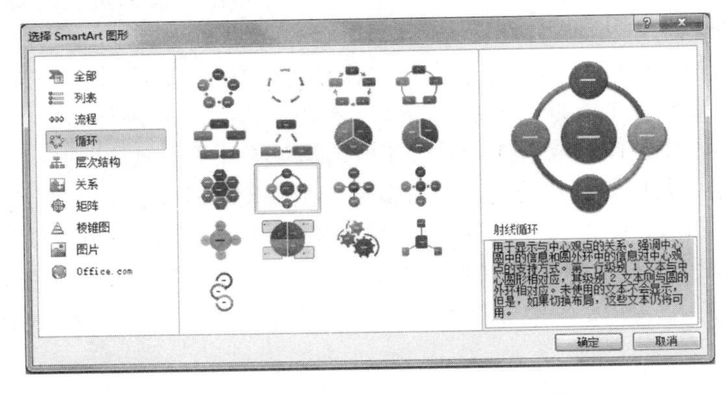

图 5-19　“选择 SmartArt 图形”对话框

2）修改 SmartArt 图形。SmartArt 图形插入后，同时打开“在此处键入文字”任务窗格，如图 5-20 所示。

插入 SmartArt 图形时，SmartArt 工具的“设计”选项卡和“格式”选项卡将自动添加到菜单栏下的功能区。其中，“设计”选项卡用于更改 SmartArt 的类型和设计，“格式”选项卡用于更改形状格式，如图 5-21 所示。

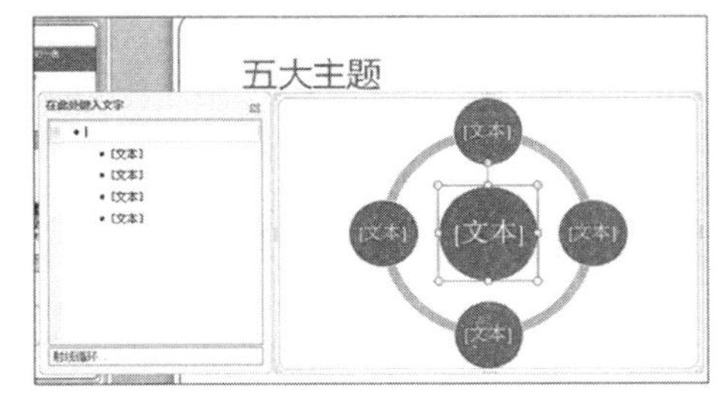

图 5-20　修改 SmartArt 图形

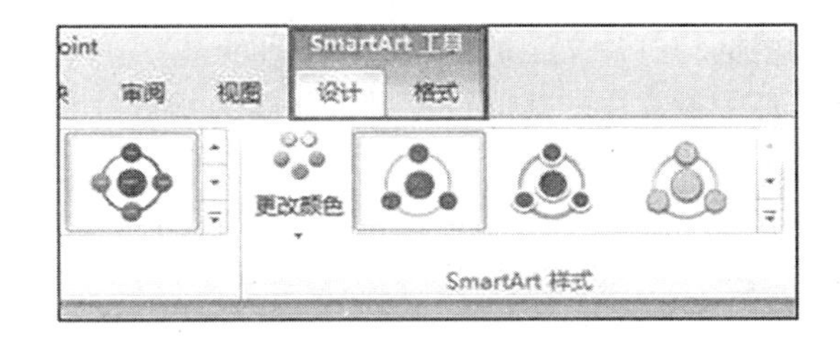

图 5-21　SmartArt 工具

在 SmartArt 图形之外单击时，SmartArt 工具将会隐藏。

3）SmartArt 图形的转换。在 SmartArt 工具的“设计”选项卡的“重置”组中，有一个“转换”按钮，单击该按钮弹出下拉菜单，包含有“转换为文本”和“转换为形状”两个命令。前者表示将选中的形状转换成以项目符号分层显示的文本，后者表示拆散 SmartArt 图形使之变成由独立的形状组合而成的组合体。右击该组合体，在弹出的快捷菜单中选择“取消组合”命令，可将各形状分离成完全独立的状态。操作对设置 SmartArt 图形的动画效果是十分有用的。

如果用户在幻灯片中输入了一些以项目符号来分层的文本，则可在选中文本后右击，在弹出的快捷菜单中选择“转换为 SmartArt”命令，并在弹出的级联菜单中选择某个样式，将文本转换成 SmartArt 图形。

（5）插入音频　单击“插入”选项卡，在“媒体”组中单击“音频”下拉按钮，里面包括“文件中的声音”“剪贴画声音”“录制声音”3 个命令，分别表示插入硬盘中的音频文件，或者从剪贴画库中选择声音素材文件，或者直接使用安装在本计算机上的话筒录音。

音频文件插入幻灯片后，会显示为一个扬声器图标和一个相关联的播放工具条，可以按住左键拖动到任意位置。

（6）插入视频　插入视频和插入音频的操作基本相同。单击“插入”选项卡，在“媒体”组中单击“视频”下拉按钮，里面包括“文件中的视频”“来自网站的视频”“剪贴画视频”3 个选项。

视频文件插入幻灯片后，会显示为一个黑色的播放窗口和一个相关联的播放工具条，可以按住左键拖动到任意位置，也可以通过拖动四周 8 个控制点改变视频播放窗口的大小。

1）只有安装了相应的播放器，PowerPoint 2010 才支持 . mov 文件、. mp4 文件（QuickTime）和 . swf 文件（Adobe Flash）。

2）在 PowerPoint 2010 中插入 Flash 文件还有很多限制，不能使用特殊效果（如阴影、反射、发光效果、柔化边缘、棱台和三维旋转）、淡出和剪裁功能以及压缩这些文件以更加轻松地进行共享和分发的功能。

3）PowerPoint 2010 不支持 64 位版本的 QuickTime 或 Flash 播放器。插入网络视频文件的时候只能在有 32 位的 Office 2010 的情况下才能正常观看和使用。

（7）裁剪音频和视频　在音频工具或视频工具的“编辑”选项卡中单击“裁剪音频”或

“裁剪视频”按钮，可以在弹出的对话框中通过设置开始和结束时间来裁剪音频或视频。

5.3.2 幻灯片外观设计

1. 母版的使用

母版用于设置演示文稿中每张幻灯片的最初格式，这些格式包括每张幻灯片标题及正文文字的位置、字体、字号、颜色，项目符号的样式、背景图案等。

根据幻灯片文字的性质，PowerPoint 2010 母版可以分成幻灯片母版、讲义母版和备注母版 3 类。其中最常用的是幻灯片母版，因为幻灯片母版控制的是除标题幻灯片以外的所有幻灯片的格式。

单击“视图”选项卡，在“母版视图”组中单击“幻灯片母版”按钮，打开“幻灯片母版”选项卡，如图 5-22 所示。它有 5 个占位符，用来确定幻灯片母版的版式。

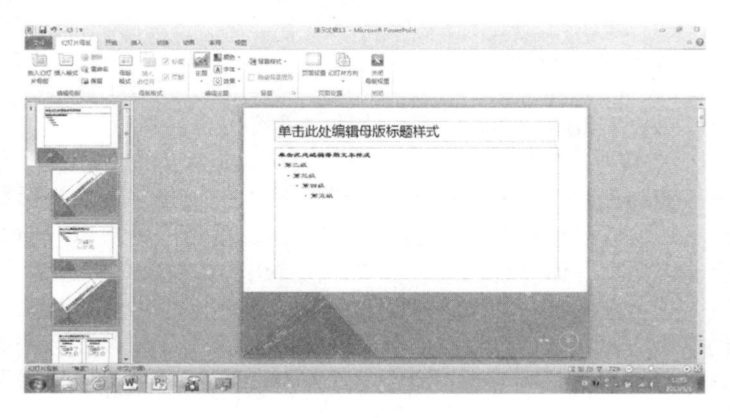

图 5-22　幻灯片母版

（1）更改文本格式　在幻灯片母版中选择对应的占位符，如标题或文本样式等，更改其文本及其格式。修改母版中某一对象格式，可以同时修改除标题幻灯片外的所有幻灯片对应对象的格式。

（2）设置页眉、页脚和幻灯片编号　在幻灯片母版状态，单击“插入”选项卡，在“文本”组中单击“页眉和页脚”按钮，打开“页眉和页脚”对话框，选择“幻灯片”选项卡，设置页眉、页脚和幻灯片编号，如图 5-23 所示。

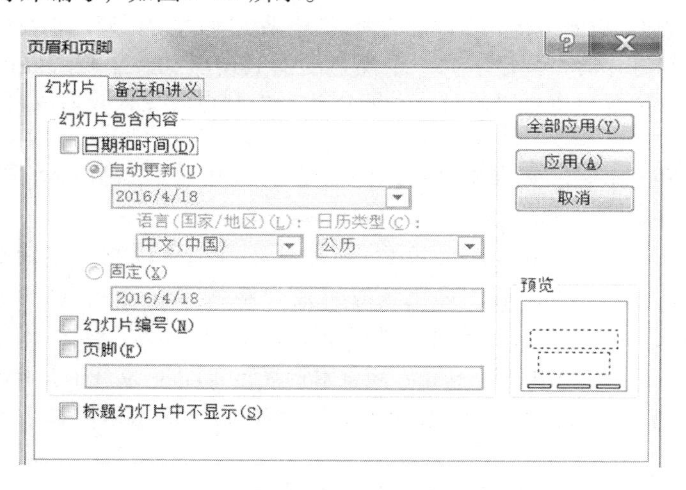

图 5-23　“页眉和页脚”对话框

（3）向母版插入对象　当需要每张幻灯片都添加同一对象时，只需向母版中添加该对象即可。例如，插入 Windows 图标（文件名为 windows. bmp）后，则除标题幻灯片外每张幻灯片都会自动在固定位置显示该图标，如图 5-24 所示。

图 5-24　利用幻灯片母版添加图片

通过幻灯片母版插入的对象，不能在幻灯片状态下编辑。

2. 重新配色

利用“设计”选项卡中“主题”组里的“颜色”“字体”“效果”按钮可以对幻灯片的文本、背景、强调文字等各个部分进行重新配色。单击“颜色”下拉按钮，选择“新建主题颜色”命令，可以对幻灯片的各个细节定义自己喜欢的颜色。还可以在“背景”组中设置不同的幻灯片背景效果。

5.4 动画与超链接

PowerPoint 2010 提供了动画和超链接技术，使幻灯片的制作更为简单灵活，演示效果更加丰富多彩。

5.4.1 动画设计

为幻灯片上的文本和各对象设置动画效果，可以突出重点、控制信息的流程、提高演示的效果。在设计动画时，有两种动画设计：一种是幻灯片内各对象或文字的动画效果；另一种是幻灯片切换时的动画效果。

1. 幻灯片内动画设计

幻灯片内动画设计指在演示一张幻灯片时，依次以各种不同的方式显示片内各对象。

幻灯片内动画效果一般在“动画”选项卡的功能区中进行设置。下面以设置对象“百叶窗”动画为例，其具体操作步骤如下：

1）选中需要设置动画的对象，单击“动画”选项卡，在“高级动画”组中单击“添加动画”按钮。

2）在弹出的下拉菜单中，选择“更多进入效果”命令，如图 5-25 所示。

3）在打开的“添加进入效果”对话框中选择“百叶窗”，单击“确定”按钮，如图 5-26 所示。

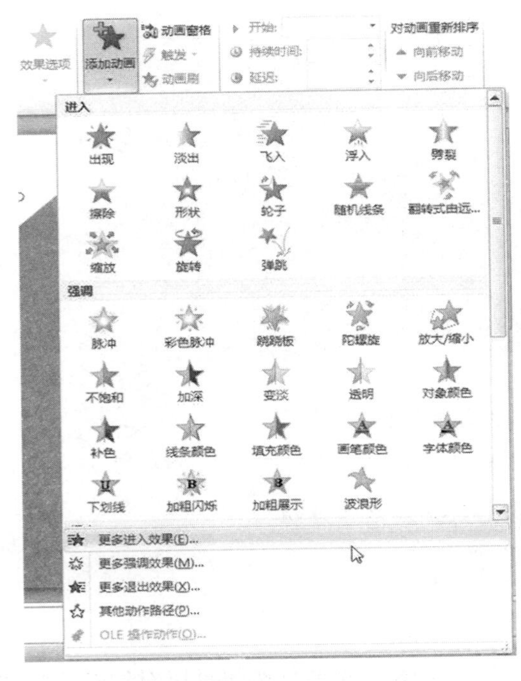

图 5-25　设置添加动画

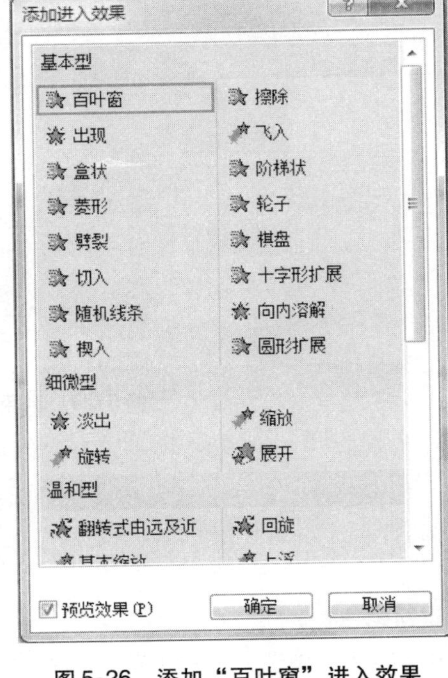

图 5-26　添加“百叶窗”进入效果

如果一张幻灯片中的多个对象都设置了动画，就需要确定其播放方式（是“自动播放”还是“手动播放”）。下面，以第二个动画设置在上一个动画之后自动播放进行说明，操作步骤如下：单击第二个动画方案，在“计时”组中单击“开始”下拉列表框右侧的下拉按钮，选择“上一动画之后”，如图 5-27 所示。

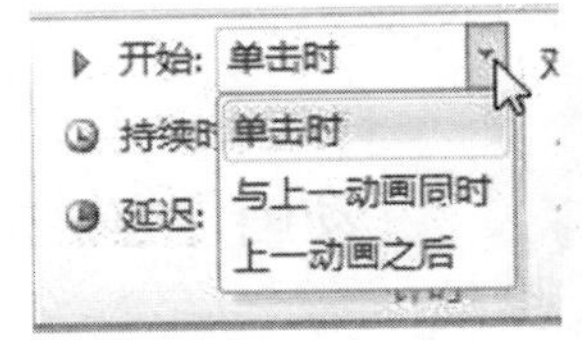

图 5-27　定义动画播放顺序

如果想取消某个对象的动画效果，直接在幻灯片编辑窗口中选中该动画效果标号，按“Delete”键即可。

2．幻灯片切换动画设计

为了增强幻灯片的放映效果，可以为每张幻灯片设置切换方式。幻灯片间的切换效果是指两张连续的幻灯片在播放之间如何变换，如水平百叶窗、溶解、盒状展开、随机、向上推出等。

设置幻灯片切换效果一般在“幻灯片浏览”窗口进行，具体操作步骤如下：

1）选中需要设置切换方式的幻灯片。

2）单击“切换”选项卡，在“切换到此幻灯片”组中选择一种切换方式（如“淡出”），并根据需要设置好“持续时间”“声音”“换片方式”等选项，完成设置，如图 5-28 所示。

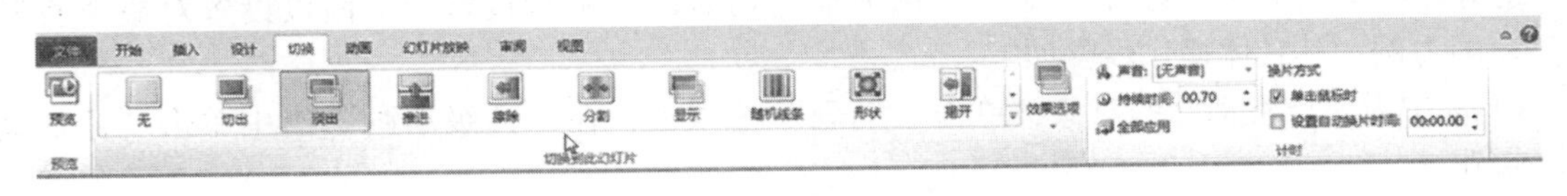

图 5-28　幻灯片切换设置

5.4.2　创建超链接

创建超级链接的起点可以是任何文本或对象，激活超链接最好用单击鼠标的方法。设置了超链接，代表超链接起点的文本会添加下划线，并且显示成系统配色方案指定的颜色。创建超链接有以下两种方法：

（1）使用“超级链接”命令创建超链接　具体操作步骤如下：

1）保存要进行超级链接的演示文稿。

2）在幻灯片视图中选择要设置超级链接的文本或对象。

3）单击“插入”选项卡，在“链接”组中单击“超链接”按钮，打开如图 5-29 所示的“插入超链接”对话框进行设置。

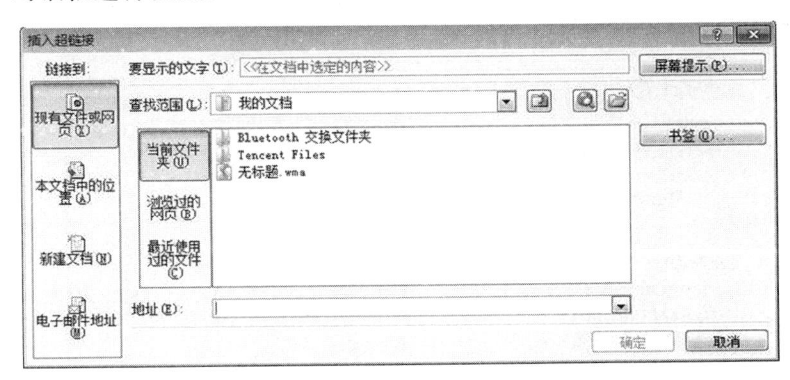

图 5-29　“插入超链接”对话框

（2）使用“动作”按钮创建超链接　利用“链接”组中的“动作”按钮也可以创建同样效果的超链接。具体操作步骤如下：单击“动作”按钮，打开“动作设置”对话框，如图 5-30 所示。

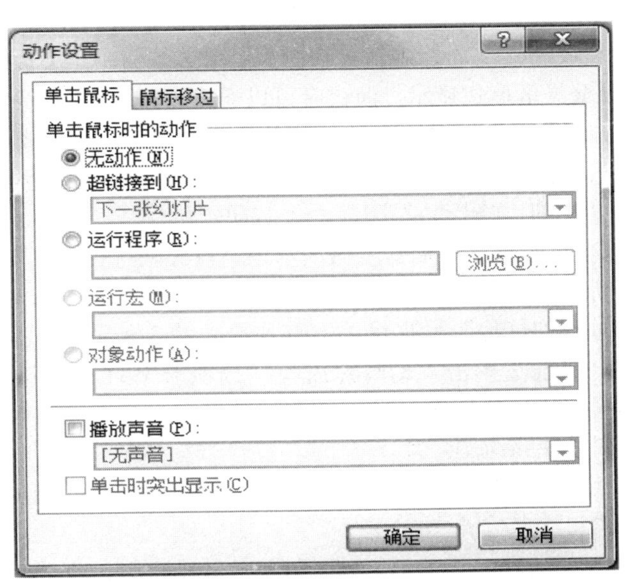

图 5-30　“动作设置”对话框

1）“单击鼠标”选项卡：单击鼠标启动跳转。

2）“鼠标移过”选项卡：移过鼠标启动跳转。

3）“超链接到”选项 ：在列表框中选择跳转的位置。

5.5 演示文稿的播放

制作好演示文稿后，就可以进行播放。在播放前可以通过设置幻灯片的放映方式满足不同的需要。

1. 设置放映方式

单击“幻灯片放映”选项卡，在“设置”组中单击“设置幻灯片放映”按钮，打开“设置放映方式”对话框，如图 5-31 所示。

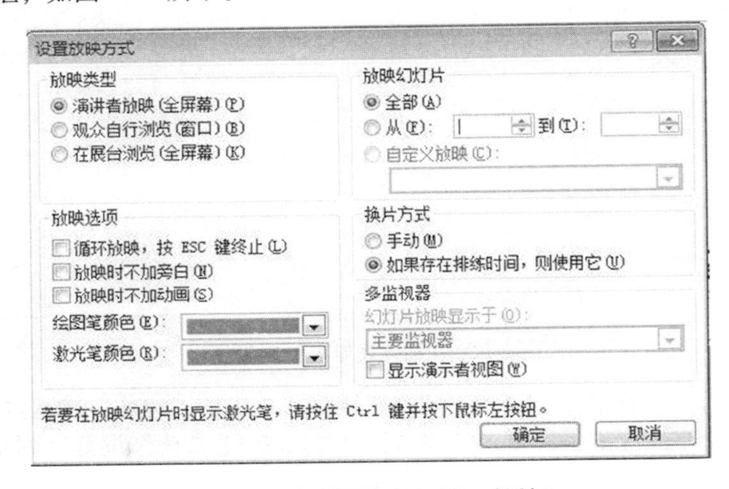

图 5-31 “设置放映方式”对话框

（1）放映方式　在“放映类型”栏中，上部的 3 个单选按钮决定了放映的 3 种方式。

1）演讲者放映：以全屏幕形式显示。演讲者可以通过“Pg Dn”“Pg Up”键显示下一张或上一张幻灯片；也可右击幻灯片，从弹出的快捷菜单中选择幻灯片放映或用绘图笔进行勾画。

2）观众自行浏览：以窗口形式显示。可以利用滚动条或“浏览”菜单显示所需的幻灯片；还可以通过单击“文件”按钮，选择“打印”命令打印幻灯片。

3）在展台浏览：以全屏幕形式在展台上做演示用。在放映过程中，除了保留鼠标指针用于选择屏幕对象外，其余功能全部失效（中止需要按“Esc”键）。

（2）放映范围　“放映幻灯片”栏提供了幻灯片放映的 3 种范围：全部、部分、自定义放映。其中“自定义放映”是通过单击“幻灯片放映”选项卡中的“自定义幻灯片放映”按钮，逻辑地将演示文稿中的某些幻灯片以某种顺序排列，并以一个自定义放映名称命名，然后选择自定义放映的名称，就仅放映该组幻灯片。

（3）换片方式　“换片方式”栏供用户选择换片方式是手动还是自动换片。PowerPoint 2010 提供了以下 3 种放映方式。

1）循环放映，按 Esc 键终止：当最后一张幻灯片放映结束时，自动转到第一张幻灯片进行再次放映。

2）放映时不加旁白：在播放幻灯片的进程中不加任何旁白，如果要录制旁白，可以选择在“幻灯片放映”选项卡中单击“录制旁白”按钮。

3）放映时不加动画：选中该项，则放映幻灯片时，原来设定的动画效果将不起作用。如果取消选择“放映时不加动画”，动画效果又将起作用。

幻灯片内对象的放映速度和幻灯片间的切换速度单击“自定义动画”和“幻灯片切换”按钮设置，也可以通过单击“排练计时”按钮设置。

2. 执行幻灯片演示

按“F5”键从第一张幻灯片开始放映（同“幻灯片放映”选项卡中的“观看放映”按钮），按“Shift + F5”组合键从当前幻灯片开始放映。在演示过程中，还可单击屏幕左下角的图标按钮、从快捷菜单或用方向键（→、↓、←、↑）均可实现幻灯片的选择放映。

5.6 打印设置与打印

演示文稿除了可以播放，还可以打印出来。

1. 页面设置

页面设置主要设置演示文稿打印的大小和方向。单击“设计”选项卡，在“页面设置”组中单击“页面设置”按钮，打开“页面设置”对话框，如图 5-32 所示。在对话框内设置打印的幻灯片大小、方向以及幻灯片编号起始值。

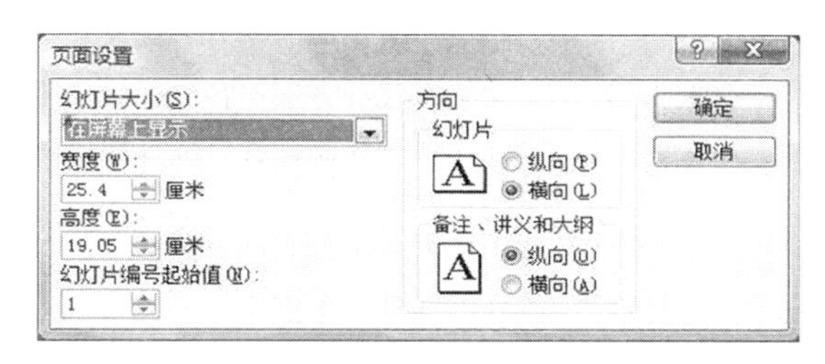

图 5-32　“页面设置”对话框

2. 打印

单击“文件”按钮，在弹出的下拉菜单中选择“打印”命令，打开“打印”导航，如图 5-33 所示。可以根据自己的需要进行打印设置，如打印幻灯片采用的颜色、打印的内容、打印的范围、打印的份数以及是否需要打印成特殊格式等。

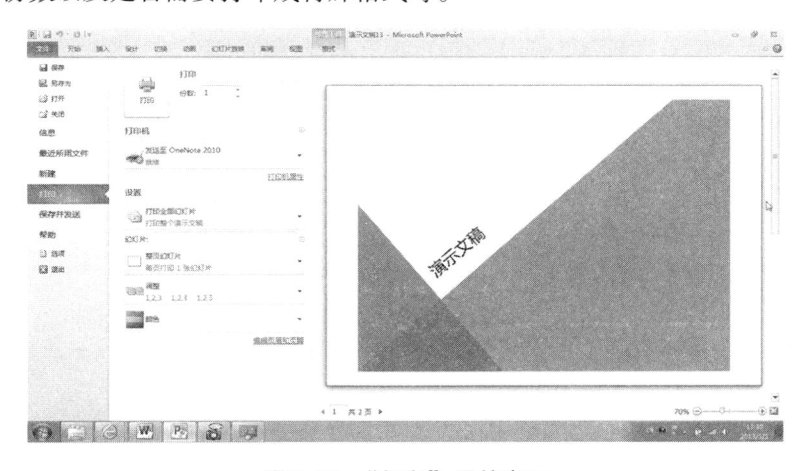

图 5-33　“打印”导航窗口

在“打印机”栏内可以选择打印机的名称。单击旁边的“打印机属性”按钮，可以置打印机属性、纸张来源、大小等。在窗口底端还可以对打印采用的颜色进行设置。

本章小结

PowerPoint 2010 是 Microsoft Office 2010 办公套装软件的一个重要成员，是当前最流行的演示文稿制作软件之一，广泛应用于各种讲座和宣传活动中。

本章主要介绍了 PowerPoint 2010 的启动与退出、工作界面以及几种视图方式和作用；如何创建一份简单的演示文稿，并重点介绍了 PowerPoint 的基本操作以及创建演示文稿的多种方法；如何在演示文稿中添加文本、插入对象、插入图表、使用 Smart Art 图形、插入音频和视频，以及制作动画与超链接，以便制作出图文并茂、极富说服力的幻灯片；如何直接在计算机上放映演示文稿以及对放映过程所进行的一些相关的设定。通过本章的学习，能让 PowerPoint 2010 在我们的日常工作、学习和生活中发挥其应有的功能。

思考题

5-1　简述 PowerPoint 2010 的主要功能。

5-2　启动和退出演示文稿的方法有哪些。

5-3　新建演示文稿有几种方法？各是什么？

5-4　简述幻灯片有几种视图，各有什么作用。

5-5　如何进行幻灯片的版式设计？

5-6　在幻灯片中输入方本有几种方法？

5-7　简述幻灯片的几种基本操作。

5-8　如何在幻灯片中括入对象？

5-9　简过幻灯片母版的作用。

5-10　简述设置动画效果的过程。

5-11　简述演示文稿的播放方法。

第6章　多媒体技术基础

多媒体技术是基于计算机、网络和电子技术发展起来的一门技术，它与计算机技术和网络技术相互融合、相辅相成。现代多媒体技术的发展和应用，正在对信息社会及人们的工作、学习和生活产生着重大影响。

6.1　多媒体技术概述

6.1.1　多媒体的概念

1. 多媒体与多媒体技术

“多媒体”一词源自英文“Multimedia”，其关键词是媒体（Media）。媒体在计算机领域有两种含义：一是指存储信息的实体，如磁盘、光盘、U盘等；二是指传递信息的载体，如数字、文字、声音、图形、图像等。多媒体技术中的“媒体”指的是后者。

所谓多媒体，是指由文本、声音、图形、动画、图像、影视等媒体中两种以上媒体的有序组合。多媒体不是几个媒体简单地随意拼凑，而是为了表达一个共同的较为复杂的信息或实现某个技术目标，采用相应的多媒体技术，有规律地组合在一起。

多媒体技术是指对多媒体信息进行获取（采集）、处理（数字化、压缩、解压）、编辑、存储、传输、显示等的技术。通常情况下，“多媒体”并不仅仅指多媒体本身，而主要指处理和应用它的一整套技术，因此，“多媒体”实际上常被看作是“多媒体技术”的同义语。

2. 多媒体技术的发展史

多媒体技术是和计算机技术、网络技术融合在一起的综合技术。计算机技术和网络技术的发展，不断提出对多媒体技术的新需求。多媒体技术的发展与应用，反过来又促进计算机技术和网络技术的发展，使得多媒体技术和计算机网络技术的应用更加深入广泛。

多媒体技术的发展有以下几个具有代表性的阶段：

1）1984年，美国Apple公司开创了适应计算机进行图像处理的先河，创造性地使用了位映射、窗口、图符等技术，同时引入了鼠标作为交互设备，对多媒体技术的发展做出了重要贡献。

2）1985年，美国Commodore公司将世界上第一台多媒体计算机Amiga系统展示在世人面前，这是多媒体计算机的雏形。

3）1986年3月，荷兰Philips公司和日本Sony公司共同制定了CD-I交互式紧凑光盘系统标准，使多媒体信息的存储实现了规范化和标准化。

4）1987年3月，RCA公司制定了DVI（Digital Video Interactive）技术标准，在交互式视频技术方面进行了规范化和标准化，使计算机能够利用激光盘以DVI标准存储图像，并能存储声音等多种信息模式。

5）随着多媒体技术应用日益广泛，业界和用户根据各自的利益，都迫切需要一个统一的国际标准，用以规范技术及市场。多媒体技术标准是多媒体技术发展的必然产物，可以保证多媒体技术的有序发展。1990、1991、1993 和 1995 年，多媒体个人计算机的 MPC-Ⅰ标准、MPC-Ⅱ标准和 MPC-Ⅲ标准陆续出台。多媒体技术标准的制定，也预示着多媒体技术的更大发展。先后制定的多媒体技术标准有：多媒体个人计算机的性能标准、数字化音频压缩标准、电子乐器数字接口（MIDI）标准、静态图像数据压缩标准、音视频数据压缩标准、网络的多媒体传输标准与协议及多媒体其他标准。

6）随着多媒体模拟信号数字化技术、多媒体数字压缩技术、调制解调技术和网络宽带技术的发展，使本来就传输数字信号的计算机网络传输数字化了的多媒体信息成为现实，本来就传输模拟信号的广播电视网与电信网的数字化也同时得以实现，于是三网合一成为定局。三网合一，大大推动了多媒体技术的发展，扩大了多媒体信息的共享范围与多媒体技术的应用范围。多媒体技术渗透到各行各业，深入到千家万户，影响到每一个人的工作、学习与生活，世界从此变得绚丽多彩。

6.1.2 多媒体关键技术

现在，多媒体技术得到了长足的发展。在硬件方面，人们购买计算机时，已经没有人像 20 世纪 90 年代那样关心有没有多媒体功能，而是关心声卡、显卡、音箱的品质，显示器的分辨率。多媒体软件的发展更是惊人，无论是开发工具还是应用软件，现在已经不可枚举。多媒体涉及的技术范围越来越广，已经发展成为多种学科和多种技术交叉的领域。

多媒体的关键技术主要包括以下几个方面。

1. 音频和视频数据的压缩和编码技术

目前大部分电视机、收音机得到的信号是模拟信号，而多媒体计算机技术中的视频、音频技术是数字化技术，所以，信号的数字化处理是多媒体技术的基础。

数字化的声音和图像的数据量大得惊人。例如，用 11.02kHz 采样的 1 分钟长的声音，每个采样点用 8 位（bit）表示时的数据量约为 660KB；一幅分辨率为 640 × 480 的彩色图像，每个像素用 24 位表示，数据量约为 7.37KB。因此，多媒体中的声音、视频等连续媒体，都是具有很大数据量的信息，实时地处理这些信息对计算机系统来说是一个严峻的挑战。

多媒体数据压缩和编码技术是多媒体系统的关键技术。利用先进的数据压缩和编码技术，多媒体计算机系统就具有了综合处理声音、文字、图形图像的能力，并能够面向三维图形、立体声音和真彩色高保真全屏幕运动画面。

2. 超大规模集成（VLSI）电路制造技术

多媒体信息的压缩处理需要进行大量的计算，视频图像的压缩处理还要求实时完成。对于这样的处理，如果由通常的计算机来完成，需要用中型机甚至大型机才能胜任，而其高昂的成本将使多媒体技术无法推广。由于 VLSI 技术的进步使得价格低廉的数字信号处理器（DSP）芯片得以实现，使通常的个人计算机完成上述任务成为可能。DSP 芯片是为完成某种特定信号处理设计的，而且价格便宜，在通常的个人计算机上需要多条指令才能完成的处理在 DSP 上可用一条指令完成。DSP 完成特定处理时的计算能力与普通中型计算机相当。因此，VLSI 技术为多媒体技术的普及创造了必要条件。

3. 大容量光盘存储技术

数字化的多媒体信息虽然经过了压缩处理，但仍然包含了大量的数据。视频图像在未经压缩处理时，每秒播放的数据量为 28MB，经压缩处理后每分钟的数据量则为 8.4MB，不可能存储于一张软盘上，而一般硬盘的存储介质由于不方便携带和交换，不适宜用于多媒体信息和软件的大量发行。

大容量只读光盘存储器 CD-ROM 的出现，正好适应了这样的需要。目前常用的 CD 的外径为 5in（英寸），容量约为 700MB，并像软盘那样可用于信息交换，大量生产时的价格也相当低廉。

存储容量更大的是 DVD。DVD（Digital Video Disc）意思是“数字视频光盘”。DVD 的特点是存储容量比现在的 CD 大得多，最高可达到 17GB。一张 DVD 的容量大约相当于现在的 25 张 CD，而它的尺寸与 CD 相同。DVD 所包含的软硬件要遵照由计算机、消费电子和娱乐公司联合制定的规格，目的是能够根据这个新一代的 CD 规格开发出存储容量大且性能高的兼容产品，用于存储数字电视的内容和多媒体软件。

蓝光光盘（Blu-ray Disc，BD）的直径为 12cm，和普通 CD 及 DVD 的尺寸一样。一张单层的蓝光光盘的容量为 25GB 或 22GB，足够刻录一个长达 4 小时的高清晰电影。双层更可以达到 46GB 或 54GB 容量，足够刻录一个长达 8 小时的高清晰电影。目前，TDK 公司已经宣布研发出 4 层容量为 100GB 的光盘。其存储原理为沟槽记录方式，采用传统的沟槽进行记录，然而通过更加先进的抖颤寻址实现了对更大容量的存储与数据管理。与传统的 CD 或是 DVD 存储形式相比，BD 显然有更好的反射率与存储密度，利用波长较短（405nm）的蓝色激光读取和写入数据，并因此而得名。而传统 DVD 需要光头发出红色激光（波长为 650nm）来读取或写入数据，通常来说波长越短的激光，能够在单位面积上记录或读取更多的信息。因此，蓝光技术极大地提高了光盘的存储容量。

4. 多媒体同步技术

多媒体技术需要同时处理声音、文字、图像等多种媒体信息。在多媒体系统处理的信息中，各个媒体都与时间有着或多或少的依从关系。例如，图像、语音都是时间的函数；声音和视频图像要求实时处理同步进行；视频图像更是要求以 25 帧/秒的视频速率更新图像数据。此外，在多媒体应用中，通常要对某些媒体执行加速、放慢、重复等交互性处理。多媒体系统允许用户改变事件的顺序并修改多媒体信息的表现形式。各媒体具有本身的独立性、共存性、集成性和交互性，系统中各媒体在不同的通信路径上传输，将分别产生不同的延迟和损耗，造成媒体之间协同性的破坏。因此，多媒体同步是一个关键问题。

5. 多媒体网络技术

Internet 是一个通过网络设备把世界各国的计算机相互连接在一起的计算机网络。在这个网络上，使用普通的语言就可以相互通信、协同研究、从事商业活动、共享信息资源。现在人们越来越多地在通信中使用多媒体信息。多媒体技术的发展必然要与计算机网络技术相结合，以便使丰富的多媒体信息资源得以共享。为此，要解决网络中心的大容量存储和网络数据库管理的问题，使用户的本地操作和远端的网络中心数据库相连接，以便顺利地对各种信息进行访问、创建、复制、编辑和处理，达到共享信息资源的目的。多媒体网络技术是目前最热门的计算机多媒体技术之一。

6. 多媒体计算机硬件体系结构的关键——专用芯片

多媒体计算机需要快速、实时完成视频和音频信息的压缩和解压缩、图像的特技效果、图形处理、语言信息处理，这些都要求有高速的芯片。

7. 多媒体信息检索技术

随着接触到的视听多媒体信息越来越多，需要使用这些信息时，首先就要找到和定位这些信息。要在日益增长和大量潜在的有用信息中找到某一具体的多媒体信息，这一挑战使人们急需一种能在各种多媒体信息中快速定位有用信息的方法，这就是多媒体信息检索技术。MPEG-7（多媒体内容描述接口）建立了一种对多媒体数据的描述标准。建立在符合这些标准的多媒体信息上的模型将使信息的检索、过滤更加方便和容易，以便用户能够用尽量少的时间找到自己感兴趣的信息。

6.1.3 多媒体技术的应用

多媒体技术、网络技术及通信技术的有机结合，使得多媒体的应用领域越来越广泛，几乎覆盖了计算机应用的绝大多数领域，而且还开拓了涉及人类工作、学习、生活等多方面的新领域。多媒体技术正在不断地成熟和进步，其中包括：数据压缩图像处理、音频信息处理、语音识别、文语转换 、数据库和基于内容检索的应用、著作工具的应用、计算机支持的协同工作系统、多媒体会议系统、VOD 和交互电视（ITV）系统、CAI 及远程教育系统、地理信息系统（GIS）、多媒体监控技术。

6.2 多媒体计算机系统的组成

具有多媒体功能的计算机被称为多媒体计算机，其中最广泛、最基本的是多媒体个人计算机（Multimedia Personal Computer，MPC）。多媒体计算机系统是指能对文字、声音、图形图像、视频等多种媒体进行处理的计算机系统，即具有多媒体功能的计算机系统。

多媒体计算机系统是由多媒体硬件系统和多媒体软件系统两大部分组成。

多媒体硬件系统是多媒体技术的基础，为多媒体的采集、存储、传输、加工处理和显示提供了物理条件，使多媒体技术的实现成为可能。多媒体软件系统是多媒体技术的灵魂，它综合利用计算机处理各种媒体的最新技术，如数据采集、数据压缩、声音的合成与识别、图像的加工与处理、动画等，能灵活地调度、使用多媒体数据，使多媒体硬件和软件协调地工作。

多媒体计算机系统应具有以下 3 个基本特性：

1）高度的集成性，即能高度地综合集成各种媒体信息，使得各种多媒体设备能够相互协调地工作。

2）良好的交互性，即用户能够根据自己的意愿很方便地调度各种媒体数据和指挥各种媒体设备。

3）具有完善的多媒体操作系统、相关功能强大的多媒体工作平台和创作工具。

6.2.1 多媒体计算机的硬件系统

在个人计算机（PC）系统上增加声卡、视频卡和光盘驱动器，就构成了多媒体个人计算机（MPC）。由于 MPC 与普通的 PC 在处理对象上的区别，所以对硬件的性能和功能上的要求有所不同。此外，MPC 要处理多种媒体形式，因而需要支持各种不同媒体表现的输入输出设备。由此可见，多媒体计算机硬件系统除了需要传统的显示器、硬盘、鼠标、键盘外，还必须有光盘驱动器、声卡和视频卡。功能比较完全的 MPC 系统，还应配有视霸卡、解压卡，甚至还配有数码相机、数字摄像机、立体声音响系统和扫描仪等设备。

1. 带多媒体功能的 CPU 与内存

随着计算机技术的发展，带多媒体功能的 CPU 面市并快速发展。带多媒体功能的 CPU 是在传统的 CPU 芯片中增加一些专门用于处理多媒体信息的指令，这些包含在 CPU 中的特定程序，提高了计算机处理多媒体信息的性能，更好地协调了多媒体设备的使用。同时，各种功能强大的多媒体工作平台和性能优越的多媒体应用软件在 Windows XP、Windows 7、Windows 8 等32 位和64 位操作系统的流行中陆续推向市场。目前，多媒体计算机的内存基本在4GB 以上。

2. 声卡

多媒体技术的特点就是计算机交互式综合处理声、文、图信息。声音是携带信息的重要媒体。音乐与解说的加入，使得静态图像变得更加丰富多彩。音、视频的同步，也使得视频图像更具有真实性。然而在声卡面世前，计算机除了用 PC 扬声器发出简单的声音之外，从某种程度来说，基本上就是一个“哑巴”。从新加坡创新公司20 世纪80 年代末发明声卡至今，声卡已得到了广泛的应用，包括计算机游戏、多媒体教育软件、语音识别、人机对话、电视会议、影视娱乐节目等。

声卡是最基本的多媒体设备，是实现数-模、模-数转换的器件。声卡由音频技术范围内的各类电路做成的芯片组成，插入计算机主板的扩展槽内，实现计算机的声音功能。

声卡用来处理音频信息，它可以把传声器、激光唱机、录音机、电子乐器等输入的声音信息进行模-数转换和压缩处理，也可以把经过计算机处理的数字化声音信号通过解压缩和数-模转换，用扬声器放出或记录下来。声卡还具有提供 MIDI 接口、输出功率放大等功能。

声卡有3 个主要技术指标：采样频率（支持11.025kHz、22.05kHz 和44.1kHz)、采样数据位数（支持8 位、12 位、16 位和32 位)、声道数（支持单声道和多声道)。声卡的类型主要根据声音采样量的二进制位数确定，通常分为8 位、12 位、16 位、32 位或更高。位数越高，其量化精度越高，音质也越好，但占用空间也越多。

声卡的种类很多，目前国内外市场上至少有上百种不同型号、不同性能和不同特点的声卡。图6-1所示为声卡的外形图。

图6-1　声卡

3. 视频卡

多媒体技术中的一大支柱是视频技术，它使得动态映像能在计算机中输入、编辑和播放。视频技术通过软、硬件都能实现，但目前用得较多的是视频卡。视频卡是一种多媒体视频信号处理平台，它可以汇集录像机、摄像机、视频源、音频源等多种信息，经过编辑处理产生最终的画面，而且这些画面可以被捕捉、数字化处理、存储、输出等。视频卡的种类繁多，没有统一的分类标准。按功能可分为视频转换卡、视频采集卡、视频压缩卡、动态视频捕捉播放卡等。

（1）视频转换卡　视频转换卡可以将视频图像的模拟信号经过模-数转换成数字化的混合视频信号，然后依次经过解码、颜色空间变换形成 RGB 数字信号。RGB 数字信号经过视频转换卡的一系列操作处理后，将保存在计算机硬盘中或被显示在显示器上。

电视卡（TV 卡）是一种特殊的视频转换卡，它是能够接收全频道、全制式彩色电视节目的视频信号的转换卡。因此，在多媒体计算机上插入电视卡，便可以将一台普通的计算机变为一台彩色电视机。

（2）视频采集卡　视频采集卡的主要功能是从活动的视频图像中捕捉静态的或短时间动态图像并存储于硬盘中，以便以后进行编辑。它可以实现将摄像机、录像机中的模拟视频信号采集到计算机内，也可以通过摄像机将现场的图像实时输入计算机。

（3）视频压缩卡　视频压缩卡的主要功能是将静止和动态的图像按照国际压缩标准（JPEG标准或 MPEG 标准）进行压缩和还原。

（4）动态视频捕捉播放卡　动态视频捕捉播放卡的主要功能是实现动态视频、声音的同时捕获，并对其进行压缩、存储和播放等，它是一种功能比较全面的视频卡。

此外，视频卡还包括 MPEG 影音解压卡、模拟视频叠加卡、视窗动态视频卡和视频输出图形卡等。

视频卡与声卡必须要有相应的软件系统，并能与计算机的硬件和软件相配合，才能在各种多媒体技术中运用。

4. DVD-RAM

DVD-RAM 的全称为 DVD Random Access Memory（DVD 随机存储器），俗称 DVD 刻录机，是由在 DVD 标准争夺战中处于优势的三家公司松下、日立与东芝（MHT）联合开发的。业界对其定义为 Re-Writable DVD（可重写式 DVD）。

DVD 刻录机能够读取 DVD-ROM 和 CD-ROM，还能够读写 DVD-R、DVD-R DL、DVD-RAM、DVD + R、DVD + R DL、DVD + RW、CD-R、CD-RW 标准的光盘。现在随着蓝光技术的发展，蓝光光盘的刻录机也在不断降价而被更多用户接受，蓝光刻录机除了支持上述光盘类型和标准外，还能够读取 BD-ROM，读写 BD-R、BD-R DL、BD-R LTH、BD-RE、BD-RE DL 标准的蓝光光盘。图 6-2 所示是蓝光刻录光驱的外观。

5. 触摸屏

多媒体硬件技术的发展强调用户界面的改善，笔式计算机和触摸技术就是用户界面的一大发展。随着计算机应用技术的发展和普及，多媒体计算机产品需要更复杂的图形控制功能和无键盘操作，这就促进了触摸屏技术的发展。

触摸屏是一种坐标定位装置，属于输入设备。触摸屏广泛应用于触摸一体机（如排队机、点歌机）、可触摸的显示器产品、便携电子产品等。还有单独的触摸屏产品可用来安装在普通显示器上。图 6-3 所示的是触摸一体机和单独触摸屏。触摸屏有红外线触摸屏、电阻式触摸屏、电容式触摸屏、压感式触摸屏、电磁感应式触摸屏等。作为一种特殊的计算机外部设备，它提供了简单、方便和自然的人机交互方式。输入人员只要用手去触摸屏幕，即可启动计算机、查询资料、分析数据、输入数据或调出下一级菜单。

图 6-2　蓝光刻录光驱

图 6-3　触摸一体机和单独触摸屏

触摸屏广泛应用于银行资金查询、股票交易操作、导游查询、游戏娱乐和控制系统等。

6. 其他设备

在多媒体计算机的实际应用中，为适应不同需要，经常配置的其他硬件设备还有扫描仪、数码照相机、数码摄像机、立体声音响系统等。图 6-4 所示是两种数码照相机，图 6-5 所示是扫描仪。

图 6-4　数码照相机

图 6-5　扫描仪

7. 多媒体设备的接口

多媒体设备与计算机的连接需要特殊的接口，常见视频输出接口有 HDMI、DVI、VGA；音频接口有数字音频光纤接口、RCA、3.5mm 同轴音频接口。其中 HDMI（高清晰度多媒体接口）是首个也是业界唯一支持的不压缩全数字的音频/视频接口。

6.2.2　多媒体计算机的软件系统

多媒体计算机的应用除了要具有一定的硬件设备外，更重要的是软件系统的开发和应用。著名的 Microsoft、IBM、Apple 等公司相继推出了在基本功能上旗鼓相当的多媒体软件平台，而其特点又都是在已有的操作系统上追加实现多媒体功能的扩充模块而形成的，这就为用户提供了较为方便和实用的使用环境。

多媒体计算机软件系统包括支持多媒体功能的操作系统、多媒体信息处理工具或软件和多媒体应用软件。

1. 支持多媒体功能的操作系统

目前市场上常见的 Windows 7、Windows 8、Mac OS 等操作系统，在传统的操作系统基础上，增加了同时处理多种媒体的功能，具有多任务的特点，并能控制和管理与多种媒体有关的输入、输出设备。例如，对计算机硬件的检测和设置是智能化的，当计算机上增加某种多媒体设备时，操作系统能感受到新设备的增加，并提示安装驱动程序，使该设备能方便地进入可使用状态，这就是所谓的“即插即用”功能，而这一功能大大方便了新硬件的添加。

2. 多媒体信息处理工具或软件

多媒体信息处理就是把通过外部设备采集来的多媒体信息，包括文字、图像、声音、动画、视频等，用软件进行加工、编辑、合成、存储，最终形成一个多媒体产品。在这一过程中，会涉及各种媒体加工工具和集成工具。

1）文字处理软件。文字是使用频率最高的一种媒体形式，对文字的处理包括输入、文本格式化、文稿排版、在文稿中插入图片等。常用的文字处理软件有 Windows 中的记事本和写字板程序、Word、WPS 等。

2）图形图像处理软件。图形图像的处理包括：改变图形图像大小，图形图像的合成和编辑，添加诸如马赛克、模糊、玻璃化、水印等特殊效果，图形图像的输出打印等。常用的图形图像处理软件有 Photoshop、PhotoDraw、CorelDraw、Freehand 等。

3）声音处理软件。声音的处理包括录音、剪辑、去杂音、混音和声音合成等。常用的声音处理软件有 Adobe Audition、Ulead Audio Edit 、Creative 的录音大师、Cake Walk 等。

4）动画处理软件。处理动画的软件主要有 3D Studio MAX、Flash 等。利用这些软件制作动画，能产生逼真的效果。

5）视频处理软件。视频的处理主要指利用影像、动画、文字和图片等素材进行编辑处理，或利用与其他外部设备如摄像机、录像机等的连接，完成影视等节目的编辑、制作等工作。比较优秀的视频处理软件有会声会影、Adobe Premiere、Storm Edit、MGI Video Wave 等。

6）多媒体集成工具。除了单个媒体的加工处理软件外，开发一个多媒体软件产品时，必须有一个多媒体集成软件，把各种单媒体有机地集成为一个统一的整体。目前应用比较广泛的多媒体集成软件有图标式多媒体制作软件 Authorware，基于时间顺序的多媒体制作软件 Director，用于网页制作的 SharePoint Designer、Dreamweaver 等。

3. 多媒体应用软件

多媒体应用软件是利用多媒体加工和集成工具制作的、运行于多媒体计算机上的具有某种具体功能的软件，如教学软件、游戏软件、电子工具书等。这些软件的一般特点如下：

1）多种媒体的集成。多媒体应用软件中往往集成了文字、声音、图像、视频和动画等多种媒体信息，在使用这些软件时，可同时从两种以上的感官得到信息。

2）超媒体结构。多媒体最早起源于超文本。超文本是一种非线性结构，以节点为单位组织信息，在节点与节点之间通过表示它们之间的关系链加以连接，构成特定内容的信息网络，用户可以有选择地查阅自己感兴趣的内容。这种组织信息的方式与人类的联想记忆方式有着相似之处，从而可以更有效地表达和处理信息。这种表达方式用于文本、图像、声音等形式时，就称为超媒体。

3）交互操作。多媒体应用软件强调人的主动参与。通过超媒体结构，应用软件中的不同媒体能够有机地结合，用户可以按照自己的方式方法对多媒体信息进行操作。

6.3 多媒体信息处理技术

多媒体计算机具有信息集成、交互等功能。多媒体技术在对各种媒体信息处理时一般采取转换、集成、管理、控制和传输等方式。这里，转换可以分为两个阶段：信息采集和信息回放。信息采集是将不同的媒体信息转换成计算机能够识别的数字信号；信息回放则是把计算机处理后的数字信息还原成人们所能接受的各种媒体信息。集成是对不同类型的媒体信息进行组合。管理和控制是在应用媒体信息过程中对各种媒体素材进行编辑、剪辑和重组等处理或操作。传输则是将处理后的媒体信息以各种方式传递给用户。

6.3.1 音频信息处理技术

声音是携带信息的重要媒体，是多媒体技术研究中的一个重要内容。声音的种类很多，如人的语音、乐器的声音、机器产生的声音、动物发出的声音以及自然界的风声、雨声等。用计算机处理这些声音时，既要考虑它们的共性，又要利用它们各自的特性。

1. 声音的振幅和频率

声音是由于物体震动而产生，并通过空气传播的一种连续的波，称为声波。最简单的声波是正弦波，如图 6-6 所示。

在正弦波中，波峰和波谷的排列非常整齐，波峰之间的距离也是相同的，所以，正弦波表示了一个纯正声波的图像。但自然界中的声波往往是许多不同声音的叠加，一般常见的声波如图6-7所示。

用声波表示声音时，可以看到波峰越高，声音越响，波峰之间的距离越小，音调就越高。

声音的响亮程度用振幅表示，波峰之间的距离被称为周期，如图 6-8 所示。

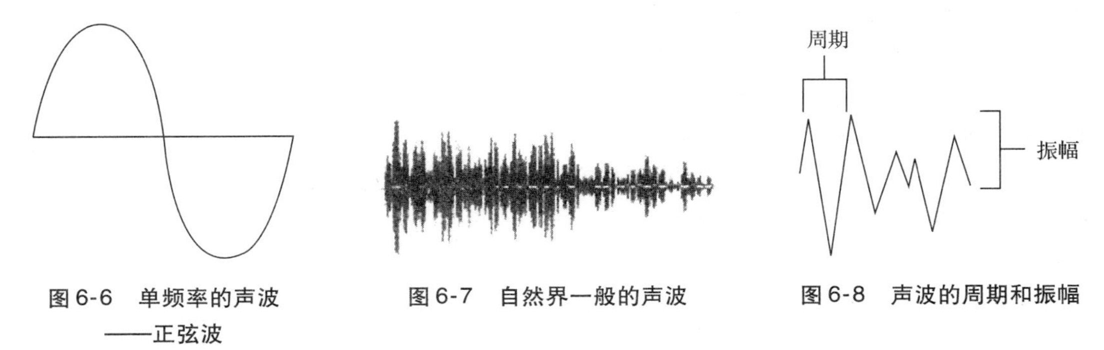

图 6-6 单频率的声波——正弦波　　图 6-7 自然界一般的声波　　图 6-8 声波的周期和振幅

周期的倒数称为频率，一般用 1/秒表示，专业上称为 Hz（赫兹）。频率范围为 20Hz ~ 20kHz 的信号称为音频信号。多媒体技术中处理的信号主要是音频信号，包括音乐、语音、风雨声、鸟叫声、机器声等。

2. 声音的采样和量化

在计算机内，所有的信息均以数字 0 或 1 表示，声音信号也用一组数字表示，称为数字音频。数字音频与模拟音频的区别在于：模拟音频在时间上是连续的，而数字音频是一个数据序列，在时间上是断续的。用数字量而不用模拟量进行信号处理的主要优点如下：

1）数字信号计算是一种精确的运算方法，它不受时间和环境变化的影响。

2）表示部件功能的数学运算不是物理的功能部件，而是使用数学运算模拟，其中的数学运算也相对容易实现。

3）可以对数字运算数据进行程序控制，如可以改变算法或改变某些功能，还可以对数字部分进行再编程。

从声音波形的连续变化特性来看，声音是一种模拟量。利用计算机录音时，要将这些模拟量转换成能够在计算机中进行存储和处理的二进制数字量，这是通过对模拟声波的采样和量化得到的。

声音的采样是按一定的时间间隔采集该时间点的声波幅度值，采样得到的表示声音强弱的数据以二进制形式表示和存储（称为量化），在需要播放时再将这些二进制数据还原成模拟波形。采样的时间间隔称为采样周期，单位时间内的采样数称为采样频率，其单位也是 Hz。图6-9 所示是声音波形的采样与还原示意图。

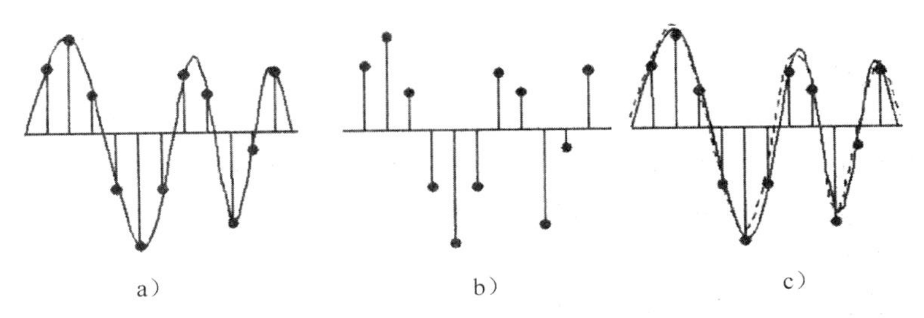

图 6-9 声音波形的采样与还原

a）对原始声波采样　b）采样后得到的数据　c）还原后的声波与原始声波的比较

对模拟音频信号进行采样量化后，即得到数字音频。数字音频的质量取决于采样频率、量化位数和声道数 3 个因素。

1）采样频率。采样频率是指一秒钟内采样的次数。在计算机多媒体音频处理中，采样频率通常有三种：11.025kHz（语音效果）、22.05kHz（音乐效果）、44.1kHz（高保真效果）。一般人的语音使用 11.025kHz 的采样频率就能较好地还原。CD 音质需要 44.1kHz 的采样频率。

2）量化位数。量化位数也称为量化精度，是描述每个采样点样值的二进制位数。在采样频率确定的情况下，如何存储采样后得到的数据呢？由于随着时间的推移，声音波形变化的幅度会有所不同，采样后得到的样本数据并不是简单的 0 或 1 两个状态的数据，如图6-9b所示，采样得到的样本数据有一种幅度等级。计算机将采样得到的数据按一定大小进行存储的过程即量化。量化的级别有 8 位、16 位、32 位等。例如，8 位量化位数表示每个采样值可以用 256 个不同的量化值来表示，即在最大值与最小值之间划分 256 个等级。而 16 位量化位数表示每个采样值可以用 65536 个不同的量化值来表示。显然量化位数越多，则越可以表现细微的变化。

3）声道数。声音通道的个数称为声道数，即一次采样所记录产生的声音波形个数。记录声音时，如果每次生成一个声波数据，称为单声道。每次生成两个声波数据，称为双声道，即立体声。

3. 数字音频的存储与编码

数字音频文件的存储量以字节为单位，模拟声波被数字化后音频文件的存储量（未压缩）可表示为

$$存储量 = 采样频率 \times 量化位数 \times 声道数 \times 时间/8$$

例如，用 44.1kHz 的采样频率进行采样，量化位数选用 16 位，则录制 1 秒的立体声音，其波形文件所需的存储量为：$44100 \times 16 \times 2 \times 1/8B = 176400B$。

一般情况下，声音的制作通过传声器或录音机来完成。例如，由声卡上的 WAVE 合成器（模-数转换器）对模拟音频采样后，量化编码为一定字长的二进制序列，并在计算机内传输和存储。在数字音频回放时，再由数-模转换器解码将二进制编码恢复成原始的声音信号后通过音响设备输出。

数字波形文件数据量很大，所以数字音频的编码必须采用高效的数据压缩编码技术。有关技术将在下一小节具体介绍，此处不予赘述。

4. 声音合成技术

计算机中的声音有两种产生途径：一种是通过数字化录制直接获取，另一种是利用声音和技术实现，后者是计算机音乐的基础。

声音合成技师用微处理器和数字信号处理器代替发声部件，模拟出声音波形数据，然后将这些数据通过数-模转换器转换成音频信号并发送到放大器，合成声音或音乐。乐器生产商利用这一原理生产了各种各样的电子乐器。

20 世纪 80 年代，声音合成技术与计算机技术结合产生了新一代数字合成器标准 MIDI（Musical Instrument Digital Interface），即乐器数字化接口。MIDI 是一种国际标准，是计算机和 MIDI 设备之间进行信息交换的一整套规则，包括各种电子乐器之间传送数据的通信协议。该协议允许电子合成器互相通信，保证不同牌号的电子乐器之间能保持适当的硬件兼容性。它也是 MIDI 兼容的设备之间传输和接收数据的标准化协议。

MIDI 音频是将电子乐器键盘上的弹奏信息记录下来，是乐谱的一种数字式描述。乐谱是由音符序列、定时和多达 16 个通道的称作合成音色的演奏音符定义所组成。每个通道的演奏音符定义由键号、力度、通道号、音长、音量等组成。当需要播放时，只需从相应的 MIDI 文件中读出 MIDI 消息，生成所需要的声音波形，经放大后由扬声器输出。

由于MIDI文件只是一系列指令的集合，而不是波形，因此它比数字波形文件小得多，大大节省了存储空间。例如，一个8位、22.05kHz的波形文件，记录1.8秒的声音需要316.8KB的空间；而演奏2分钟乐曲的MIDI文件，其存储空间不到8KB。另外，预先装载MIDI文件比波形文件容易得多。这样，在设计多媒体节目时，音乐的设置就变得十分灵活。

MIDI声音适于重现打击乐或一些电子乐器的声音。利用MIDI声音方式可用计算机进行作曲。对MIDI的编辑很灵活，在音序器的帮助下，用户可自由地改变音调、音色以及乐曲速度等，以达到需要的效果。

MIDI设备就是处理MIDI信息所需的硬件设备，基本包括MIDI端口、MIDI键盘、音序器和合成器。

一台MIDI设备可以有1~3个MIDI端口。MIDI In接收来自其他MIDI设备的MIDI信息；MIDI Out发送本设备生成的MIDI信息到其他设备；MIDI Thru将从MIDI In端口传来的信息转发到相连的另一台MIDI设备上。

MIDI键盘是用于MIDI乐曲演奏的。MIDI键盘本身并不发出声音，当作曲人员触动键盘上的按键时，就发出按键信息，所产生的仅仅是MIDI音乐消息，从而由音序器录制生成MIDI文件。

音序器用于记录、编辑及播放MIDI的声音文件。音序器可捕捉MIDI消息，将其存入MIDI文件。MIDI文件扩展名为.mid，音序器还可编辑MIDI文件。

合成器解释MIDI文件中的指令符号，生成所需要的声音波形，经放大后由扬声器输出，声音的效果比较丰富。

6.3.2 视觉信息处理技术

多媒体创作最常用的视觉信息分静态图像和动态图像两大类。静态图像根据其在计算机中生成的原理不同，又分为位图图像和矢量图形两种。动态图像又分为视频和动画。视频和动画之间的界限并不能完全确定，习惯上将通过摄像机拍摄得到的动态图像称为视频，而利用计算机或绘画的方法生成的动态图像称为动画。

1. 静态图形图像的数字化和存储

在计算机科学中，图形（Graphic）和图像（Image）是两个不同的概念。图形一般指用计算机绘制（Draw）的画面，如直线、圆、圆弧、矩形、任意曲线和图表等。图像则是指由输入设备捕捉的实际场景画面，或以数字化形式存储的任意画面。

图像经摄像机或扫描仪输入到计算机后，转换成了由一系列排列成行列的点（像素）组成的数字信息。计算机中的数字图像又可分为矢量图和位图两种表示形式。

（1）矢量图及表示　矢量图用一组指令集合来描述图形的内容，这些指令用来构成该图形的所有直线、圆、圆弧、曲线等图元的位置、维数和形状等。矢量图与分辨率无关，放大或缩小矢量图的尺寸不会使图像变形或变模糊。所以在缩放时，矢量图不会因为放大而产生马赛克现象。如图6-10所示，左边是一幅原始的矢量图，右边是将其放大后的局部。

由于矢量图的每个对象都是一个独立的实体，因此，绘图程序易于编辑其中的每一个组成对象，可以任意移动、缩放、旋转、变形等，即使相互重叠和覆盖，仍然保持各自的特性。基于这些特点，矢量图形主要用于线条图、美术字、工程制图及三维图像的设计等。由于不用对图形中的每一个点进行量化保存，因此矢量图文件通常较小。

（2）位图及表示　位图图像由数字阵列信息组成，阵列中的各项数字用来描述构成图像的各个点（称为像素）的强度和颜色等信息。位图适合于表示含有大量细节（如明暗变化、多种颜色等）的画面，并可直接、快速地显示在屏幕上。

位图的质量主要是由图像的分辨率和色彩模式决定。

1）分辨率。分辨率有屏幕分辨率和图像分辨率之分。屏幕分辨率是指显示屏幕上水平与垂直方向的像素个数。屏幕分辨率与显示模式有关，如标准 VGA 图形卡的最高分辨率为 640 × 480，即水平有 640 个像素，垂直有 480 个像素。图像分辨率是指图像水平和垂直方向的像素个数。在屏幕分辨率一定的情况下，图像分辨率越高，显示的图像越大，图像占用的存储空间越多。由于位图是由许多像素组成的，而放大后表示图像内容和颜色的像素数量没有增加，于是图片会出现马赛克现象，如图 6-11 所示。

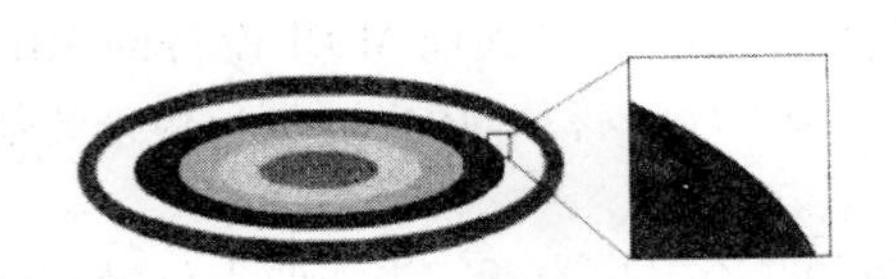

图 6-10　原始的矢量图和放大后的局部

图 6-11　原始的位图和放大后的局部

2）色彩模式。在多媒体计算机系统中，图像的颜色是用若干位二进制数表示的，被称为图像的颜色深度。计算机中有多种表示色彩的方式，其主要区别就是图像颜色深度不同。常常根据颜色深度来划分图像的色彩模式。例如，黑白图像的颜色深度为 1，只能表示出两种色彩，即黑和白。常见的图像色彩模式有以下几种：

① Black White，即黑白图，图像颜色深度为 1，可表示黑和白两种色彩。

② GrayScale，即灰度图，图像颜色深度为 8，以 256 个灰度级的形式表示图像的层次变化。

③ RGBColor，即 8 色图，图像颜色深度为 3，利用三基色组合可产生 8 种颜色。

④ Indexed 16-Color，即索引 16 色图，图像颜色深度为 4，通过建立调色板，可以任选 16 种颜色供图像使用，而调色板中的颜色根据不同的图像可以进行改变。

⑤ Indexed 256-Color，即索引 256 色图，图像颜色深度为 8，与索引 16-Color 的区别在于调色板的颜色数，Indexed 256-Color 可任选 256 种颜色供图像使用。

⑥ RGB True Color，即真彩色图，图像颜色深度为 24，可表示多达 16772216 种颜色，其像素的色彩数由 3 个字节组成，分别代表 R（红）、G（绿）和 B（蓝）三色值。由于这个颜色数接近人眼能识别的颜色数，通常把这种图像数据类型称为真彩色。

可见，图像颜色深度越高，图像的色彩就越丰富，但同样大小的图像所占用的空间也越大。

2. 静态图像的处理

静态图像的处理操作主要包括：图像颜色模式的变换，部分图像对象的选择，进行大小缩放、剪切、翻转、旋转、扭曲等变换，多幅图像的编辑、合成，添加诸如马赛克、模糊、水印等特殊效果，图像文件格式的转换和图像的打印输出等。常用的图形图像处理软件有 Photoshop、PhotoDraw、CorelDraw、Freehand、Illustrate 等。

3. 动态图像的数字化和存储

动态图像包括视频和动画。多媒体计算机系统中通过视频卡把视频信息输入到计算机中。

视频卡是所有用于视频信号输入输出的接口功能卡的总称。DV 卡和视频采集卡是目前常用于获取视频信息的设备。DV 卡通常就是 SD 卡，它可以将 DV 摄像机或录像带中记录的数字视频信号用数字方式直接输入计算机中，是目前高质量而且廉价的视频信号数字化设备。视频采集卡主要由视频信号采集模块、音频信号采集模块和总线接口模块组成。视频信号采集模块的主要任务是将模拟视频信号转换成数字视频信号并送到计算机中。音频信号采集模块完成对音频信息的采样和量化。总线接口模块用来实现对视频、音频信息采集的控制，并将采样、量化后的数字信息存储到计算机中。

4. 视频信息和动画的处理

视频信息的处理包括视频画面的剪辑、合成、叠加、转换和配音等。由于数字视频的编辑与模拟视频的编辑有许多共同的特点，因此也借用了大量的相关概念。常用的处理软件有 Ulead Video Editor、Adobe Premiere、Storm Edit 等。

动画效果主要是依赖于人的视觉暂留特征而实现的。当多幅具有一定差异的图片连续不断地依次显现在眼前，人眼便感觉画面具有活动的效果。传统的动画是制作在透明胶片上的，先由艺术大师制作一系列画面中的部分关键帧，然后由一些助手制作关键帧之间的画面。将动画的每一个动作都先画在透明胶片上，以便能叠加到背景图上。最后将这些透明胶片分别放在背景图上进行拍照，形成最终的电影胶片。

利用计算机可以建立动画中关键帧的画面，并由计算机产生中间过渡帧，从而方便地获得动画效果。动画处理软件有许多种，最为常用的是 3D Studio MAX 和 Flash。

6.3.3 多媒体数据压缩技术

多媒体技术最令人注目的地方是它能实时、动态、高质量地处理声音和运动的图像，这些过程的实现需要处理的数据量相当大。由于数据压缩技术的成熟，使得多媒体技术得以迅速地发展和普及。

1. 多媒体数据压缩的必要性

多媒体信息的特点之一就是数据量非常庞大。例如，1 分钟长的声音信号，用 11.02kHz 的频率采样，每个采样数据用 8 位二进制位存储，则数据量约为 660KB；一帧 A4 幅面的图片，用 12 点/mm 的分辨率采样，每个像素用 24 位二进制位存储彩色信号，数据量约为 25MB；一幅中等分辨率（640×480）的彩色图像的数据量约为 7.37MB/帧。

随着信息时代的到来，网络已渐渐走进人们的生活中。通过网络，人们可以看到或听到几万公里以外的信息，包括录像、各种影片、动画、声音和文字。网络数据的传输速率要远远低于硬盘和 CD-ROM 的数据传输速率。所以要实现网络多媒体数据的传输，实现网络多媒体，数据不进行压缩是不可能实现的。

对多媒体信息必须进行实时压缩和解压缩，如果不经过数据压缩，实时处理数字化的较长的声音和多帧图像信息所需要的存储容量、传输率和计算速度都是目前普通计算机难以达到的。数据压缩技术的发展大大推动了多媒体技术的发展。

数据压缩是一种数据处理的方法，它的作用是将一个文件的数据容量减小，而又基本保持原来文件的内容。数据压缩的目的就是减少信息存储的空间，缩短信息传输的时间。当需要使用这些信息时，需要通过压缩的反过程——解压缩将信息还原。研究结果表明，选用合适的数据压缩技术，有可能将原始文字量数据压缩 1/2 左右，语音数据量压缩到原来的1/21～1/10，图像数据量压缩到原来的 1/2～1/60。

2. 数据压缩的种类

（1）无损压缩　无损压缩是利用数据统计特性进行的压缩处理，压缩效率不高。无损压缩是一种可逆压缩，即经过压缩后可以将原来文件中包含的信息完全保存。例如，常用的压缩软件 WinZip 和 WinRAR 就是基于无损压缩原理设计的，因此可以用来压缩任何类型的文件。

显然，无损压缩是最理想的，因为不丢失任何信息，然而它只能得到适中的压缩比。

（2）有损压缩　经过压缩后不能将原来的文件信息完全保留的压缩，称为有损压缩，它是不可逆压缩方式。有损压缩是以损失原文件中某些信息为代价来换取较高的压缩比，其损失的信息多数是对视觉和听觉感知不重要的信息，基本不影响信息的表达。例如，电视和收音机所接收到的电视信号和广播信号与从发射台发出时相比，实际上都不同程度地发生了损失，但都不影响收看、收听和使用。

3. 数据压缩的主要指标

数据压缩的主要指标包括以下 3 个方面：

（1）压缩比　压缩比即压缩前后的数据量之比，如果文件的大小为 1MB，经过压缩处理后变成 0.5MB，那么压缩比为 2:1。高的压缩比是数据压缩的根本目的，无论从哪个角度看，在同样压缩效果的前提下，数据压缩得越小越好。

（2）压缩和解压缩的时间　数据的压缩和解压缩是通过一系列数学运算实现的。其计算方法的好坏直接关系到压缩和解压缩所需时间。但是，压缩速度和解压缩速度是衡量压缩系统性能的两个独立指标。其中，解压缩的速度比压缩速度更重要，因为压缩只有一次，是生产多媒体产品时进行的，而解压缩则要面对用户，有更多的使用者。

（3）解压缩后信息恢复的质量

1）对于文本等文件，特别是程序文件，是不允许在压缩和解压缩过程中丢失信息的。因此需要采用无损压缩，不存在压缩后恢复质量的问题。

2）对于音频和视频，经过数据压缩后允许部分信息的丢失。在这种情况下，信息经解压缩后不可能完全恢复，压缩和解压缩质量就不能不考虑。因此，是否具有好的恢复质量是数据压缩的另一个重要指标。

好的恢复质量和高的压缩比是一对矛盾。高的压缩比是以牺牲好的恢复质量为代价的。无损压缩的压缩比通常较小，是因为一般用于无损压缩的文件数据量较小。对于图像和声音文件，特别是活动图像和视频影像，数据量特别大，希望压缩比也要尽量大。

6.4 多媒体文件格式

在计算机中存储的音频、视频等多媒体信息是以不同的文件格式存放的。在对某种多媒体信息进行处理时需要对存储该信息的文件格式的特点有所了解，以便更好地应用针对性强的软件对其进行处理。

6.4.1 音频文件格式

计算机中存储声音数字化信息的文件格式主要有 WAV、MP3、FLAC、APE 等；存储合成音乐信息的文件格式常见的是 MIDI。

（1）WAV 文件格式　WAV 是一种波形文件格式，是 Microsoft 和 IBM 公司共同开发的音频文件格式，它来源于对声音模拟波形的采样。用不同的采样频率对声音的模拟波形进行采样，可以得到一系列离散的采样点，以不同的量化位数把这些采样点的值转换成二进制数，然后存储在磁盘上，就产生了 WAV 文件。WAV 文件的扩展名是 .wav。有关声音采样方面的内容可参考本章的第 3 节。

WAV 文件主要用于自然声音的保存与重放，其特点是声音层次丰富、表现力强、声音还原性好。当使用足够高的采样频率时，其音质非常好，但是这种格式的文件的数据量比较大。

（2）MIDI 文件格式　MIDI 是乐器数字接口的英文缩写方式，它规定了计算机音乐程序、电子合成器和其他电子设备之间交换信息与控制信号的方法。

MIDI 文件的生成不对音乐进行采样，而是将 MIDI 设备发出的每个音符记录成为一个数字，通过各种音调的混合及合成器发音来输出。MIDI 文件的扩展名是 . mid，这种文件多用于计算机声音的重放与处理。

（3）MP3 文件格式　MP3 压缩音频文件是将 WAV 文件以 MPEG-3 标准进行压缩而得到的，压缩后的数据存储量只有原来的 1/12 ~ 1/10，而音质不变。这一技术使得一张碟片就可容纳十几个小时的音乐节目，相当于原来的十几张 CD 唱片。

MP3 格式的音频文件在保持音质近乎完美的情况下，文件的数据量非常小，并且播放的设备也比较多。

（4）FLAC 与 APE 文件格式　FLAC 与 APE 都是音频文件格式，其特点是无损压缩。不同于其他有损压缩编码如 MP3 及 AAC，它不会破坏任何原有的音频信息，所以可以还原音乐光盘音质。现在它们已被很多软件及硬件音频产品所支持。

6.4.2　数字图像文件格式

为了适应不同应用的需要，在数字图像的编辑过程中，图像可能会以不同的文件格式进行存储。例如，Windows 中画图工具所制作的图像多以 BMP 格式存储；从网上下载的图像多为 GIF 和 JPG 格式。不同的图像文件格式具有不同的存储特征，对其的处理也有不同的方法。具体的图像处理软件往往可以识别和使用这些图像文件，并可以在这些图像文件格式之间进行转换。所以，了解常见图像文件格式的特点非常重要。

（1）BMP 文件格式　BMP 是 Bit Mapped 的缩写，是 Microsoft 公司为 Windows 自行发展的一种图像文件格式。在 Windows 环境中，画面的滚动、窗口打开或恢复，均是在绘图模式下运作，因此选择的图像文件格式必须能应付高速度的操作要求，不能有太多的计算过程。为了真实地将屏幕内容存储在文件内，避免解压缩时浪费时间，就有了 BMP 的诞生。

多数的图形图像软件，特别是在 Windows 环境下运行的软件，都支持这种文件格式。BMP 文件有压缩和非压缩之分，一般作为图像的 BMP 文件都是不压缩的。BMP 文件格式支持黑白图像、16 位色图像、256 位色图像和真彩色图像。

（2）GIF 文件格式　GIF 是 Graphics Interchange Format 的缩写，全称是图形交换格式，是一种可缩放的压缩格式，最初是 CampuServe 机构为了允许用户联机交换图片而开发的。由于 GIF 文件支持动画和透明，所以被广泛应用在网页中，现在已经成为 Web 上大多数图像的标准格式。由于 GIF 格式最多只能显示 256 种颜色，所以一般用于主要包含纯色的图像，如插图、图标、按钮、草图等，而不太适用于照片一类的图像。

（3）TIF 文件格式　TIFF 是 Tagged Image File Format 的缩写，简称 TIF，是由 Aldus 和 Microsoft 公司合作开发的，最初用于扫描仪和桌面出版业，是工业标准格式，支持所有图像类型。TIF 是一种包容性十分强大的图像文件格式，可以包含许多种不同类型的图像，甚至可以在一个图像文件内放置一个以上的图像，所以这种格式是许多图像应用软件（如 CoreDraw、PageMaker、Photoshop 等）所支持的主要文件格式之一。

（4）JPG 文件格式　JPEG 文件格式简称 JPG 格式，是一种可缩放的静态图像文件的存储格式。JPG 是将每个图像分割为许多 8 ×8 像素大小的方块，再针对每个小方块做压缩的操作，经过复杂的压缩过程，所产生出来的图像文件可以达到30:1的压缩比。虽然付出的代价是某些程度的失真，属于有损压缩，但这种失真是人类肉眼所无法察觉的。JPG格式图像是目前所有格式中压缩率最高的一种，被广泛应用于网络图像的传输上。

JPG文件格式可以支持真彩色图像，通常用于存储自然风景照、人和动物的各种彩色照片、大型图像等。

（5）PSD文件格式　PSD文件格式是Photoshop软件生成的格式，它包括层、通道、路径以及图像的颜色模式等信息，而且同时支持所有这些信息的也只有PSD格式。

当图像以PSD格式保存时，会自动对文件进行压缩，使文件的长度变小。但由于保存了较多的层和通道信息，所以通常还是显得较其他格式的文件大些。

（6）WMF文件格式　WMF（Windows Metafile Format）文件格式是Windows中很多程序所支持的图形格式，如Microsoft Office的剪辑库中有许多WMF格式的图像，但Windows以外的程序对这种格式的支持比较有限。WMF是一种矢量图形格式，但它既可以联结矢量图，也可以联结位图。

6.4.3　数字视频文件格式

（1）AVI文件格式　AVI文件是目前比较流行的视频文件格式，称为音频-视频交错（Audio-Vidio Interleaved）。它采用Intel公司的Indeo视频有损压缩技术将视频信息和音频信息混合交错地存储在同一文件中，从而解决了视频和音频同步的问题。

AVI文件实际上包括两个功能，一个是视频捕获功能，另一个是视频编辑、播放功能，但是目前的许多软件中只包含播放功能。AVI文件格式是许多视频处理软件都支持的文件格式。

（2）MOV文件格式　MOV文件格式是Apple公司的Quick Time视频处理软件所选用的视频文件格式。与AVI文件格式相同，MOV文件格式也采用Intel公司的Indeo视频有损压缩技术，以及视频信息与音频信息混排技术。MOV文件的质量比AVI文件要好。

（3）MPG文件格式　MPG（又称MPEG）文件格式通常用于视频的压缩，其压缩的速度非常快，而解压缩的速度几乎可以达到实时的效果。目前在市面上的产品大多将MPEG的压缩/解压缩操作做成硬件式配卡的形式。MPEG文件的压缩比在50:1～200:1之间。

（4）SWF文件格式　SWF（Shock Wave Flash）文件格式是利用Macromedia公司的动画制作软件Flash制作的动画的输出格式。由于在安装了相应的免费插件后，在Internet Explorer浏览器中便可以播放这种格式的动画，而且这种格式的动画文件所占用的存储空间比较小，还可以带有一定的交互性，所以近年来在Internet上越来越受欢迎。

（5）RM与RMVB文件格式　RM文件格式是RealNetworks公司开发的一种流媒体视频文件格式，可以根据网络数据传输的不同速率制定不同的压缩比率，从而实现在Internet上低速率进行视频文件的实时传送和播放。RMVB也是一种视频文件格式，RMVB中的VB指VBR，即Variable Bit Rate（可改变的比特率），原因是降低了静态画面下的比特率，较RM格式画面要清晰很多。

（6）VOB文件格式　VOB文件格式用来保存所有MPEG-2格式的音频和视频数据，这些数据不仅包含影片本身，而且还有供菜单和按钮用的画面以及多种字幕的子画面流。

（7）MKV文件格式　MKV文件格式不是一种压缩格式，而是Matroska的一种媒体文件格式，Matroska是一种新的多媒体封装格式，也称多媒体容器（Multimedia Container）。它可将多种不同编码的视频及16条以上不同格式的音频和不同语言的字幕流封装到一个Matroska Media文件当中。MKV 最大的特点就是能容纳多种不同类型编码的视频、音频及字幕流。

6.5 多媒体信息处理与制作工具

由于多媒体集成了声音、图像、图形、动画等特征，并且具有强大的可交互性，使得个人计算机发挥了空前的潜力，所以越来越多的人希望能够自己制作多媒体产品。为了适应这种需求，许多软件开发商相继推出了各种各样的多媒体信息处理和制作工具。

6.5.1 多媒体信息处理与制作工具的功能与特性

多媒体信息处理和制作工具的功能是把多媒体信息集成为一个结构完整的多媒体应用程序。随着信息技术的发展，多媒体制作工具越来越大众化，用户只需将欲处理的内容分别按文本、声音、图像、动画等不同类型的格式进行存储，然后再利用制作工具中的按钮、菜单等交互方式将其进行系统整合，便可以完成产品的制作。一般来说，多媒体制作工具应该具备以下几个功能和特性：

（1）编程环境　多媒体制作工具除了要具备一般编程工具所具有的功能外，还应该具有将不同媒体信息编入程序、时间控制、调试以及动态文件输入输出的能力。

（2）强大的超文本功能　随着网络技术的发展，超文本技术的应用越来越广泛，它是基于网络节点和连接数据库实现信息的非线性组织，从而使用户能够快速灵活地检索和查询信息，其中数据节点可以包含文本、图形、音频、视频以及其他媒体信息。在一般情况下，制作工具都提供超级链接的功能，即实现从一个静态对象跳转到另一个相关的操作对象进行编程的能力。

（3）动画的制作与演播　多媒体制作工具最基本的要求是通过程序控制对象的移动，从而制作出简单的动画，并且能够改变操作对象的方向和速度以及控制对象显现的清晰程度等。制作多媒体的最终目的是播放，因此，制作软件还应该具备兼容外部制作的动画，并且能够将各个素材进行系统地有机整合，从而进行同步的信息播放的能力。

（4）友好的交互界面　多媒体制作工具应该具有可视程度高、界面友好、易学易用的特征，使用户操作简便、便于编辑修改，使其在掌握了基本操作技能后，可以独立进行多媒体软件的设计与开发。

（5）支持多种媒体数据输入与输出　用户在多媒体应用软件的制作过程中，往往需要引入各种媒体数据，因此就要求多媒体编辑软件要具有多种媒体数据输入与输出的能力。例如，输入音频数据时，可以从磁盘、CD 或数据库中直接引入数据，并且还要支持多种格式的声音素材（如 WAV 文件、MIDI 文件等）。

（6）良好的扩充性　多媒体硬件的发展非常迅速，因此多媒体制作工具应该具有较强的兼容性和扩充性，并且能够提供一个开放的系统，便于用户的二次开发和扩充。

6.5.2 常用多媒体制作工具简介

1. Adobe Photoshop

Adobe Photoshop 是图像处理软件领域最著名的软件，是专业平面设计师首选的图像处理软件。Photoshop 提供的强大功能足以让创作者充分表达设计创意，进行艺术创作。读者可通过以下特点介绍，对 Photoshop 的功能全貌有一个初步的认识。

1）支持大量的图像格式。Photoshop 可以支持绝大部分的图像文件格式，包括 BMP、PCX、

TIF、JPG（JPEG）、GIF 等，并且它本身还提供了 PSD 和 PDD 两种专用的文件格式，用来保存图像创作中所有的数据。它还是一个图像文件格式转换器，可以将一种图像文件格式转换为其他格式的图像。

2）绘图功能。Photoshop 提供了丰富的绘图工具。遮光和加光工具可以有选择地改变图像的曝光程度，海绵工具可以选择性地加减色彩的饱和度，另外还提供了诸如喷枪、画笔、文字工具组，并可以随意地设置画笔的模式、压力、边缘等参数，以控制其绘制效果。

3）选取功能。在 Photoshop 中，可以利用魔术棒，在图像内按照颜色选取某一个区域；利用选取工具，按矩形、椭圆形、多边形等形状选取某一个区域；利用套索工具，手工选择一些无规则、外形复杂的区域。

4）调整颜色。用户可以通过多种途径查看或者调整图像的色度、饱和度和亮度。

5）图像变形。用户可以旋转、拉伸、倾斜图像，并根据需要改变图像的分辨率和大小。

6）支持层的概念。Photoshop 是最早提出图层概念的软件。运用图层功能，可以将一幅复杂的图像分解成独立存在的若干层，并且对每层进行单独处理而不会影响到其他层，这样就使图像的处理过程更加灵活、容易控制。

7）提供通道和屏蔽功能。Photoshop 提供了两种通道：颜色通道用来储存图像的颜色信息，Alpha 通道用来储存和评比图像中特定的选择区域。

8）丰富的滤镜功能。Photoshop 最有特色的功能之一就是它提供了大量的滤镜。运用滤镜可以得到很多特殊的效果，原本需要很多步骤才能完成的工作在 Photoshop 中只需简单的几步即可完成。Adobe 公司也在不断地推出新的滤镜，用户可以下载并在 Photoshop 中使用。

Photoshop CS6 的主界面如图6-12所示。

图 6-12　Photoshop CS6 主界面

2. Authorware

由 Macromedia 公司出品的 Authorware 是一个优秀的交互式多媒体编程工具。它面对各层次的用户，无须使用 Visual Basic、Visual C++ 等编程工具即可编制出各种多媒体系统。Authorware 是专门为非程序设计人员准备的，它的简单易用性使一般用户创作多媒体作品成为可能，也是目前最广泛使用的编制多媒体的工具之一。

Authorware 具有如下特点：

1）可视化的程序编写方式。Authorware 图形化的程序结构通过基于图标、流程线的方式来编制用程序。Authorware 6.0 包含了 13 个设计图标，编程时只需将这些图标按需求拖至流程线上，即可轻松完成诸如跳转、分支、循环等程序结构的编写。

2）面向对象设计方式。Authorware 具有极为丰富的数据处理、编辑能力，使编程更简洁。通过相应的图标可以完成图像文件、声音文件、动画文件及音频、视频文件加载，直接在屏幕上完成程序的各项设置，并建立起基本的程序页面。

3）多样化的交互手段。Authorware 提供了强大的人机对话交互功能，其中交互式图标具有按钮、快捷键等 10 种基本交互方式，程序编制更方便。通过各种交互方式的使用，不仅方便了程序的编制，更使得程序与最终用户的交流更频繁、方便。

4）强大的事件处理能力。Authorware 提供了丰富的系统变量和函数，方便的超媒体功能，使较高级的开发成为可能。400 多种包括数字、字符串、交互、文件、通用等系统变量与函数，极大地加强了程序的灵活性；而超媒体功能则可将图像、声音、文字等对象制作成多层次、多页面的复杂结构，丰富了程序，使之更优秀。

5）类似高级语言的模块与库功能。Authorware 优化程序的开发与运行，避免重复劳动。将重复运行的程序部分以模块或库的方式运行，不仅简化了程序，还解放了开发者，使其能将更多的精力投入程序功能的开发上。

6）具有动态链接功能。Authorware 对外部文件具有广泛的支持性。它可以调用多种类型的图像、声音、动画等媒体文件，使得多媒体程序的制作更加丰富、有效。

7）完备的程序调试工具。除正常运行外，Authorware 还可分段、逐步跟踪程序运行和程序流向。当程序出错时，只需双击对象即可暂停运行程序，打开编辑窗口进行修改。其编制的程序既可打包生成 .exe 文件，脱离 Authorware 的制作环境独立运行，也可生成 .app 的播放文件，利用 Authorware 自身提供的播放软件进行播放。

Authorware 6.0 的主界面如图 6-13 所示。

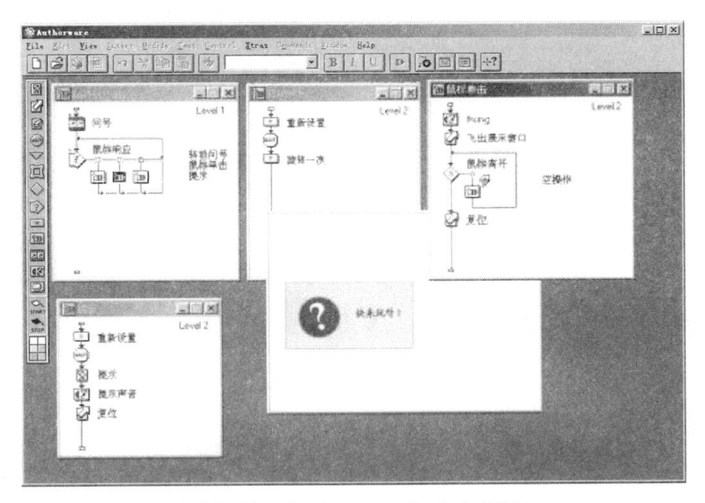

图 6-13　Authorware 6.0 主界面

3. 会声会影

会声会影（绘声绘影）英文名 Corel VideoStudio Pro Multilingual，是美国的友立公司出品的一个功能强大的视频编辑软件，具有图像抓取和编修功能，可以转换 MV、DV、V8、TV 和实时记录、抓取画面文件，并提供有超过 100 多种的编制功能与效果，可导出多种常见的视频格式，甚至可以直接制作成 DVD 和 VCD。支持各类编码，包括音频和视频编码，是最简单好用的 DV、HDV 影片剪辑软件。

会声会影主要的特点包括：完整的影片编辑流程解决方案、从拍摄到分享、新增处理速度加倍。

会声会影不仅符合家庭或个人所需的影片剪辑功能，甚至可以挑战专业级的影片剪辑软件，适合普通大众使用，操作简单易懂，界面简洁明快。该软件具有成批转换功能与捕获格式完整的特点，虽然无法与 EDIUS、Adobe Premiere、Adobe After Effect 和 Sony Vegas 等专业视频处理软件媲美，但其一贯以简单易用、功能丰富的作风赢得了良好的口碑，在国内的普及度较高。

影片制作向导模式，只要 3 个步骤就可快速做出 DV 影片，让新手也可以在短时间内体验影片剪辑；同时会声会影编辑模式从捕获、剪接、转场、特效、覆叠、字幕、配乐到刻录，全方位剪辑出好莱坞级的家庭电影。会声会影的主界面如图 6-14 所示。

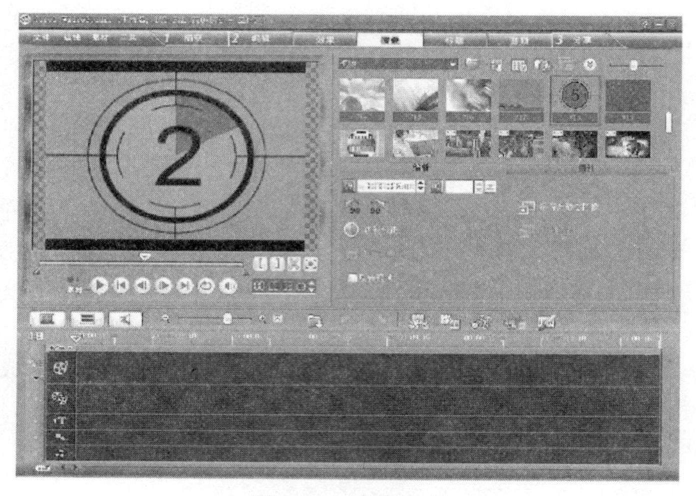

图 6-14　会声会影

本章小结

现代多媒体计算机技术的发展，提供了一条把科学和艺术结合起来的道路。它将音乐、声音等组合起来，创造出无比神奇的效果，给人们带来感官上的享受。

本章讨论了多媒体技术领域的一些基础知识，包括多媒体及多媒体技术的概念和特点、多媒体计算机系统的组成、多媒体信息的数字化和压缩的原理和方法、多媒体信息的不同文件格式，并从音频、视频等方面着手简要介绍了当今市场上比较流行的一些多媒体应用软件的特点和分类。

思考题

6-1　什么是多媒体？什么是多媒体技术？多媒体有哪些关键技术？

6-2　简述多媒体技术的应用，最好能结合实际，举出实例。

6-3　简述多媒体计算机系统的组成。与传统计算机系统相比，多媒体计算机系统有什么特点？

6-4　举例说明多媒体技术中数据压缩的重要性。

6-5　简述多媒体计算机获取声音的方法。

6-6　什么是 MP3 音频文件？这种格式的文件有什么特点？列举两个常用的 MP3 播放软件。

6-7　常用的图形图像处理软件有哪些？

6-8　列出几个你所熟悉的音频、静态图像和视频文件格式。

6-9　说说你对多媒体、多媒体技术、多媒体应用的理解和体会。

第7章　计算机网络与安全技术

计算机网络技术是当今计算机科学中最为热门的发展方向之一。进入21世纪，网络技术已经渗透到社会的各个领域，社会的发展与进步也越来越离不开计算机网络。Internet技术的应用，更是给人们的生活方式和思维方式带来了极大的冲击。计算机网络是一个复杂的系统，是计算机技术和通信技术相互渗透、共同发展的产物。本章主要介绍计算机网络中的一些基本概念、原理等，同时介绍Internet的基本应用，最后介绍计算机网络安全的威胁和计算机病毒的防范措施。

7.1　计算机网络概述

信息社会化是计算机网络技术发展的必然。人们通过计算机网络来获取、存储、传输各种信息，并将它们广泛运用到工作、生活等各项活动中。互联网是信息传播的主要途径，它已经日益深入到国民经济各个部门和社会生活的各个方面，成为人们日常生活中必不可少的交流工具，学习和掌握计算机网络的基础知识和实用技术将为今后的学习和工作打下牢固的基础。

7.1.1　计算机网络的概念

计算机网络是指将地理位置不同的具有独立功能的多台计算机及其外部设备，通过通信线路连接起来，在网络操作系统、网络管理软件及网络通信协议的管理和协调下，实现资源共享和信息传递的计算机系统。

计算机网络通俗地讲就是由多台计算机（或其他计算机网络设备）通过传输介质和软件物理（或逻辑）地连接在一起组成的。总体来说，计算机网络的组成基本上包括计算机、网络操作系统、传输介质（可以是有形的，也可以是无形的，如无线网络）以及相应的应用软件4部分。具体可以从以下几方面来理解：

1）两台或两台以上的计算机相互连接起来才能构成网络。网络中的各台计算机具有独立功能，既可以联网工作，也可以脱离网络独立工作。

2）计算机之间的通信需遵循某些约定和规则，即网络协议。网络协议是计算机网络工作的基础。

3）网络中的计算机之间相互进行通信，还需要有一条通道以及必要的通信设备。通道是指网络传输介质；通信设备是指在计算机与通信线路之间按照一定通信协议传输数据的设备。

4）计算机网络的主要目的是实现资源共享，使用户能够共享网络中的所有硬件、软件和数据资源。

7.1.2　计算机网络的功能

为什么要把多台计算机连接成一个计算机网络？计算机网络主要为用户提供了哪些功能？

计算机网络的功能可以概括为以下 4 个方面：

（1）资源共享　资源包括硬件、软件和数据。硬件包括各种处理器、存储设备、输入/输出设备等，可以通过计算机网络实现这些硬件的共享，如打印机、处理器和硬盘空间等；软件包括操作系统、应用软件和驱动程序等，可以通过计算机网络实现这些软件的共享，如多用户的网络操作系统、服务器应用程序；数据包括用户文件、计算机配置文件、数据文件等，可以通过计算机网络实现这些数据的共享，如通过网络邻居复制文件、通过网络数据库共享资源，使计算机系统发挥最大的作用，同时节省成本、提高效率。

（2）数据传输　这里的数据指的是数字、文字、声音、图像、视频信号等媒体所存储的信息的计算机表示。在计算机世界里，一切事物都可以用 0 和 1 这两个数字表示出来。计算机网络使得各种媒体信息通过一条通信线路从甲地传送到乙地。数据传输是计算机网络各种功能的基础，有了数据传输，才会有资源共享，才会有其他的各种功能。

（3）协调负载　在有多台计算机的环境中，这些计算机需要处理的任务可能不同，经常有忙闲不均的现象。有了计算机网络，可以通过网络调度来协调工作，把“忙”的计算机的部分工作交给“闲”的计算机去做。还可以把庞大的科学计算或信息处理题目交给几台联网的计算机协调配合来完成。分布式信息处理、分布式数据库等应用只有依靠计算机网络才能实现协调负载，提高效率。在有些科研领域，只有借助计算机网络的协调负载才能使得一些计算处理任务繁重的工作能够完成。

（4）提供服务　有了计算机网络，才有了现在风靡全球的电子邮件、网上电话、网络会议、电子商务等，它们给人们的生活、学习和娱乐带来了极大的方便。有了网络，使得实时控制系统有了备用和安全保证，使得军事设施在遭到敌方打击时指挥系统保持畅通无阻。最大的计算机网络——Internet 就是冷战时期的产物，用它能够解决可靠性问题，并为计算机用户带来很大的便利。网络新技术层出不穷，不断有新的服务使人们从中受益。

以上介绍的是计算机网络的一般功能，只是一个描述性的介绍。所有计算机网络的功能都会是以上 4 种功能中的一种或几种。具体的计算机网络可能各有不同的功能，要实现具体功能读者还需查阅相关书籍。

7.1.3　计算机网络的分类

虽然网络类型的划分标准各种各样，但是从地理范围划分是一种大家都认可的通用网络划分标准。按照这种标准可以把网络划分为局域网、城域网和广域网 3 种类型。

（1）局域网（Local Area Network，LAN）　局域网是最常见、应用最广的一种网络。现在局域网随着整个计算机网络技术的发展和提高得到充分的应用和普及，几乎每个单位都有自己的局域网，有的甚至在家庭中建立起自己的小型局域网。所谓局域网，就是指在局部地区范围内的网络，它所覆盖的地区范围较小。局域网在计算机数量配置上没有太多的限制，少的可以只有两台，多的可达几百台。一般来说，在企业局域网中，工作站的数量在几十台到 200 台之间。局域网涉及的地理距离，一般来说可以是几米至几千米，一般位于若干建筑物或一个单位内。

局域网的特点是连接范围小、用户数少、配置容易、连接速率高。目前局域网最快的速率是 10Gbit/s 以太网。IEEE 的 802 标准委员会定义了多种主要的局域网：以太网（Ethernet）、令牌环网（Token Ring）、光纤分布式接口网络（FDDI）、异步传输模式网（ATM）以及最新的无线局域网（WLAN）。

（2）城域网（Metropolitan Area Network，MAN）　城域网一般来说是在一个城市，但不在同一地理范围内的计算机互联。这种网络的连接距离可以在 10 ~ 100km，它采用的是 IEEE 802.6 标准。城域网与局域网相比扩展的距离更长，连接的计算机数量更多，在地理范围上可以说是局域网的延伸。在一个大型城市或都市地区，一个城域网通常连接着多个局域网，如连接政府机构、医院、电信部门、各公司企业的局域网等。由于光纤连接的引入，使城域网中高速的局域网互联成为可能。

（3）广域网（Wide Area Network，WAN） 广域网也称为远程网，所覆盖的范围比城域网更广。它一般是在不同城市之间的局域网或者城域网互联，地理范围可从几百公里到几千公里。因为距离较远，信息衰减比较严重，所以这种网络一般要租用专线，通过接口信息处理协议和线路连接起来，构成网状结构，解决循径问题。广域网因为所连接的用户多，总出口带宽有限，所以用户的终端连接速率一般较低，通常为 4 ~ 100Mbit/s。目前，中国联通、中国电信等主流的网络服务提供商都提供这种广域网接入服务。

上面介绍了网络按地理范围划分的几种分类。其实在现实生活中还有很多种分类，如按通信介质可分为有线网和无线网；按网络拓扑结构可分为总线型网络、星形网络、环形网络和树形网络等；按传输带宽可分为基带网和宽带网等，这里不再一一详细介绍。

7.2 计算机网络的组成

无论什么样的计算机网络，组成网络的基本拓扑结构、硬件和网络操作系统基本是一样的。因此，下面从计算机网络的拓扑结构、计算机网络的硬件组成和计算机网络操作系统等几方面介绍计算机网络的组成。

7.2.1 计算机网络的拓扑结构

拓扑结构是指一个网络的通信链路和节点的集合排列或物理布局。在计算机网络中，抛开网络中的具体设备，把工作站、服务器等网络单元抽象为“点”，把网络中的电缆等通信介质抽象为“线”，计算机网络结构就抽象为点和线组成的几何图形，人们称之为网络拓扑结构。

计算机网络的拓扑结构根据其几何形状可分为星形、总线型和环形，以及由以上 3 种类型的拓扑结构所衍生出来的混合型结构。

（1）星形拓扑结构 星形拓扑结构是指网络中所有节点都连接在一个中央集线设备上，所有数据的传送以及信息的交换和管理都通过中央集线设备来实现。星形拓扑结构如图 7-1 所示。

在一个星形网络中，任何单根线缆只连接两个设备，如一个工作站和一个集线器。因此，若某段线缆出现问题，最多影响连接它的两个节点。其连接方式直接决定了它的优缺点。

星形拓扑结构的优点如下：

1）结构简单，连接方便，管理和维护都相对容易，而且扩展性强。

2）网络延迟时间较小，传输误差低。

3）在同一网段内支持多种传输介质，除非中心节点发生故障，否则网络不会轻易瘫痪。因此，星形拓扑结构是目前应用最广泛的网络拓扑结构之一。

星形拓扑结构的缺点如下：

1）安装和维护的费用较高。

2）共享资源的能力较差。

3）通信线路利用率不高。

4）对中心节点要求相当高，一旦中心节点出现故障，则整个网络将瘫痪。

（2）总线型拓扑结构　总线型拓扑结构采用单根传输线作为传输介质，所有的站点都通过相应的硬件接口直接连接到传输介质即总线上。任何一个站点发送的信号都可以沿着传输介质传播，而且能被其他所有站点接受。总线型拓扑结构如图 7-2 所示。

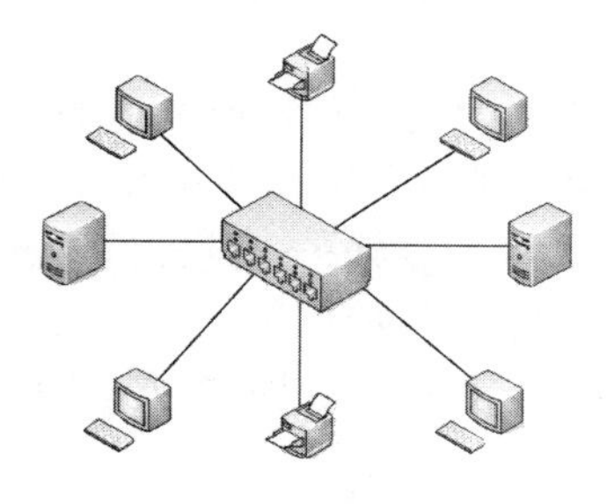

图 7-1　星形拓扑结构

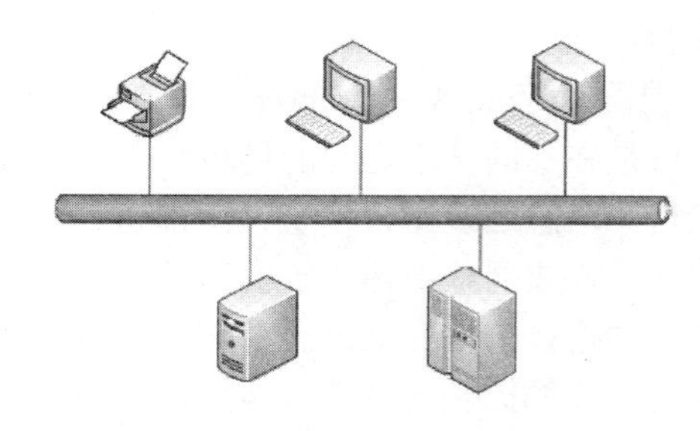

图 7-2　总线型拓扑结构

在总线型拓扑结构中，连接的线缆称为总线，终结器表示物理终点。当数据在总线上传输时，各节点在接收信息时都进行地址检查，看是否与自己的站点地址相符，若相符则接收该信息，当信号到达网络终点时终结器将结束信号。在总线型拓扑结构网络中，如果接入的计算机数量较多，那么网络速度会明显下降。

总线型拓扑结构的优点如下：

1）结构简单，组网容易，网络扩展方便。

2）线缆长度短，易于布线和维护。

3）传输速率高，可达 1 ~ 100Mbit/s。

4）多个节点共用一条传输信道，信道利用率高。

总线型拓扑结构的缺点如下：

1）故障检测需要在网络中的各个站点上进行。

2）在扩展总线的干线长度时，需重新配置中继器、剪裁线缆、调整终端器等。

3）一个节点出现故障可能导致整个网络不通，因此可靠性不高。

（3）环形拓扑结构　环形拓扑结构是由连接成封闭回路的网络节点组成的，每一个节点与它左右相邻的节点连接。环形网络拓扑结构如图 7-3 所示。

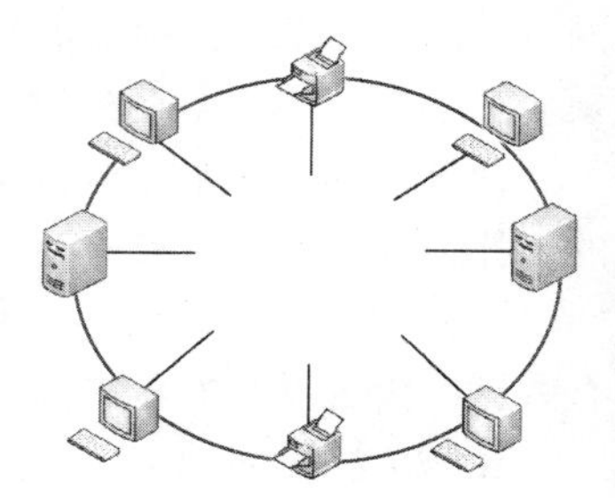

图 7-3　环形网络拓扑结构

在环形网络中传递着一个叫作令牌的特殊信息包，只有得到令牌的工作站才可以发送信息。当发送信息的工作站获得令牌后，就发送信息包。信息包在环网中“游走”一圈，经过某个站点时，该站点根据信息包中的目标地址判断自己是否为接收站，如果是就把信息复制到自己的接收缓冲区中。最后，发送站点将发送的信息包回收，释放令牌信息包，让其他站点发送信息。

环形拓扑结构的优点如下：

1）线缆长度短，节约费用。

2）数据流在网络中是沿着固定方向流动的，两个节点之间仅有唯一的通道，大大简化了路径选择的控制。

3）环形网络中的每个节点都拥有相同的访问权，所以在整个网络中数据不会出现冲突。

环形拓扑结构的缺点如下：

1）由于环路是封闭的，因此要扩充网络比较困难，会影响网络的正常运行。

2）如果网络中任一点出现故障，则整个网络会瘫痪，影响整个网络的正常运行。

3）由于信息是串行穿过各个节点的环路接口，当节点过多时，影响传输效率，使网络的响应时间变长。

（4）混合型拓扑结构　目前局域网很少采用单纯的某一种网络拓扑结构，而是将几种拓扑结构综合运用，根据实际需要选择合适的混合型拓扑结构，具有较高的可靠性和较强的扩充性。常见的混合型拓扑结构有星总线型和星环形等。

1）星总线型。星总线型拓扑结构是将星形拓扑结构和总线型拓扑结构结合起来的一种拓扑结构，即网络的主干线采用总线型拓扑结构，而在非主干线上采用星形拓扑结构，通过集线器将其结合起来。在这种网络拓扑结构中，只要主干线不出现故障，任何一个节点出现故障都不会影响网络的正常运行。

2）星环形。星环形拓扑结构是星形拓扑结构与环形拓扑结构混合而成的。这种网络结构布局与星形网络很相似，但是中央集线器采取了环形方式，外层集线器可以连接内部集线器，从而有效地扩展了内总环的循环范围。采用星环形拓扑结构，还可以将环中的任意一个节点和整个网络剥离开，从而方便故障的诊断和隔离。

7.2.2 计算机网络硬件组成

计算机网络是由两个或多个计算机通过特定通信模式连接起来的一组计算机，完整的计算机网络系统是由网络硬件系统和网络软件系统组成的。下面分别介绍计算机网络的各主要硬件。

1. 服务器

服务器（Server）是一台高性能的计算机，用于网络管理、运行应用程序、处理各网络工作站成员的信息请求等，并连接一些外部设备，如打印机、CD-ROM、调制解调器等。根据其作用的不同分为文件服务器、应用程序服务器和数据库服务器等。Internet 网管中心就有 WWW 服务器、FTP 服务器等各类服务器。

广义上的服务器是指向其他计算机上的客户端程序提供某种特定服务的计算机或是软件包。这一名称可能指某种特定的程序，如 WWW 服务器，也可能指用于运行程序的计算机。一台单独的服务器上可以同时有多个服务器软件包在运行，也就是说，它们可以向网络上的客户提供多种不同的服务。

2. 工作站

工作站（Workstation）也称客户机。由服务器进行管理和提供服务的、连入网络的任何计算机都属于工作站，其性能一般低于服务器。个人计算机接入 Internet 后，在获取 Internet 服务的同时，其本身就成为一台 Internet 上的工作站。网络工作站需要运行网络操作系统的客户端软件。

3. 网卡

网卡也称网络适配器、网络接口卡（Network Interface Card，NIC），在局域网中用于将用户计算机与网络相连。大多数局域网采用以太（Ethernet）网卡，如 NE2000 网卡、PCMCIA 卡等。

网卡的工作原理与调制解调器的工作原理类似，只不过在网卡中输入和输出的都是数字信号，传送速度比调制解调器快得多。

网卡的接口有3种规格：粗同轴电缆接口（AUI 接口）、细同轴电缆接口（BNC 接口）和无屏蔽双绞线接口（RJ-45 接口）。一般的网卡仅有一种接口，但也有两种甚至三种接口的，称为二合一或三合一卡。网卡接口旁边的红、绿小灯是网卡的工作指示灯，红灯亮时表示正在发送或接收数据，绿灯亮则表示网络连接正常，否则就不正常。值得说明的是，倘若连接两台计算机的线路长度大于规定长度（双绞线为 100m，细电缆为 185m），即使连接正常，绿灯也不会亮。

4. 中继器和集线器

要扩展局域网的规模，就需要用通信线缆连接更远的计算机设备，但信号在线缆中传输时会受到干扰，产生衰减。如果信号衰减到一定的程度，信号将不能被识别，计算机之间就不能通信了。因此，必须使信号保持原样进行传播才有意义。

中继器（Repeater）用于连接同类型的两个局域网或延伸一个局域网。当安装一个局域网而物理距离又超过了线路的规定长度时，就可以用中继器进行延伸；中继器也可以收到一个网络的信号后将其放大发送到另一个网络，从而起到连接两个局域网的作用。

集线器又称为 HUB，是一种集中完成多台设备连接的专用设备，提供检错能力和网络管理等功能。HUB 有三种类型：对被传送数据不做任何添加的 Passive HUB，称为被动集线器；能再生信号、监测数据通信的 Active HUB，称为主动集线器；能提供网络管理功能的 Intelligent HUB，称为智能集线器。

5. 网桥、路由器和网关

网桥（Bridge）也是用来连接网络分支的，但网桥多了一个“过滤帧”的功能。一个网络的物理连线距离虽然在规定范围内，但由于负荷很重，可以用网桥把一个网络分割成两个网络。这是因为网桥会检查帧的源地址和目的地址，如果这两个地址都在网桥的同一半，那么这个帧就不会发送到网桥的另一半，这就可以降低整个网络的通信负荷，这个功能就叫作“过滤帧”。

假如需要连接两种不同类型的局域网，那就要使用路由器（Router）。它可以连接遵守不同网络协议的网络。路由器能识别数据的目的地址所在的网络，并能从多条路径中选择最佳的路径发送数据。如果两个网络不仅网络协议不同，而且硬件和数据结构都大相径庭，那么就得使用网关（Gateway）。不过，这两个硬件在一般的局域网中几乎是派不上用场的。

6. 调制解调器

调制解调器（Modem）的作用是模拟信号和数字信号的“翻译员”。电子信号分两种，一种是模拟信号，一种是数字信号。我们使用的电话线路传输的是模拟信号，而计算机之间传输的是数字信号。所以当你想通过电话线把自己的计算机连入 Internet 时，就必须使用调制解调器来“翻译”两种不同的信号。连入 Internet 后，当计算机向 Internet 发送信息时，由于电话线传输的是模拟信号，所以必须要用调制解调器来把数字信号“翻译”成模拟信号，才能传送到 Internet 上，这个过程叫作“调制”。当计算机从 Internet 获取信息时，由于通过电话线从 Internet 传来的信息都是数字信号，所以计算机想要看懂它们，还必须借助调制解调器这个“翻译”，这个过程叫作“解调”。

一般来说，Modem 的信号载体有电话线、同轴电缆、光纤等。根据 Modem 的形态和安装方式可分为外置式、内置式、PCMCIA 插卡式、机架式 Modem、USB 接口的调制解调器等种类。

7. 传输媒体

网络电缆用于网络设备之间的通信连接。常用的网络电缆有双绞线、细同轴电缆、粗同轴电缆、光缆等。此外，计算机网络还使用无线传输媒体（包括微波、红外线和激光）、卫星线路等传输媒体。网线的类型及应用见表 7-1。

表 7-1　网线的类型及应用

电缆类型	标　准	应　用
直通电缆	两端均为 T568A 或两端均为 T568B	连接网络主机与交换机或集线器之类的网络设备
交叉电缆	一端为 T568A，另一端为 T568B	连接两台主机 连接两台网络中间设备

双绞线是目前最常用的一种传输介质，尤其在星型网络拓扑中，双绞线是必不可少的布线材料。通过 RJ－45 连接器连接的非屏蔽双绞线布线是网络设备之间常见的连接。RJ－45 连接器的一段连接在网卡上的 RJ－45 接口，另外一段连接在集线器或交换机上的 RJ－45 接口。

水晶头的线序有两种，分别为 T568A 和 T568B。若网线的两端均为 T568A 或 T568B 则称该网线为直通电缆，若网线的两端分别为 T568A 和 T568B 则称该网线为交叉电缆。

T568A 的线序为：绿白、绿、橙白、蓝、蓝白、橙、棕白、棕。

T568B 的线序为：橙白、橙、绿白、蓝、蓝白、绿、棕白、棕。

8. 不间断电源

不间断电源（Uninterruptible Power System，UPS）在发展初期，仅被视为一种备用电源。后来，由于电压浪涌、电压尖峰、电压瞬变、电压跌落、持续过电压或者欠电压甚至电压中断等电网质量问题，使计算机等设备的电子系统受到干扰，造成敏感元器件受损、信息丢失、磁盘程序被破坏等严重后果，给人们带来巨大的经济损失。因此，UPS 日益受到重视，并逐渐发展成一种具备稳压、稳频、滤波、抗电磁和射频干扰、防电压浪涌等功能的电力保护系统。目前在市场上可以购买到种类繁多的 UPS 设备，其输出功率从 500VA 到 3000kVA 不等。

配备 UPS 的主要目的是防止由于突然停电而导致计算机丢失信息和损坏硬盘，但有些设备工作时并不害怕突然停电，如打印机等。为了节省 UPS 的能源，打印机可以考虑不必经过 UPS。如果是网络系统，可考虑 UPS 只供电给主机（或者服务器）及其有关设备，这样可保证 UPS 既能够用到最重要的设备上，又能节省投资。

7.2.3　计算机网络操作系统

网络操作系统（Network Operating System，NOS）是网络的心脏和灵魂，是向网络计算机提供服务的特殊的操作系统。它在计算机操作系统下工作，使计算机操作系统增加了网络操作所需的能力。例如，当在 LAN 上使用字处理程序时，用户计算机操作系统的行为就像在没有构成 LAN 时一样，这正是 LAN 操作系统软件管理了用户对字处理程序的访问。网络操作系统运行在被称为服务器的计算机上，并由联网的计算机用户共享，这类用户称为客户。

网络操作系统是运行在工作站上的单用户操作系统或多用户操作系统，由于提供的服务类型不同而有差别。一般情况下，网络操作系统是以使网络相关特性达到最佳为目的的，如共享数据文件、软件应用，以及共享硬盘、打印机、调制解调器、扫描仪和传真机等。一般计算机的操作系统，其目的是让用户与系统及在此操作系统上运行的各种应用之间的交互作用达到最佳。

网络操作系统的功能及特点如下：

1）允许在不同的硬件平台上安装和使用，能够支持各种网络协议和网络服务。

2）提供必要的网络连接支持，能够连接两个不同的网络。

3）提供多用户协同工作的支持，具有多种网络设置、管理的工具软件，能够方便地完成网络的管理。

4）具有很高的安全性，能够进行系统安全性保护和各类用户的存取权限控制。

下面介绍几个常见的网络操作系统。

（1）Windows Server 2008/2012　Microsoft 公司的这两种网络操作系统主要面向应用处理领域，特别适合于客户机/服务器模式，目前在数据库服务器、部门级服务器、企业级服务器、信息服务器等应用场合上广泛使用。由于它们操作方便，安全性、可靠性也在不断增强，所以这两种操作系统所占市场份额相对较大。

（2）UNIX　UNIX 适合于大型服务器操作系统，目前的版本有：AT&T 和 SCO 的 UNIX SVR3.2、SVR4.0 和 SVR4.2 等。UNIX 在本质上可以有效地支持多任务和多用户工作，适合在 RISC 等高性能平台上运行。由于 UNIX 提供了最完善的 TCP/IP 支持，稳定性和安全性较高，所以目前互联网中较大型的服务器的操作系统基本都是采用 UNIX。现在非常流行的 Linux 操作系统就是 UNIX 的一种。

（3）Novell Netware　Novell Netware 的文件服务与目录服务功能相当出色，所以在 Novell 公司推出 Netware 3.XX 和 V4.XX、V5.0 版本以后，就占领了大部分以文件服务和打印服务为主的服务器市场。但由于 Microsoft 公司的 NT 系列的性能不断增强，现在 Novell Netware 的影响力有所下降。

7.3 计算机网络体系结构和网络协议

计算机网络是各类终端设备通过通信线路连接起来的一个复杂的系统，在这个系统中，由于计算机型号不同、终端类型各异，并且连接方式、同步方式、通信方式及线路类型等都有可能不一样，这就给网络通信带来一定的困难。要做到各设备之间有条不紊地交换数据，所有设备必须遵守共同的规则，这些规则明确地规定了数据交换时的格式和时序。这些为进行网络中数据交换而建立的规则、标准或约定，就称为网络协议。

一个完整的网络需要一系列网络协议构成一套完整的网络协议集，大多数网络在设计时，是将网络划分为若干个相互联系而又各自独立的层次，然后针对每个层次及每个层次间的关系制定相应的协议，这样可以减少协议设计的复杂性。像这样的计算机网络层次结构模型及各层协议的集合称为计算机网络体系结构。

层次结构中每一层都是建立在前一层基础上的，低层为高层提供服务，上一层在实现本层功能时会充分利用下一层提供的服务。但各层之间又是相对独立的，高层无须知道低层是如何实现的，仅须知道低层通过层间接口所提供的服务即可。当任何一层因技术进步发生变化时，只要接口保持不变，其他各层都不会受到影响。当某层提供的服务不再需要时，甚至可以将这一层取消。

网络技术在发展过程中曾出现过多种网络体系结构，没有统一的网络体系结构标准，不能适应信息社会日益发展的需要。若要实现更大范围的信息交换与共享，把不同体系结构的计算机网络互联起来将十分困难。因而计算机网络的发展在客观上提出了网络体系结构标准化的需求。

在此背景下，国际标准化组织（International Standards Organization，ISO）在 1979 年正式颁

布了一个称为开放系统互连参考模型（Open Systems Interconnection/Reference Module，OSI/RM）的国际网络体系结构标准，这是一个定义连接异构计算机的标准体系结构。

7.3.1 OSI参考模型

OSI参考模型是一个描述网络层次结构的模型，它最大的特点是：不同厂家的网络产品，只要遵照这个参考模型，就可以实现互联。也就是说，任何遵循OSI标准的系统，只要物理上连接起来，它们之间就可以互相通信。OSI参考模型定义了开放系统的层次结构和各层所提供的服务。它的一个成功之处在于，清晰地分开了服务、接口和协议这3个容易混淆的概念：服务描述了每一层的功能，接口定义了某层提供的服务如何被高层访问，而协议是每一层功能的实现方法。OSI参考模型将网络划分为7个层次，如图7-4所示。

应用层（Application Layer）
表示层（Presentation Layer）
会话层（Session Layer）
传输层（Transport Layer）
网络层（Network Layer）
数据链路层（Data Link Layer）
物理层（Physical Layer）

图7-4　OSI参考模型

下面分别简要说明各层的功能和主要内容。

（1）物理层　物理层是OSI参考模型的最底层，其主要功能是实现物理链路上相邻节点之间的信息传输。该层将比特级的信息一位一位地从一个系统经物理通道送往另一个系统，实现两个系统间的物理通信。在OSI参考模型中，只有物理层通信是真正的通信，其他各层均为虚拟通信。物理层实际上是设备之间的物理接口，它提供物理硬件的连接。OSI参考模型中并未定义实际的物理层协议，具体的物理层协议有EIA组织指定的RS-232C协议、CCITT的X.21协议等。

（2）数据链路层　数据链路层的主要功能是在物理层提供的服务的基础上，在相邻节点之间提供点对点的简单可靠的通信链路，传输数据以帧为单位，同时它还负责数据链路的流量控制和差错控制。

发送方把数据分组，加上报头和报尾，形成一个数据帧作为链路上的数据单元来传送。报头含有控制信息；报尾装有循环冗余校验码，可以进行数据帧在传输过程中的差错校验。接收端发现有错误时，给发送端发出错误信号，发送端重发原来的数据帧。当由于信息干扰或其他原因发送端没有及时得到接收端的响应时，发送端也会重发原来的数据帧。

数据链路层为上一层提供的主要服务是差错检测和控制。数据链路协议有BSC、HDLC及X.25帧协议等。

（3）网络层　网络层的主要功能是完成网络中主机间的数据分组（对数据按固定大小进行划分，划分后形成的一组数据称数据包或分组）传输，其关键问题是使用数据链路层的服务，将每一个分组从发送端传输到接收端。网络层的具体任务是进行路由选择、拥塞控制和网络互联。网络协议主要是确定节点与通信子网接口的标准，以及路径选择及流量控制等问题。

（4）传输层　传输层为主机间提供端对端的传送服务，使主机隔离开通信子网的具体特性，为不同进程的数据交换提供可靠的传送手段。传输层的基本功能是从它的上一层（会话层）接收数据，在必要时将它们划成较小的单元，传递给它的下一层（网络层），并确保到达对方的各段信息正确无误。传输层使会话层不受网络层技术变化的影响，为双方主机间通信提供了透明的数据通道。传输层协议的大小及复杂程度与网络层的质量有关。无论网络层提供何种服务，传输层都保证数据的传送是无差错的、按顺序的、无丢失或重复的。此外，传输层还可以根据上层用户提出的传输连接请求，为其建立具有数据分流或线路复用功能的一条或多条网络连接。

从本层起向上各层均称为“高层”。高层协议均为端到端协议，它们所使用的数据单位统称为报文。

（5）会话层　会话层的功能是在不同的计算机之间提供会话进程的通信。例如，建立、管理和拆除会话进程，进行会话连接管理、会话数据交换，提供同步与活动等。会话层是 OSI 参考模型中最“薄”的一层，功能很少，在有些网络中甚至省略了这一层。

（6）表示层　表示层的主要功能是处理通信进程之间交换数据的表示方法，包括代码转换、文件格式变换、信息格式变换、终端特性转换、数据的压缩/再现、数据的加密/解密等。在不同的计算机中，用户使用的数据可能有不同的表示方法，如人名、日期和货币单位等。为了便于信息的相互理解，需要定义一种抽象的数据语法来表示各种数据类型和数据结构，并以某种编码形式来传送。表示层即负责这种抽象数据表示与实际数据表示之间的变换工作。表示层以下各层关心的是可靠传送数据的问题，而表示层关心的是它传送的信息的语法及语义问题。

（7）应用层　应用层也称为用户层，是 OSI 参考模型的最高层，直接面向用户，主要作用是负责管理应用程序之间的通信。应用层为用户提供最直接的服务，包括虚拟终端、文件传输、事务处理、电子邮件、网络管理等。应用层还为用户提供网络服务所需的应用协议，较普遍的如文件传送、存取和管理协议、虚拟终端协议、电子邮件协议、网络管理以及其他通用及专用协议等。

OSI 参考模型研究的初衷是希望为网络体系结构与协议的发展提供一个国际标准，但事实上这一目标并没有达到。Internet 的飞速发展使 Internet 所遵循的 TCP/IP 参考模型得到了广泛的应用，成为事实上的网络体系结构标准。TCP/IP 参考模型也是一个开放模型，能很好地适应世界范围内数据通信的需要。

7.3.2　TCP/IP

1. TCP

Internet 是全球性的计算机网络，其中运行着众多不同规模、不同类型的网络，各个网络中的计算机从大型机到微型机多种多样，这些计算机运行在不同的操作系统下，使用不同的软件。在这样一个复杂的系统中，如何保证 Internet 能够正常工作？不同网络之间如何能准确通信呢？这就像世界上有很多国家，各个国家的人说各自的语言，那么世界上任意两个人要怎样做才能互相沟通呢？设想，如果全世界的人都能说同一种语言（即世界语），那问题不就解决了吗？Internet 也有自己的“世界语”，那就是 TCP/IP。

TCP/IP 是 Internet 所使用的基本通信协议，TCP（Transmission Control Protocol）是传输控制协议，IP（Internet Protocol）是互联网协议。TCP/IP 是一个 Internet 协议簇，并不单单指 TCP 和 IP，实际上它包括上百个各种功能的协议，如远程登录、文件传输和电子邮件等，而 TCP 和 IP 是保证数据完整传输的两个基本的重要协议，其中 TCP 用于在应用程序之间传递数据，IP 用于在主机之间传送数据。

TCP/IP 分为以下 4 层：

1）网络接口层。网络接口层负责接收从互联网层提交来的数据包，并将数据包通过物理网络发送出去，或者从物理网络上接收物理帧，抽出数据包，递交给互联网层。

2）互联网层。互联网层负责相邻计算机间的数据传送，主要是处理来自传输层的数据发送请求，处理输入数据包，处理网络的流量控制、路径拥塞等问题。

3）传输层。传输层提供端到端的通信，解决不同应用程序的识别问题，提供可靠传输。

4）应用层。应用层向用户提供常用的应用程序，如文件传输、电子邮件、远程登录等。

2. IP

（1）IP地址的概念　接入Internet的计算机如同接入电话网的电话，每台计算机应有一个由授权机构分配的唯一号码标志，这个标志就是IP地址。IP地址是Internet上主机地址的数字形式，每个IP地址由4个整数组成，每两个整数之间用点隔开，如202.112.10.65。IP地址的每一个整数都不能大于256。

IP地址由两部分组成：网络地址和收信主机（指网络中的计算机主机或通信设备，如路由器或网关等）地址。同一物理网络上的所有主机用同一个网络地址标志一个特定的网络，类似邮政系统中的邮政编码；收信主机地址则可标志出一个网络中某一特定主机，类似邮政系统中的街道和门牌号。将两者有机地结合起来就能准确地找到连接到互联网上的某一台计算机。

（2）IP地址的等级与分类　根据网络规模和应用的不同，互联网委员会将IP地址分为A、B、C、D、E 5类，每类地址规定了网络地址、收信主机地址各使用多少位，也就定义了可能有的网络数目和每个网络中可能有的收信主机数。在以上5类IP地址中，A类地址的最高位为0，B类地址的最高位为10，C类地址的最高位为110，D类地址的最高位为1110，是保留的IP地址；E类地址的最高位为1111，是科研机构的IP地址。

下面介绍常用的A、B、C类地址。

1）A类地址（见表7-2）。高8位代表网络号，后3个8位代表主机号，IP地址范围为1.0.0.1～126.255.255.254。A类地址的有效网络数为126个，每个网络能容纳16777214台主机。A类地址用来支持超大规模网络。

2）B类地址（见表7-3）。前2个8位代表网络号，后2个8位代表主机号，IP地址范围为128.0.0.1～191.255.255.254。B类地址的有效网络数为16384个，每个网络能容纳65534台主机。B类地址用来支持大中型网络。

表7-2　A类地址

1位	7位	24位
0	网络地址	主机地址

表7-3　B类地址

2位	14位	16位
10	网络地址	主机地址

3）C类地址（见表7-4）。前3个8位代表网络号，低8位代表主机号，IP地址范围为192.0.0.1～223.255.255.254。C类地址的有效网络数为2097154，每个网络仅能容纳254台主机。C类地址一般用来支持小型网络。

表7-4　C类地址

3位	21位	8位
110	网络地址	主机地址

IP地址由国际组织按级别统一分配，用户在申请入网时可以获取相应的IP地址。

自20世纪80年代后期，研究人员就开始注意到了IP地址空间可能短缺这个问题，并提出了临时性应对方案。目前已有的补救方法包括：利用可变长子网掩码（VLSM）技术提高IP地址的利用率；重新回收利用分配出去但未被使用的IP地址；使用私有IP地址转换技术NAT节省公用地址的使用。以上方法并不能增加地址总数量，只能延缓IP地址耗尽的速度。因此，并不能从根本上解决IP地址耗尽的问题。

目前，向基于 IPv6 技术的下一代互联网过渡是解决 IP 地址耗尽问题的根本途径，并已成为国内外广泛的共识。因此，在 7.3.3 节将介绍 IPv6 的基础知识。

3. 域名管理系统

Internet 由成千上万台计算机互联而成，为使网络上每台主机实现互访，Internet 定义了 IP 地址作为每台主机的唯一标志。但数字 IP 地址不容易记忆，为了使 IP 地址便于用户的使用和记忆，同时也易于维护和管理，人们建立了一种字符型主机命名机制，即域名管理系统（Domain Name System，DNS）。

DNS 采用分层的命名方法，对网络上的每台计算机赋予一个直观的唯一性标志名，即域名。域名的结构为

计算机名．组织机构名．网络名．最高层域名

其中，最高层域名代表建立网络的部门、机构或网络所隶属的国家、地区。常见的最高层域名有 com（商业系统）、edu（教育机构）、org（非营利性组织机构）、gov（政府部门）、net（网络信息中心）、cn（中国）、uk（英国）等。

一般情况下，一个域名对应一个 IP 地址，这是域名与 IP 地址的一对一关系。但并不是每一个 IP 地址都有一个域名与之对应，对于不需要他人访问的计算机可以只有 IP 地址而没有域名；也有一个 IP 地址对应几个域名的情况。例如，“瑞得在线”网站主页的 IP 地址为 168.160.233.10，它有提供不同服务的 3 个域名，分别是 www.r01.cn.net、www.r01.com.cn 和 www.readchina.com，使用 IP 地址和 3 个域名中的任何一个都可以找到该主页。

7.3.3 IPv6

目前使用的互联网协议第 4 版（IPv4）的核心技术属于美国。它的最大问题是网络地址资源有限，以至目前的 IPv4 地址近乎枯竭。在这样的情况下，IPv6 应运而生。单从数字上来说，IPv6 所拥有的地址容量是 IPv4 的约 8×10^{28} 倍，达到 $2^{128}-1$ 个。这不但解决了网络地址资源数量的问题，同时也为除计算机外的设备连入互联网在数量限制上扫清了障碍。

IPv6（Internet Protocol Version 6，互联网协议第 6 版）是网络层协议的第二代标准协议，也被称为 IPNG（IP Next Generation，下一代互联网），它是 IETF（Internet Engineering Task Force，Internet 工程任务组）设计的一套规范，是 IPv4 的升级版本。IPv6 和 IPv4 之间最显著的区别为 IP 地址的长度从 32bit 增加到 128bit。

（1）IPv6 的特点与优势

1）简化的报头和灵活的扩展。

2）层次化的地址结构。

3）即插即用的联网方式。

4）网络层的认证与加密。

5）服务质量的满足。

6）对移动通信更好的支持。

（2）IPv4 到 IPv6 的过渡技术　在 IPv4 向 IPv6 平滑过渡过程中有 3 个问题需要注意：一是如何充分利用现有的 IPv4 资源，节约成本并保护原使用者的利益；二是在实现网络设备互联互通的同时实现信息高效无缝传递；三是 IPv4 向 IPv6 的实现应该是逐步的和渐进的，而且尽可能地简便。目前主要有 3 种解决过渡问题的基本技术：双协议栈、隧道技术和 NAT-PT（地址/协议转换）。

7.4 Internet 应用

Internet 的中文译名为因特网或国际互联网，它是由遍布全世界的各种各样的网络组成的松散结合的全球网，是世界上发展速度最快、应用最广泛和最大的公共计算机信息网络系统。它提供了数万种服务，被世界各国计算机信息界称为未来信息高速公路的雏形。

7.4.1 访问 Internet

WWW（万维网）为用户提供了一个可以轻松驾驭的图形化用户界面——Web（网页），以查阅 Internet 上的信息。WWW 就是以这些 Web 及它们之间的链接为基础，构成了一个庞大的信息网。

WWW 正在逐步改变全球用户的通信方式。这种新的大众传媒比以往的任何一种通信媒体速度都要快，因而受到人们的普遍欢迎。在过去几年中，WWW 飞速增长，融入了大量的信息，从商品报价到就业机会，从电子公告牌到新闻、电影预告、文学评论以及娱乐，不管是微不足道的小事还是关系全球的大事，都可以在 Web 上找到。

浏览器是专门用于定位和访问 Internet 信息的应用程序或工具。目前比较常用的浏览器软件是 Internet Explorer（IE）和 Google Chrome 两种。由于 IE 是内置于 Windows 操作系统中的，所以用户大多使用 IE 作为浏览器软件。

1. IE 的启动与窗口结构

下面以 IE 9.0 为例介绍如何通过浏览器上网。启动 IE 9.0 的方法有多种，常用的方法为单击任务栏“快速启动”中的 IE 9.0 图标或者双击桌面上的 IE 9.0 图标。启动 IE 9.0 后，窗口结构如图 7-5 所示。

图 7-5 IE 9.0 的窗口结构

IE 9.0 的窗口由标题栏、菜单栏、工具栏、地址栏、浏览窗口和状态栏等组成。

（1）标题栏 标题栏位于窗口的顶部，它的左上角显示了当前所打开的 Web 页面的标题或名称。标题栏的右边是窗口控制按钮，用来控制窗口的大小。

（2）菜单栏 菜单栏集中了 IE 9.0 提供的所有命令，包括“文件”“编辑”“查看”“收藏夹”“工具”和“帮助”6 个菜单。用户可以利用这些菜单完成查找信息、保存网页、收藏站点、脱机浏览等操作。菜单栏默认隐藏，可按“Alt”键显示。

（3）工具栏　工具栏为管理浏览器提供了一系列功能和命令。IE 9.0 的工具栏列出了用户在浏览网页时所需要的最常用的工具按钮，如“后退”“前进”“刷新”“主页”“搜索”“收藏夹”“媒体”和“邮件”等。一般来说，这些按钮的功能也可以通过菜单中的相应命令实现。

（4）地址栏　地址栏显示出目前访问的 Web 页的地址（常称为网址）。若用户要访问新的 Web 站点，可直接在此栏的空白处输入地址，在输入完后按“回车”键即可；也可以打开地址栏的下拉列表框，在列表框中显示了浏览器曾经浏览过的 Web 页，直接选择这些曾经访问过的地址亦可方便地打开相应的网页。

主窗口中显示打开的 Web 页的信息。若 Web 页太大，无法在窗口中完全显示，用户可以使用主窗口旁边和下边的滚动条浏览 Web 页的其他部分。

（5）状态栏　状态栏显示了 IE 9.0 当前状态的信息，如当前正在打开的 Web 页、进度如何等。通过状态栏，用户可以查看到 Web 页的打开过程。

2. 浏览 Web 信息

地址栏是输入和显示网页地址的地方。用户只要在地址栏的文本框中输入要访问的 Web 站点的地址，输入完成后按“回车”键即可。例如，用户要访问搜狐（sohu）网站，可以按如下方法操作：

1）打开 IE 9.0，在地址栏中输入 sohu 网站的网址“www. sohu. com”。

2）按“回车”键，则可以打开搜狐网站的主页，如图 7-6 所示。

3）在该网页中有许多超级链接，单击这些超级链接，可以访问相关的链接信息。

4）如果以前访问过这个 Web 站点，“自动完成”功能将自动打开地址栏下拉列表框，给出匹配地址的建议，找到匹配的地址后，按“回车”键即可。

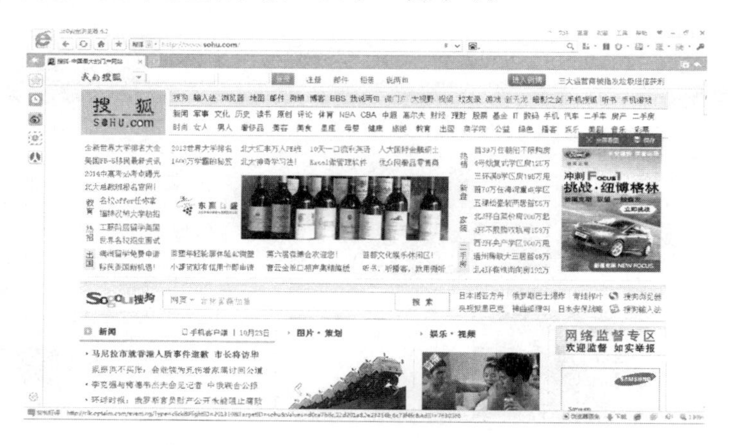

图 7-6　搜狐网站的主页

为了提高浏览效率，可以同时打开多个浏览窗口，这样就可以在一个窗口中浏览网页，在另一个或多个窗口中下载其他网页。

3. 快速浏览 Web 信息

IE 9.0 的工具栏上有多个方便用户操作的按钮。使用这些按钮，可以比较快速、方便地浏览 Web 页面。IE 9.0 工具栏上常用的按钮有以下几个：

1）“后退”按钮和“前进”按钮。单击工具栏上的“后退”按钮，则返回到在此之前显示的网页，通常是最近的那一页；单击工具栏上的“前进”按钮，则转到下一页。如果在此之前没有使用“后退”按钮，则“前进”按钮将处于非激活状态，不能使用。

2）“停止”按钮。在加载某个网页时，如果要中止加载该网页，这时可以单击工具栏上的“停止”按钮，取消加载网页的操作。

3）“刷新”按钮。保存在本地硬盘上的网页，如果长时间没有到该 Web 站上访问，其内容可能已经过时，单击“刷新”按钮，可以连接到 Internet，并下载最新内容。

4）“主页”按钮。主页是某个 Web 站点的起始页，单击“主页”按钮将返回到默认的起始页。起始页是打开浏览器时开始浏览的那一页。

5）“收藏”按钮。通过将 Web 站点添加到“收藏夹”列表，可以让浏览器保存想再次访问的网页。也可以使用“收藏夹”列表返回到任何一个网页。单击“收藏”菜单中的“添加到收藏夹”命令，可以添加网页，以便日后阅览。

4. 重新访问曾经访问过的 Web 站点

用户经常会重复访问某一个或某几个站点，在这种情况下，不必每次访问时都输入网站的地址，可以通过下面的方法，直接打开该地址和网页。

（1）通过地址栏下拉表　地址栏下拉列表中保存了最近访问过的站点地址。单击地址栏右端的下拉按钮框，打开地址列表，如图 7-7 所示。在地址列表中选择需要打开的地址。

图 7-7　通过地址栏下拉列表访问曾经访问过的 Web 站点

（2）通过历史记录　历史记录中保存了用户曾经访问过的所有站点和网页。在工具栏上单击“历史”按钮，窗口左端将出现浏览器栏，包含用户几天或几周前访问过的 Web 站点的链接。图 7-8 所示为显示的历史记录中保存的 Web 页面。再次单击“历史”按钮可以隐藏浏览器栏。

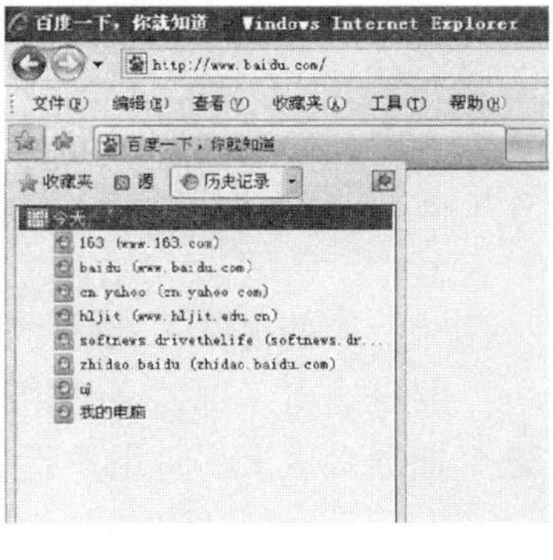

图 7-8　通过历史记录访问曾经访问过的 Web 页面

5. 保存 Web 网页的信息

用户浏览网页时，会发现很多有用的信息，希望将它们保存下来以便日后参考。IE 提供保存整个 Web 网页或保存其中的部分内容（如文本、图形等）的功能。信息保存后，可以在其他文档中使用，也可以通过电子邮件将 Web 网页或指向该页的链接，发送给其他能够访问 Web 网页的人，同他们共享这些信息，还可以将 Web 网页打印出来。

保存 Web 网页信息的具体操作步骤为：

1）将当前页保存在计算机上。选择菜单栏中的“文件”→“另存为”命令，打开“保存 Web 网页”对话框。选择用于保存网页的文件夹，在“文件名”文本框中输入网页的名称，然后单击“保存”按钮即可。

2）将信息从 Web 网页复制到文档。选定要复制的信息，选择菜单栏中的“编辑”→“复制”命令；若需复制整页的文本，可选择“编辑”→“全选”命令。转换到需要编辑信息的应用程序（如 Word 2010）中，单击放置这些信息的位置，在该文档的“开始”选项卡中单击“粘贴”按钮，即完成了 Web 网页的复制。

7.4.2 收发电子邮件

利用计算机网络来发送或接收的邮件叫作“电子邮件”，英文名为 E-mail。它是一种利用计算机网络交换电子媒体信件的通信方式，是目前 Internet 上使用最多、最受欢迎的一种服务，也是 Internet 给人类带来的在交流方式上的一次新的革命。

与传统邮政邮件相比，电子邮件的突出优点是方便、快捷和廉价。这些突出的优点使它成为一种新的、快捷而廉价的信息交流方式，极大地方便了人们的生活和工作，成为最广泛使用的电子通信方式。

为大众提供网络服务的商业公司都会在它们的服务器系统中辟出一台计算机（一套计算机系统）来独立处理电子邮件业务，这部计算机就叫作“邮件服务器”。它将用户发送的信件承接下来再转送到指定的目的地，或将来自网内网外的电子邮件存储到相关的网络邮件邮箱中，以等待邮箱的所有人去收取。

在 Internet 上传输邮件是通过简单邮件传输协议（Simple Mail Transfer Protocol，SMTP）、MIME 多用途 Internet 邮件扩展协议和邮局协议（Post Office Protocol，POP）完成的。

目前，大多数邮件服务器上安装的是 UNIX 操作系统。在 Windows NT 服务器上设置邮件服务系统也是比较流行的。

1. 电子邮件地址

Internet 上的电子邮件服务采用客户/服务（Client/Server）方式。电子邮件服务器其实就是一个电子邮局，它全天候、全时段开机运行着电子邮件服务程序，并为每一个用户开设一个电子邮箱，用以存放任何时候从世界各地寄给该用户的邮件，等待用户任何时刻上网索取。用户在自己的计算机上运行电子邮件客户程序，如 Outlook Express、Messenger、FoxMail 等，用以发送、接收、阅读邮件等。

所有使用电子邮件的用户一般都具有一个或几个电子邮件地址，并且这些电子邮件地址都是唯一的。

一个完整的 E-mail 是一个由字符串组成的式子，这些字符串由@ 分成两部分，即 login name @ host name. domain name（登录名 @ 主机名 . 域名）。

其中，@ 表示“在”（即英文单词 at）。在它的左边为登录名，也就是用户的账户，用户在入网时所取的名字；在@ 的右边由主机名和域名组成。

要发送电子邮件，必须知道收件人的 E-mail 地址（电子邮件地址），即收件人的电子邮箱。这个地址是由 ISP 向用户提供的，或者是 Internet 上的某些站点向用户免费提供的，它是一个“虚拟邮箱”，即 ISP 的邮件服务器硬盘上的一个存储空间。

在利用网络传递邮件前，必须在邮件服务器中拥有一个属于自己的网络电子邮件邮箱，该邮箱是以一个邮箱网址来代表的。

要管理邮箱编写及浏览邮件，除了该邮箱网址以外，还必须拥有邮箱的密码（Password）。

2. 提供免费电子邮箱的 Web 站点

目前国内外提供免费电子邮箱的 Web 站点很多，如果用户利用“搜索引擎”进行搜索，便很容易找到不少此类站点。下面介绍几个站点供用户参考。

（1）国外的主要站点

Hotmail　　（http://www.hotmail.com）

Google Mail　　（http://mail.google.com）

（2）国内的主要站点

网易　　　　　　（http://mail. 163. com）

126 电子邮箱　　（http://www. 126. com）

新浪邮箱　　　　（http://mail. sina. com. cn）

QQ 邮箱　　　　（http://mail. qq. com）

3. 免费电子邮箱的注册和使用

这里简要介绍一下网易邮箱的申请，供读者参考：

1）在浏览器的地址栏处输入“http://mail. 163. com”，进入“163 网易免费邮”主页面窗口，如图 7-9 所示。

图 7-9　网易 163 邮箱

2）注册。这里用户可以选择“注册字母邮箱”或“注册手机号码邮箱”，这里以“注册字母邮箱”为例。输入想要注册的邮箱地址、密码、验证码后单击“立即注册”按钮。图 7-10 所示为注册页面。

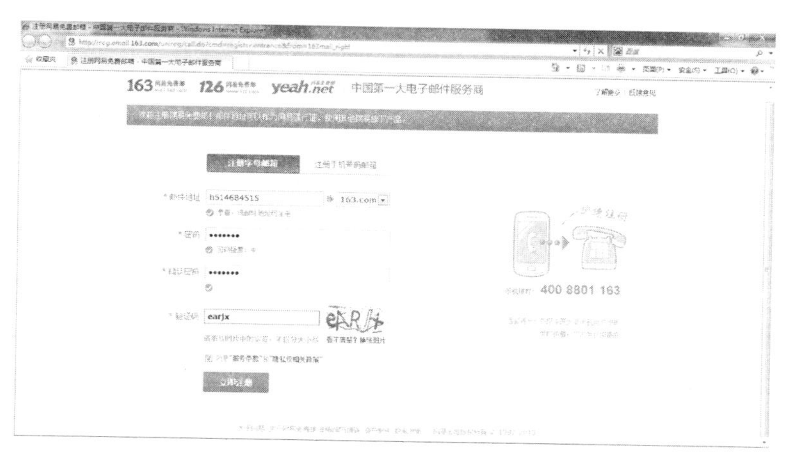

图 7-10　注册网易 163 邮箱

3）注册后可进入邮箱主页。如图 7-11 所示，在主页面中可以很容易看到“收信”“写信”按钮。

图 7-11　网易 163 邮箱主页

4）查看邮件。单击主页左侧的“收信”或“收件箱”按钮，在该窗口中，列出“收件箱”中的邮件数量和每个邮件的概况，如“发件人”“主题”等，如图 7-12 所示。单击某个邮件名就能查看其内容。

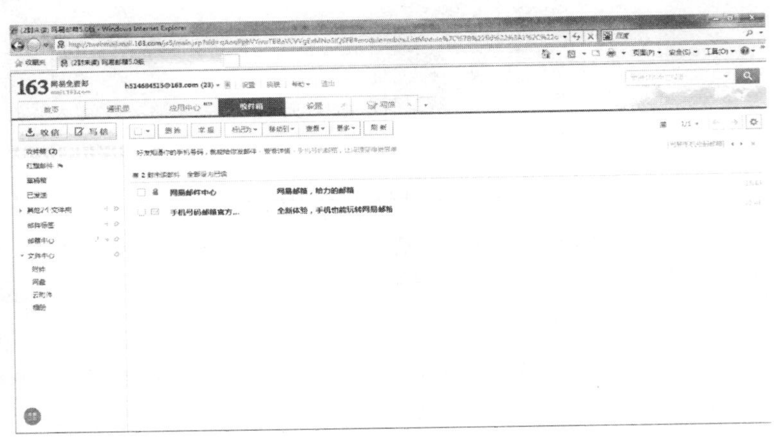

图 7-12　收件箱

5）发邮件。在主页左侧单击“写信”按钮，即可编辑新邮件，如图 7-13 所示。在此页面中，输入收件人的电子邮箱地址、邮件主题、正文内容，还可以添加附件。单击“发送”按钮即可发送到对方邮箱。

7.4.3　微博的使用

微博是微博客（MicroBlog）的简称，是一个基于用户关系的信息分享、传播以及获取平台，用户可以通过 Web、WAP 等各种客户端组建个人社区，以不多于 140 个字更新信息，并实现即时分享。最早也是最著名的微博是美国的 Twitter。2009 年 8 月中国门户网站新浪推出“新浪微博”内测版，成为门户网站中第一家提供微博服务的网站，微博正式进入中文上网主流人群视野。2011 年 10 月，中国微博用户总数达到 2.498 亿，成为世界第一大用户。下面以新浪微博为例介绍微博的使用方法及其功能。

（1）注册成为新浪用户　登录微博首页（http://t.sina.com.cn），单击“立即注册”按钮，如图 7-13 所示。在网页中输入电子邮箱、密码、昵称、验证码等信息，单击“立即注册”按钮。登录注册使用的邮箱，单击邮件里的确认链接，完成注册。

图 7-13　微博登录网页

（2）登录新浪微博　如果成为新浪微博用户，只需在登录区域输入邮箱/会员账号/手机号和密码，单击“登录”按钮，即可登录个人微博首页。

（3）发布微博或图片　单击“我的首页”，在微博的输入框内，可以发不超过 140 个字的信息，说说你在干什么、在想什么或者对某些事情的看法。然后单击“发布”按钮，你的第一个微博就发表成功了，如图 7-14 所示。

发布的内容还可以是表情、图片、视频、音乐、话题和投票。

图 7-14　发布微博

（4）关注朋友　微博是一个用来交流的工具，用户可以通过关注感兴趣的人或组织，以便随时查看他们的微博。如果别人对你感兴趣，也会关注你并成为你的“粉丝”。将微博地址发给朋友，让他们关注你，这样你发的每条微博将同时出现在他们的微博首页里。关注朋友并成为他们的“粉丝”，这样他们发的每条微博将出现在你的微博首页里。怎么样让更多的人关注你呢？除了多更新、多探讨热门话题、多关注别人，还可以进行身份证的认证，尽量详细地填写个人资料，如你的所在地、你的博客、你的简介等。

目前一个用户最多只可以关注 2000 人，再多系统会提示超标。

（5）“@”功能　当发布“@昵称”的信息时，在这里的意思是“向某某人说”，对方能看到你说的话，并能够回复，实现一对一的沟通；单击发布的信息中“@昵称”的超链接，可以直接链接到这个人的页面，方便大家认识更多朋友。

只要在微博用户昵称前加上一个@，然后按“空格”键再输入要对他（或她）说的话，对方就能看到了。一定要注意，“@昵称”后一定要加一个空格，否则系统会把后面的话认为也是昵称的一部分，如“@微博小秘书 你好啊”。

查看谁@我了，只需回到“我的首页”，在右侧列表中即可看到。

（6）手机微博　如果手机可以上网，也可以用手机登录微博。在手机中的浏览器中输入“t. sina. cn”，即可使用网络账号登录新浪微博。还可以在网页上下载手机客户端（APP），使你的手机微博更加丰富多彩。手机微博，是指通过手机发布信息，通过平台实现网络实时互动的信息沟通过程。微博的主要发展运用平台应该是以手机用户为主，微博以计算机为服务器，以手机为平台，把每个手机用户用无线的手机连在一起，让每个手机用户不用使用计算机就可以发表自己的最新信息，并与好友分享自己的快乐。

微博之所以要限定 140 个字，就是源于从手机发短信最多的就是 140 个字符（微博进入中国后普遍默认为 140 个汉字，随心微博是 333 个字）。可见微博从诞生之初就同手机应用密不可分，更是其在互联网形态中最大的亮点。微博对互联网的重大意义就在于建立手机和互联网应用的无缝连接，培养手机用户使用手机上网的习惯，增强手机端同互联网端的互动，从而使手机用户顺利过渡到无线互联网用户。

手机微博的开通只需在微博首页上单击“绑定手机”按钮，在打开的网页中填写手机号码，并根据提示使用手机发送验证码到指定号码。微博短信通知用户已成功绑定手机，在个人首页也可看到。

（7）更多探索　微博还有很多好玩的功能，如获取勋章、添加应用，还可以去微博广场看看，也可以参加一些微博活动。用户还可以多注册一些微博，如搜狐微博、网易微博、腾讯微博等，体验一下不同微博的差别。

7.5 计算机网络安全

由于计算机网络具有开放性、互联性、连接方式的多样性及终端分布的不均匀性，再加上计算机网络具有难以克服的自身脆弱性和人为的疏忽，导致了网络环境下的计算机系统存在很多安全问题。国家计算机网络信息安全管理中心有关人士指出，网络与信息安全已成为我国互联网健康发展必须面对的严重问题。

7.5.1 计算机网络安全概述

1. 网络安全的定义

可以从不同的角度对网络安全做出不同的定义。

网络安全从其本质上讲就是网络上的信息安全，指网络系统的硬件、软件及数据受到保护，不遭受偶然的或者恶意的破坏、更改、泄露，系统连续、可靠、正常地运行，网络服务不中断。

从用户的角度，希望涉及个人隐私和商业利益的信息在网络上传输时受到机密性、完整性和真实性的保护，避免其他人或对手利用窃听、冒充、篡改、抵赖等手段对自己的利益和隐私造成损害和侵犯。同时用户希望自己的信息保存在某个计算机系统上时，不受其他非法用户的非授权访问和破坏。

从网络运营商和管理者的角度来说，希望对本地网络信息的访问、读写等操作受到保护和控制，避免出现病毒、非法存取、拒绝服务和网络资源的非法占用和非法控制等威胁，制止和防御网络黑客的攻击。

2. 计算机网络面临的安全威胁

由于网络的开放性和安全性本身即是一对固有矛盾，无法从根本上予以调和，再加上基于网络的诸多已知和未知的人为与技术方面的安全隐患，网络很难实现自身的根本安全。目前，计算机信息系统的安全威胁主要来自于以下几类：

1）软件漏洞。每一个操作系统或网络软件的出现都不可能是无缺陷和无漏洞的，这就使用户的计算机处于危险的境地，一旦连接入网，容易成为众矢之的。

2）配置不当。安全配置不当会造成安全漏洞。例如，防火墙软件的配置如果不正确，那么它根本不起作用。对特定的网络应用程序，当它启动时，就打开了一系列的安全缺口，许多与该软件捆绑在一起的应用软件也会被启用。除非用户禁止该程序或对其进行正确配置，否则安全隐患始终存在。

3）安全意识不强。用户口令选择不慎，或将自己的账号随意转借他人或与他人共享等都会对网络安全带来威胁。

4）病毒。目前数据安全的头号大敌是计算机病毒，它是病毒编制者在计算机程序中插入的破坏计算机功能或数据，影响计算机软件、硬件的正常运行并且能够自我复制的一组计算机指令或程序代码。计算机病毒具有传染性、寄生性、隐蔽性、触发性、破坏性等特点。因此，提高对病毒的防范刻不容缓。

5）黑客。对于计算机数据安全构成威胁的还有计算机黑客（Hacker）。计算机黑客利用系统中的安全漏洞非法进入他人计算机系统，其危害性非常大。从某种意义上讲，黑客对信息安全的危害甚至比一般的计算机病毒更为严重。

6）内部威胁。上网单位由于对内部威胁认识不足，所采取的安全防范措施不当，导致内部网络安全事故逐年上升。不论是有意的还是偶然的，内部威胁都是最大的安全威胁之一。如果网络的安全策略是未知的或不能执行的，用户诸如登录不安全的网站、单击电子邮件中的恶意链接或者不对敏感数据加密等行为都将不知不觉地扮演着安全炸弹的角色。而随着人员的移动性越来越强，利用未加密的移动设备使用网络也大大增加“暴露”的风险，给犯罪分子留下可乘之机。另外，一机两用甚至多用情况普遍，计算机在内外网之间频繁切换使用，许多用户将在 Internet 上使用过的计算机在未经许可的情况下擅自接入内部局域网络使用，造成病毒的传入和信息的泄密。公安部调查结果显示，攻击或病毒传播源来自内部人员的比例同比增加了 21%，涉及外部人员的同比减少了 18%，说明联网单位绝大部分都是出于防御外部网络攻击的考虑，导致来自内部的威胁同时呈上升态势。然而，内部威胁通常会造成致命后果。

7）网络犯罪。网络犯罪是非常容易操作的，不受时间、地点、条件限制的网络诈骗、网络战简单易施、隐蔽性强，能以较低的成本获得较高的效益，再加上网络空间的虚拟性、异地性等特征，在一定程度上刺激了犯罪的增长。尤其是受到全球经济危机的影响，网络犯罪成倍增长，除了给社会造成负面影响外，造成的经济损失巨大。追踪匿名网络犯罪分子的踪迹非常困难，网络犯罪已成为严重的全球性威胁。据有关方面统计，现在每天因全球网络犯罪导致资金流失高达数百亿、甚至上千亿美元。

3. 计算机网络安全防范策略

网络安全是一个相对概念，不存在绝对安全，所以必须未雨绸缪、居安思危；安全威胁是一个动态过程，不可能根除威胁，所以唯有积极防御、有效应对才能减少威胁。应对网络安全威胁则需要不断提升防范的技术和管理水平，这是网络复杂性对确保网络安全提出的客观要求。

下面只介绍一些简单实用的防范策略，这是安全的必要条件，而不是充分条件。

1）主动防御技术防范病毒入侵。病毒活动越来越猖獗，对系统的危害也变得越来越严重。用户一般都是使用杀毒软件来防御病毒的侵入，但现在每年会增加千万个未知病毒、新病毒，病毒库已经落后了。因此，靠主动防御对付未知病毒、新病毒是必然的。实际上，不管什么样的病毒，当其侵入系统后，总是使用各种手段对系统进行渗透和破坏操作。所以，对病毒的行为进行准确判断，并抢在其行为发生之前就对其进行拦截，对于病毒的防御就显得非常重要，这就是病毒的主动防御技术。

2）应用防火墙和免疫墙。防火墙和免疫墙同属于保护网络本身不被侵入和破坏的安全设备，但二者所起的作用却是不同的。众所周知，防火墙的作用是通过在内网和外网之间、专网与公网之间的边界上构造一个保护屏障，保护内部网免受非法用户的侵入。而免疫墙则是由网关、服务器、计算机终端和免疫协议一整套的硬软件组成，对内网进行安全防范和管理的方案，承担来自内部攻击的防御和保护。防火墙是用在有服务器提供对外信息服务，或者安装了内部信息系统、储存了重要敏感信息的场合。而免疫墙是管理内网的，如上网掉线、卡滞、带宽无法管理等问题。由此可见，在企业网络安全领域，防火墙和免疫墙各负其责，对于一个信息化程度较高的上网单位，来自外网和内网的侵入及攻击都要予以解决，所以防火墙和免疫墙缺一不可。

3）安装系统补丁程序。随着各种漏洞不断地被曝光、不断地被黑客利用，因此堵住漏洞要比与安全相关的其他任何策略更有助于确保网络安全。及时安装补丁程序是很好的维护网络安全的方法。对于系统本身的漏洞，可以安装软件补丁；另外网络管理员还需要做好漏洞防护工作，保护好管理员账户，只有做到这两点才能让网络更加安全。

4）加强网络安全管理。网络安全管理是指对所有计算机网络应用体系中各个方面的安全技术和产品进行统一的管理和协调，进而从整体上提高整个计算机网络的防御入侵、抵抗攻击的能力体系。考察一个内部网是否安全，不仅要看其技术手段，而更重要的是看对该网络所采取的综合措施；不光看重物理设备，更要看中人员的素质等因素，主要是看重管理，“安全源于管理，向管理要安全”。

5）网络实名。互联网的一个特点是大多数用户都是匿名的，解决网络犯罪的问题，关键就是要消除互联网上的匿名因素。在互联网上，只能允许可以信任的用户在网络中畅游。如果要打造这一步，每一个用户都需要有一个自己的ID。一旦犯罪分子或者嫌疑犯登录互联网的时候，他的数据就会自动连接到网络服务提供商，这样就可以迅速地辨识出哪些人是危险的、潜在的犯罪分子。

6）用户要提高安全防范意识和责任观念。安全隐患是个社会问题，不仅仅是安全人员、技术人员和管理人员的问题，同时也是每个用户的问题。但是，只要我们提高安全意识和责任观念，注意安全，很多网络安全问题也是可以防范的。要注意养成良好的上网习惯，不登录和浏览来历不明的网站；养成到官方站点和可信站点下载程序的习惯；不轻易安装不知用途的软件；

不轻易执行附件中的 . exe 和 . com 等可执行程序；使用一些带网页木马拦截功能的安全辅助工具等。

7.5.2 计算机病毒的防范措施

随着计算机广泛应用于人们工作和生活中的各个领域，计算机除了给人们带来方便和高效率之外，还隐藏着许多不安全因素，计算机病毒就是其中之一。各种计算机病毒的产生和全球性蔓延已经给计算机系统的安全造成了巨大的威胁和损害，造成计算机资源的破坏和社会性的灾难。因此，计算机的相关从业人员不但要熟练掌握计算机软硬件知识，同时也应加深对计算机病毒的了解，掌握一些必要的计算机病毒的防范措施。

1. 计算机病毒的定义及特点

计算机病毒是一组通过复制自身来感染其他软件的程序。当程序运行时，嵌入的病毒也随之运行并感染其他程序。一些病毒不带有恶意攻击性编码，但更多的病毒携带毒码，一旦被事先设定好的环境激发，即可感染和破坏。自 20 世纪 80 年代莫里斯编制第一个“蠕虫”病毒程序至今，世界上已出现了多种不同类型的病毒。

归纳起来，计算机病毒有以下特点：

1）攻击隐蔽性强。病毒可以无声无息地感染计算机系统而不被察觉，待发现时，往往已造成严重后果。

2）繁殖能力强。计算机一旦染毒，可以很快“发病”。目前的三维病毒还会产生很多变种。

3）传染途径广。病毒可通过软盘、有线和无线网络、硬件设备等多渠道自动侵入计算机中，并不断蔓延。

4）潜伏期长。病毒可以长期潜伏在计算机系统而不发作，待满足一定条件后，就激发并破坏。

5）破坏力大。计算机病毒一旦发作，轻则干扰系统的正常运行，重则破坏磁盘数据、删除文件，导致整个计算机系统的瘫痪。

6）针对性强。计算机病毒的效能可以准确地加以设计，满足不同环境和时机的要求。

2. 计算机病毒技术分析

长期以来，人们设计计算机的目标主要是追求处理功能的提高和生产成本的降低，而对于安全问题则重视不够。计算机系统的各个组成部分、接口界面、各个层次的相互转换，都存在着不少漏洞和薄弱环节。硬件设计缺乏整体安全性考虑，软件方面也更易存在隐患和潜在威胁。对计算机系统的测试，目前尚缺乏自动化检测工具和系统软件的完整检验手段，计算机系统的脆弱性，为计算机病毒的产生和传播提供了可乘之机；Internet 的普及使“地球一村化”，为计算机病毒创造了实施的空间；新的计算机技术在电子系统中不断应用，为计算机病毒的实现提供了客观条件。国外专家认为，分布式数字处理、可重编程嵌入计算机、网络化通信、计算机标准化、软件标准化、标准的格式、标准的数据链路等都使得计算机病毒侵入成为可能。

实施计算机病毒入侵的核心技术是解决病毒的有效注入。病毒的攻击目标是对方的各种系统，以及从计算机主机到各式各样的传感器、网桥等，以使计算机在关键时刻受到诱骗或崩溃，无法发挥作用。从国外技术研究现状来看，病毒注入方法主要有以下几种：

1）无线电方式。主要是通过无线电把病毒码发射到对方电子系统中。此方式是计算机病毒注入的最佳方式，同时技术难度也最大。可能的途径有：①直接向对方电子系统的无线电接收器或设备发射，使接收器对其进行处理并把病毒传染到目标机上；②冒充合法无线传输数据，根据得到的或使用标准的无线电传输协议和数据格式，发射病毒码，使之能够混在合法传输信号中，进入接收器，进而进入网络；③寻找对方系统保护最薄弱的地方进行病毒注放，通过对方未保护的数据链路，将病毒传染到被保护的链路或目标中。

2）“固化”式方法。固化即是把病毒事先存放在硬件和软件中，然后把此硬件和软件直接或间接交付给对方，使病毒直接传染给对方电子系统，在需要时将其激活，达到攻击目的。这种攻击方法十分隐蔽，即使芯片或组件被彻底检查，也很难保证其没有其他特殊功能。目前，我国很多计算机组件依赖进口，因此，芯片很容易受到攻击。

3）后门攻击方式。后门是计算机安全系统中的一个小洞，由软件设计师或维护人发明，允许知道其存在的人绕过正常安全防护措施进入系统。攻击后门的形式有许多种，如控制电磁脉冲可将病毒注入目标系统。计算机入侵者就常通过后门进行攻击，如曾经普遍使用的 Windows 98 系统就存在这样的后门。

4）数据控制链侵入方式。随着互联网技术的广泛应用，计算机病毒通过计算机系统的数据控制链侵入成为可能。使用远程修改技术，可以很容易地改变数据控制链的正常路径。

除上述方式外，还可以通过其他多种方式注入病毒，不再一一介绍。

3. 计算机病毒的防范措施

1）安装杀毒软件。选择一款知名度较高的杀毒软件，国产的如瑞星、金山毒霸、KV3000 等，国外的如诺顿、卡巴斯基等均可。在计算机上安装杀毒软件之后，必须设置为开机后自动打开病毒实时监控功能，定期使用查病毒软件扫描系统，定期升级或设置为自动升级杀毒软件。

2）关闭病毒经常攻击端口。有些病毒只是攻击计算机的特定端口，因此只要在计算机上关闭其攻击的端口便可将病毒拒之门外，常见的病毒攻击端口有 23、135、445、139、3389 等。

3）使用国内知名的搜索引擎搜索下载资源。如果要打开陌生网页，可以在百度等知名搜索引擎中输入其首页地址，这样可以在一定程度上防止中病毒或木马程序。因为这些知名的搜索引擎有检测网站首页是否有木马程序的功能。

4）阻止异常程序的开机自动启动。目前流行的病毒往往会在开机时自动运行。计算机中毒以后单击“开始”按钮，选择“运行”命令，输入“msconfig”命令，会打开一个“系统配置”对话框。单击“启动”选项卡，然后根据实际情况选择开机启动程序（注意必须勾选 ctfmon. exe，这是输入法程序，否则系统无法启动）。如果认为哪个是病毒程序，可以取消选中，重新启动即可。

5）及时安装系统补丁。黑客等往往都是利用工具扫描对方系统漏洞，进而进行攻击或安放木马。安装补丁在很大程度上可以减少中毒概率。下载 360 安全卫士或腾讯电脑管家等辅助工具且完成安装后，会自动评估用户目前系统的安全性。如果系统不安全，会自动提示用户修复，用户可修复安装补丁。这种程序是自动完成的，只需要单击选择“全部”修复即可。

6）不要轻易打开陌生网站。尽管目前的杀毒软件和木马扫描软件越来越好，但是很多新型病毒在一定时间内并未被杀毒软件发现。所以为了上网安全，最好不要去打开一些陌生的网站，导致链接到病毒页面。

本章小结

本章从计算机网络的概念入手，首先介绍了计算机网络的概念、功能和分类；由于计算机网络中主要应用的是数据通信技术，本章介绍了数据通信的基本概念、数据的传输方式和数据交换技术与差错控制；接下来在讲授局域网的几种常见的拓扑结构的基础上，对其拓扑结构硬件组成、网络互联设备和网络操作系统做了一些介绍；在计算机网络的体系结构和网络协议中，着重讲述了OSI参考模型，介绍了目前应用最为广泛的TCP/IP和下一代互联网协议。

计算机网络技术的飞速发展，使得Internet的应用迅速普及。本章介绍了Internet的基本知识和技术，包括Internet的起源和发展、几种常见的接入Internet的方式、IE 9.0的基本使用方法和利用Outlook Express收发和管理电子邮件的方法等。

本章最后介绍了计算机网络安全的威胁和病毒的防范措施。

思考题

7-1 什么是计算机网络？

7-2 计算机网络具有哪些功能？

7-3 常见的计算机网络拓扑结构有哪几种？各有何特点？

7-4 什么是OSI参考模型？各层的主要功能是什么？

7-5 常用的计算机网络操作系统有哪些？

7-6 什么是IPv6技术？

7-7 简述IPv6的典型应用。

7-8 举例说明几种Internet接入技术。

7-9 如何使用Internet Explorer浏览网页？

7-10 如何使用Outlook Express编辑、发送、接收、转发邮件？

7-11 计算机网络的主要安全威胁有哪些？

7-12 计算机网络的防范措施有哪几种？

第 8 章　常用工具软件的应用

正确地使用工具软件能够有效地提高计算机工作效率、稳定计算机工作状态、合理管理计算机资源、充分发挥计算机功能。本章介绍常用工具软件的使用方法，内容涉及下载工具、文件压缩工具、翻译软件、即时通信工具、多媒体软件和系统安全防护工具。本章介绍的软件在官方网站上都可以得到，部分软件属于付费软件，可以从官方网站获得试用版，在试用期结束后请自觉支持正版。

8.1　下载工具

在第 7 章中介绍了计算机网络的基础知识。构建计算机网络的目的之一就是实现资源共享，那么如何在浩瀚的计算机网络中下载需要的资源呢？常用的下载工具有迅雷、BitComet、网际快车等。本节将以最常见的下载工具迅雷和 BitComet 为例，介绍网络资源的下载方法，并对主流的下载技术进行比较和介绍。

8.1.1　迅雷

迅雷使用的多资源超线程技术，能够将网络上存在的服务器和计算机资源进行有效整合，构成独特的迅雷网络，通过该网络各种数据文件能够以最快的速度进行传递。多资源超线程技术还具有互联网下载负载均衡功能，在不降低用户体验的前提下，迅雷网络可以对服务器资源进行均衡，有效降低了服务器负载。

迅雷的主要功能如下：

1）多资源超线程技术，显著提升下载速度。

2）功能强大的任务管理功能，可以选择不同的任务管理模式。

3）智能磁盘缓存技术，有效防止了高速下载时对硬盘的损伤。

4）智能的信息提示系统，根据用户的操作提供相关的提示和操作建议。

5）独有的错误诊断功能，帮助用户解决下载失败的问题。

6）病毒防护功能，可以和杀毒软件配合保证下载文件的安全性。

7）自动检测新版本，提示用户及时升级。

8）提供多种皮肤，用户可以根据自己的喜好进行选择。

9）可以限制下载速度，避免影响其他网络程序。

10）支持多种语言。

11）独有的文件校验功能，保证下载文件的完整性。

12）完善的代理设置，允许不同的连接使用不同的代理。

13）详尽的资源信息和连接信息，帮助用户更好地了解下载状态。

14）FTP 资源探测器，配合迅雷使用，可以更方便地下载 FTP 上的文件。

15）导入/导出下载列表，可以方便地和朋友分享下载列表。

16）丰富的配置项，可以根据自己的需要进行个性化的设置。

使用“迅雷”下载资源的方法如下：

首先找到资源的下载地址，然后将鼠标放在下载地址上，单击右键，在弹出的快捷菜单中选择“使用迅雷下载”命令，如图 8-1 所示。

或者用鼠标右键单击下载地址，在弹出的快捷菜单中选择“属性”命令，然后复制“地址”栏里的地址，如图 8-2 所示。

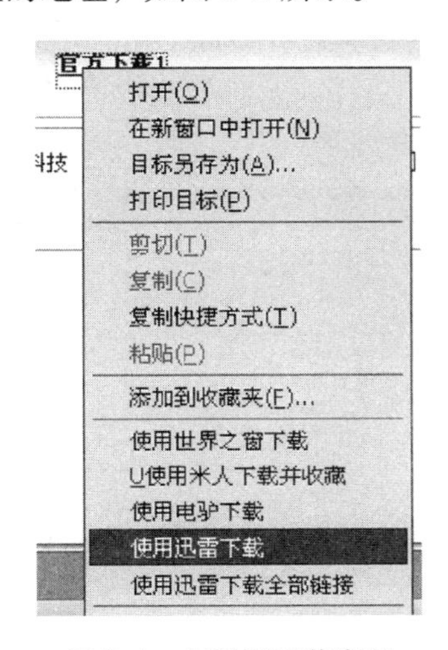

图 8-1　用迅雷下载资源

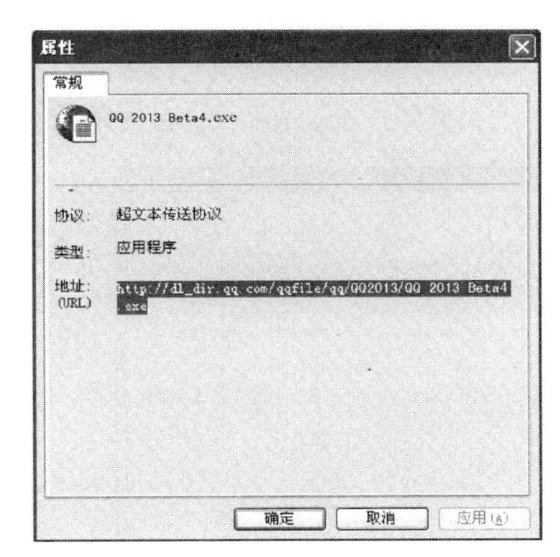

图 8-2　复制资源地址

再打开“迅雷”软件，单击“新建”命令，打开“新建任务”对话框，如图 8-3 所示。

把刚才复制的下载地址粘贴到“网址（URL）”文本框中，单击“确定”按钮，就开始下载所需资源了。

图 8-3　“新建任务”对话框

8.1.2　BitComet

BitTorrent（简称 BT）是一个文件分发协议，通过 URL 识别内容，并且和网络无缝结合。它对比 HTTP/FTP、MMS/RTSP 流媒体协议等下载方式的优势在于：一个文件的下载者在下载的同时也在不断上传数据，使文件源（可以是服务器源也可以是个人源，一般特指第一个做种者或种子的第一发布者）可以在增加有限的负载的情况下支持大量下载者同时下载，所以 BT 等 P2P 传输方式也有“下载的人越多，下载的速度越快”的说法。

BT 的主要功能如下：

1）创新的跨协议下载，BT 任务可以从 P2SP 的种子下载，从而提高下载速度。

2）用户可以共享任务列表，也可以浏览下载其他人共享的任务。

3）在下载 MP4、RMVB、WMV 等视频文件过程中可以边下载边播放。

4）自动根据网络连接优化下载。

5）使用内存作为下载缓存，有效减小硬盘读写速度，延长其使用寿命。

6）续传做种均无须再次扫描文件。

7）突破网关，自动实现不同内网间的互联传输。

8）支持通过公用 DHT 网络，实现无 TrackerTorrent 文件下载。

9）兼容 Windows XP SP2 的 TCP/IP 限制，并对 tcpip. sys 补丁有调整选项。

使用 BitComet 下载资源的方法如下：

1）双击从 BT 网站下载的 Torrent 文件。BitComet 的 Torrent 文件图标如图 8-4 所示。

图 8-4　下载的 Torrent 文件

2）程序自动关联 Torrent 文件，打开 BitComet，出现下载设置对话框，如图 8-5 所示。

3）单击“浏览”按钮，选择文件存放的目录，如图 8-6 所示。

图 8-5　下载设置对话框

图 8-6　选择文件存放目录

4）如果是第一次下载直接使用默认设置即可。文件名前的复选框标志此文件是否被选择下载，如果不想下载某些文件，可以取消勾选。

下载完毕后，如果其他人需要你补种，或你希望发布新的内容做种时，可以选择续种、做种选项，单击“确定”按钮即可。

8.1.3　下载技术比较

1. 迅雷

迅雷本身不支持上传资源，它只是一个提供下载和自主上传的工具软件。简单地说，迅雷的资源取决于拥有资源网站的多少，只要有任何一个迅雷用户使用迅雷下载过资源，迅雷就能有所记录。如果所有用户能在更多的网站使用迅雷下载，那么迅雷拥有的网站资源就越来越多。

迅雷的缺点是比较占用内存，迅雷配置中的“磁盘缓存”设置得越大，那么内存就会占得更多。

2. BT

BitTorrent 专门为大容量文件的共享而设计。BT 首先在上传者端把一个文件分成了很多部分，用户甲随机下载了其中的一些部分，而用户乙则随机下载了另外一些部分。这样甲的 BT 就会根据情况（根据与不同计算机之间的网络连接速度自动选择最快的一端）到乙的计算机上去下载乙已经下载好的部分，同样乙的 BT 就会根据情况到甲的计算机上去下载甲已经下载好的部分，这样不但减轻了服务器端的负荷，也加快了双方的下载速度。实际上每个用户在下载的同时，也作为源在上传（即其他人从你的计算机中下载该文件的某个部分）。这样就有效地利用了上行的带宽，也避免了传统的 FTP 下载方式所有用户都到服务器上下载同一个文件的拥堵问题。而且下载的人越多，实际上传的人也越多，其他用户下载的速度就越快，BT 的优势就在这里体现出来。

和通常的 FTP、HTTP 下载不同，使用 BT 下载不需要指定服务器，虽然在 BT 里面还有服务器的概念，但下载的人并不需要关心服务器在哪里，只有发布原始共享文件的人才需要了解这个问题。提供 BT 的服务器称为 Tracker，把文件用 BT 发布出来的人需要知道使用哪个服务器来为要发布的文件提供 Tracker。由于不指定服务器，BitTorrent 采用 BT 文件来确定下载源。BT 文件扩展名为 . torrent，容量很小，通常是几十 KB，这个文件里存放了对应的发布文件的描述信息、应该使用哪个 Tracker（记录下载用户信息的服务器）、文件的校验信息等。BT 客户端通过处理 BT 文件来找到下载源和进行相关的下载操作。

BT 把提供完整文件档案的用户称为种子（Seed），把正在下载的用户称为客户（Client），某一个文件现在有多少种子、多少客户是可以看到的，只要有一个种子，就可以放心地下载。当然，种子越多、客户越多的文件下载起来的速度会越快。如果发现种子数为 0，那么就不要去尝试了。通常来说，至少应该有一个种子，下载的人越多，通常做种子的人也会随之增加，下载速度也就越快。当下载完成后，如果没有选择关闭，其他人就可以从你这里继续下载。

综上所述，计算机中只要安装了这几个下载软件，就可以灵活运用不同的软件来查找、下载资源了。

8.2 文件压缩工具

随着计算机技术的不断发展，文件占用的空间越来越大，使得数据的保存和传输耗时过长且极为不便。通过对文件进行压缩和解压缩处理来解决这种矛盾就显得十分实用和必要。一般而言，压缩软件的工作过程是把一个或几个文件通过一定的算法压缩后存放在一个特定扩展名的管理文件中，以便于存储和交换。常用的数据压缩软件有 WinZip、WinRAR、WinACE、FastZip、TurboZIP、WinIMP、ZipMagic 等。下面介绍最常见的文件压缩工具 WinRAR。

8.2.1 WinRAR 的主界面

双击桌面上的 WinRAR 启动图标，或者双击一个压缩文件（前提是 WinRAR 为默认的压缩文件打开程序），可以打开 WinRAR 的主界面，如图 8-7 所示。WinRAR 采用与 Windows 资源管理器不同的文件管理机制，所以在 WinRAR 中会显示当前打开目录中所有隐藏文件。

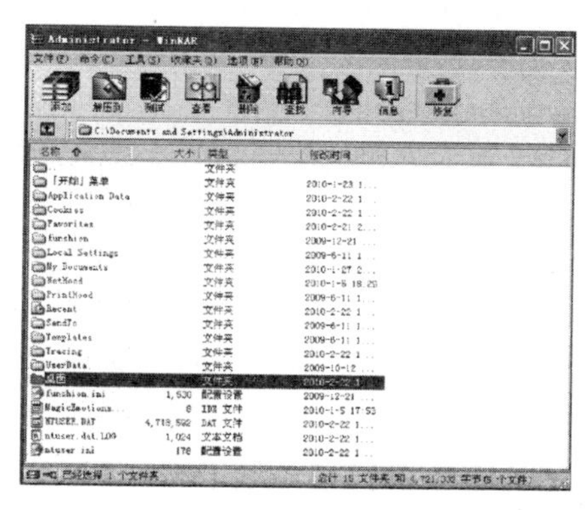

图 8-7　WinRAR 主界面

8.2.2 WinRAR 的使用方法

由于在安装 WinRAR 时，系统自动将 WinRAR 程序与 ZIP、CAB 等压缩格式进行了关联，因此用户只要双击压缩文件，系统将自动启动 WinRAR 程序，同时列出压缩文件内容，如图 8-8 所示。

1. 解压缩文件

要解压缩文件，可单击工具栏中的“解压到”按钮，此时将打开图 8-9 所示“解压路径和选项”对话框。在该对话框中，用户可进行如下设置：

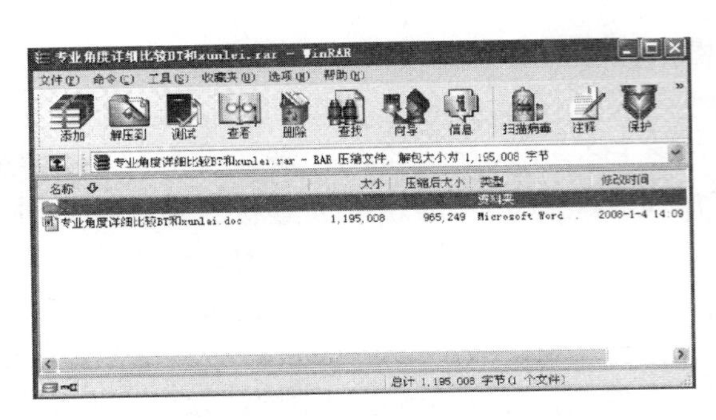

图 8-8　自动打开的 WinRAR 工作窗口

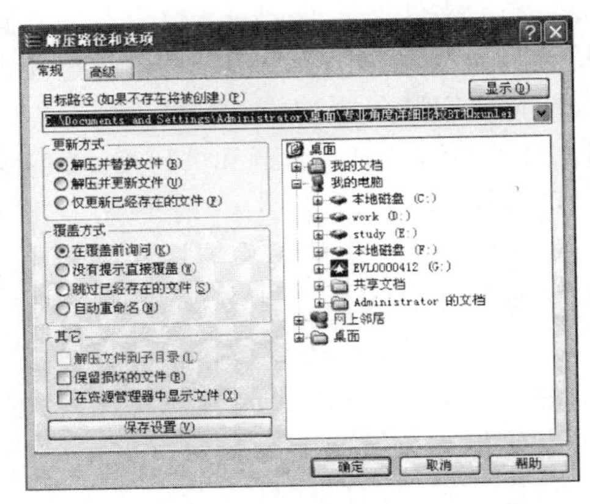

图 8-9　“解压路径和选项”对话框

1）在“目标路径”文本框中显示了将要解压文件的路径。

2）在“更新方式”选项栏中可以选择“解压并替换文件”“解压并更新文件”和“仅更新已存在的文件”选项。

3）在“覆盖方式”选项栏中可以选择“在覆盖前询问”“没有提示直接覆盖”“跳过已经存在的文件”和“自动重命名”选项。

4）在“文件夹/驱动器”列表区单击⊞按钮，可展开驱动器或文件夹列表，单击⊟按钮可收缩驱动器或文件夹列表，从而便于选择希望存放解压缩文件的文件夹。

5）设置结束后，单击“确定”按钮，即可开始解压缩文件。

此外，系统还可以利用如下方法进行文件解压缩：在待解压缩的文件上单击鼠标右键，在弹出的快捷菜单中选择某种解压缩方式，对文件进行解压缩。

2. 制作压缩文件

为了节省磁盘上的存储空间，或者节省文件传输的时间和空间，可以把要上传的文件压缩后再发送出去，还可以将多个文件压缩成一个文件。

要制作压缩文件，通常可按如下操作步骤来进行。

1）选中一个或多个要压缩的文件，单击鼠标右键，在弹出的快捷菜单中列出了对文件进行不同方式压缩的命令，如图 8-10 所示。

2）选择“添加到压缩文件”命令，打开如图 8-11 所示“压缩文件名和参数”对话框。在该对话框中可以指定存放文件的文件夹，输入压缩文件的名称（不必带文件扩展名）。

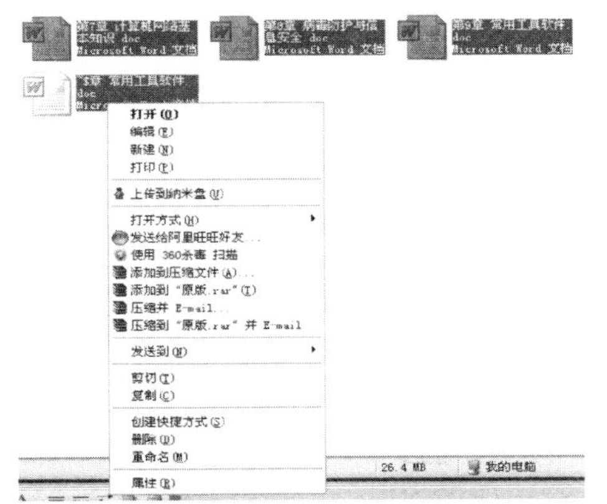

图 8-10 压缩快捷菜单

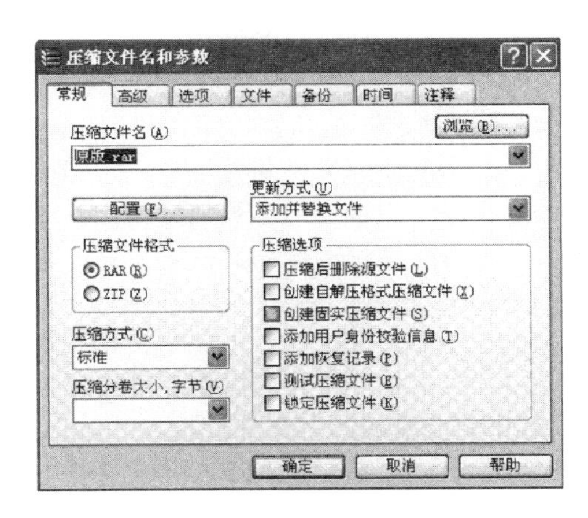

图 8-11 “压缩文件名和参数”对话框

3. 自解压文件的制作与使用

在实际应用中，常遇到 WinRAR 文件在没有安装 WinRAR 的计算机上无法使用的情形。通过 WinRAR 制作自解压包的功能，可以解决这个问题。方法如下：

1）右键单击压缩文件，在弹出的快捷菜单中选择“添加到压缩文件”命令。

2）在打开的“压缩文件名和参数”对话框的“常规”选项卡中，在“压缩选项”栏中勾选“创建自解压格式压缩文件”复选框，单击“确定”按钮，系统将创建自解压文件，如图 8-12 所示。

4. 将文件增加到已有压缩文件内

WinRAR 不仅允许一次压缩多个文件，还允许将一个或多个文件增加到一个已有的压缩文件中。具体操作步骤如下：

1）双击某个压缩文件，打开 WinRAR 主界面。

2）单击“添加”按钮，即可将选定的文件增加到该压缩文件中。

5. 压缩文件的加密和解密

使用 WinRAR 还可以对压缩文件中所包含的部分或全部文件进行加密，以增加文件的安全性。不过，该项操作只能在新建压缩文件或者向已有压缩文件中增加新文件时才能进行。其具体步骤如下：

1）新建压缩文件或者向已有压缩文件中增加新文件时，在 WinRAR 主界面中单击“高级”选项卡中的“设置密码”按钮，打开如图 8-13 所示的“带密码压缩”对话框。

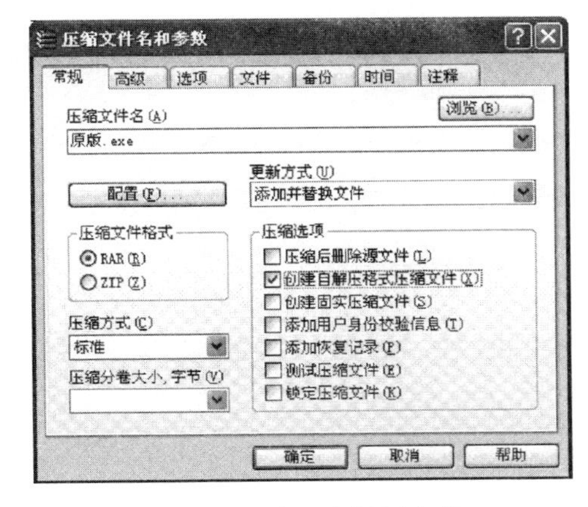

图 8-12 建立自解压文件

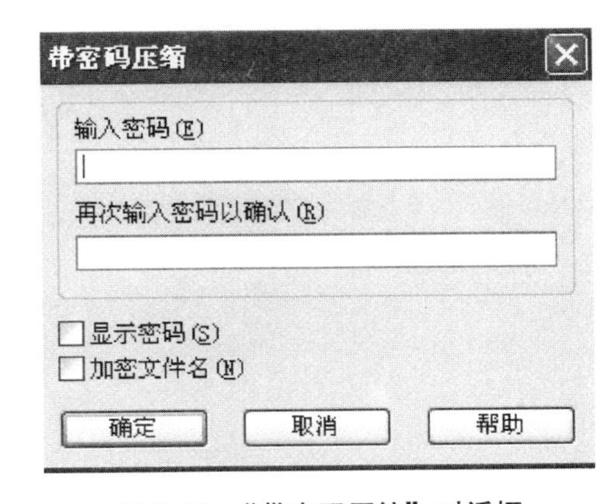

图 8-13 “带密码压缩”对话框

2）在“输入密码”文本框内输入密码，在“再次输入密码以确认”文本框中再次输入密码。

3）单击“确定”按钮，关闭“密码”对话框。

要对已加密的压缩文件进行解压缩，必须知道压缩文件的密码，否则就无法完成解压缩。在解压缩过程中，当解压缩已被加密的文件时，将出现“密码”提示对话框。用户只有正确输入密码，才可将已加密的压缩文件解压缩。

6. 分割压缩文件

如果一个压缩文件很大，不便于传输，可以利用 WinRAR 的文件分割功能，将这个压缩文件分割成多个小文件。其具体操作步骤如下：

1）选中要压缩的所有文件。

2）单击鼠标右键，在弹出的快捷菜单中选择“添加到压缩文件”命令，如图 8-14 所示。

3）在打开的“压缩文件名和参数”对话框中打开左下角的“压缩分卷大小，字节”下拉菜单，可以分别以“1.44MB、98078KB、700MB、4481MB”为最小分割单位对所选的文件进行分割压缩。用户也可以通过自行输入单个文件的大小来指定每个分割文件的大小。

4）单击“确定”按钮即可实现分割压缩文件。

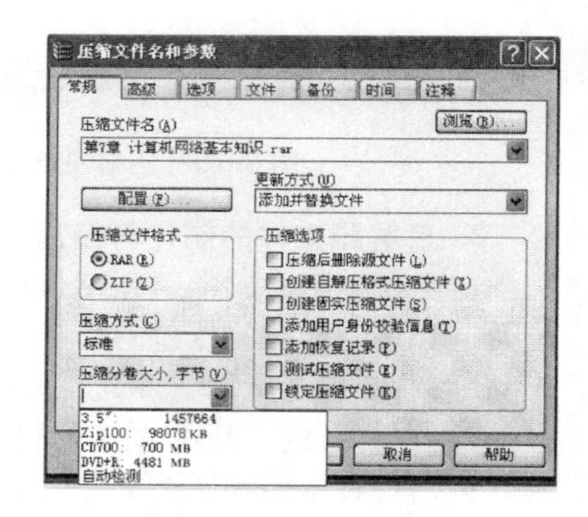

图 8-14　分割压缩文件

8.3 翻译软件

翻译外文资料是我们学习和工作中经常要遇到的，利用计算机翻译软件可以快速、准确地进行各种翻译工作。金山词霸是最著名的翻译软件之一，其包括取词、查词、查句、全文翻译和网页翻译等功能，支持中、日、英三语查询，并收录了 30 万个单词的纯正真人发音，含 5 万个长词、难词发音。当有最新的功能出现或词典数据更新时，金山词霸可将此更新自动下载安装，让用户时刻拥有最新版的金山词霸。下面介绍金山词霸的基本使用方法。

8.3.1 金山词霸的主界面

金山词霸 2012 的主界面如图 8-15 所示。

1）在“输入”栏输入需要查询的单词后，主窗口显示单词解释，左侧显示相关词条，如图 8-16 所示。

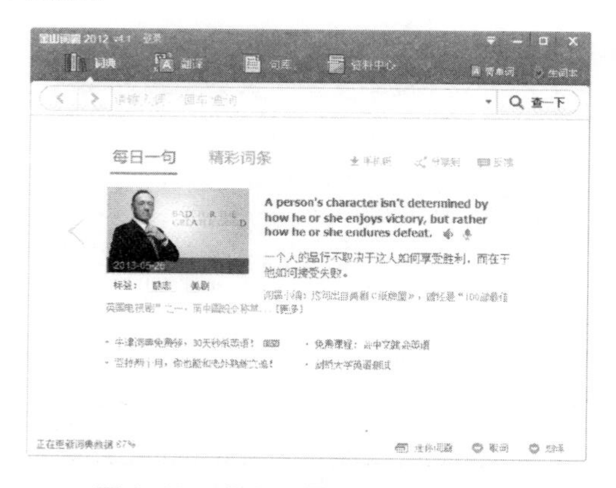

图 8-15　金山词霸 2012 的主界面

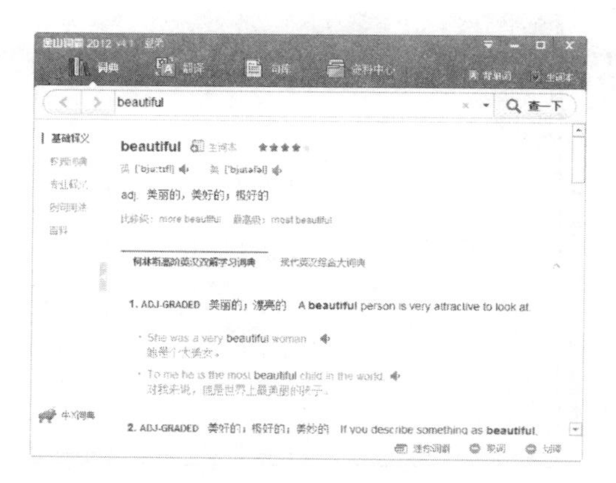

图 8-16　查询单词后的窗口

2）主工具条有 3 个功能按钮，其中按钮为浏览前一词；按钮为浏览后一词；查一下按钮为输入单词后，单击此按钮，查询单词的解释。

3）状态栏还显示迷你词霸、取词、划译的方式，如图 8-17 所示。

图 8-17 状态栏

8.3.2 金山词霸的使用

1. 金山词霸 2012 主菜单

金山词霸的一般设置都需要通过菜单来完成，如图 8-18 所示。

(1)“设置”选项 单击此选项，弹出如图 8-19 所示对话框，包括“基本设置”“词典管理”和“功能设备”3 项。

图 8-18 金山词霸 2012 主菜单

图 8-19 金山词霸 2012“基本设置”对话框

(2) 屏幕取词 将金山词霸设置为“取词”状态，鼠标置于陌生词上面就会浮出解释窗口，如图 8-20 所示。窗口中的按钮分别用于“朗读”和“加入生词本”。

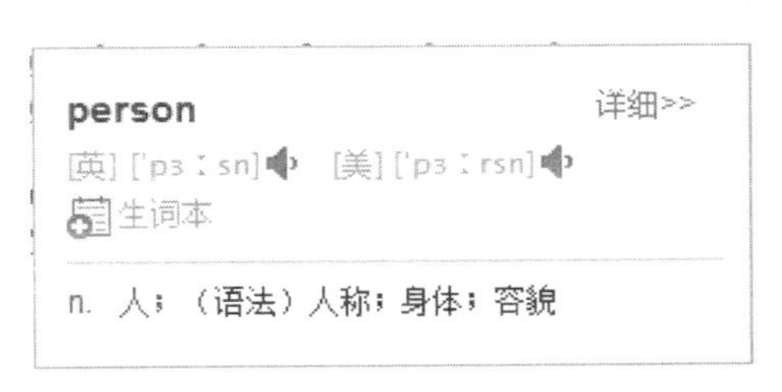

图 8-20 “屏幕取词”窗口

2. 系统选项设置

单击主菜单中的“设置”命令，弹出“设置”对话框。该对话框中有“基本设置”“词典设置”和“功能设置”3 个选项卡，单击切换可进行相应的设置。

(1) 取词划译设置 单击切换到功能设置的“取词划译取词”选项卡，在其中可设置取词模式和延时以及其他一些选项，如图 8-21 所示。

(2) 语音设置 单击切换到功能设置的“语音”选项卡，在其中可以设置“即时发音”“TTS 电脑合成音”以及“TTS 发音检测”等功能，如图 8-22 所示。

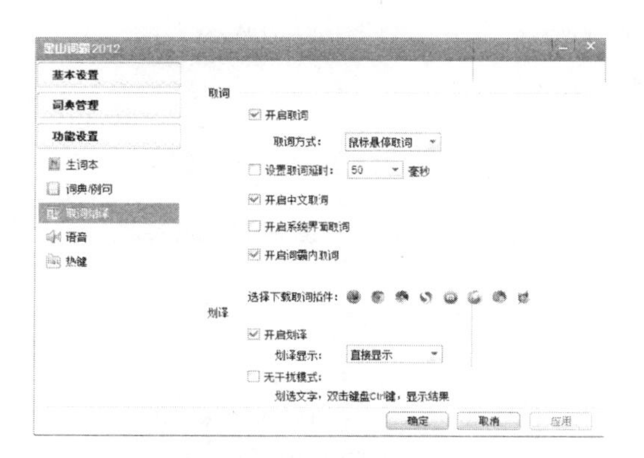

图 8-21 “取词划译设置”选项卡

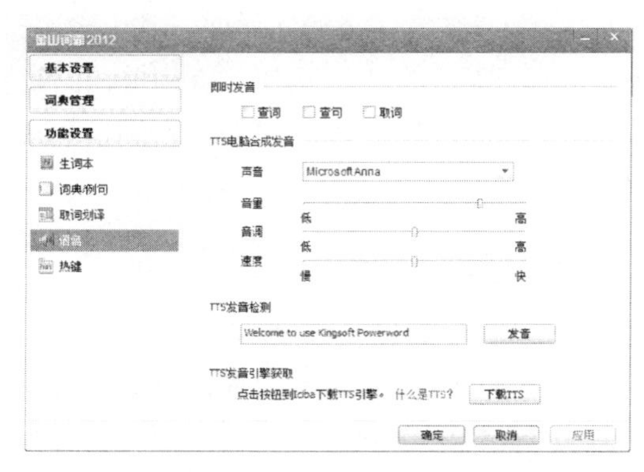

图 8-22 “语音设置”选项卡

（3）词典设置　单击切换到“词典管理”选项卡，在其中可设置各种词典，并显示共有词典数和以启动的词典数目，如图 8-23 所示。

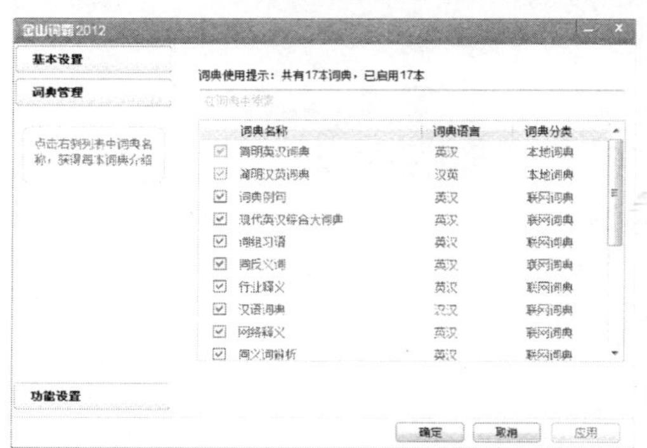

图 8-23 “词典设置”选项卡

3. 生词本

单击金山词霸主页面上的“生词本”命令 [生词本]，打开生词本窗口。在生词本中可以添加、删除、编辑所选的单词，并可将修改后的单词保存为新生词本，生词本窗口如图 8-24 所示。

4. 右键快捷菜单

在金山词霸的使用中，还可以通过右键快捷菜单对软件所有的功能进行操作。在查词典状态下，在窗体的任何一个位置单击鼠标右键，会立刻弹出快捷菜单，如图 8-25 所示。

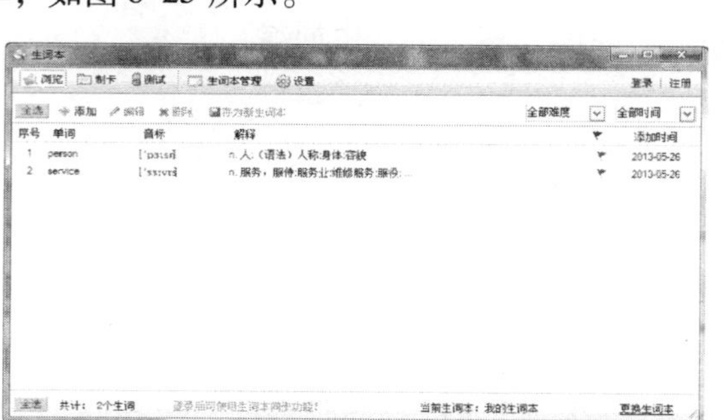

图 8-24 生词本窗口

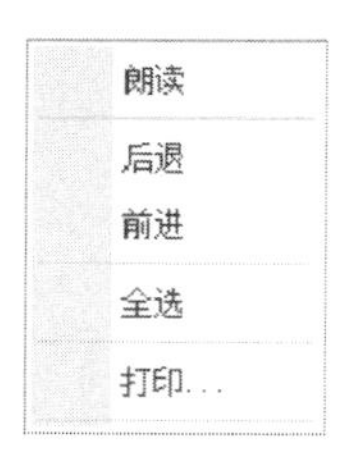

图 8-25 金山词霸右键快捷菜单

8.4 即时通信工具

当前，人们的生活已经被即时通信工具悄然地改变着，现代人不仅仅通过传统的座机、手机电话、手机短信等方式进行沟通，而且利用无处不在的移动即时通信工具，随时随地地和世界任意一个角落的朋友聊天通话。掌握一两款即时通信软件，已成为人们生活中的必备技能。腾讯 QQ 和 MSN Messenger 都是常用的即时聊天工具，除此之外网络通信工具也受到全球欢迎和普及，如 Skype。

Skype（中文名：讯佳普）是一款网络即时语音沟通工具，其具备 IM 所需的功能，如视频聊天、多人语音会议、多人聊天、传送文件、文字聊天等功能。使用它可以免费高清晰与其他用户语音对话，也可以拨打国内、国际电话，无论固定电话、手机、小灵通均可直接拨打，并且可以实现呼叫转移、短信发送等功能。Skype 目前已成为全球最受欢迎、最普及好用的网络通信工具。本节将以 Skype 为例介绍即时通信工具的使用方法。

8.4.1 Skype 的安装

1）登录 Skype 官网（http://skype. tom. com）下载最新版本的 Skype 安装软件，双击安装程序 SkypeSetup. exe，打开安装向导，如图 8-26 所示，勾选“我已阅读并同意 Skype 使用条款”复选框，单击“下一步”按钮。

2）打开选项界面，在程序安装目录栏中选择程序安装的地址如 C:\Program Files\ ，如图 8-27 所示，单击“安装”按钮，安装程序并进行配置。

3）打开安装完成向导，选择自己所需选项，单击“完成”按钮，完成安装。

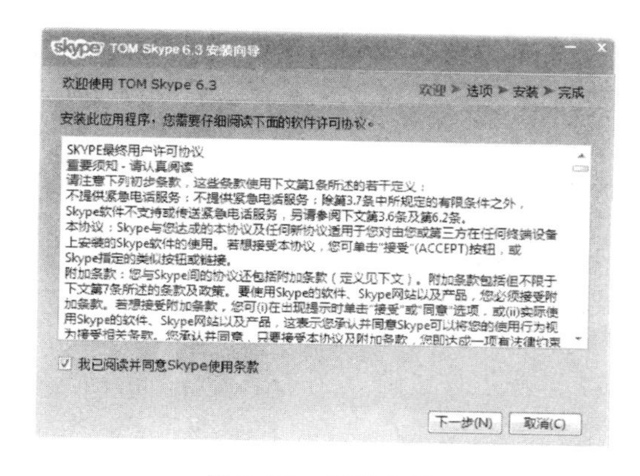

图 8-26　安装向导

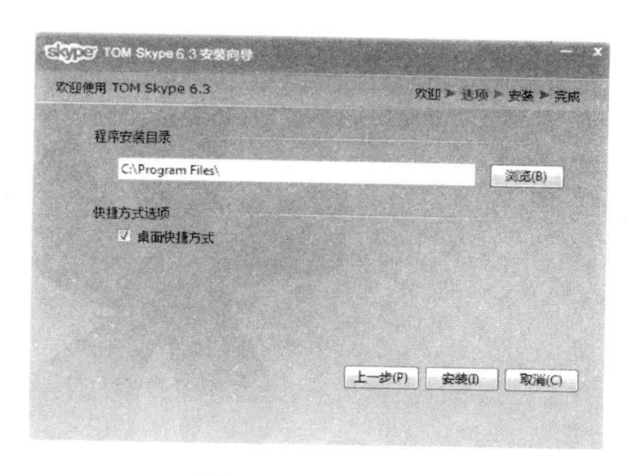

图 8-27　选项界面

8.4.2 登录 Skype

双击 Skype 图标，打开登录界面，如图 8-28 所示，用户如有用户名和密码，直接在“用户名”和“密码”文本框中输入用户名和密码，单击“登录”按钮，如图 8-29 所示。如果没有用户名和密码则需要创建账户，单击“创建账户”按钮，即可打开 Skype 官网的“Create an account or sign in”网页，在网页中添加个人账户信息，如姓名、邮箱、Skype 名和密码等，单击“I agree-continue”按钮，完成账户创建。

首次登录账户时，Skype 提示检测系统的音频和视频，同时设置头像照片，如图 8-30 所示。单击“继续”按钮，打开检测界面，此时显示系统音频和视频情况，如图 8-31 所示。单击“继续”按钮，打开设置头像界面，根据自己的喜好可以选择一张图片作为头像或者通过摄像头将自己的照片设置为头像，如图 8-32 所示。单击“开始使用 Skype”按钮，打开 Skype 窗口，如图 8- 33 所示。

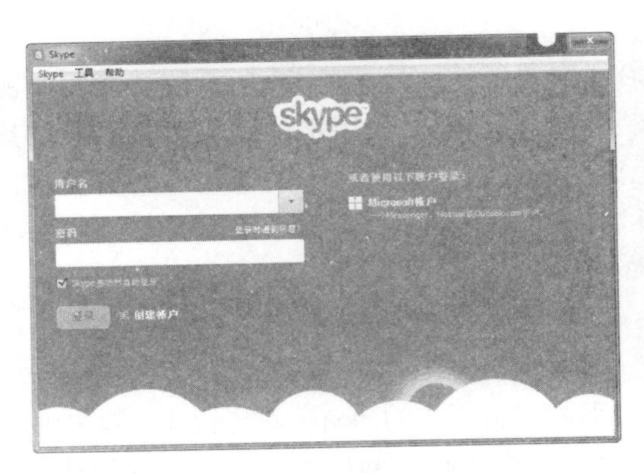

图 8-28　Skype 登录界面

图 8-29　输入用户名和密码

图 8-30　音频和视频检查提示界面

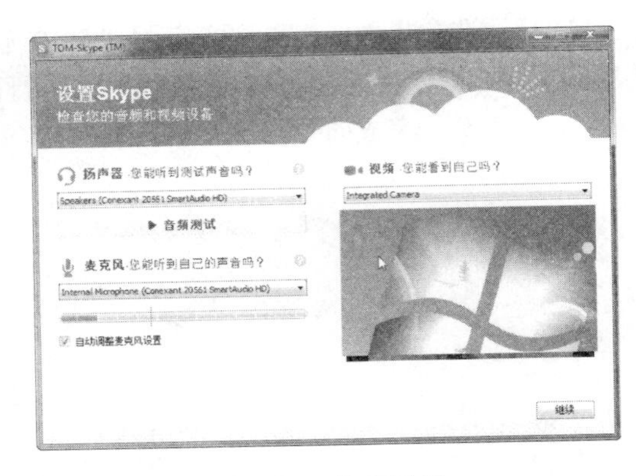

图 8-31　检查显示

图 8-32　设置头像

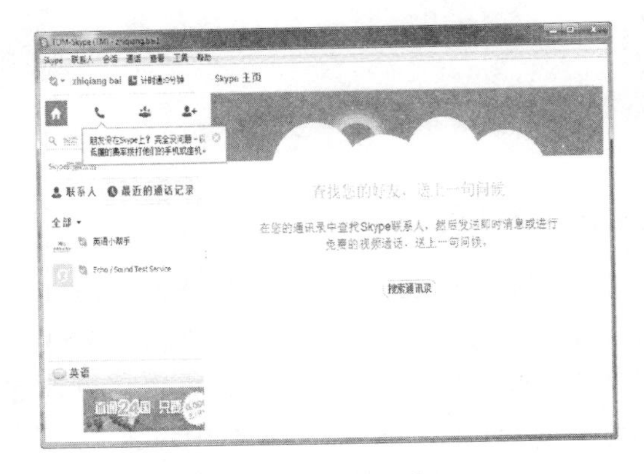

图 8-33　Skype 窗口

8.4.3　添加联系人

有了 Skype 账户，就可以和世界各地的网友聊天了，但是首先必须添加联系人，可采用如下方法。

1）在 Skype 窗口中单击“添加联系人”图标，在下面的“搜索”文本框中输入联系人的名字、Skype 名字、邮箱或者保存一个电话号码，输入完毕后会显示与搜索信息相似的所有联系人，如图 8-34 所示。

2）单击搜索到的联系人，在右侧窗格中单击“添加联系人”按钮，会弹出“给＊＊发送联系人邀请”信息，单击“发送”按钮，如图 8-35 所示，联系人添加成功。

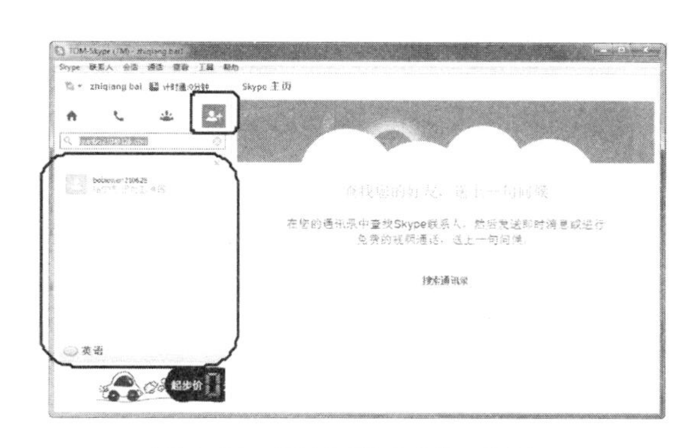

图 8-34 “添加联系人”对话框

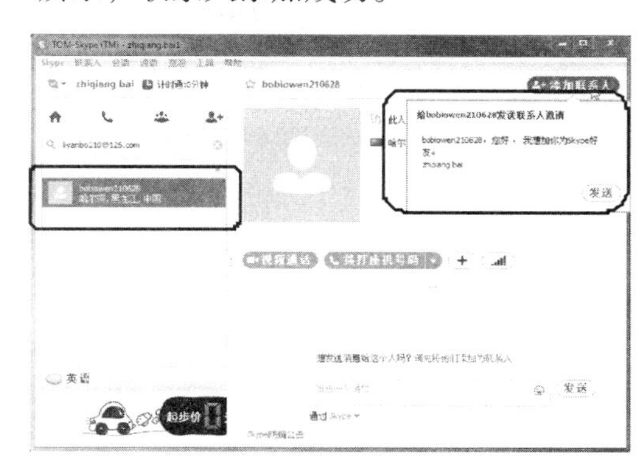

图 8-35 添加联系人

这时，可以看到联系人被添加到 Skype 主界面的窗口上，如果联系人上线，联系人的 Skype 名字和头像以高亮的颜色显示。

8.4.4 与联系人聊天

若联系人在线上，那么就可以和他即时聊天。在联系人区域内单击联系人的 Skype 名字，右侧窗格变为与该联系人聊天的模式，如图 8-36 所示，该区域中显示聊天记录和聊天内容文本框。在聊天文本框中输入聊天内容，单击右侧的“发送”按钮或者按“回车”键，就可以把信息发出。

Skype 中提供了丰富的表情，可以让聊天气氛更加活泼，单击聊天内容输入文本框右侧的表情图标😐，然后选中一个表情即可。

利用 Skype 还可以进行音频、视频聊天，这要求双方的计算机必须配备声卡、耳机（或音箱）、摄像头和传声器。即使用拨号上网，效果也非常理想，并且可以同时打开多个视频窗口。首先在联系人区域内单击联系人的 Skype 名字，单击“视频通话”按钮或者在“通话”菜单栏中选择“视频通话”命令，打开视频呼叫窗口，如图 8-37 所示，待对方接受视频聊天申请后便可视频聊天。

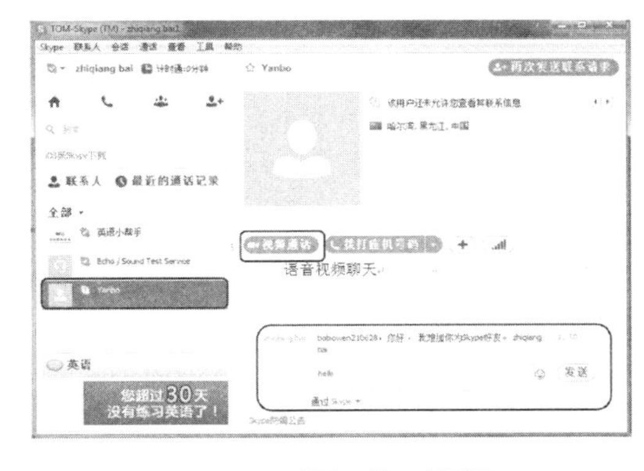

图 8-36 “聊天”对话框

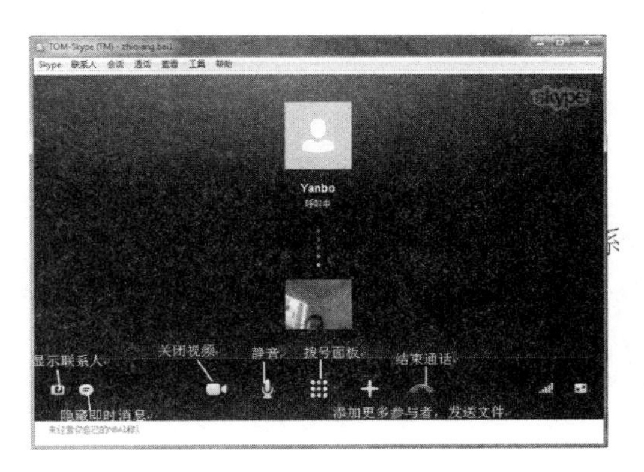

图 8-37 视频聊天

8.4.5　发送文件和照片

Skype 像其他聊天工具一样具有发送文件和照片的功能。选择发送文件的联系人，在“回话”菜单栏中选择“发送”→“文件”命令，如图 8-38 所示，即可打开“给 * * 发送文件”窗口，选择要发送的文件，在聊天区域显示发送的文件并等待对方接收，如图8-39 所示。

图 8-38　文件发送

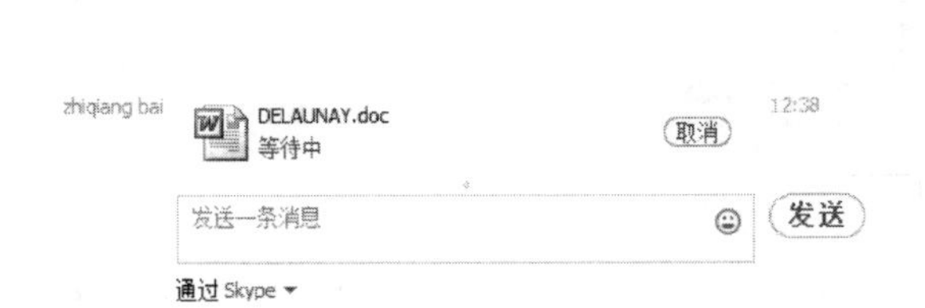

图 8-39　发送文件进度

8.4.6　拨打电话

Skype 与其他即时聊天工具不同的地方在于可以拨打手机或固定电话，但是前提是需要购买 Skype 电话卡。Skype 电话卡可以让用户直接从 Skype 拨打电话到全球任何一部普通座机或者手机上，而费用只有普通 IP 电话的 1/10，因此像 Skype 这类软件备受全球人们的喜爱。使用 Skype 拨打电话的方式有 3 种：

1）单击 Skype 窗口中的“通过拨号面板呼叫手机或座机号码”按钮或者选择“通话”菜单栏中的“拨打普通电话”命令，右侧窗格变为拨打电话模式，如图 8-40 所示。在“输入电话号码”文本框中输入电话号码并选择国家，单击下面的“呼叫”按钮，电话拨通等待对方接听。

2）选择 Skype 窗口联系人区域需要通话的联系人，在右侧窗格中单击“拨打座机号码”按钮，在下方弹出“拨打此联系人的手机或固话号码”信息框，在“电话号码”文本框中输入电话号码，此时“呼叫”按钮变为高亮显示，单击“呼叫”按钮，如图8-41 所示，电话拨通等待对方接听。

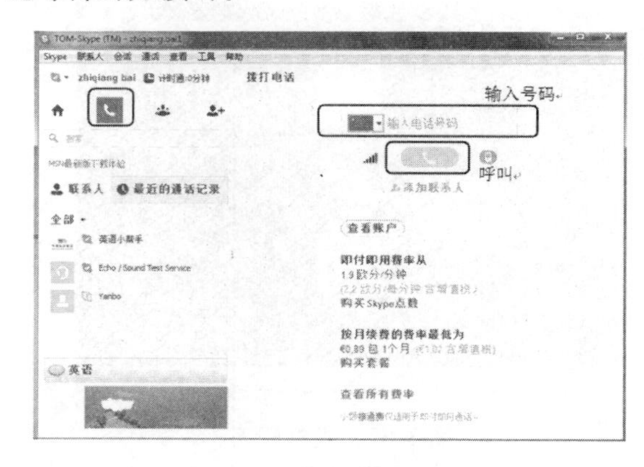

图 8-40　拨打电话方式 1

图 8-41　拨打电话方式 2

3）Skype 允许为用户添加电话号码，首先选择需要添加电话号码的联系人，在右侧窗格中单击“拨打手机号码”按钮右侧的箭头，在下拉列表框中选择“添加电话号码”项，弹出“为＊＊添加一个号码”信息框，在“输入电话号码”文本框中输入电话号码，单击“保存”按钮，完成电话号码添加。对于已有电话号码的联系人，在拨打电话时只需单击“拨打手机号码”按钮就可以呼叫该联系人。

8.5 多媒体软件

计算机已经深入到人们生活的每个角落，人们可以利用计算机来学习、工作和娱乐。所有这些都离不开多媒体软件的支持，多媒体软件将计算机更加丰富多彩的一面呈现在人们的面前。下面介绍常见的视频、音频和图像处理软件。

8.5.1 暴风影音

暴风影音是一款视频播放软件，兼容大多数的视频和音频格式。

暴风影音提供对常见绝大多数影音文件和流的支持，包括 RealMedia、QuickTime、MPEG2、MPEG4（ASP/AVC）、VP3/6/7、Indeo、FLV 等流行视频格式；AC3、DTS、LPCM、AAC、OGG、MPC、APE、FLAC、TTA、WV 等流行音频格式；3GP、Matroska、MP4、OGM、PMP、XVD 等媒体封装及字幕支持等。配合 Windows Media Player 最新版本，可完成当前大多数流行影音文件、流媒体、影碟等的播放而无需其他任何专用软件。

1. 暴风影音的主要功能和特点

1）根据高清显卡型号推荐默认的播放方案。

2）播放过程中可快速切换高清方案。

3）所有高清分离器、渲染器、解码器都可以进行选择。

4）高清方案管理功能，设置、保存更多的方案，满足不同的播放需求。

5）支持 BW10、GEO、PVW2、KDM4 等新媒体类型的播放。

6）支持多音轨、多字幕的 TS 文件格式。

7）优化截图功能，支持图片预览。

8）画面垂直翻转、跳过片头/片尾智能设置，同时提供多套精致皮肤功能，可随意切换使用。

2. 暴风影音主界面介绍

暴风影音的主界面如图 8-42 所示。

（1）标题区　显示正在播放文件的文件名。

（2）系统按钮区　对系统进行使用设置。

1）换肤：选择切换播放器的不同皮肤。

2）主菜单：主菜单下的各项分类有助于用户更好地操作及设置播放器。

3）始终/从不置顶：选择是否让暴风影音窗口前置。

4）最小化：将暴风影音最小化至任务栏。

5）最大化/恢复：将暴风影音最大化或恢复原来大小。

6）关闭：退出暴风影音。

（3）附加功能按钮区　完成扩展功能的设置。

图 8-42　暴风影音主界面

1）小菜单：部分主要功能的选择。

2）其他：如广告、游戏、新闻等。

（4）播放列表　管理播放列表。

（5）状态提示栏　播放器状态变化的相关提示，显示当前播放时间和影片总长。

（6）控制栏　包括播放/暂停、停止、上一影片、下一影片、音量控制、全屏等最常用的功能按钮。

8.5.2　千千静听

千千静听是一款完全免费的音乐播放软件，集播放、音效、转换、歌词等众多功能于一身。其小巧精致、操作简捷、功能强大的特点，深得用户喜爱，是目前国内最受欢迎的音乐播放软件。

千千静听默认的界面由 4 个窗口组成，分别是主控窗口、“均衡器”窗口、“播放列表”窗口及“歌词秀”窗口。5.2.0 或以上版本增加了“千千音乐窗”窗口，可以通过主控窗口的“音乐窗”按钮控制开关，如图 8-43 所示。

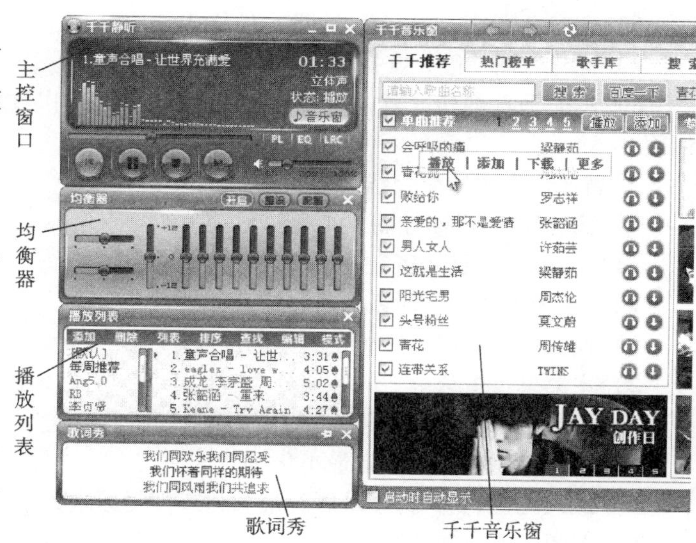

图 8-43　千千静听默认界面

千千静听的主要功能如下：

1）高精度音质，完美还原听觉，在线自动下载歌词，卡拉 OK 式同步显示。

2）软件小、运行快、支持众多插件，可自由编辑歌词。

3）自由转换 MP3、WMA、APE、WAV 等多种音频格式，批量修改歌曲标签信息。

4）个性化皮肤，多种视觉效果享受。

5）断网情况下优化已缓存歌曲的播放速度。

6）支持高级采样频率转换（SSRC）和多种速率输出方式，并具有强大的回放增益功能。

8.6 系统安全防护工具

在安装完计算机操作系统之后，首先应该安装保证系统安全方面的工具，主要涉及病毒、木马、黑客攻击以及流氓软件防护等方面。感染病毒和木马的常见方式，一是运行了被感染有病毒木马的程序；二是浏览网页、邮件时浏览器漏洞被利用，导致病毒木马被自动下载运行，这是目前最常见的两种感染方式。

要预防病毒、木马，首先要提高警惕，不轻易打开来历不明的可疑的文件、网站、邮件等，并且要及时为系统打上补丁，还要安装防火墙和可靠的杀毒软件，并及时升级病毒库。如果做好以上几点，基本上可以杜绝绝大多数的病毒、木马。最后，值得注意的是，不能过多依赖杀毒软件，因为病毒总是出现在杀毒软件升级之前的，靠杀毒软件来防范病毒，本身就处于被动的地位。要想有一个安全的网络环境，还是要首先提高自己的网络安全意识，对病毒做到预防为主、查杀为辅。

系统安全防护工具主要有瑞星杀毒软件、金山毒霸、卡巴斯基、360 安全卫士等。下面以瑞星杀毒软件和 360 安全卫士为例介绍计算机系统安全防护的方法。

8.6.1 瑞星杀毒软件

1. 瑞星杀毒软件主界面

双击“瑞星杀毒软件”图标，即可启动杀毒软件，用户界面如图 8-44 所示。

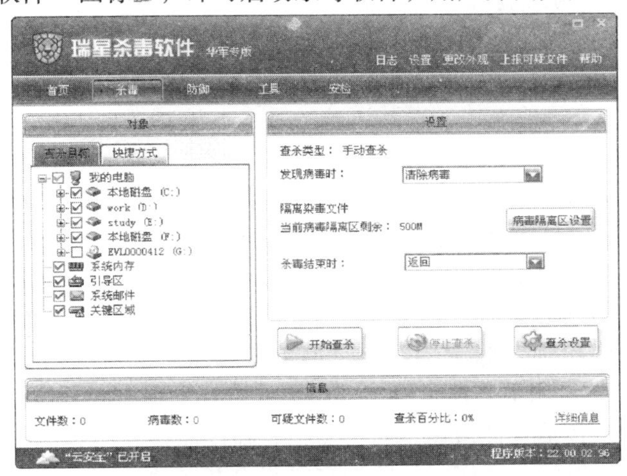

图 8-44　瑞星杀毒软件的用户界面

其界面包括标题栏、菜单栏、常用工具栏，以及一个树状结构显示的路径选择子窗口、用以显示信息和病毒情况报告的信息子窗口和杀病毒时提供情况显示的状态栏。

2. 瑞星杀毒软件的使用方法

（1）查杀病毒　瑞星杀毒软件可以查杀的对象包括内存、引导区、电子邮件和“我的电脑”窗口中的各个驱动器、软驱中的软盘、各个物理硬盘的逻辑分区以及光驱中的光盘。操作时首先在路径选择子窗口（见图 8-45）中选定要查杀的对象所在的路径，然后单击常用工具栏中的“开始杀毒”按钮，即可开始查杀病毒。例如，选择路径为“C:”，开始查杀病毒后情况如图 8-46 所示。

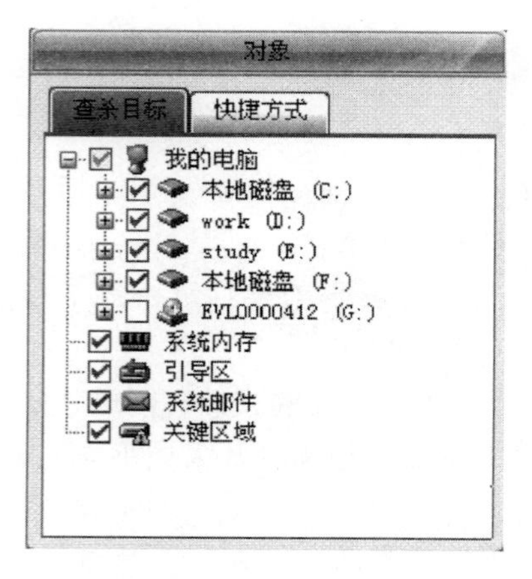

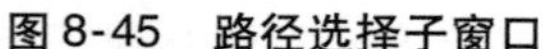
图 8-45　路径选择子窗口

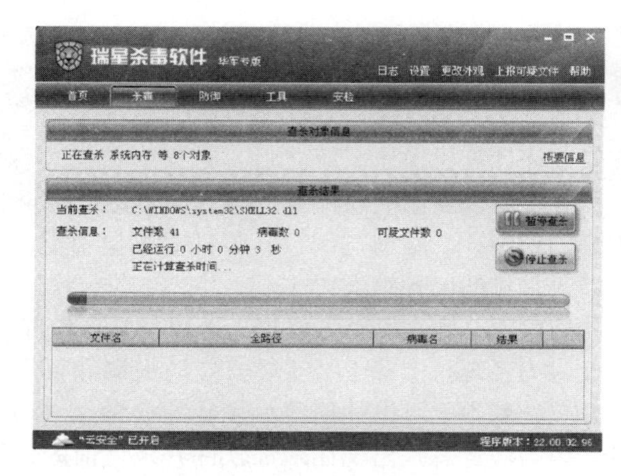

图 8-46　查杀病毒时的窗口

在查杀病毒的过程中用户可以单击“暂停”按钮暂停查杀病毒，暂停后还可单击“继续”按钮继续查杀病毒的工作。查杀病毒完成后，或由用户中途单击“停止按钮”中断后，将弹出如图 8-47 所示的“杀毒结束”对话框，在对话框中显示查杀病毒的情况，其中包括查文件有没有病毒、花费多少时间等信息。

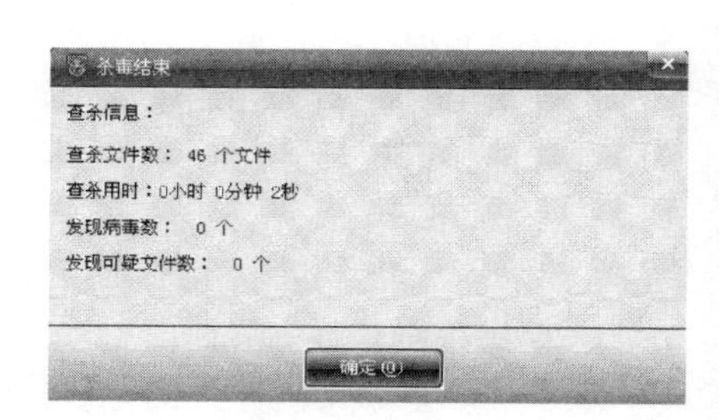

图 8-47　“杀毒结束”对话框

如果系统在查毒时检测到病毒，默认情况下会打开“询问”对话框。在对话框中询问用户如何处理，可以单击“直接清除”按钮进行杀毒，也可以单击“删除文件”按钮直接删除有毒的文件，或单击“忽略”按钮，忽略这个有毒的文件。需要注意的是，在该对话框下面有一个“下一次询问不再出现这个对话框，使用相同的回答”复选框，选中它就表示要求瑞星杀毒软件保留本次选择，以后再遇到病毒文件时，按记忆去处理，不再打开“询问”对话框。

在查毒结束时，瑞星杀毒软件用户界面的信息子窗口中有病毒情况报告，在“杀毒结束”对话框和瑞星杀毒软件状态栏中均有信息显示，如图 8-46、图 8-47 所示。

（2）病毒实时监控及邮件监控　默认情况下，系统启动时会自动启动瑞星病毒监控程序，在桌面右下角的任务栏中出现“绿伞”图标；如果没有随系统启动而启动，单击“开始”按钮，选择“所有程序”→“瑞星杀毒”→“瑞星监控中心”命令即可启动该功能。

瑞星计算机监控中心包括文件监控、内存监控、邮件监控和网页监控。此项功能可以保护用户在打开陌生文件、收发电子邮件和浏览网页时查杀和截获病毒，从而全面地保护计算机系统不受病毒侵害。

当然也可以由用户在“监控程序”的“监控中心”窗口中设定是否要打开对某一项的监控，如图 8-48 所示。通过单击相应的命令实现打开或关闭对相应对象的监控。

图 8-48　“监控中心”窗口

3. 设置瑞星杀毒软件

单击瑞星杀毒软件用户界面的“设置”菜单，打开详细“设置”对话框，如图 8-49 所示。其中包括“手动扫描”“快捷扫描”和“定制任务”等多个设置条目。通过该窗口用户可以自己对瑞星杀毒软件进行详细的设置。

在“手动扫描”选项中，可设置发现病毒后的处理方式。在扫描过程中如果发现病毒，可以有 4 种处理方式供用户选择，分别是“询问用户”“直接清除”“直接杀毒”和“忽略”。系统默认的是“询问用户”，但按照高效处理原则应该选为“直接清除”。对杀毒完成后的系统如何响应可以有 4 种选择，分别是“返回主程序”“退出程序”“重启计算机”和“关闭计算机”，默认的是“返回主程序”。

其他选项用户可以根据自己的需要完成设置。

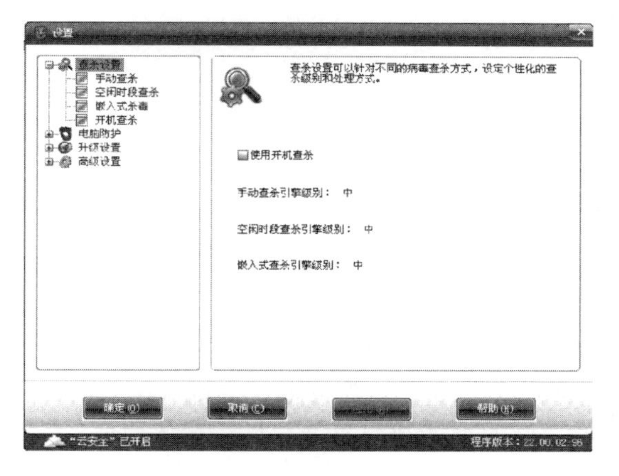

图 8-49　“设置”对话框

8.6.2　360 安全卫士

360 安全卫士是国内最流行的免费安全软件之一，它拥有查杀流行木马、清理恶评及系统插件、管理应用软件、系统实时保护、修复系统漏洞等数个强劲功能，同时还提供系统全面诊断、弹出插件免疫、清理使用痕迹以及系统还原等特定辅助功能，并且提供对系统的全面诊断报告，方便用户及时定位问题所在，真正为每一位用户提供全方位系统安全保护。

1. 360 的安装与启动

（1）下载　要想使用 360 安全卫士，可到 http://www.360.cn 下载。单击页面上方“360 安全卫士”选项，再单击“免费下载”按钮，如图 8-50 所示。

图 8-50　下载 360 安全卫士

（2）安装　双击下载的安装程序，启动安装程序。单击“下一步”按钮，选择安装位置。可使用系统默认的安装位置 c:\program files\360\360safe，直接单击“安装”按钮，程序会自动安装，最后单击“完成”按钮。

（3）设置　启动 360 安全卫士，单击右上角的“设置”选项，弹出“设置”对话框，在此对话框中对 360 进行设置。

1）设置升级方式。默认为自动升级（推荐），不用改变，如图 8-51 所示。

2）高级设置。默认勾选“开机时自动开启木马防火墙”复选框，可以抵御各种木马、病毒入侵，有效保护系统的安全。设置完成后，单击“确定”按钮保存设置，如图 8-52 所示。

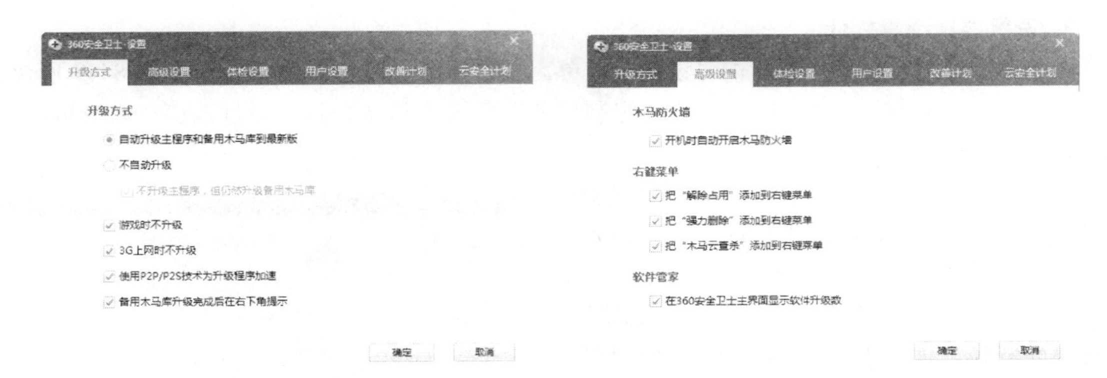

图 8-51　设置升级方式　　　　图 8-52　高级设置

2. 使用方法

（1）计算机体检　360 安全卫士的计算机体检可对计算机系统进行快速一键扫描，对木马病毒、系统漏洞、恶评插件等进行检查修复，全面解决潜在的安全风险，如图 8-53 所示。

（2）查杀流行木马　从“快速扫描”“全盘扫描”“自定义扫描”中选择任一项，进行木马扫描，扫描完成后，若检查出有木马，选中后清除，如图 8-54 所示。

（3）漏洞修复　可发现计算机中的漏洞，可通过单击“立即修复”按钮来修复漏洞，如图 8-55 所示。

（4）修复系统漏洞　有了 360 安全卫士，无须开启 Windows 7 的“自动更新”程序就可以对计算机进行漏洞修复，如图 8-56 所示。

图 8-53　计算机体检

图 8-54　木马查杀

图 8-55　漏洞修复

图 8-56　系统修复

（5）电脑清理　包含“一键清理”“清理垃圾”“清理插件”“清理痕迹”“清理注册表”和“查找大文件”选项卡。其中在“一键清理”勾选所有复选框，单击“一键清理”按钮，即可将垃圾、插件、历史痕迹、注册表等进行一次性清理，如图 8-57 所示。如果有需要，再针对不同的垃圾进行清理。

（6）优化加速　包括“一键优化”“我的开机时间”“启动项”“优化记录与恢复”“实时加速”和“人工免费优化”选项卡。“一键优化”可检查出所有需要优化的项目，在下面列表框中勾选需要优化的项目，单击“立即优化”按钮即可实现优化，如图 8-58 所示。

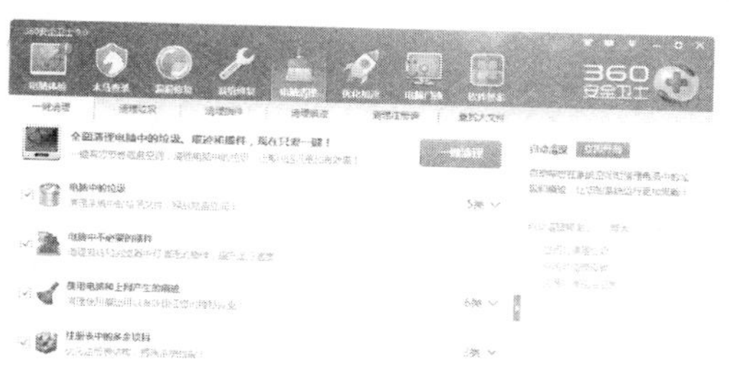

图 8-57　计算机清理

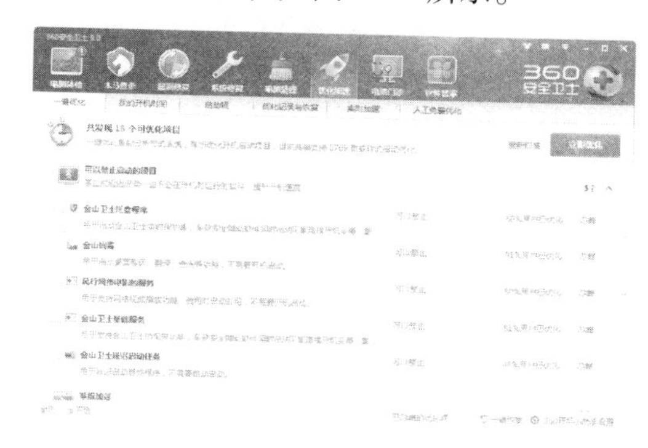

图 8-58　开机优化

（7）软件管家　使用户添加、删除、升级软件更加方便；需要什么软件，可到软件宝库中下载并安装，如图 8-59 所示。

图 8-59　软件管家

本 章 小 结

在使用计算机处理事务的过程中，为了保证计算机能够正常、有效地工作，要做好计算机的日常管理和维护工作。同时，为了进一步发挥计算机的作用，扩充其功能来完成各种工作任务，需要使用一些功能强大、针对性强的工具软件来保证各种任务的完成。本章所介绍的工具软件包含了下载工具、文件压缩工具、翻译软件、即时通信工具、多媒体软件和系统安全防护工具等 6 个类别，这些都是当前使用较为广泛、较为流行的计算机程序软件，基本上能够满足读者在计算机应用中的各种需求。

通过本章的学习，让读者对工具软件有一个初步的认识，为进一步学习相关的知识打下坚实的基础。

思　考　题

8-1　如何使用迅雷和 BitComet 下载网络资源？

8-2　如何使用 WinRAR 软件压缩文件？

8-3　如何使用 Skype 拨打电话？

8-4　如何使用暴风影音播放多媒体文件？

8-5　简述瑞星杀毒软件的使用方法。

8-6　简述 360 安全卫士的使用方法。

附录　智能手机操作系统简介

智能手机是由掌上计算机演变而来的，其运算能力及功能比传统手机更强大。现在市场上常见的智能手机操作系统有 Android、iOS、Windows Phone 和 BlackBerry OS，但它们之间的应用软件互不兼容。智能手机因为可以轻松地连接计算机获取最新的系统更新、安装第三方软件，所以功能更丰富，而且可以不断扩充。

1）Android 是 Google 公司的一个基于 Linux 核心的软件平台和操作系统。Android 的特点是源代码开放，它的 SDK（软件开发工具包）开放给任何开发商，所有开发商都可以随意更改界面。从 2008 年开始，Google 公司就不断更新 Android 的版本，分别推出 1.5 Cupcake、1.6 Donut、2.0～2.1 Eclair、2.2 Froyo、2.3 Gingerbread、3.0 Honeycomb、4.0 Icecream Sandwich、4.1～4.2 Jelly Bean 以及 4.4 KitKat。

由于 Android 是开放源代码的，而且 APP（应用程序）审查比较宽松，因此在世界各地深受欢迎，是目前世界上占有率最高的智能手机操作系统。市场上常见的使用 Android 系统的智能手机品牌有三星、小米、HTC、华为、联想、中兴、OPPO、魅族等。附图-1 所示为三星 Galaxy Note 5。

2）iOS 是由 Apple 公司开发的手持设备操作系统，最早于 2007 年 1 月 9 日的 Macworld 大会上公布。该系统最初是设计给 iPhone 使用的，后来陆续套用到 iPod touch、iPad 以及 Apple TV 等产品上。iOS 与 Apple 的 Mac OS X 操作系统一样，也是以 Darwin 为基础的，因此同样属于类 UNIX 的商业操作系统。附图-2 所示为使用 iOS 9 的 Apple iPhone 6s。

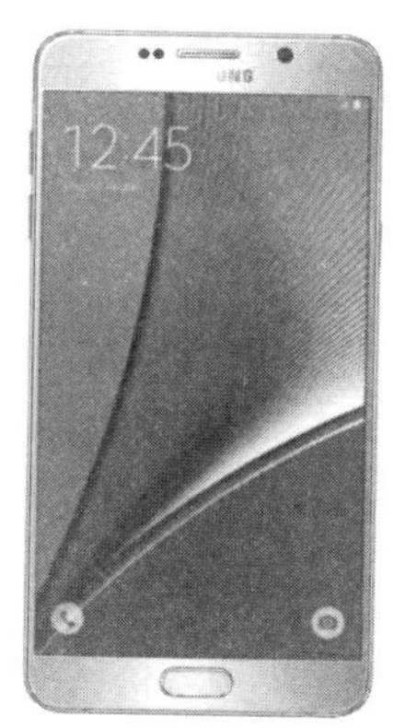

附图-1　三星 Galaxy Note 5

iOS 系统的 APP 需要在 Apple App Store 下载。App Store 为第三方软件的提供者提供了方便而又高效的一个软件销售平台，适应了手机用户们对个性化软件的需求，从而使得手机软件业开始进入了一个高速、良性发展的轨道。App Store 无疑将会成为手机软件业发展史上的一个重要的里程碑，其意义已远远超越了“iPhone 的软件应用商店”本身。

iOS 系统为闭源系统，用户权限很低，通常情况下用户不能完全掌控 iOS 系统、安装一些 App Store 中没有的软件、安装插件、修改系统文件。

3）Windows Phone 是 Microsoft 公司发布的一款手机操作系统，它将 Microsoft 旗下的 Xbox Live 游戏、Xbox Music 音乐与独特的视频体验集成至手机中。Windows Phone 使用了一套称为“Metro”的新用户界面。其主画面也称为“开始画面”，是由许多正方或长方图形、称为“动态砖”（Live Tiles）的元素所组成的。动态砖相当于可以链接至应用程序、功能以及其他独立的组件（如联络人、网页或媒体项目）的按钮。用户可以自行增加、重新排列或删除动态砖。即使在设备锁定的情况下，动态砖也能够依据其所代表的内容随时更新。使用 Windows Phone 的手机厂商有 HTC、华为、三星等。附图-3 所示为 Microsoft Lumia 950。

4）BlackBerry OS 是由 Research In Motion 公司为其智能手机产品 BlackBerry（黑莓手机）开发的专用操作系统。这一操作系统具有多任务处理能力，并支持特定的输入装置，如滚轮、轨迹球、触摸板及触摸屏等。BlackBerry 平台最著名的莫过于它处理邮件的能力。该平台通过 MIDP 1.0 以及 MIDP 2.0 的子集，在与 BlackBerry Enterprise Server 连接时，以无线的方式激活并与 Microsoft Exchange、Lotus Domino 或 Novell GroupWise 同步邮件、任务、日程、备忘录和联系人。该操作系统还支持 WAP1.2。附图-4 所示为 BlackBerry Priv。

附图-2 Apple iPhone 6s

附图-3 Microsoft Lumia 950

附图-4 BlackBerry Priv

参考文献

[1] 林登奎. 中文版 Windows 7 从入门到精通 [M]. 北京：中国铁道出版社，2011.
[2] 简超，羊清忠，等. 中文版 Windows 7 从入门到精通 [M]. 北京：清华大学出版社，2010.
[3] 李秀. 计算机文化基础 [M]. 5 版. 北京：清华大学出版社，2005.
[4] W Richard Stevens. TCP/IP 详解 [M]. 北京：机械工业出版社，2006.
[5] 牛仲强，吴俊海. 常用工具软件标准教程 [M]. 北京：清华大学出版社，2006.
[6] 周元兴，段政，王健，等. 常用工具软件应用入门与提高 [M]. 北京：清华大学出版社，2006.